별점 목차

5장. 은하수와 천지일월성신 —— 373	**9장. 부록** —— 511
1) 은하수 — 375	조선시대의 천문기록 — 512
2) 하늘과 땅(天地) — 379	북두성 — 522
3) 해와 달(日月) — 383	전적(典籍)에 나타난 28수의 이름 — 530
4) 별과 신(星辰) — 395	불가(佛家)에서의 28수 명칭 — 531
	윷판도 — 532
6장. 오성(五星) —— 399	오천오운도(五天五運圖) — 533
1) 오성의 개괄 — 401	28수의 배당(우리나라) — 534
2) 오성의 취합 — 418	28수의 배당(중국) — 535
	24절기 — 536
7장. 오성 이외의 떠돌이 별 —— 431	12차와 12분야 — 538
1) 서성(瑞星:상서로운 별) — 433	태을천문도(太乙天文圖) — 541
2) 유성(流星) — 436	선기옥형도(璇璣玉衡圖) — 542
3) 비성(飛星) — 442	혼천의(渾天儀) — 543
4) 요성(妖星) — 444	혼천의 — 544
5) 오색의 혜성(五色之彗) — 462	앙부일구와 휴대용 앙부일구 — 545
6) 별이 서로 섞임(星雜變) — 464	일성정시의(日星定時儀) — 546
7) 객성(客星) — 469	송이영의 혼천시계 — 547
	보루각과 자격루의 복원 그림 — 548
8장. 기운(氣運) —— 473	자격루와 측우대 — 549
1) 서기(瑞氣:상서로운 기운) — 475	64괘를 오성과 28수에 배당함 — 550
2) 요기(妖氣:요사스러운 기운) — 476	최석기 선생의 地體一元大運圖 — 553
3) 십운(十煇:10종류의 햇무리) — 477	동서양 비교천문도(부분) — 555
4) 떠도는 기운(遊氣) — 480	✻ 이순지 선생 약력 — 556
5) 음습함(陰) — 490	✻ 참고문헌 — 559
	✻ 도움찾기 — 561
	✻ 역자 소개 — 567

2021 천문류초

우리의 앞길을 밝히는 동양천문과 별점

99년 문화관광부 선정 우수학술도서

대유천문시리즈【1】 2021 **천문류초**
우리의 앞길을 밝히는 동양천문과 별점

▪초판 2021년 1월 2일
▪공역 김수길 윤상철   ▪편집 이연실 윤여진   ▪발행인 윤상철
▪발행처 대유학당   ▪출판등록 1993년 8월 2일 제 1-1561호
▪주소 서울시 성동구 아차산로 17길 48. SK V1 센터 814호
▪전화 (02) 2249-5630
▪블로그   http://blog.naver.com/daeyoudang
▪유튜브 대유학당 TV   ▪전화 (02) 2249-5630~1

▪여러분이 지불하신 책값은 좋은 책을 만드는데 쓰입니다.
▪ISBN 978-89-6369-125-1   03440
▪정가 30,000원
▪이 책의 내용에 대한 재사용은 저작권자와
 대유학당의 동의를 받아야만 가능합니다.
▪문의사항(오탈자 포함)은 대유학당의 홈페이지에 남겨 주세요.

2021 천문류초

우리의 앞길을 밝히는 동양천문과 별점

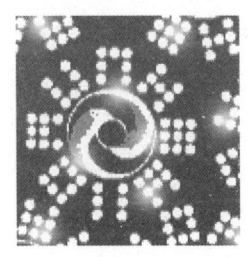

일러두기

 이 책은 조선조 세종의 명에 의해 이순지(李純之) 박사가 편찬한 『천문류초(天文類抄, 규장각본)』를 번역한 것으로, 1998년 12월에 처음 발간되어 이듬해에 문화관광부 선정 우수학술도서로 선정되었다. 그동안 세 차례(99년, 2001년, 2005년)에 걸쳐 수정증보를 하였다. 올해에 『천상열차분야지도 그 비밀을 밝히다』를 내면서, 『천문류초』의 별그림이 「천상열차분야지도」의 그림을 95% 이상 베끼고(抄), 설명문은 당시 유행하는 천문학설을 인용했다는 것을 발견했다. 그래서 조선초와 고구려초의 28수 영역 구분을 비교해 보자는 생각으로 수정증보하여 발간하게 되었다.

 『천문류초(하늘 천, 무늬 문, 종류 류, 베낄 초)』의 책 제목에서 말하듯이, 이순지 박사의 독창적인 저술이라기 보다, 『영대비원(靈臺秘苑)』, 『당개원점(唐開元占)』 등 중국문헌과 「천상열차분야지도」 등 우리나라에 전해오는 천문학 이론에서 발췌한 책이다.

『천문류초』는 서문이나 발문없이 상하 두 권으로 나뉘는데, 상권은 삼원(三垣)과 28수 등 항성에 대한 내용이고, 하권은 하늘과 땅에 대한 개괄을 비롯하여, 움직이는 별과 천지의 조화로 발생하는 기운 등을 상설하고 있다.

조선시대에 관상감관(觀象監官)을 채용할 때는 천문학(天文學)·지리학(地理學)·명과학(命課學)의 세 부서로 나누어 뽑았고, 그 중 천문학에서는 송(誦 : 암송)·임문(臨文 : 해독)·주(籌 : 산가지로 계산함) 등의 시험이 있었는데,『보천가:步天歌』와『천문류초』는 암송시험에 들어가는 필수과목이었다. 그리고 이 두 내용이『천문류초』에 함께 실려있다.[1]

우리나라에서는 아직 동양의 천문관을 이해할만한 책이 번역되지 않은 점을 감안하여,『천문류초』의 원문과 번역을 비교해가며 실었다. 훗날의 학자가 대비해가며 연구할 수 있도록 한 것이다.

아울러 다른 천문도의 도면 및 이론에 차이가 나는 점과 이

---

[1] 보천가(步天歌) : 보천가는 하늘의 별자리와 별자리의 사이를 걸어가듯이 재는 노래라는 뜻으로, 당(唐)나라의 왕희명(王希明)이 지은 칠언의 시결(詩訣)로 되어 있다. 이것을 보천가 또는 구법보천가(舊法步天歌)라고 하는데,『천문류초』에 그 내용이 가감없이 실려있다.『천문류초』는 물론 보천가도 조선의 철종 때 이준양(李俊養)에 의해 신법보천가(新法步天歌)가 나오기 전까지는 관상감관을 발탁하는 시험에 필수로 쓰였다.

해에 참고가 될만한 내용을 편집자 주석으로 첨가했다. 이러한 원칙에 충실하기 위해 다음과 같은 특징을 두었다.

① 『천문류초』의 천문도 그림은 「천상열차분야지도」를 3원과 28수의 31구역으로 나누어 그렸는데, 각 영역의 소속 별자리는 당시 중국에서 구별하는 방법을 따랐다.

즉 「천상열차분야지도」는 고구려식 영역 나눔을 따랐고, 『천문류초』에서는 중국식 영역 나눔을 따랐다. 이 책에서는 두 방식을 비교할 수 있도록, 각 영역 제일 처음에 『천문류초』와 「천상열차분야지도」를 1:1로 대응하여 비교해서 볼 수 있도록 했다.

또 이해를 돕기 위해서 『천문류초』식 3원 28수의 영역구분(『디지털천상열차분야지도』, 74쪽, 양홍진 저)과 「천상열차분야지도」식 구분을 면지에 실었다.

② 원으로 된 통천문도에는 28수 영역을 나누는 영역선이 있는데, 왼쪽과 오른쪽 선 중에 오른쪽 선이 기준선이다. 「천상열차분야지도」를 31구역으로 나눌 때도, 오른쪽 선에 닿은 별자리를 모두 해당 영역의 별자리로 보는 방식을 취했다.

③ 『천문류초』가 공식적으로는 우리나라 최초의 천문책임을 감안해서 원문에 충실히 번역하고, 이해가 어려운 부분은 그림과 도표작업을 하는 등 주석작업을 하였다.

④「천문학 개략」에 동양천문학에 대한 용어풀이를 해놓음으로써, 『천문류초』에 대한 이해는 물론이고, 다른 천문책을 번역할 때도 도움이 되도록 하였다.

⑤ 동양의 전체적인 천문관을 이해하는데 도움이 되도록, 앞부분에 「천문학 개략」이라는 제목으로 동양의 천문관을 기술하였다.

⑥ 동양의 천문학에 좀더 관심을 가질 수 있도록, 부록에 조선시대에 일어난 천문학적 현상을 『중국천문학사신탐(中國天文學史新探)』에 의거하여 요약하였다.

⑦ 현재 서양의 별자리는 일상생활에서 쉽게 볼 수 있는 점을 생각해서, 동양의 별자리와 서양의 별자리를 연결하는 시도를 이은성 신생의 『역법의 원리분석』에 의거하여 「천문학 개략」에 편집하여 실었다.

⑧ 세종의 명에 의해 『천문류초』를 지은 이순지 박사에 대한 약력을 상세히 실어, 이 책에 대한 이해를 깊이 했다.

⑨ 통천문도를 「천상열차분야지도」와 중국의 여러 천문도를 참정하여 「태을천문도」라는 별책 부록을 만들어, 동양천문에 대한 총체적인 이해는 물론, 항시 휴대하여 연구할 수 있도록 하였다.

⑩ 부록에 북두성에 대한 이름 및 개괄을 싣고, 기타 천문을 이해하는데 필요한 도면을 실었다.

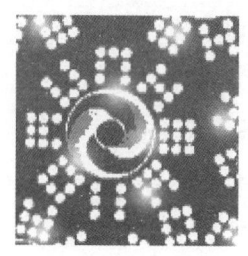

목 차

일러두기 5 / 목차 9

1장. 천문학 개략 — 13

1) 천문(天文)에 대하여 — 15
2) 동양의 천문관 — 22
3) 하늘의 삼원(三垣) — 25
4) 칠정(七政) — 26
5) 오천(五天)과 오운(五運) — 28
6) 28수와 24절기(節氣) — 31
7) 28수와 12분야 — 34
8) 28수와 서양별자리의 비교 — 36
9) 용어정의 — 41

2장. 다섯방위의 주재자 — 65

1) 동방 창룡7수(東方 蒼龍七宿) — 54
2) 북방 현무7수(北方 玄武七宿) — 57
3) 서방 백호7수(西方 白虎七宿) — 59
4) 남방 주조(주작)7수(南方 朱鳥七宿) — 61
5) 중앙(中宮) — 63

3장. 28수(二十八宿) ——— 65

1) 동방7수(東方七宿) 67
(1) 각수(角宿) 69 / (2) 항수(亢宿) 77
(3) 저수(氐宿) 83 / (4) 방수(房宿) 91
(5) 심수(心宿) 99 / (6) 미수(尾宿) 104
(7) 기수(箕宿) 111

2) 북방7수(北方七宿) 117
(1) 두수(斗宿) 118 / (2) 우수(牛宿) 127
(3) 여수(女宿) 136 / (4) 허수(虛宿) 144
(5) 위수(危宿) 151 / (6) 실수(室宿) 160
(7) 벽수(壁宿) 170

3) 서방7수(西方七宿) 177
(1) 규수(奎宿) 178 / (2) 루수(婁宿) 187
(3) 위수(胃宿) 194 / (4) 묘수(昴宿) 201
(5) 필수(畢宿) 209 / (6) 자수(觜宿) 225
(7) 삼수(參宿) 229

4) 남방7수(南方七宿) 239
(1) 정수(井宿) 240 / (2) 귀수(鬼宿) 258
(3) 류수(柳宿) 265 / (4) 성수(星宿) 269
(5) 장수(張宿) 277 / (6) 익수(翼宿) 282
(7) 진수(軫宿) 287

4장. 하늘의 삼원(三垣) ——— 295

1) 상원 태미원(上元太微垣) 297
2) 중원 자미원(中元紫微垣) 319
3) 하원 천시원(下元天市垣) 356

5장. 은하수와 천지일월성신 ── 373

- 1) 은하수   375
- 2) 하늘과 땅(天地)   379
- 3) 해와 달(日月)   383
- 4) 별과 신(星辰)   395

6장. 오성(五星) ── 399

- 1) 오성의 개괄   401
- 2) 오성의 취합   418

7장. 오성 이외의 떠돌이 별 ── 431

- 1) 서성(瑞星:상서로운 별)   433
- 2) 유성(流星)   436
- 3) 비성(飛星)   442
- 4) 요성(妖星)   444
- 5) 오색의 혜성(五色之彗)   462
- 6) 별이 서로 섞임(星雜變)   464
- 7) 객성(客星)   469

8장. 기운(氣運) ── 473

- 1) 서기(瑞氣:상서로운 기운)   475
- 2) 요기(妖氣:요사스러운 기운)   476
- 3) 십운(十煇:10종류의 햇무리)   477
- 4) 떠도는 기운(遊氣)   480
- 5) 음습함(陰)   490

9장. 부록 — 511

조선시대의 천문기록 — 512
북두성 — 522
전적(典籍)에 나타난 28수의 이름 — 530
불가(佛家)에서의 28수 명칭 — 531
윷판도 — 532
오천오운도(五天五運圖) — 533
28수의 배당(우리나라) — 534
28수의 배당(중국) — 535
24절기 — 536
12차와 12분야 — 538
태을천문도(太乙天文圖) — 541
선기옥형도(璇璣玉衡圖) — 542
혼천의(渾天儀) — 543
혼천의 — 544
앙부일구와 휴대용 앙부일구 — 545
일성정시의(日星定時儀) — 546
송이영의 혼천시계 — 547
보루각과 자격루의 복원 그림 — 548
자격루와 측우대 — 549
64괘를 오성과 28수에 배당함 — 550
최석기 선생의 地體一元大運圖 — 553
동서양 비교천문도(부분) — 555

* 이순지 선생 약력 — 556
* 참고문헌 — 559
* 도움찾기 — 561
* 역자 소개 — 567

1장. 천문학 개략

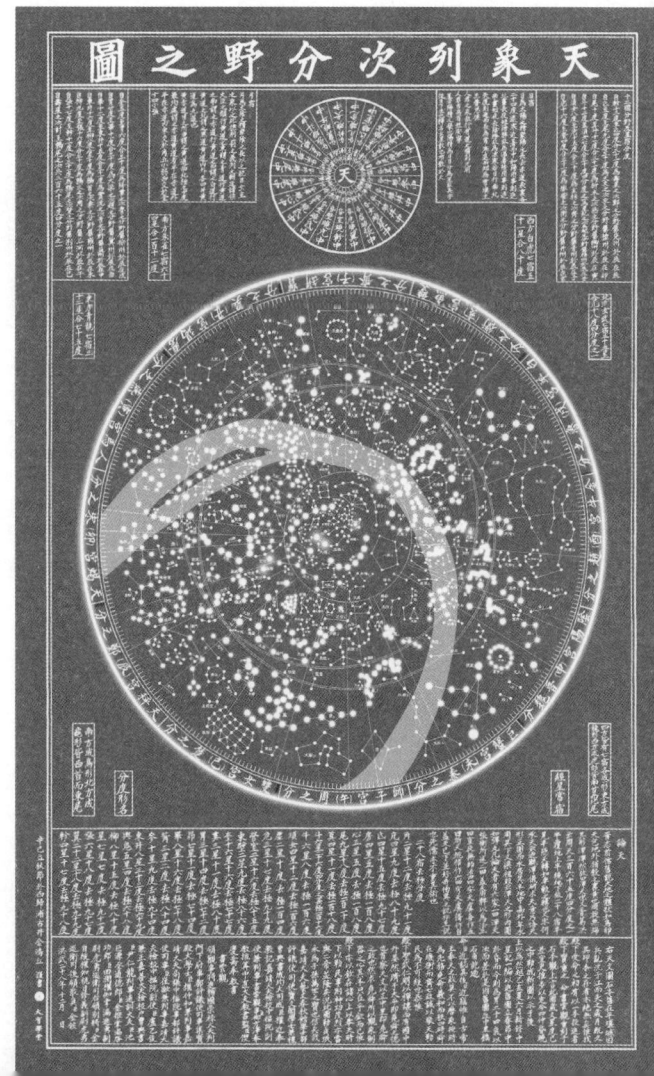

1장. 천문학 개략

1) 천문(天文)에 대하여

　천문은 하늘의 무늬, 즉 해와 달 및 별을 비롯한 하늘에서 보여지는 모든 현상을 말한다. 고대로부터 인류는 하늘에서 벌어지는 현상을 보고, 그것이 지상에 미칠 영향을 예견하는 경험과 기술을 축적하여 왔다. 이러한 기술은 때로는 정치적 목적으로 이용되기도 하였으나, 대부분의 경우에는 백성의 삶을 유익하게 하는데 쓰여졌다.

　동양의 하늘은 인간세계의 축소판이다. 임금이 있고 신하가 있으며 백성이 있을 뿐만 아니라, 궁궐이 있고 별장이 있으며 명당이 있고 부엌이 있으며 곳간이 있다. 또 곳간에는 각종 곡식이 있고 땔나무가 있다.
　백성이 사는 곳에는 시장이 있고 시장을 다스리는 관리가 있으며, 팔고 사는 물건이 있고 그를 재는 저울과 쌓아두는 곳간이 있다. 육로와 수로가 있고, 물건을 수송하는 수레와 배가 있으며, 우물이 있고 마차를 모는 마부가 있다. 만물을 다스리는 영험한 천신(天神)이 있는가 하면, 변소가 있고 똥이 있으며 오줌도 있다. 이렇게 지상에서 펼쳐진 모든 상황이 별자리라는 이름으로 하늘에 배열되어 있고, 각 별자리의 형상 및 색깔 등에 따라 지상의 사람들에게 그 영향을 미치게 된다.

임금에 해당하는 별자리는 밝고 별자리의 형태를 뚜렷이 갖추어야 지상에 밝은 정치가 이루어지며, 내시에 해당하는 별자리는 형태는 뚜렷이 갖추어야 하나 밝으면 좋지 않고, 변소나 똥에 해당하는 별자리는 누런색이면 백성들의 건강이 좋고, …, 식으로 판별하게 된다. 별자리의 색깔과 형태 그리고 밝기 등으로 판별하되, 밝아서 좋은 것이 있고 그렇지 못한 것이 있는 것이다.

하늘의 무늬를 관측해서 지혜롭게 활용한다. 구름이 많이 끼면 비가 온다는 예측부터, 해와 달의 운행에 의하여 책력을 만들어 농사짓는 시기를 결정한다. 필수(畢宿)와 달이 만나면 큰 비가 곧 올 것이라는 기상의 예측을 하고, 오성이 규수(奎宿)에 취합하면 지혜로운 인재가 많이 태어날 것이며, 혜성이 자미원을 지나면 정권이 바뀐다고 예견한다.

또 올해는 토기운이 강하므로 순환기계통의 병이 많이 걸릴 것이라는 의학적 예측과, 사람이 태어날 때에 해와 달 및 오성의 위치 그리고 몇몇 중요한 별자리의 운행을 관찰하여 사람의 운명을 판단하는 사주·기문학·자미두수 등등, 인간이 살아가는 모든 일에 천문이 활용되지 않는 경우가 없다고 해도 과언이 아닐 것이다.

이러한 현상과 그에 따른 예견은 경험이고 기술이며 통계과학이다. 어떤 사람은 "아무리 자미원이 하늘의 중심에 있다 하더라도, 혜성이 지나갔다고 정권이 바뀐다는 것이 말이 되느냐?"고 할지 모른다. 어쩌다가 우연의 일치가 계속된 것이지, 상식적으로 이해가 안된다는 뜻일게다.

서양과학의 이론에 의하면 머릿속에서 발생하는 전기적인 작용을 화학적으로 바꾸면서 생각이 일어난다고 한다. 또 요즘 우리가 많이 쓰는 컴퓨터는 전기적인 작용만으로도 생각을 하고 저장하는 기능을 한다.

저 하늘의 무수한 별들은 각기 고유의 파장을 방출하는데, 이를 우주파라고 한다. 이 중에서는 사람의 뇌파와 파장이 비슷해 영향을 많이 미치는 것도 있고, 파장이 달라 조금 미치는 것도 있을 것이다. 사람에게서 방출되는 파장도 4만km 정도의 긴 파장이기 때문에 7분의 1초만에 지구를 한바퀴 돈다고 하니까, 하늘에서 오는 우주파도 만만치는 않을 것이다.

자미원은 수많은 별들의 집합처이다. 은하계만 해도 수십개가 넘을 만치 모여있다고 하니, 그 안에 속해 있는 별의 수는 상상이 안될 정도로 많을 것이고, 따라서 인간에게 영향을 미치는 파장도 엄청나게 많을 것이다.

그러한 자미원과 사람과의 사이에 혜성이 지나가면서 평상적으로 오던 우주파를 교란시켰다면, 인간에게 미치는 영향이 어떠할 것이라는 것은 쉽게 상상이 간다. 정상인 사람과 미친 사람의 차이는 아주 미미하다고 한다. 약간의 차이로 정상인 사람과 미친 사람으로 나눠진다는 뜻이다.

그런데 자미원에서 오는 우주파가 교란되어 사람의 뇌파를 교란시키면, 생각들이 조금씩 변화될 것이 자명해진다. 아랫사람은 윗사람의 하는 일이 못마땅하며, 윗사람 역시 아랫사람의 하는 행동이 못마땅하게 보인다. 서로간에 조금씩 의심을 하게 되며, 평소 같으면 그냥 지나쳐 넘기고 드러나지 않았을 일이 드러나게 된다. 전에는 비판의 대상이 되었던 일이 보편화 되고, 보편화 되었던 일이 그 영향력이 감소되는 등, 우주파는 지구의 음양오행을 변질시킴으로써 여러 생물에게 직간접적으로 영향을 미치는 것이다.

특히 자미원은 최고의 신이 거처하면서 우주의 정령(政令)을 기획하고 발동하는 곳이라 알려져 왔다. 그만큼 중요한 별이 많이 자리한다는 뜻이다. 그러니 그 영향이 정권의 중심부에 미치고, 결국에는 정권이 바뀌게 되는 것이다.

그래서 『해중점(海中占)』에서는 "혜성이 북두를 지나가면 대신이 모반하여 병란이 크게 일어난다. 만약에 북두의 괴(魁)에 혜성이 들어가면 대신이 모반하므로 대신을 죽이지 않으면 3일내로 왕이 죽는다. 봄과 여름에 혜성이 지나가면 3년 동안 그 효험이 있고, 가을과 겨울에 혜성이 지나가면 1년 동안 그 효험이 있다"고 하였으며, 『감정부(感精符)』나 『춘추위(春秋緯)』 등에서도 "혜성이 자미궁을 침범하면 장차 모반을 꾀하는 자가 생긴다"고 한 것이다.

결국 "하늘의 모든 현상이 사람에게 영향을 미치는데, 직접 연결된 곳은 더 영향을 받고, 간접적으로 연결된 곳은 영향을 덜 받는다"는 결론에 이른다. 하늘과 땅 등 자연과 사람은 한 몸이고, 그래서 서로 유기적인 상호관계를 유지하면서 서로간에 영향을 주고 받는다.

오천 중의 창천, 오성 중의 목성, 28수 중의 동방7수 또는 각·두·규·정의 목요성(木曜星) 등은 모두 목기운을 띠고 있는데, 이러한 기운이 다가오거나 제 위치를 잘잡고 있으면 사람들이 서로를 사랑으로 대하고 북돋아 주는 등 목기운의 행동을 하게 된다고 한다.

또 어찌 혜성이 나타나서 사람들의 정신이 해이해진다고만

할 것인가? 오히려 사람의 해이해진 정신이 하늘에 영향을 주어서 혜성이라는 조짐으로 온 것은 아닐까?

제갈공명은 북두성에게 생명을 연장해달라고 빌었고, 또 각 북두성에게 비는 주문이 있었으며, 정성껏 소원을 빌면 하늘이 감복한다는 말은 무엇을 뜻하는 것인가? 우리의 몸에서 발동되는 텔레파시가 하늘의 어떤 별과 공명현상을 일으켜 힘을 증폭시킴으로써 돕게 하는 것은 아닐까?

지금 배우는 천문학이 모두 서양의 경험과 기술을 발달시킨 연장선이고, 우리의 조상이 발전시켜온 천문학은 사장되어 있다. 그러나 고구려의 천문학만 하더라도 아시아에서 최고로 **발달하여 각 나라로 전파되었고, 특히 일본에 전해진 것은** 기토라고분 등 일본황실의 무덤에서 속속 발견되고 있다.

어찌 고구려뿐이겠는가? 백제의 천문학 전파와 신라의 첨성대 윷판 등은 과거의 찬란한 역사를 증명하고 있다. 하늘과 하나가 되어 살아온 조상의 숨결을 느끼고, 이를 현 실정에 응용하기 위해서도 전래의 천문학은 번역되고 계발되어야 한다.

동주 최석기 선생에 의하면 "오는 서기 2139년에 두수(斗宿)에 오성이 모이게 되어, 세계가 평화스럽고 특히 아시아가 최고로 번성하리라"고 하였다. 역사의 기록에 의하면 1,171.75

년 마다 각수·두수·규수·정수의 순서로 오성이 취합한다. 또 두수는 원만함을 상징하고, 기수(箕宿)와 더불어 동아시아를 관장하는 별자리이다. 그러한 별자리에 오행의 정기가 모여진 다면 동아시아가 크게 번영할 것은 자명해진다.

지금은 비록 이렇게 힘들게 살지만, 오늘의 어려움을 이기면서 곧 다가올 미래를 준비한다면, 지구를 한바퀴 돌아오는 아시아의 번영기를 다시 맞을 수 있을 것이다. 천지인이 한몸이라는 것을 깨달아 자연과 하나가 되어 호흡하고, 서로간에 조짐이나 염원을 통한 의사표시를 존중하며, 아울러 미래를 예측하여 준비하며 산다면, 나밖에 모르는 각박한 삶에서 좀 더 여유롭고 장기적인 안목을 갖고 살게 될 수 있을 것이다.

2) 동양의 천문관

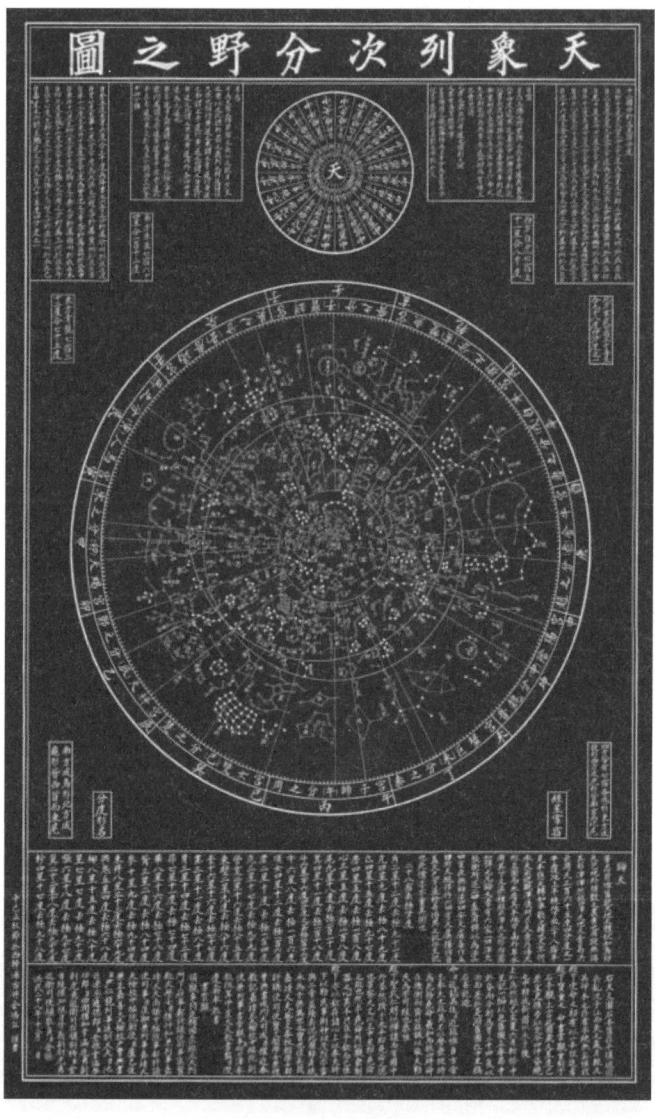

천상열차분야지도

천문은 하늘의 중심에 있는 삼원(三垣:상원인 태미원, 중원인 자미원, 하원인 천시원)과 그를 둘러싼 28수라는 경성(經星:恒星)을 살피면 그 대략을 알 수 있다. 즉 가장 중심인 자미원은 황제라고 할 수 있는 북극성(天樞)이 자리하여 만물의 생장소멸을 다스리고, 이의 명령을 받은 북두성이 북극성을 돌면서 하루와 1년의 길이를 정하는 등 음양오행이 고르게 베풀어지도록 돕는다.

자미원 밖에서는 적도를 28구역으로 나누고, 각 구역을 지방 장관이라고 할 수 있는 28수가 나누어 다스리는데, 그 잘잘못을 칠정(七政:日·月과 목·화·토·금·수의 오성)이 운행하면서 감찰(?)하는 것으로 보는 것이 옛 천문관(天文觀)의 기본 골격이다.

28수를 칠정이 운행하여 돌되, 각 별자리의 아랫쪽이냐 윗쪽이냐 아니면 중심으로 운행했느냐에 따라, 또 그때의 해당하는 별자리 색깔 및 다른 별들의 위치에 따라, 또는 그때 제 위치에서 제모습을 유지하고 있는가 다른 형태를 띠고 있는가에 따라, 계절이 바뀌고 하늘의 운세가 바뀐다고 보았고, 지상에서는 그 영향을 받는 것으로 이해되었다.[1]

1] 예를 들어 28수 중의 하나인 필수(畢宿)는 변방의 수비를 맡고 또 구름끼고 비오는 것 등을 주관하는데, 칠정 중에 생하는 기운을 띤 목성이 필수에 가까워져서 범하게 되면 "전쟁을 하기는 하되 승리하게 되고, 바람과 비가 많이 오게 된다"고 조짐을 판단하는 것이다. 그리고 이러한 영향은 필수가 맡은 영역에 더 많은 영향을 주는데, 중국에서는 기주(冀州)와 익

물론 자미원에는 북극성 외에 천황태제(天皇太帝)라 하여 우주를 주재하는 별(神)이 따로 있다. 북극성이 공간적인 지위를 맡았다면, 천황태제는 모든 만물의 생성소멸과 그 원리를 주재하는 실질적인 주재자인 것이다.[1]

주(益州)에, 우리나라에서는 평안도가 해당된다.

1] 이는 우리나라 윷놀이판에서도 중심점을 제외한 나머지가 28개의 점으로 나뉘어 있는 것에서도 잘 나타나 있다(윷판은 휴대용 천문관측기구라는 설이 있다). 부록의 「윷판도」 참조.

3) 하늘의 삼원(三垣)

천문도를 살펴보면 가장 중심에 있는 자미원(紫微垣) 외에도, 28수가 놓인 적도의 안쪽으로 태미원(太微垣)과 천시원(天市垣)을 볼 수 있다. 이들 셋을 하늘의 삼원이라고 하는데, 각기 오제좌(五帝座)·북극(北極)·제좌(帝坐)라 하여 천자의 역할을 하는 별이 있다. 이렇게 인간의 최고 지위인 천자가 셋이나 있는 것은, 동시에 천자가 셋이나 존재한다는 뜻이 아니라, 각기 때에 따른 역할을 나누어 놓은 것이다.

즉 태미원은 상원이라고 하여 시작하는 때이고, 자미원은 중원이라 하여 번성하는 때이며, 천시원은 하원이라 하여 결실을 맺어 감추는 때이다. 그래서 태미원에는 좌태미원과 우태미원은 물론 그 안에 소속된 관식이 간소하고, 장군과 정승을 같은 지위로 놓아 건국하고 시작한다는 뜻을 살렸으며, 자미원에는 동자미원과 서자미원에 관직이 여러단계로 많고, 정승을 장군보다 높이 두어 안정되고 번영된 시기임을 나타냈으며, 천시원에는 좌천시원과 우천시원에 제후국(또는 어느 정도 독립된 국가)을 배열하여 독립되고 분열된 쇠퇴기임을 보였다.[1]

---

[1] 기문(奇門)에서는 60갑자를 180년 주기로 보아, 첫 번째 60갑자를 상원(上元), 두 번째 60갑자를 중원(中元), 세 번째 육십갑자를 하원(下元)이라

물론 천자가 평소에는 자미원에 머물며 정사를 베풀다가, 태미원과 천시원을 별궁으로 삼아서 머물며 정사를 베푼다고도 볼 수 있다.

4) 칠정(七政)

7정(七政:七曜)은 해(日)와 달(月) 그리고 수성·화성·목성·금성·토성의 다섯 행성이다. 『서경:書經』의 순전(舜典)에 말하길 "선기옥형(璿璣玉衡)이 있어서 7정을 다스렸다"고 했으니, 7정은 7요를 뜻한다.[1] 하늘과 땅은 만물의 부모인 동시에 정사(政事)를 행하는 주체가 되며, 해와 달 그리고 5성(五星)[2]은 그 명령을 받아 정사가 실행되도록하는 관리가 된다. 즉 하늘과 땅의 기운이 쌓여 만물을 화육할 때에, 해와 달 및 오성은 생하고 극하는 실질적 작용을 한다.[3]

옛사람들은 하늘의 오성과 땅의 오행(五行)을 같이 보아서, 그 오행의 정기가 사방으로 분열하여 가깝고 먼 차이가 있게

고 하며, 1년을 나눌 때 전반기 180일을 60일씩 나누고, 하반기 180일을 60일씩 나누어 역시 상·중·하원으로 본다.

1] 칠정(七政) : 북두성은 북극성의 명을 받아 음양과 오행의 배합을 실질적으로 주관한다. 그래서 북두성을 칠정이라고도 한다.

배열하고, 체형에 크고 작은 다름이 있으며, 색의 구별이 있고, 행함에 늦고 빠름의 차이가 있으며, 모이고 흩어짐으로써 하늘과 땅의 변혁과 인물의 성하고 쇠함을 나타낸다고 생각했다.

사방에 각기 음양과 오행이 있고, 사방에 각기 7요를 맡은

	목요성	금요성	토요성	일요성	월요성	화요성	수요성
동방 7수	角(蛟) 교룡	亢(龍) 용	氐(貉) 담비	房(兔) 토끼	心(狐) 여우	尾(虎) 범	箕(豹) 표범
북방 7수	斗(獬) 해태	牛(牛) 소	女(蝠) 박쥐	虛(鼠) 쥐	危(蔫) 제비	室(猪) 돼지	壁(貐) 설유
서방 7수	奎(狼) 이리	婁(狗) 개	胃(雉) 꿩	昴(鷄) 닭	畢(烏) 까마귀	觜(猴) 원숭이	參(猿) 원숭이
남방 7수	井(犴) 들개	鬼(羊) 양	柳(獐) 노루	星(馬) 말	張(鹿) 사슴	翼(蛇) 뱀	軫(蚓) 지렁이

貐 : 수달 또는 설유(㺢貐). 설유는 용의 머리에 말의 꼬리를 하고 범의 발톱을 한 큰 동물이다. 착한 사람은 피하고 무도한 사람만 잡아 먹는다고 한다.

2] 오성(五星) : 목의 정기가 모인 것을 세성(歲星:목성), 화의 정기가 모인 것을 형혹(熒惑:화성), 토의 정기가 모인 것을 진성(鎭星 또는 塡星:토성), 금의 정기가 모인 것을 태백(太白:금성), 수의 정기가 모인 것을 진성(辰星:수성)이라고 한다. 이 다섯은 다 하늘을 오른쪽으로 돌아 28수를 순회하는데, 28수는 움직이지 않으므로 28수를 경(經)으로 보고 오성을 위(緯)로 본다.

3] 해와 달 그리고 오성이 황도(黃道)를 따라 운행하고, 그 운행하는 궤도를 따라 경성(經星)인 28수가 놓인다.

별자리가 있어서, 각·두·규·정은 목요성(木曜星)이고, 항·우·루·규는 금요성(金曜星)이며, 저·녀·위·류는 토요성(土曜星)이고, 방·허·묘·성은 일요성(日曜星)이며, 심·위·필·장은 월요성(月曜星)이고, 미·실·자·익은 화요성(火曜星)이며, 기·벽·삼·진은 수요성(水曜星)에 해당한다(이상은 東州 崔碩基선생의 「칠요설:七曜說」 참조).

5) 오천(五天)과 오운(五運)

하늘의 기운 중에 가장 대표적인 것이 오운을 나타내는 오천의 기운이다. 오천이란 목기운이 뻗쳐서 나타난 창천(蒼天), 화기운의 단천(丹天), 토기운의 금천(黅天), 금기운의 소천(素天), 수기운의 현천(玄天) 등 다섯을 말한다. 이 다섯기운이 항시 나타나는 것이 나니라, 해당하는 오행의 기운이 강할 때만 나타나서, 그 해의 하늘과 지상의 기운을 다스리는 것이다.

즉 창천의 목기운은 28수 중에서 위(危)·실·류·귀의 네 별자리를 지나는데, 이는 24방위에서 정과 임에 해당한다. 그래서 오운육기론으로 볼 때, 정과 임이 합해서 목이 된다고 하며, 간지로 정과 임으로 시작하는 해를 목의 기운이 주관한다고 한다.

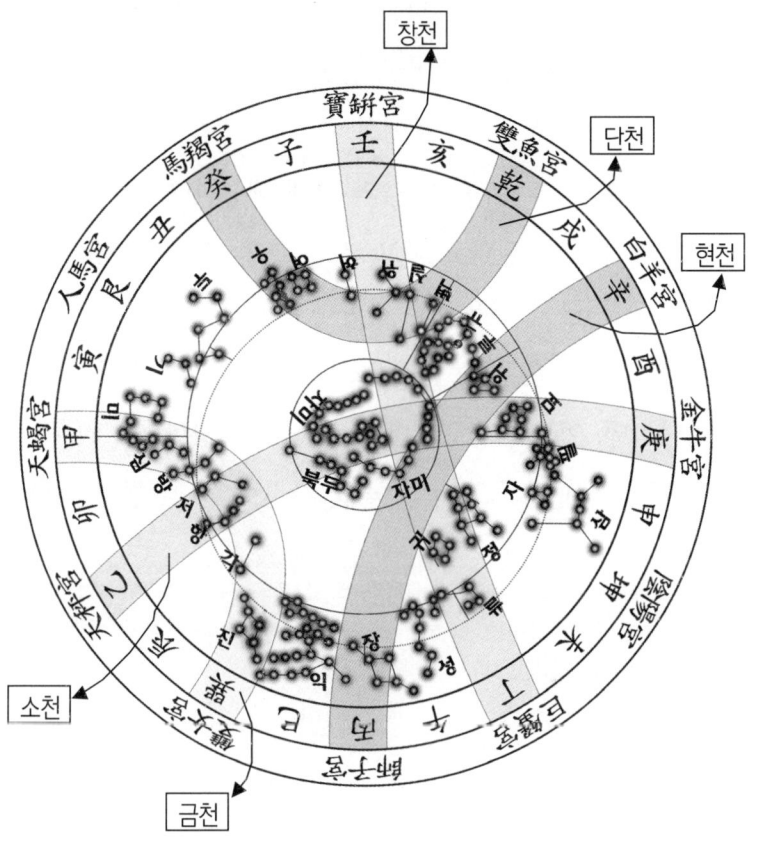

 단천의 화기운은 28수 중에서 우·여·벽·규의 네 별자리를 지나는데, 이는 24방위에서 무와 계에 해당한다. 그래서 무와 계가 합해서 화가 된다고 하며, 간지로 볼 때 무와 계로 시작하는 해를 화의 기운이 주관한다고 한다.

 금천의 토기운은 28수 중에서 심·미·각·진의 네 별자리를 지나는데, 이는 24방위에서 갑과 기(己)에 해당한다. 그래서 갑과 기가 합해서 토가 된다고 하며, 간지로 볼 때 갑과 기로 시작하는 해를 토의 기운이 주관한다고 한다.

소천의 금기운은 28수 중에서 항·저·묘·필의 네 별자리를 지나는데, 이는 24방위에서 을과 경에 해당한다. 그래서 을과 경이 합해서 금이 된다고 하고, 간지로 볼 때 을과 경으로 시작하는 해를 금의 기운이 주관한다고 한다.

현천의 수기운은 28수 중에서 장·익·루·위(胃)의 네 별자리를 지나는데, 이는 24방위에서 병과 신에 해당한다. 그래서 병과 신이 합해서 수가 된다고 하고, 간지로 볼 때 병과 신으로 시작하는 해를 수의 기운이 주관한다고 한다.

6) 28수와 24절기(節氣)

(1) 황도(黃道)와 적도(赤道)

황도는 해의 운행하는 길이고, 황도의 남극과 북극의 가운데로 도수가 제일 균일한 곳을 적도라고 한다(즉 천문도에서는 어느 곳에서나 바깥원과 동일한 거리를 두고 그린 안쪽의 원이 적도가 된다). 따라서 황도의 반은 적도의 밖에 있고, 반은 적도의 안에 있다.[1]

(2) 28수와 24절기(節氣)

각 방위의 7수 중에 첫 별(首星)인 각·정·규·두수는 모이는 것에 항상힌 도수가 있으므로, 반드시 해실무렵에 농쪽에 나타난다.

즉 적도선에는 경성(經星:恒星) 28개가 있는데, 각·항·저·방·심·미·기의 7개의 별자리는 동방의 창룡 또는 청룡(青龍)성이다. 그 중 각성의 1도(현재는 익수, 쌍녀궁 13도, 주천도수는 측정하는 장소에 따라서도 다르지만, 측정한 때에 따라

---

[1] 「천상열차분야지도」에는 "동쪽은 각수(角宿)의 5도 조금 못되는 곳에서, 서쪽은 규수(奎宿)의 14도 조금 더 되는 곳에서 교차한다"고 하였다. 이 두 교차점이 낮과 밤의 길이가 똑같은 춘분점과 추분점이 된다.

서도 차이가 발생한다)에서 1년에 한번씩 태양과 만나는 날이 추분이며, 두·우·여·허·위·실·벽의 7개의 별자리는 북방의 현무성인데, 그 중 두성의 13도(현재는 기수와 두수 사이, 인마궁 14도)에서 태양과 만나는 날이 동지이며, 규·루·위·묘·필·자·삼의 7개의 별자리는 서방의 백호성인데, 그 중 규성의 8도(현재는 실수와 벽수 사이, 쌍어궁 17도)에서 태양과 만나는 날이 춘분이며, 정·귀·류·성·장·익·진의 7개의 별자리는 남방의 주작성인데, 그 중 정성(현재는 음양궁 15도)에서 태양

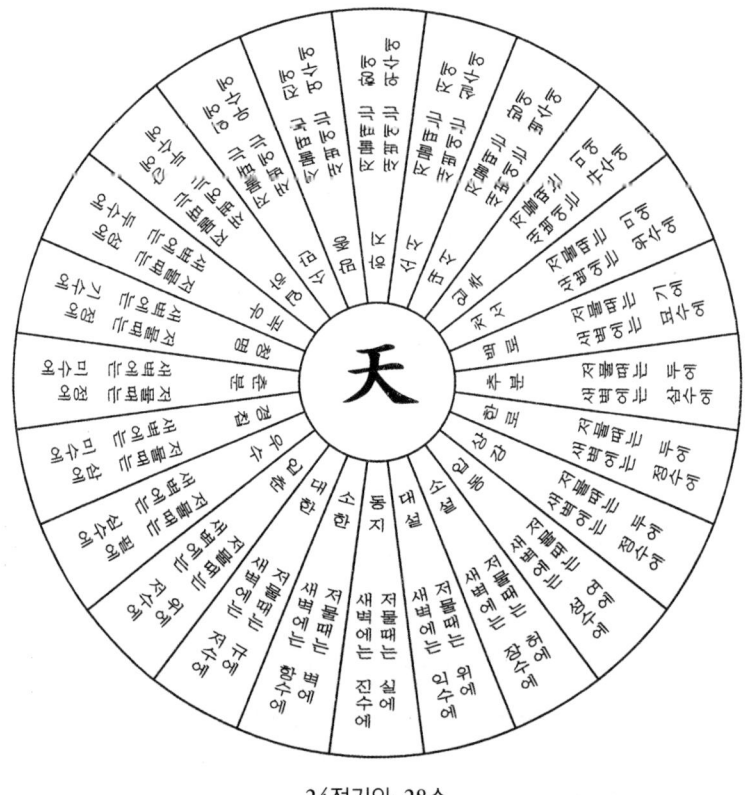

24절기와 28수

과 만나는 날이 하지이다.

  24절기는 황도를 24등분 한 것을 말한다. 춘분과 추분이란 낮과 밤의 길이가 똑같은 것이고, 음과 양이 교접하는 것이다. 동지는 1년중 밤이 가장 긴 때이고, 하지는 낮이 가장 긴 때를 말한다. 따라서 동지로부터, 동지→소한→대한→입춘→우수→경칩→춘분→청명→곡우→입하→소만→망종의 12절기가 있게 되는데, 하지가 될 때까지 점차 낮의 길이가 길어지고 밤의 길이는 짧아진다. 또 하지로부터 하지→소서→대서→입추→처서→백로→추분→한로→상강→입동→소설→대설이 있게 되는데, 동지가 될 때까지 점차 밤의 길이는 길어지고 낮의 길이는 짧아진다. 이 24절기는 만물이 봄에 태어나고 여름에 성장하며, 가을에 결실이 되고 겨울에 지징하는 마디가 된다.

  즉 4계절을 나눌 때, 동양에서는 4립(四立)이라 하여 입춘·입하·입추·입동을 계절의 시작으로 보고, 서양에서는 2분(分) 2지(至)를 기준점으로 보아, 춘분을 봄, 하지를 여름, 추분을 가을, 동지를 겨울의 시작으로 삼는다.

  이것은 서양에서는 눈에 보이고 피부로 실감하는 때를 중시하고, 동양에서는 그 근원을 중시하기 때문이다. 예를 들어 봄의 근원은 완연히 봄을 느낄 수 있는 춘분이 아니라 그 뿌리가 되는 입춘부터라는 것이다. 이러한 대표적인 예는 서양에

1장 천문학개략

서는 아기가 눈에 보이고 만져지는 출생시부터 나이를 계산하
나, 동양에서는 그 뿌리가 되는 산모의 자궁에 있는 태아부터
나이를 계산하는 것을 들 수 있다.

7) 28수와 12분야

28수는 모두 165개의 별로 이루어졌으며, 하늘의 주천도수
(365와 1 / 4도)를 영역별로 맡아 행한다. 또 지상의 여러 나
라를 지역별로 나누어 별자리와 대응시키고, 그 해당하는 지
역의 운세를 점쳤다.「천문도」의 바깥쪽 원에 쓰여져 있는 내
용이(12황도궁[1]에 따라 12지역으로 나누어 놓은) 이에 해당

1] 태양이 지나가는 길인 황도(黃道 : 엄밀히 말하면 黃經)를 12등분한 것을
12황도궁(十二黃道宮)이라고 한다. 양이 처음 발동하는 시기를 보병궁이
라하여 자(子)의 방향에 두고, 양의 기운이 발달하는 것에 따라 마갈궁(
丑)·인마궁(寅)·천갈궁(卯)·천칭궁(辰)·쌍녀궁(巳)이라 하고, 음의 기운이
처음 발동하는 사자궁(午)에서부터 시작하여 거해궁(未)·음양궁(申)·금우
궁(酉)·백양궁(戌)·쌍어궁(亥)에서 마치게 된다.
엄밀히 말하면 12황도궁은 황도를 12등분한 것이고, 12분야(12之次)는
적도를 12등분한 것이다. 또 황도와 적도가 만났을 때가 춘분과 추분이
고, 황도와 적도가 가장 많이 떨어졌을 때가 하지와 동지인데, 12황도궁
에서는 춘분·추분·하지·동지 등 2분 2지가 각 황도궁의 초입에 들어왔을
때를 가리키지만, 12분야에서는 각 분야의 중간에 이르렀을 때를 가리킨
다. 또 12차는 12년을 주기로 운행하는 목성의 이동을 나타내기 위해 쓰

한다.

	12궁(宮)	12차(次)	28수	2분 2지	동서와 목성
1	天秤宮(辰, 천칭자리)	수성(壽星之次)	軫·角·亢		西 ↑
2	天蝎宮(卯, 전갈자리)	대화(大火之次)	氐·房·心·尾		
3	人馬宮(寅, 궁수자리)	석목(析木之次)	尾·箕·斗	동지	
4	馬羯宮(丑, 염소자리)	성기(星紀之次)	斗·牛·女		
5	寶甁宮(子, 물병자리)	현효(玄枵之次)	女·虛·危		
6	雙魚宮(亥, 물고기자리)	추자(娵訾之次)	危·室·壁·奎	춘분	
7	白羊宮(戌, 양자리)	강루(降婁之次)	奎·婁·胃		↓ 東 목성의 진행방향
8	金牛宮(酉, 황소자리)	대량(大梁之次)	胃·昴·畢		
9	陰陽宮(申, 쌍둥이자리)	실침(實沈之次)	畢·觜·參·井	하지	
10	巨蟹宮(未, 게자리)	순수(鶉首之次)	井·鬼·柳		
11	師子宮(午, 사자자리)	순화(鶉火之次)	星·張		
12	雙女宮(巳, 처녀자리)	순미(鶉尾之次)	張·翼·軫	추분	

였던 것이라는 설도 있다. 그러나 "해와 달은 1년에 12번 만나게 되는데, 이 만나는 점을 12차 또는 12차사라고 한다"는 설이 더 유력하다.

8) 28수와 서양별자리의 비교

아래에 제시한 표는 이은성님의 『역법의 원리분석』에 나오는 내용을 참조하여 만든 것이다.

동방 7수	서양 기준별	북방 7수	서양 기준별	서방 7수	서양 기준별	남방 7수	서양 기준별
각	처녀 α	두	궁수 ψ	규	안드로메다 ζ	정	쌍둥이 μ
항	처녀 κ	우	염소 β	루	양 β	귀	게 θ
저	천칭 α	여	물병 ε	위	양 δ	류	바다뱀 δ
방	전갈 π	허	물병 β	묘	황소 η	성	바다뱀 α
심	전갈 σ	위	물병 α	필	황소 ε	장	바다뱀 ν
미	궁수 μ	실	페가수스 α	자	오리온 λ	익	컵 α
기	궁수 γ	벽	페가수스 γ	삼	오리온 δ	진	까마귀 γ

또 아래의 비교그림은 여러 자료를 참작하여 만들어 보았다. 살펴보면 알겠지만 동양의 별자리와 서양에서 말하는 별자리와는 몇몇 별자리(參宿와 오리온자리, 북두칠성과 작은곰자리 등) 외에는 일치하는 면이 거의 없다. 또 여기에서 그린 대로 동양과 서양의 별이 정확히 비교되어 표현했다고는 볼 수도 없다. 다만 이러한 비교그림을 갖고 있으면 별자리 찾기가 훨씬 쉽고, 이러한 시도가 천문을 연구하는 사람에게 꼭 필요하리라는 생각에 여기에 싣는다.

(1) 동방7수와 서양별자리

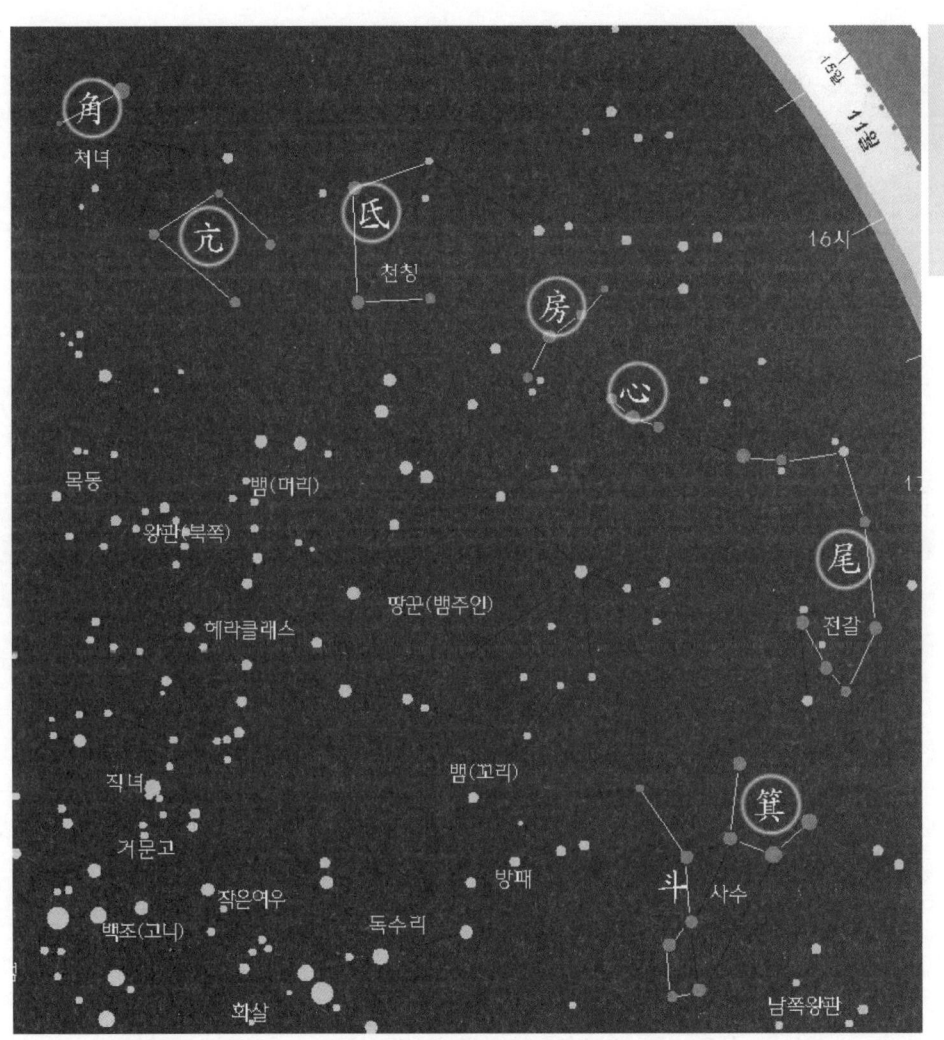

동방7수는 4월 초순의 한밤중에 각수부터 남중하기 시작해서 7월초순에는 기수가 남중을 함.

(2) 북방7수와 서양별자리

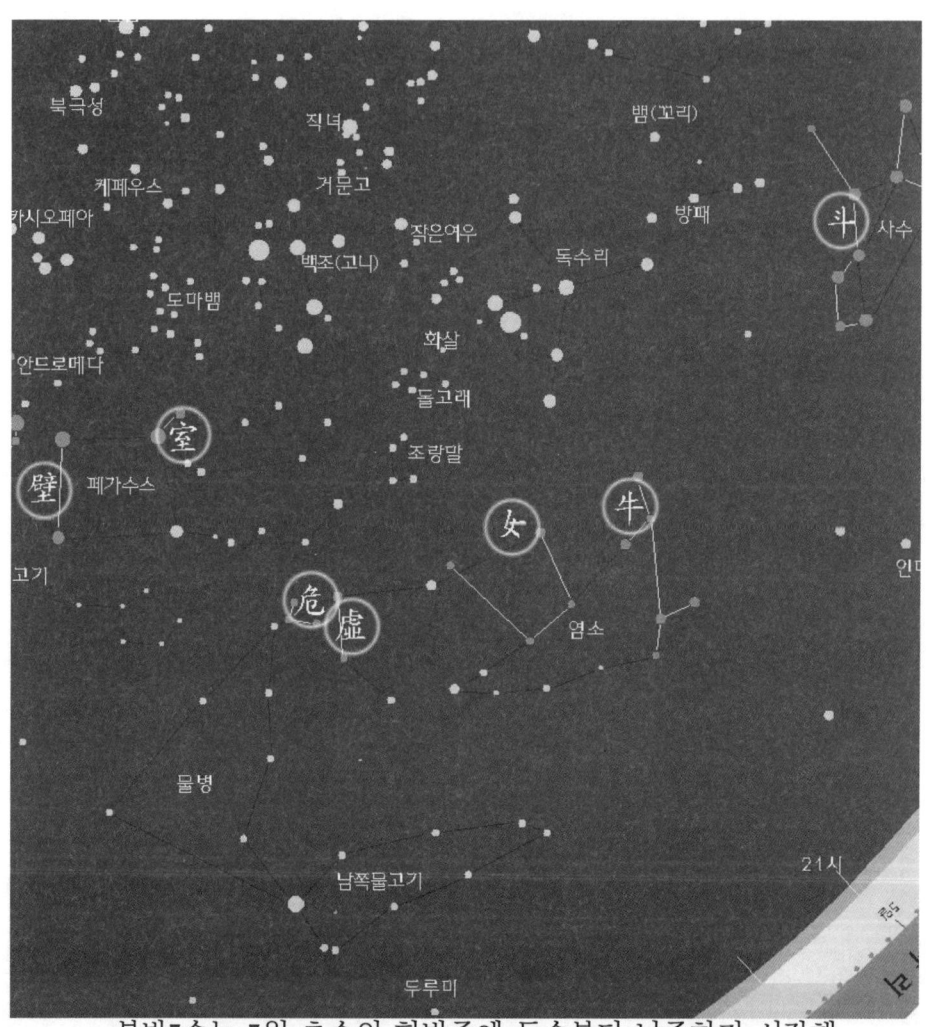

북방7수는 7월 초순의 한밤중에 두수부터 남중하기 시작해서 10월초순에는 벽수가 남중을 함.

(3) 서방7수와 서양별자리

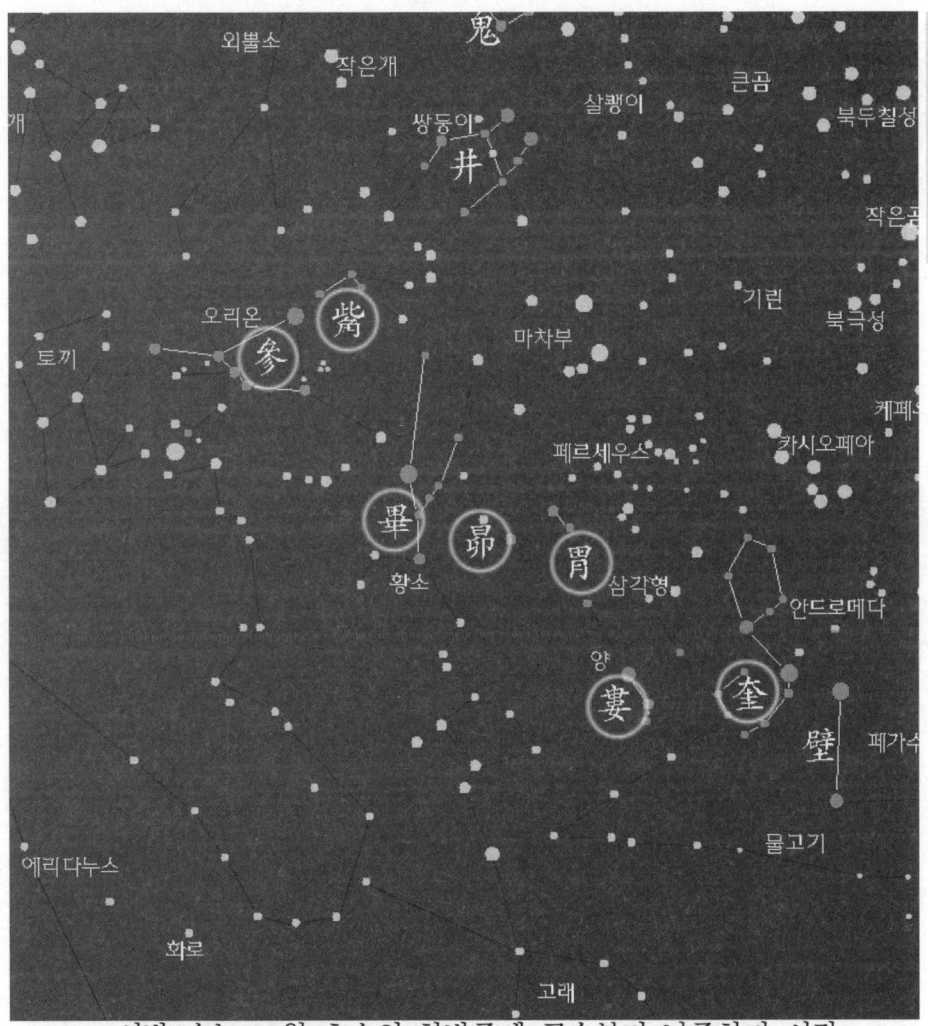

서방7수는 10월 초순의 한밤중에 규수부터 남중하기 시작
해서 12월 초순에는 삼수가 남중을 함.

(4) 남방7수와 서양별자리

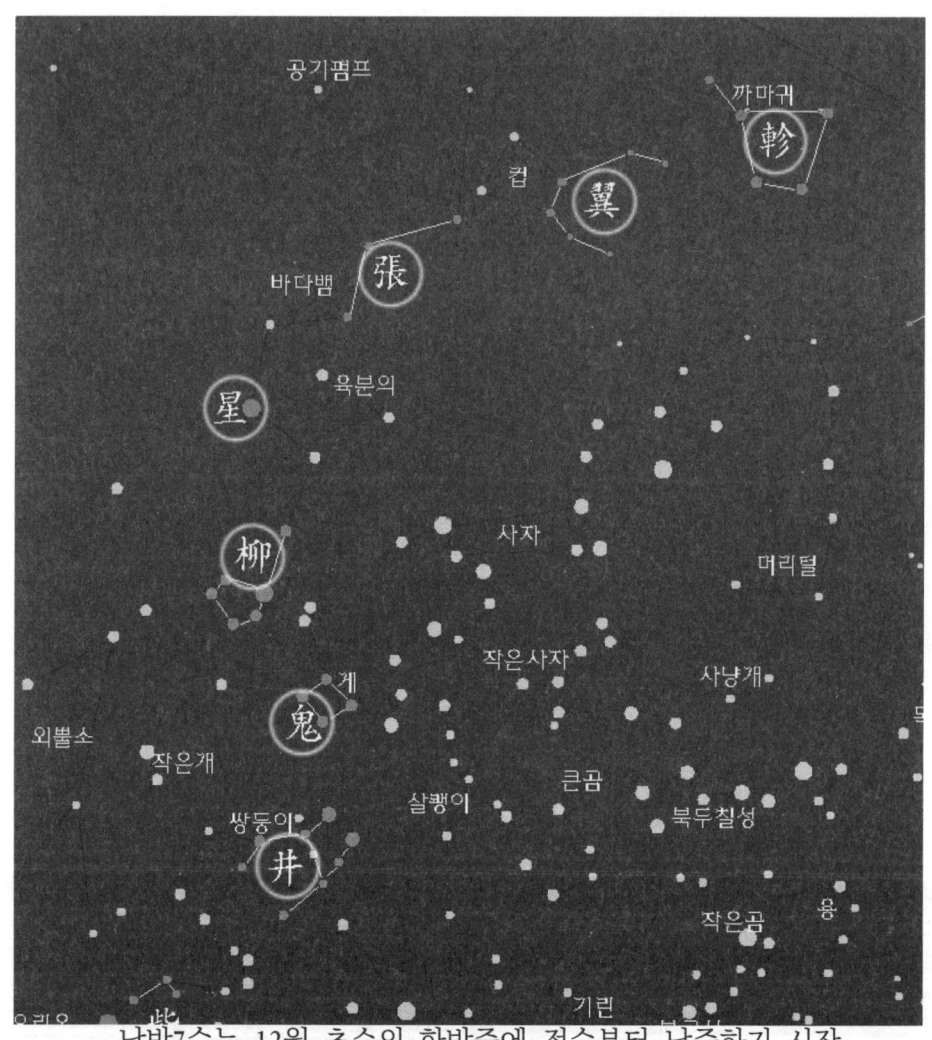

남방7수는 12월 초순의 한밤중에 정수부터 남중하기 시작해서 3월 초순에는 진수가 남중을 함.

9) 용어정의

1. 동(動) : 동이라고 하는 것은 별빛이 요동하는 것을 의미한다(動者 光體搖動).
2. 망(芒) : 망이라는 것은 빛이 빛날 때, 칼끝이나 가시같은 빛의 모양이 생기는 것을 말한다(芒者 光耀生鋒芒刺).
3. 각(角) : 각이라는 것은 머리의 뿔같이 길고 큰 가시같은 빛이 생기는 것을 말한다(角者 頭角長大芒).
4. 희(喜) : 희라는 것은 빛이 색깔이 윤택한 것을 말한다(喜者 光色潤澤).
5. 노(怒) : 노라는 것은 빛의 끝이 힘있고 커서 크게 윤택함을 말함(怒者 光芒威大 大潤澤).
6. 소(疏) : 소라는 것은 서로 떨어져 있어서 정상적인 별자리를 이루지 못하고 있는 것을 말한다(疏者 相離 失其常體).
7. 취취(就聚) : 취취라는 것은 서로 가까와져서 모여있는 것을 말한다(就聚者 相近而聚).
8. 존(存) : 존이라는 것은 평상의 모습을 지켜서 그 바름을 얻음을 말한다(存者 守常得正).
9. 대(大) : 대라는 것은 본래의 형상보다 커진 것을 의미한다. 길한 별은 커지면 길하게 되고, 흉한 별은 커지면 흉하게 된다(大者 大于本體 吉星則吉 凶星則凶).

⑩ 소(小) : 소라는 것은 본래의 형상보다 작아진 것을 의미한다. 길한 별은 작아지면 흉하게 되고, 흉한 별은 작아지면 길하게 된다(小者 小于本體 吉星則凶 凶星則吉).

⑪ 망(亡) : 망이라는 것은 그 있는 장소를 잃어버린 것을 뜻한다 (亡者 失其所在).

⑫ 출(出) : 출이라는 것은, 아직 가지 않아야 할 때 간 것을 말한다(出者 未當去而去).

⑬ 입(入) : 입이라는 것은, 오지 않아야 할 것인데 온 것을 말한다. 또 다른 말로는 같은 형체를 띤 것을 입이라고도 한다. 두 별이 서로 가까와지면 그 재앙이 크나, 서로 멀면 다치게 되지 않는다. 거리가 칠촌(七寸)의 안에 있으면 반드시 상하게 된다. 만약에 두별이 함께 하는 것이 평상시의 운행 같아서, 처음 그 도수(분야)에 왔을 때 완전히 한 몸이 되고 같은 색을 띤 것을 '입'이라고 하며, 그 별자리를 만났다가 사이가 멀어져 그 도수(분야)를 벗어난 것을 '출(出)'이라고 한다(入者 不應來而來 又曰 同形爲入 二星相近 其殃大 相遠 無傷 七寸以內 必之矣 若其常行 初至其分一 曰同體共色爲入 遇其座位 離其宿分爲出).

⑭ 사(舍) : 사라는 것은, 두 별이 서로 가까와져서 같은 곳에서 하나의 별자리처럼 되는 것을 말한다(舍者 二星相近 同處一宿).

⑮ 합(合) : 합이라는 것은, 별빛의 끝이 서로 가까와져서 하나의 별빛처럼 되는 것을 말한다(合者 芒角相及而同光).

⑯ 리(離) : 리라는 것은, 비록 같은 별자리의 같은 도수(度數)에 속하나, 남북으로 어긋나고 거리가 생겨서, 빛이 서로 닿지 않음을 말한다(離者 雖同宿共度 而南北乖隔 光不相及).

⑰ 도(徒) : 도라는 것은, 비록 같은 별자리에 있으나, 나뉘어져 서로 정지해 기다리지 않음을 말한다. 또한 서로 가까와지는 것을 취취(就聚)라 하고, 서로 떨어져 가는 것을 리도(離徒)라고 한다(徒者 雖同在宿分不相停待 又以相近 爲就聚 相離爲離徒).

⑱ 영(盈) : 영이라는 것은, 사(舍)의 단계를 지나쳐 크게 나아감으로써, 평상의 상태를 지나친 것을 말한다(盈者 超舍大進 過其所常).

⑲ 축(縮) : 축이라는 것은, 사(舍)의 단계에서 물러나 크게 지체함으로써, 그 평상의 상태에도 못미치는 것을 말한다(縮者 退舍大遲 不及其常).

⑳ 숙(宿) : 사(舍)라는 것은 별자리의 도수를 정상적으로 지나되, 그 별자리에서 운행이 지체되는 것을 말하고, 숙(宿)이라는 것은 사(舍)의 단계를 넘어 가면서 지체하지 않는 것을 말한다(舍者 經其宿度而行 舍其宿而行遲 宿者 經其舍而過 往去不遲也).

㉑ 거(居) : 거라는 것은, 복과 덕이 있는 별이 그 별자리(28수 중의 하나)의 위치에 있는 것으로, 빛이 윤택하면서 그 별자리에서 지체하는 것이다(居者 福德之星在其宿位 光色潤澤而遲).

㉒ 류(留) : 류라는 것은, 그 자리에 있으면서 다른 곳으로 옮겨가지 않는 것을 말한다(留者 住而不移).

㉓ 중(中) : 중이라는 것은, 동과 서로 치우침 없이 마땅해서, 가운데로 지나가지만 범(犯)하는 것이 아닌 것을 말한다(中者 東西相當 中過無犯).

㉔ 력(歷) : 력이라는 것은, 차례로 서로 영향을 주면서 지나가는 것을 말한다(歷者 以次相及而過).

㉕ 관(貫) : 관이라는 것은, 가운데를 지나쳐서 가는 것을 말한다(貫者 經其中過).

㉖ 자(刺) : 자라는 것은, 곁을 지나가면서 빛의 끝이 찌르는 것을 말한다(刺者 在旁過光芒刺之).

㉗ 마(磨) : 마라는 것은, 곁을 지나가면서 서로 아주 근접한 것을 말한다(磨者 傍過而相切).

㉘ 핍(逼) : 핍이라는 것은, 곁을 바짝 스쳐지나가지만 별 사이에 틈새가 있는 것을 말한다(逼者 旁過逼迫而有間).

㉙ 투(鬪) : 투라는 것은, 두 별자리가 갔다가 다시 돌아와 하나로 합하는 것을 말한다. 두 별이 같은 자리에 있어서 그

형체를 구별할 수 없는 경우이다(鬪者 二體往返而復合同 二星 同處 不辨其形).

30 환(環) : 환이라는 것은, 별이 진행하면서 에워싸며 가는 것을 말한다(環者 星行遶之).

31 요(繞) : 요라는 것은, 다른 별을 에워싸듯 휘어감으며 지나치는 것을 말한다(繞者 繞星而過).

32 능(凌) : 능이라는 것은, 직선적으로 다가가서 별자리에 영향을 주는 것을 말한다(凌者 直往及其體).

33 구(勾) : 구라는 것은, 한번 가고 한번 돌아오는 것을 갈고리의 형태로 하는 것을 말한다(勾者 一往一返如鉤).

34 기(己) : 기라는 것은, 가고 오는 것을 중복해서 두번 구(勾)를 하여 '己(기)' 자의 형태로 하는 것을 말한다(己者 往返重複再勾如己).

35 범(犯) : 범이라는 것은, 음과 양에 있어서 서로 가까와져 7촌이내에 들음으로써 빛이 서로 접하게 되는 것을 의미한다. 범(犯)과 합(合)은 같은 종류이지만, 범이라고 할 경우는 재앙이 큰 것을 의미한다(犯者 在陰在陽相近七寸 光相接 犯與合同類 犯則爲殃大).

36 승(乘) : 승이라고 하는 것은, 위로부터 아래로 내려오는 것을 뜻한다(乘者 自上而下).

37 투(鬪) : 투(鬪)는 떨어졌다(離)가 합하고, 합하였다가 떨어

지는 것으로, 혹은 서로 능멸하기도 한다(鬪者 離而合 合而離 或相凌).

38 촉(觸) : 촉이라는 것은, 두 별자리가 함께 움직여서 곧바로 다가서는 것을 말한다(觸者 兩體俱動而直來).

39 저(抵) : 저라는 것은, 하나는 움직이고 하나는 고요하게 그쳐있으면서, 곧바로 서로 다가오는 것을 뜻한다(抵者 一動一靜 直相至).

40 침(侵) : 침이라는 것은, 이치를 벗어나게 나아가는 것으로, 큰 것이 작은 것을 핍박하고, 위로부터 아래로 내려가는 것을 말한다(侵者 越理而進 以大迫小 自上而下).

41 박(薄) : 박이라는 것은, 두 별자리가 서로 붙는 것을 의미한다(薄者 兩體相著).

42 수(守) : 거하면서 가지 않는 것을 수(守)라고 하는데, 일명 서로 가까와지는 것이라고 한다(居之不去曰守 一曰相近也).

43 식(食) 또는 습(襲) : 변두리를 침범해와서 가림으로써 별자리의 형체를 보이지 않게 하는 것을 식이라고 하는데, 다른 말로는 습(엄습함)이라고도 한다(邊侵掩而不見其體曰食 亦曰襲).

- 이상은 오성(五星) 및 요성(妖星)·객성(客星)·혜성(彗星)·패성(孛星)에 통용되는 용어이다.

44 지(遲) : 지라는 것은, 보통의 운행도수보다 늦는 것을 뜻한다(遲者 不及常度).

45 질(疾) : 질이라는 것은, 보통의 운행도수보다 지나치게 빠른 것을 의미한다(疾者 過之).

46 역(逆) : 역이라는 것은, 별의 운행은 마땅히 동쪽으로 가야 하는데, 오히려 서쪽으로 가는 것을 말한다(逆者 當東反西).

47 순(循) : 순이라는 것은, 보통의 운행도수에 따라 똑같이 운행하는 것을 의미한다(循者 依常度與數同).

48 순(順) : 순이라는 것은 동쪽으로 향해가는 것을 뜻하고, 역이라는 것은 서쪽으로 가는 것을 의미한다(順者向東也 逆者西行也).

49 회(會) : 회라는 것은 하나는 역으로 가고 하나는 순으로 가시, 같은 별지리에 함께 임하거나, 또는 별빛이 근접해서 서로 영향을 주는 것을 의미한다(會者 一逆一順 同臨一宿 又云 光耀相逮).

50 취(聚) : 취라는 것은 회와 비슷한 경우이나, 세별 이상이 모일 때를 의미한다(聚者 自三星以上).

51 종(從) : 종이라는 것은 지(遲)와 질(疾)이 차례로 진행되어 한 곳에서 서로 영향을 주는 것을 뜻한다(從者 遲疾次第 相及於一處).

- 이상은 오성에게만 통용되는 용어이다.

52 식(食) : 달 속에 별이 보이는 것을 '별이 달을 식(食)했다'고 한다(月中見星 爲星食月).

53 월식(月食) : 달이 별에 가려서 보이지 않게 되는 것을 월식(月食)이라고 하며, 별이 서로 가까와져서 더욱 밝아지는 것을 빛이 하나가 되었다(同光)고 한다(月掩星而不見 爲月食 星相近盛明爲同光).

54 교(嚙) : 아래로부터 침입해서 식(食)하는 것을 교(嚙:깨물 교)라고 한다(自下而侵食之爲嚙).

- 이상은 오성과 태음(달)의 변이(變異)에 쓰이는 용어이다.

2장. 다섯 방위의 주재자

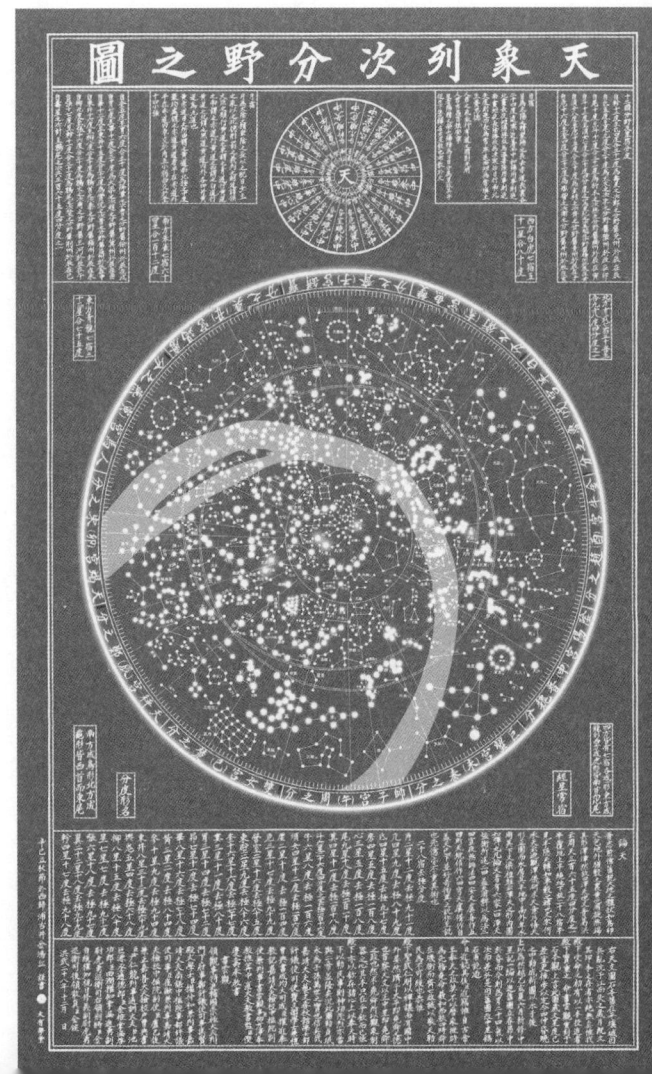

2장. 다섯 방위의 주재자

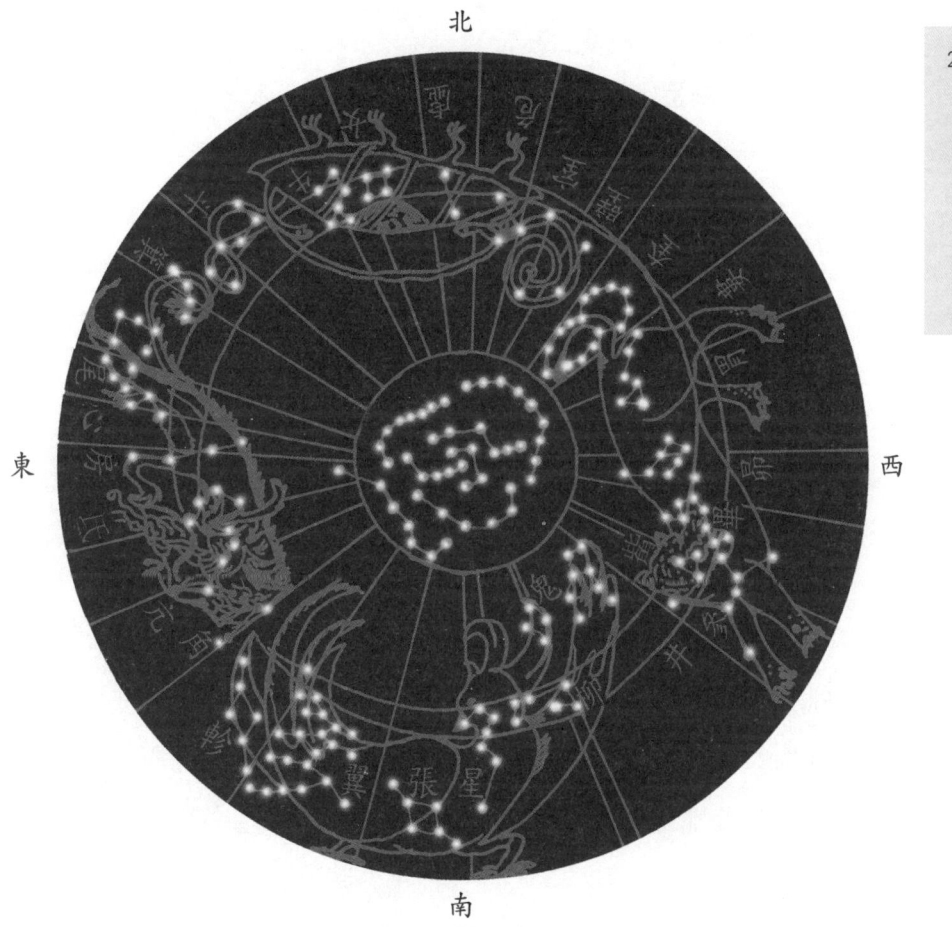

「28수와 사신도」에서 보는 바와 같이 중앙에는 황제(黃帝)가 자미원을 다스리고, 동방에는 창룡으로 표상되는 청제(靑

帝)가, 남방에는 주작으로 표상되는 적제(赤帝)가, 서방에는 백호로 표상되는 백제(白帝)가, 북방에는 현무로 표상되는 흑제(黑帝)가 각기 사방의 일곱 별자리씩을 맡아 나누어 다스린다고 보았다.

그렇기 때문에 중앙에는 만물을 조화시키는 토의 기운이 강하고, 동방에는 만물을 태어나게 하고 자라나게 하는 목기운이 강하며, 남방에는 만물이 무성하게 자라나 꽃피우는 화기운이 강하고, 서방에는 만물을 단단하게 하고 결실맺게 하는 금기운이 강하며, 북방에는 만물을 감추고 저장하는 수기운이 강하다고 보았다. 이러한 이론은 봄·여름·가을·겨울 등 계절의 운행으로 볼 때도 같이 보았다.

28수는 한꺼번에 모두 보이는 것이 아니고, 계절에 따라 조금씩 달리(대략 반씩) 보인다. 즉 한 봄(仲春)에는 동방창룡칠수가 동쪽에, 남방주작칠수가 남쪽에, 서방백호칠수가 서쪽에, 북방현무칠수가 북쪽에 있게 되지만, 한 여름(仲夏)에는 서쪽으로 90도 회전하여 북방현무칠수가 동쪽에, 동방창룡칠수가 남쪽에, 남방주작칠수가 서쪽에, 서방백호칠수가 북쪽에 있게 된다.

한 가을(仲秋)에는 다시 서쪽으로 90도 회전하여 서방백호칠수가 동쪽에, 북방현무칠수가 남쪽에, 동방창룡칠수가 서쪽에, 남방주작칠수가 북쪽에 있게 되며, 한 겨울(仲冬)에는 서쪽으로 90도 회전하여 남방주작칠수가 동쪽에 있게 되며, 서방백호칠수가 남쪽에, 북방현무칠수가 서쪽에, 동방창룡칠수가 북쪽에 있게 된다.

참고로 주역은 36괘(도전괘 56괘=28괘, 부도전괘 8괘)인데, 이중 건(乾)괘를 북극으로 놓으면 나머지 부도전괘 7괘가 칠정이 되며, 도전괘 28괘는 28수가 되니, 동양의 천문관과 일치한다. →부록참조.

1) 동방 창룡7수(東方 蒼龍七宿)

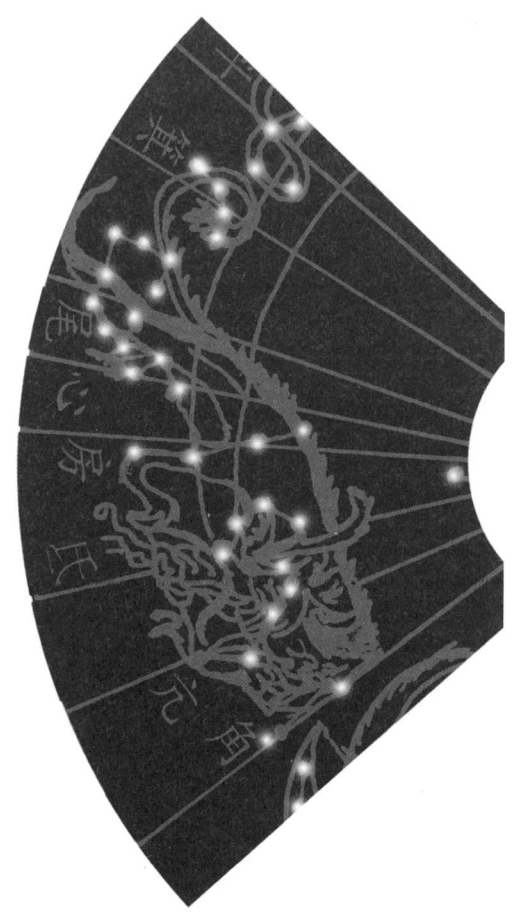

1]동궁2]은 청제(靑帝)가 주관하니, 그 정수(精髓)는 창룡이며,

1] 東宮靑帝 其精蒼龍 爲七宿 其象 有角 有亢 有氐 有房 有心 有尾 有箕 氐胸 房腹 箕所糞也 司春 司木 司東嶽 司東方 司鱗蟲三百有六十
2] 방(方)과 궁(宮) : 『천문류초』에서는 동궁 또는 동방, 서궁 또는 서방… 등

일곱별자리로 이루어져 있다.[1] 그 형상은 각(角)·항(亢)·저

등, 궁과 방을 혼용하여서 썼다. 그 이유는 궁과 방이 장소와 방위를 나타내는 것으로 비슷하기 때문이다. 그러나 궁이라고 할 때는 관직(官)의 개념이 더 많다. 『색은 : 史記索隱』을 살펴보면, '官' 자를 '宮' 자로 잘못썼다는 것이 더욱 확실해진다.

『사기 : 史記』의 천관서(天官書)에서는 "모든 별자리에 관직을 부여하였으니, 모두 91개의 관직에 500여개의 항성으로 인류사회의 조직과 비유된다. 이러한 조직에는 제왕으로부터 관리는 물론이고, 인물, 토지, 건축물, 기물(器物), 동식물 등도 포함된다. 이를 동서남북과 중앙의 다섯방위에 배치하여 각기 명칭과 관직을 부여하였으므로 하늘의 관직이라는 뜻으로 '천관(天官)'이라고 하였다"고 했다.

또 『색은 : 索隱』에는 "천문(天文)에 다섯 관직(五官)이 있다는 것을 살펴 볼 때, '관(官)'이라고 한 것은 별의 관직(星官)을 뜻한다. 별자리에는 높고 낮음이 있으니, 마치 인간에게 관직의 서열이 있는 것과 같다. 그러므로 하늘의 관직(天官)이라고 한다"고 했다.

『사기 : 史記』의 천관서(天官書)에는 "각(角)은 용의 뿔이고, 항(亢)은 용의 목(頸)이며, 저(氐)는 용의 가슴(胸)이고, 방(房)은 용의 배(腹)이며, 심(心)은 용의 심장이고, 미(尾)는 용의 꼬리이며, 기(箕)도 용의 꼬리에 해당한다. 다만 기는 꼬리 중에서도 용의 항문에 해당한다"고 하였다.

즉 동방의 발생하고 시작하는 기운이 형상화 된 것이 창룡이며, 그 용이 바로 동방7수의 모습으로 나타났다는 뜻이다.

1] 동방을 주재하는 장소가 동궁이고, 동방에는 모두 일곱별자리가 있는데 그 형상이 용과 같다. 즉 동방을 주재하는 것은 창룡(蒼龍)으로 형상되는 청제(靑帝)이다. 여기서 용은 변화무쌍하며 신령스런 동물로 봄에 만물이 변화무쌍하게 생겨나는 것과 같은 기운이고, '청(靑)' 또는 '창(蒼)'은 동방의 색이 푸르기 때문에 붙여진 수식어이다. 각 방위마다 주재하는 임금이 있는데, 각 방위의 색을 넣어서 동방은 청제, 남방은 적제(赤帝), 서방은 백제(白帝), 북방은 흑제(黑帝), 중앙은 황제(黃帝)라고 한다.

(氐)·방(房)·심(心)·미(尾)·기(箕)가 있으며, 저(氐)는 가슴이고, 방(房)은 배이며, 기(箕)는 항문에 해당한다.

봄을 맡아 다스리고, 목기운(木氣運)을 맡아 다스리며, 동악(東嶽)을 다스리고, 동방을 다스리며[1] 비늘 달린 충(鱗蟲)[2] 360가지를 주관한다.

---

[1] 동방은 계절로는 봄을 상징하고, 오행상으로는 목(木)의 기운이며, 방위로는 동쪽이다.

[2] 비늘 달린 충(鱗蟲) : 비늘이 달린 동물(鱗物)이라고도 하며, 어류(魚類)를 뜻한다. 정현(鄭玄)은 『예기』에 "용과 뱀의 종류(龍蛇之屬)"라고 풀이했고, 『공자가어』의 집비편에 "비늘 달린 충 360가지 중에 용이 어른이 된다"고 하였다.

또 『대대례 : 大戴禮』의 증자천원(曾子天圓)편에는 "비늘 달린 충의 정화(精華)를 용(龍)이라고 한다(鱗蟲之精者曰龍)"고 하였다. 즉 동방의 정수이자 비늘 달린 충의 으뜸격인 창룡이 비늘 달린 충 360가지를 주관하여 다스리는 것이다.

충(蟲) : 여기에서 충은 단순히 벌레만을 뜻하는 것이 아니고, 새와 짐승 및 벌레를 포함한 종(種)의 개념이다.

2) 북방 현무7수(北方 玄武七宿)

1]북방은 흑제가 다스리니, 그 정수는 현무이고 일곱별자리로 이루어져 있다. 일곱별자리 중에서 두수(斗宿)에는 거북과 뱀

1] 北方黑帝 其精玄武 爲七宿 斗有龜蛇蟠結之象 牛蛇象 女龜象 虛危室壁 皆龜蛇蟠虯—之象 司冬 司水 司北嶽 司北方 司介蟲三百有六十 / 북방은 계절로는 겨울을 상징하고, 오행상으로는 수(水)의 기운이며, 방위로는 북쪽이다. / 北方黑帝 : 원문에 '北方黑帝'라고 한 것은 다른 글과 비교할 때 '北宮黑帝'라고 해야 맞다고 생각한다. 또 앞에서 설명한대로 '北宮'이라고 하기 보다는 '北官'이 더 옳다고 생각한다.

『사기 : 史記』의 천관서(天官書)에는 "두수와 우수는 뱀의 몸이고, 여수는 거북과 뱀이 모두 포함되는 몸이며, 허수·위수·실수·벽수는 거북의 몸에 해당한다"고 하였다. 즉 북방의 감추고 칩복하는 기운이 형상화 된 것이 현무이며, 그 현무가 바로 북방7수의 모습으로 나타났다는 뜻이다.

이 서리를 틀고 있는 상이 있고, 우수(牛宿)는 뱀의 형상이며, 여수(女宿)는 거북이의 형상이고, 허·위·실·벽(虛危室壁)의 네 별자리는 각기 거북(龜)·뱀(蛇)·반룡(蟠龍)·규룡(虯龍)의 상이 있다.

겨울을 맡아 다스리고, 수기운(水氣運)을 다스리며, 북악(北嶽)을 다스리고, 북방을 다스리며, 단단한 껍질이 있는 충(介蟲)[1] 360가지를 주관한다.

1] 단단한 껍질이 있는 충(介蟲) : 갑각류(甲殼類)의 동물로, 갑충(甲蟲)이라고도 한다. 『예기』에 정현(鄭玄)이 "거북과 자라의 종류(龜鼈之屬)"라 하고, 『공자가어 : 孔子家語』의 집비(執轡)편에 "껍질이 있는 충의 정화는 거북이(介蟲之精曰龜)"라고 하였다.

3) 서방 백호7수(西方 白虎七宿)

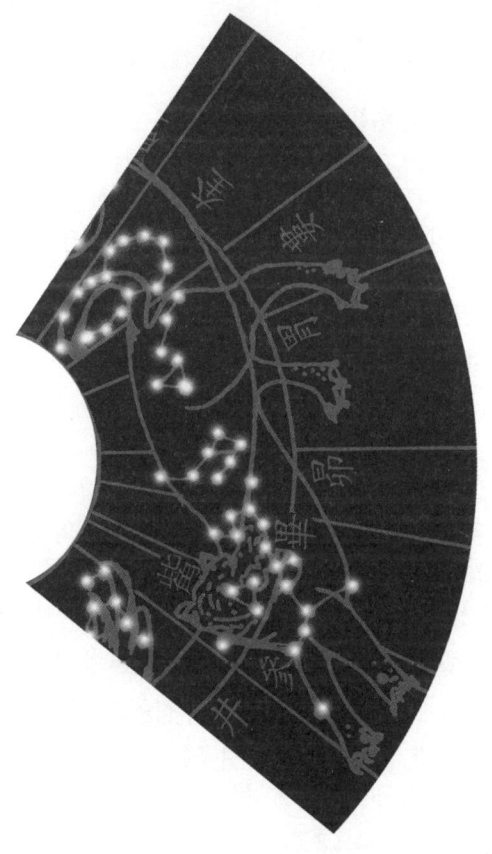

1)서궁은 백제가 주관하니,2) 그 정수는 백호이고 일곱별자리

1] 西宮白帝 其精白虎 爲七宿 奎象白虎 婁胃昴虎三子也 畢象虎 觜參象麟 觜
   首參身也 司秋 司金 司西嶽 司西海 司西方 司毛蟲三百有六十

2] 서방은 계절로는 가을을 상징하고, 오행상으로는 금(金)의 기운이며, 방위
   로는 서쪽이다.

59

가 있다. 규수(奎宿)의 형상은 백호이고, 루수(婁宿)와 위수(胃宿) 및 묘수(昴宿)의 형상은 백호의 세 자식이며, 필수(畢宿)의 상은 호랑이고, 자수(觜宿)와 삼수(參宿)의 상은 기린이니, 자수는 머리가 되고 삼수는 몸체이다.

가을을 다스리고, 금기운(金氣運)을 다스리며, 서악(西嶽)을 다스리고, 서해를 다스리며, 서방을 다스리고, 털달린 충(毛蟲)[1] 360가지를 주관한다.

『사기 : 史記』의 천관서(天官書)에는 "규수는 호랑이의 꼬리이고, 루수·위수·묘수·필수는 호랑이의 몸체이며, 자수는 호랑이의 머리와 수염이고, 삼수는 호랑이의 앞발에 해당한다"고 하였다.
즉 서방의 걷어들이고 숙살(肅殺)하는 기운이 형상화 된 것이 백호이며, 그 백호가 바로 서방7수의 모습으로 나타났다는 뜻이다.

1] 털달린 충(毛蟲) : 털이 몸을 덮은 동물로, 짐승의 종류이다. 『예기』에 정현(鄭玄)이 "여우와 오소리의 종류이다(狐狢之屬)"고 주석하였고, 『공자가어 : 孔子家語』의 집비(執轡)편에 "털달린 충 360종류 중에 기린이 어른이다(毛蟲三百有六十而麟爲之長)"라고 하였다.
또 『대대례 : 大戴禮』의 증자천원(曾子天圓)편에는 "털달린 충의 정화(精華)를 기린(麟)이라고 한다(毛蟲之精者曰麟)"고 하였다.
위와 같이 금기운을 대표하는 영물로 호랑이를 말하지 않고 기린을 들은 것은, 금의 살벌한 위엄을 행하는 데는 사납고 독한 호랑이가 대표적이나, 대표하는 영물을 삼기에는 부족하기 때문이다.
『오행대의 : 五行大義』에는 "호랑이가 털난 충에 해당하니 금(金)에 속한 짐승이고, 『춘추고이우 : 春秋考異郵』에 '삼수(參宿)와 벌수(伐宿)는 호랑이의 덕이니, 베이고 죽임을 주관한다'고 했다"

4) 남방 주조(주작)7수(南方 朱鳥七宿)

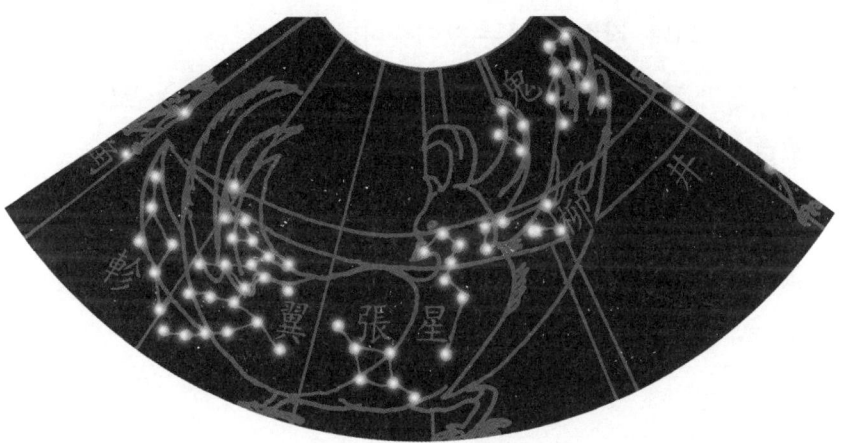

1) 남궁은 적제(赤帝)가 다스리니, 그 정수는 주작(朱雀)2)이고

---

1) 南宮赤帝 其精朱鳥 爲七宿 井首 鬼目 柳喙 星頸 張嗉(嗉鳥吭容食處)翼翮 軫尾 司夏 司火 司南嶽 司南海 司南方 司羽蟲三百有六十 / 남방은 계절로는 여름을 상징하고, 오행상으로는 화(火)의 기운이며, 방위로는 남쪽이다.

2) 朱鳥 : 『회남자 : 淮南子』와 『천문훈소 : 天文訓疏』 등에서는 '朱鳥'를 '朱雀'이라고 하였고, 우리나라에서도 주작으로 더 알려져 있다. 주조는 '난(鸞 또는 玄鸞)·공작(孔雀)·봉황(鳳凰)' 등을 통칭하는 것이라 한다. 난(鸞)은 신비스러운 새로 적신(赤神)의 정화이며, 봉황을 돕는 새로 다섯가지 색을 갖추고 다섯가지 음으로 우는 새인데, 나타나면 천하가 평안해진다고 한다.

『흡문기 : 洽聞記』에 "채형(蔡衡)이 말하기를 '붉은 색이 많은 새를 봉(鳳)이라 하고, 푸른색이 많은 새를 난(鸞)이라고 한다"라고 하였으며, 『사광금경 : 師曠禽經』에서는 "푸른 봉(鳳)을 갈(鶡)이라하고, 붉은 봉을 순

일곱별자리가 있다. 정수(井宿)는 주작의 머리가 되고, 귀수(鬼宿)는 주작의 눈이 되며, 류수(柳宿)는 부리가 되고, 성수(星宿)는 목이 되며, 장수(張宿)는 모이주머니(嗉 : 소는 새의 먹이를 담아 두는 곳)가 되고, 익수(翼宿)는 깃촉이 되며, 진수(軫宿)는 꼬리가 된다.

여름을 맡아 다스리고, 화기운(火氣運)을 다스리며, 남악(南嶽)을 다스리고, 남해를 다스리며, 남방을 다스리고, 날개 달린 충(羽蟲)1) 360가지를 다스린다.

(鶉)이라하며, 흰 봉을 숙(鸘)이라 하고, 자색(紫色) 봉을 작(鷟)이라고 한다. 봉황이 단혈(丹穴)에서 태어나니, 순(鶉)과 봉(鳳)이 모두 붉은 것이다. 그러므로 남방으로 상을 취했다"고 했다.

또 『춘추공연도 : 春秋孔演圖』에는 "봉(鳳)은 화(火)의 정화이다. 단혈에서 생겨나니, 오동나무가 아니면 깃들지 않고 대나무의 열매가 아니면 먹지를 않으며, 예천(醴泉)의 물이 아니면 마시지를 않는다. 몸은 오색으로 아롱졌으며, 오음(五音)의 조화로운 소리로 울고, 나라가 잘 다스려져 도(道)가 있어야 출현하니, 날았다하면 모든 새가 그를 따른다"고 하였다. 『사기 : 史記』의 천관서(天官書)에는 "정수는 주작의 머리 또는 벼슬이고, 귀수는 눈이며, 류수는 부리 또는 머리 및 정수리에 난 털이고, 성수는 주작의 목과 머리 또는 심장이며, 장수는 모이주머니(嗉) 및 위장(胃)이 되고, 진수는 꼬리에 해당한다"고 하였다.

즉 남방의 타오르고 성대한 기운이 형상화 된 것이 주조(주작)이며, 그 주조가 바로 남방7수의 모습으로 나타났다는 뜻이다.

1) 날개 달린 충(羽蟲) : 조류(鳥類)를 뜻한다. 『예기』에 정현(鄭玄)이 "나는 새의 종류이다(飛鳥之屬)"고 주석하였고, 『공자가어 : 孔子家語』의 집비(執轡)편에 "날개달린 충 360종류 중에 봉황이 어른이다(羽蟲三百有六十

5) 중앙(中宮)

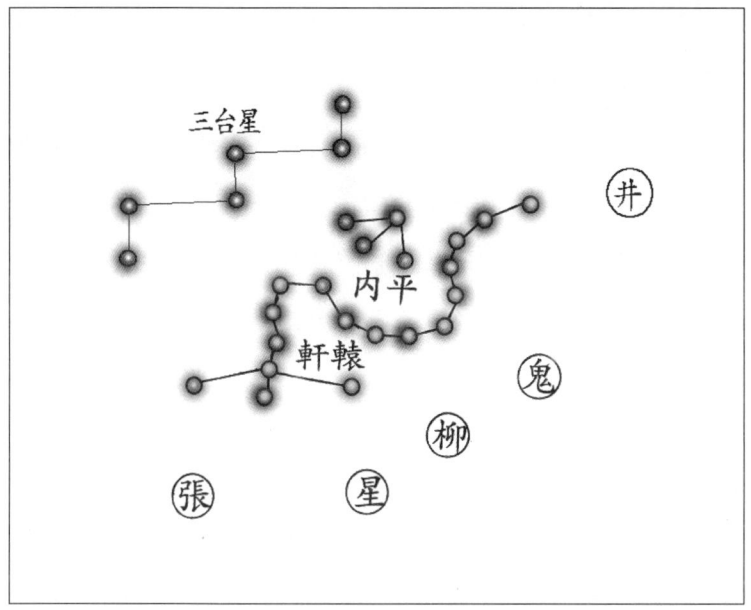

중앙 헌원수(軒轅宿)

1]중궁은 황제씨(黃帝氏)2]가 다스리니, 그 정수는 황룡(黃龍)이

而鳳爲之長)"고 하였다.

1] 中宮 黃帝 其精 黃龍 爲軒轅 首枕星張 尾掛柳井 體映三台 司四季 司中嶽 司中土 司黃河江漢淮濟之水 司黃帝之子孫 司倮蟲三百有六十

2] 황제씨를 헌원씨 또는 황제헌원씨라고 합해서 부르기도 한다. 일반적으로 황제씨라고 하면 중앙의 토덕을 받아 나라를 다스렸다는 뜻으로, 중앙토의 색은 누렇기 때문에 '누를 황(黃)' 자를 쓴 것이고, 헌원씨라고 할 때는 황제씨가 서까래를 올리고 지붕을 내려서 바람과 비를 가리는 집을 처음으로 만들었다는 뜻을 나타낸 것이다. 황제씨의 성은 희(姬)이고, 제홍씨(帝鴻氏)·귀장씨(歸藏氏)·유웅씨(有熊氏)라고도 부른다.

고, 헌원(軒轅)이 된다. 베갯머리에는 성수(星宿)와 장수(張宿)가 있고, 꼬리에는 류수(柳宿)와 정수(井宿)를 걸치며, 몸체에는 삼태성(三台星)이 빛난다.

사계(四季 : 각 계절의 말미 18일)를 맡아 다스리고, 중악(中嶽)을 다스리며, 중앙의 토기운(中土氣運)을 다스리고, 황하강(黃河)과 한수(漢水)·회수(淮水)·제수(濟水)를 맡아 다스리며, 황제씨(黃帝氏)의 자손을 다스리고, 알몸인 충(倮蟲)[1] 360가지를 다스린다.

여기서의 중궁은 자미원(紫微垣)이 아니라 태미원의 곁에 있는 헌원을 뜻한다. 참고로 『사기』의 천관서 등 다른 천문책에서는 중궁(중관)을 자미원으로 보았다.

헌원수는 태미원의 오른쪽에 있는 별자리로 각기 세상을 다스리는 권(權 : 저울추)과 형(衡 : 저울)의 역할을 한다. 태미원은 삼원(三垣 : 三元) 중의 제일 으뜸자리(上元)로 하늘의 중심부의 하나이다.

1] 알몸인 충(倮蟲) : 단단한 껍질이나 털 등 앞서의 네 종류와는 달이 알몸인 동물로, 인류(人類)를 비롯해 지렁이 개구리 등을 뜻한다.

『예기』에 정현(鄭玄)이 "호랑이나 표범같이 옅은 털이 있는 종류(虎豹淺毛之屬)"라고 주석하였고, 『공자가어 : 孔子家語』의 집비(執轡)편에 "알몸인 충 360종류 중에 사람이 어른이다(倮蟲三百有六十而人爲之長)"고 하였다.

3장. 28수(二十八宿)

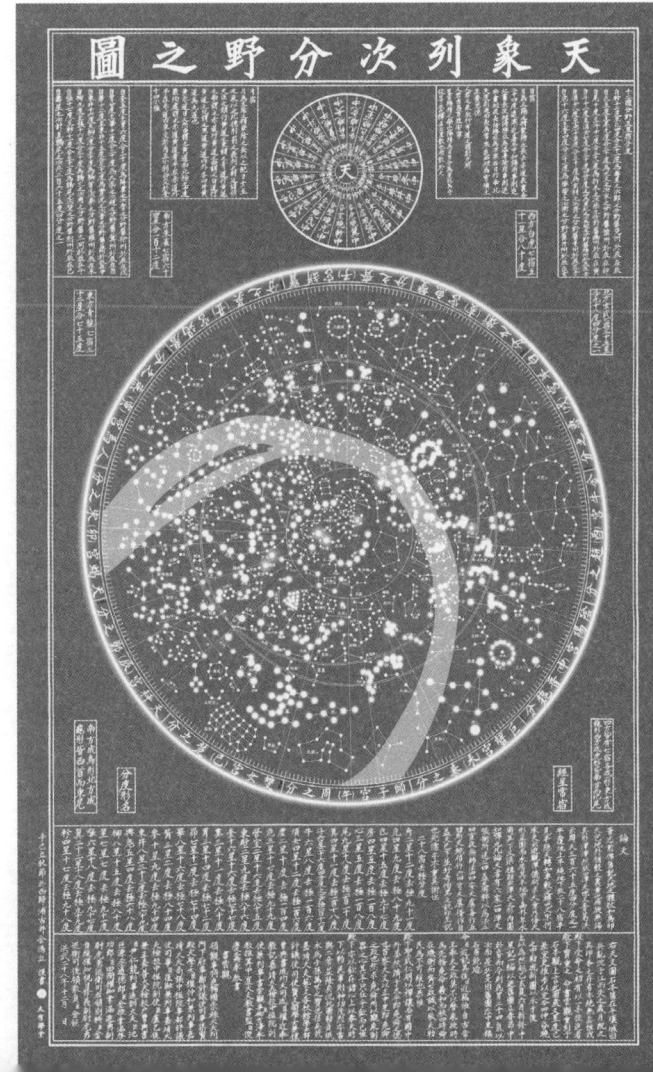

3장. 28수

1) 동방7수(東方七宿)

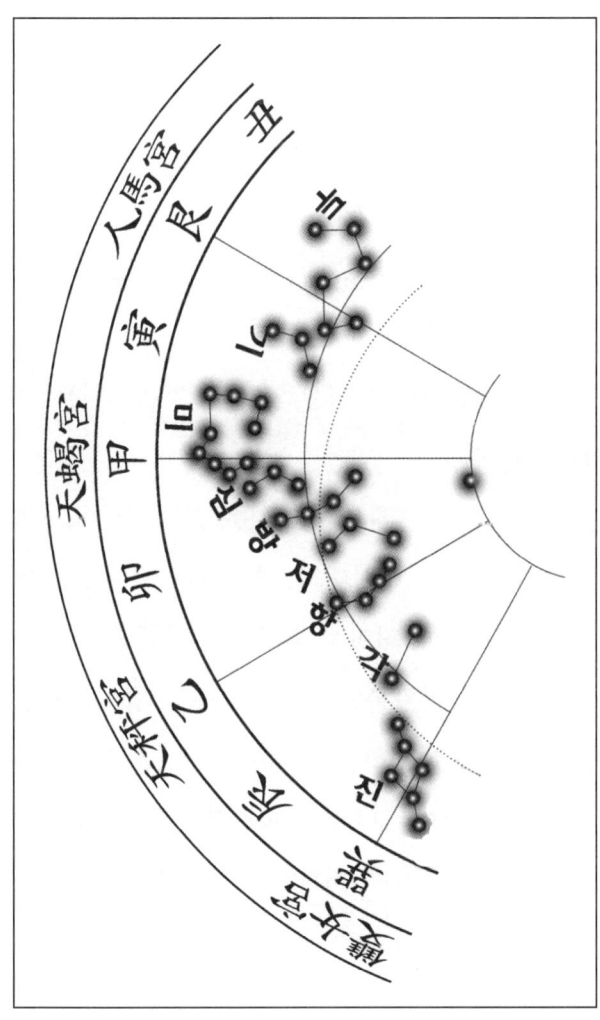

* 『천문류초』와 「천상열차분야지도」의 다른 점

『천문류초』와 「천상열차분야지도」의 별 그림은 95% 이상 똑같다. 『천문류초』에서는 31개의 별 그림이 있는데, 이는 통천문도인 「천상열차분야지도」를 31개 구역으로 나눈 것이라는 뜻이다. 물론 약간의 차이가 있기 때문에 5%라는 여지를 두었고, 이에 대해서는 해당 구역에서 설명할 것이다.

또 '남문2', '항4' 등 별자리 이름 뒤에 숫자를 써서 별자리의 개수를 나타내는 방식도 같다. 예를들어 각수 영역에서는 '남문'별자리에만 '南門二(남문은 2개의 별로 이루어졌다)'라고 표기했고, 각수를 '각2'라고 표기해야 하는데, 「천상열차분야지도」에서 실수로 '좌각'이라고 표기한 것을 『천문류초』에서도 그대로 옮겼다.

또 별을 선으로 연결해서 별자리를 표시했는데, 「천상열차분야지도」에서는 고구려시대의 연결선을 썼다. 이 연결선은 후대에 와서 더 세분화되면서 별자리 숫자를 늘렸는데, 『천문류초』에서는 「천상열차분야지도」의 연결선을 그대로 모방하고, 설명문은 당시 유행하는 학설에 따라 별자리를 분리해서 보는 방식을 썼다. 이 모두가 「천상열차분야지도」의 별자리 그림을 가져다 쓴 증거가 된다.

(1) 각수(角宿)

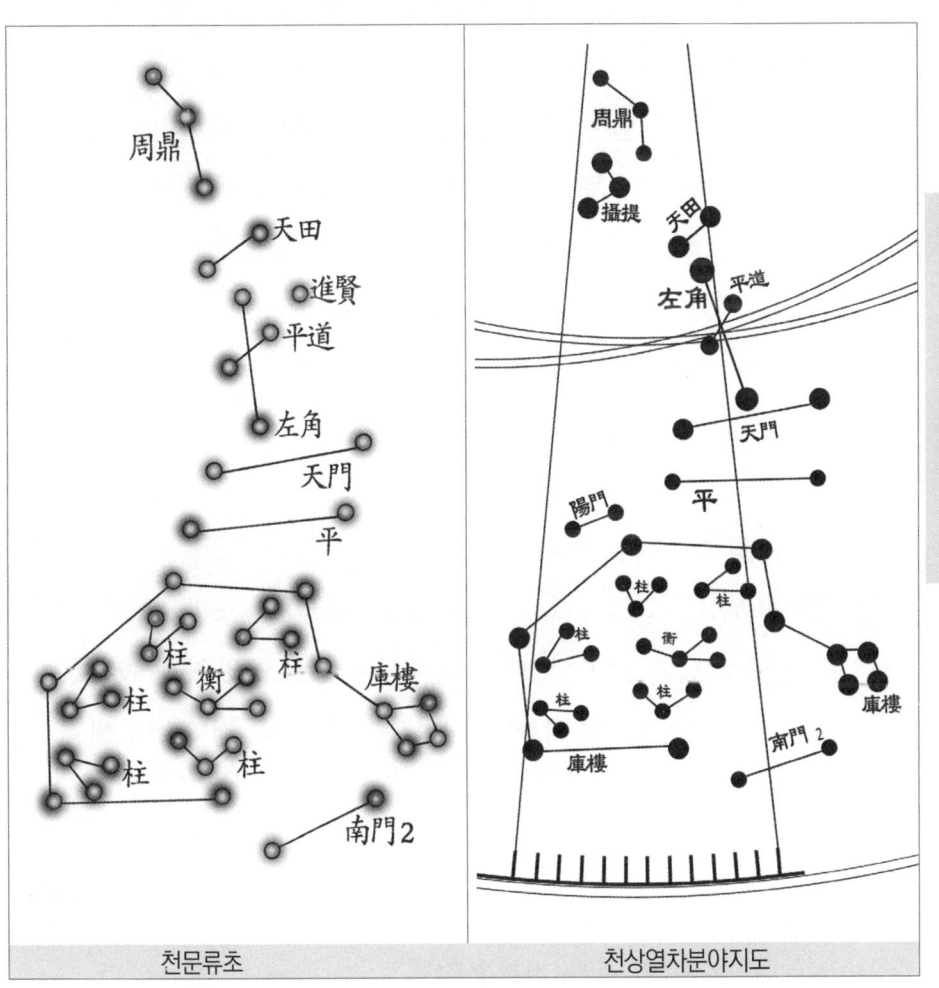

| 천문류초 | 천상열차분야지도 |

각수 영역의 『천문류초』와 「천상열차분야지도」의 다른 점

　① 「천상열차분야지도」에서는 ①'진현'을 각수 영역의 오른쪽에 있는 진수 영역선 안에 그림으로써 진수 영역으로 보았

다.

② '양문, 섭제(우섭제)'를 각수 영역선 안에 그림으로써 각수 영역으로 보았다. 『천문류초』에서는 항수 영역으로 보았다.

③ 이렇게 각 별자리가 속한 영역을 달리보기는 하지만, 각 별자리를 종합적으로 모으면, 즉 통천문도로 보면, 결과치가 95%이상 같다는 것이다. 『천문류초』는 「천상열차분야지도」의 별그림을 95% 이상 복사했고, 5% 미만의 미미한 정도만 다른 천문서적을 참고해서 고쳤다는 것이다.

① 각수의 개괄

1]각수(角宿)는 2개의 별로 이루어졌고, 365와 $\frac{1}{4}$도의 주천도수 중에 12도를 맡아 다스린다(규수와 마주보고 있으며, 12황도궁 중에 천칭궁2]에 속하며, 진의 방향에 있고, 정나라에 해당한다).

1] 角二星十二度(對奎 天秤宮 辰地 鄭之分)

2] 천칭궁(天秤宮) : 수성의 분야(壽星之次)에 해당하며, 진수(軫宿)의 12도부터 저수(氐宿)의 4도까지를 말한다. 중국을 12주로 나누면 연주(兗州)에 해당하고, 중국의 정나라에 해당한다.
  천칭은 천평칭(天平秤) 또는 천평(天平)이라고도 하며 저울의 일종이다. 우리나라에서도 특별히 번역을 하지 않고, 그대로 천칭궁이라고 부른다.

② 각수의 보천가(步天歌)1]

각(角)은 두 개의 주홍색별이 남과 북으로 바르고 곧게 배열되었는데 / 그 가운데로 평도(平道)가 가로질렀고, 위로는 천전(天田)이 있으며 / 천전과 평도의 별은 모두 검은색(黑色)으로 둘씩 이어졌다네 / 별도로 한 개의 까마귀색(烏色)별이 있어 진현(進賢)이라고 하는데 / 평도(平道)의 오른쪽 끝에 홀로 있는 연못처럼 있고 / 제일 윗쪽에 세 개의 별은 주정(周鼎)이라는 별자리라네 / 각수 아래에는 주홍색의 천문(天門)이 있고 조금 왼쪽으로 평(平)이 있는데 / 각기 두 별씩 쌍을 이루며 고루(庫樓)의 윗쪽 가로방향으로 놓여있네 / 고루는 10개의 주홍색별이 굴곡을 이루며 밝게 빛나는 별자리이고 / 굴곡을 이룬 고루의 안쪽으로 다섯 개의 주(柱)는 모두 15개의 별로 / 세 별씩

1] 보천가(步天歌) : 보천가는 '별자리와 별자리의 사이를 걸어가듯이 길이를 재는 노래'라는 뜻으로, 당(唐)나라의 왕희명(王希明)이 지은 칠언의 시결(詩訣)로 되어 있다. 이것을 보천가 또는 구법보천가(舊法步天歌)라고 하는데, 『천문류초』에 그 내용이 가감없이 실려있다.

2] 兩紅南北正直著 / 中有平道上天田 / 總是黑星兩相連 / 別有一烏名進賢 / 平道右畔獨淵然 / 最上三星周鼎形 / 角下天門紅左平 / 雙雙橫於庫樓上 / 庫樓十紅屈曲明 / 樓中五柱十五星 / 三三相屬如鼎形 / 中有四赤別名衡 / 南門樓外兩星橫 / 각성(角星)을 우리나라의 지역에 배당하면, 전라남도의 북부 지역인 곡성군의 옥과면(玉果)·진안(鎭安)·순창(淳昌)·임실(任實)·전주(全州)·담양(潭陽)·김제(金堤)·금구(金溝)·정읍(井邑)·정읍군의 태인면(泰仁)·정읍군의 고부면(古阜)·고창군의 흥덕면(興德)에 해당한다.

붙어서 솥의 형상을 하고 있다네 / 다섯 개의 주 안쪽에 특별히 네 별로 이루어진 별자리는 형(衡)이라고 하며 / 남문(南門)은 고루의 밖에 가로방향으로 있는 두 개의 별이라네.

③ 각수에 딸린 별

1 각(角) 1)만물을 생성하고 소멸하는 등 조화를 주관하고, 임금의 위엄과 신용을 베푸는 일을 맡는다. 황도(黃道)의 길 가운데 있으며, 칠정(七政)이 다니는 길이 된다. 각수가 밝으면 나라가 태평해지고, 가시같은 까끄라기 빛이 있으면서 움직이면(芒動) 나라가 편안하지 못하다.2)

---

1) 主造化萬物 布君之威信 黃道經其中 七曜之所行也 明則大平芒動則國不寧 日食右角國不寧 月食左角天下道斷 金火犯有戰敵 金守之大將持政 左角爲理主刑 其南爲太陽道 五星犯之爲旱 右角爲將 主兵 其北爲太陰道 五星犯之爲水 / 각은 두 개의 주홍색별이 남과 북으로 배열되었다.

2) 『천문류초』의 설명이나 천문도에서는 좌각이 오른쪽에 있고 우각이 왼쪽에 있다. 또 「천상분야열차지도」 등에서도 오른쪽 아래에 있는 별을 좌각이라고 했다. 다만 『영대비원』의 천문도에서만은 아래에 있는 별을 왼쪽에, 위에 있는 별을 오른쪽으로 그려 놓은 것으로 볼 때, 아래에 있는 별이 좌우로 움직여 △을 이루고 있지 않나 생각된다. 또 각수는 창룡의 불이 되고, 실제로도 위에 있는 별이 작고 아

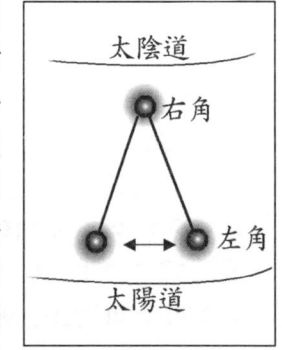

일식이 오른쪽 각성에 있게 되면 나라가 편안하지 못하고, 월식이 왼쪽 각성에 있게 되면 천하에 도덕이 무너지게 된다. 금성과 화성이 범하면 적과 전쟁을 하게 되고, 금성이 머무르게 되면 군인이 정치에 참여하여 전횡하게 된다.

왼쪽의 각성(左角)은 도리(道理 또는 재판관)가 되니 주로 형벌을 맡아 행하고, 그 남쪽은 태양이 다니는 길이 되니, 오성(목·화·토·금·수성)이 범하면 가뭄이 든다.

오른쪽 각성(右角)은 장군이 되고 병사를 주관한다. 그 북쪽은 태음(달)이 다니는 길로 오성이 지나가면 수해(水害)가 든다.

│2│ 평도(平道)   1)평도는 천자가 다니는 사통팔달의 큰 길을 뜻한다. 밝고 바르게 있으면 길하고, 움직이고 흔들리면 임금의 행차에 근심이 생긴다.

│3│ 천전(天田 : 民星)   2)천전은 백성의 운을 주관하는 별로,

래에 있는 별이 커서 불의 형상을 하고 있다.
1] 爲天子八達之衢 明正則吉 動搖則法駕有虞 / 평도(平道)는 두 개의 검은색(黑色) 별로 이루어졌다.
2] 主天子畿內封疆 金守之主兵 火守之主旱 水守之主潦 / 천전(天田)은 두 개의 검은색(黑色) 별로 이루어졌다.

천자의 직할지역인 수도권내의 영토를 주관한다. 금성이 머무르면 병란(兵亂)이 있게 되고, 화성이 머무르면 가뭄이 들게 되며, 수성이 머무르면 장마가 들게 된다.

┌─────────────┐
│ 4 │ 진현(進賢) │ 1)진현은 정승 등 고위관리가 뛰어난 인재를 천거하는 것을 의미한다. 밝으면 현명한 사람이 마땅한 벼슬자리에 있게 되고, 어두우면 현명한 인재가 재야에 묻혀있게 된다.

┌─────────────┐
│ 5 │ 주정(周鼎) │ 2)주정은 나라의 제사를 지낼 때 쓰는 신비로운 그릇(솥)이다. 보이지 않거나 다른데로 자리를 옮기면, 나라의 운수와 복이 순조롭지 않게된다.

┌─────────────┐
│ 6 │ 천문(天門) │ 3)천문은 천자가 사는 대궐의 문이니, 조공을 받고 사신을 접대하는 곳이다. 밝으면 사방의 여러나라가 복종하여 따르나, 보이지 않으면 병사에 의한 혁명이 일어나며,

---

1] 主卿相擧逸才 明則賢者在位 暗則在野 / 진현(進賢)은 한 개의 짙은 검은색 (烏色) 별로 이루어졌다.
2] 國之神器也 不見或移徙則運祚不寧 / 주정(周鼎)은 세 개의 별로 이루어졌다.
3] 主天之門爲朝聘待客之所 明則四方歸化 不見則兵革起邪佞生 / 천문(天門)은 두 개의 주홍색 별로 이루어졌다.

간사한 무리들의 아첨하는 말이 생겨나 나라를 어지럽힌다.

| 7 | 평(平) | 1]평(平)은 천하의 법과 옥에 대한 일을 평등하게 베푸는 것이니, 형벌을 맡아 주관하는 정위(廷尉)2]의 형상이다.

| 8 | 고루(庫樓) | 3]고루(庫樓 : 여섯개의 큰 별을 '고'라 하고, 남쪽에 있는 네 개의 별을 '루'라고한다)는 일명 천고(天庫 : 천자의 창고)라고도 하는데, 전차(戰車) 또는 병사의 무기를 보관하는 곳이다.

| 9 | 주·형(柱衡) | 4]주와 형은 병사가 진을 치고 있는 것을 뜻한다. 여섯 개의 별로 이루어진 고루성(庫樓星) 속에 있는 별

1] 平天下之法獄 廷尉之象 / 평(平)은 두 개의 별로 이루어졌다.

2] 정위(廷尉) : 중국의 진(秦)나라 또는 한(漢)나라 때에 형벌을 맡은 관리, 또는 관청의 이름.

3] 庫樓(六大星爲庫 南四星爲樓) 一曰天庫 兵車之府 / 고루(庫樓)는 10개의 주홍색별이 굴곡을 이루며 이루어졌다.

4] 主陳兵 庫中星不見兵四合 無星則下謀上 明而動搖則兵出四方盡 不見則國無君 / 주(柱)는 고루의 안에 15개의 별이 세 별씩 솥의 형태로 다섯 무리를 이루고 있으며, 형(衡)은 그 다섯 무리의 주(柱) 안쪽에 네개의 주홍색 별로 이루어졌다.

(柱衡)이 보이지 않으면 병사들이 사방에서 다툴 것이고, 아예 주형이 보이지 않으면 지위가 낮은 사람이 윗사람을 얕보고 넘볼 것이다. 주와 형이 밝으나 움직이고 흔들리면 병란이 사방에서 날뛰며 일어날 것이고, 보이지 않으면 나라에 임금자리가 비게 될 것이다.

| 10 | 남문(南門) | 1]남문은 천자가 거처하는 대궐의 바깥문이 되니, 주로 궁궐을 지키는 병사에 해당한다. 밝으면 먼 변방의 나라에서도 조공을 바치러 들어오고, 어두우면 변방의 다른 민족들이 호시탐탐 노리며 다가서게 된다. 객성이 머무르면 병란이 이르름을 의미한다.

1] 天之外門 主守兵 明則遠方入貢 暗則夷狄畔 客星守之主兵至 / 남문(南門)은 고루수의 남쪽에 있으며 두 개의 별로 이루어졌다. /「천상열차분야지도」에 있는대로, '南門二(남문은 2개의 별로 이루어졌다)'라고 표기하였다.

(2) 항수(亢宿)

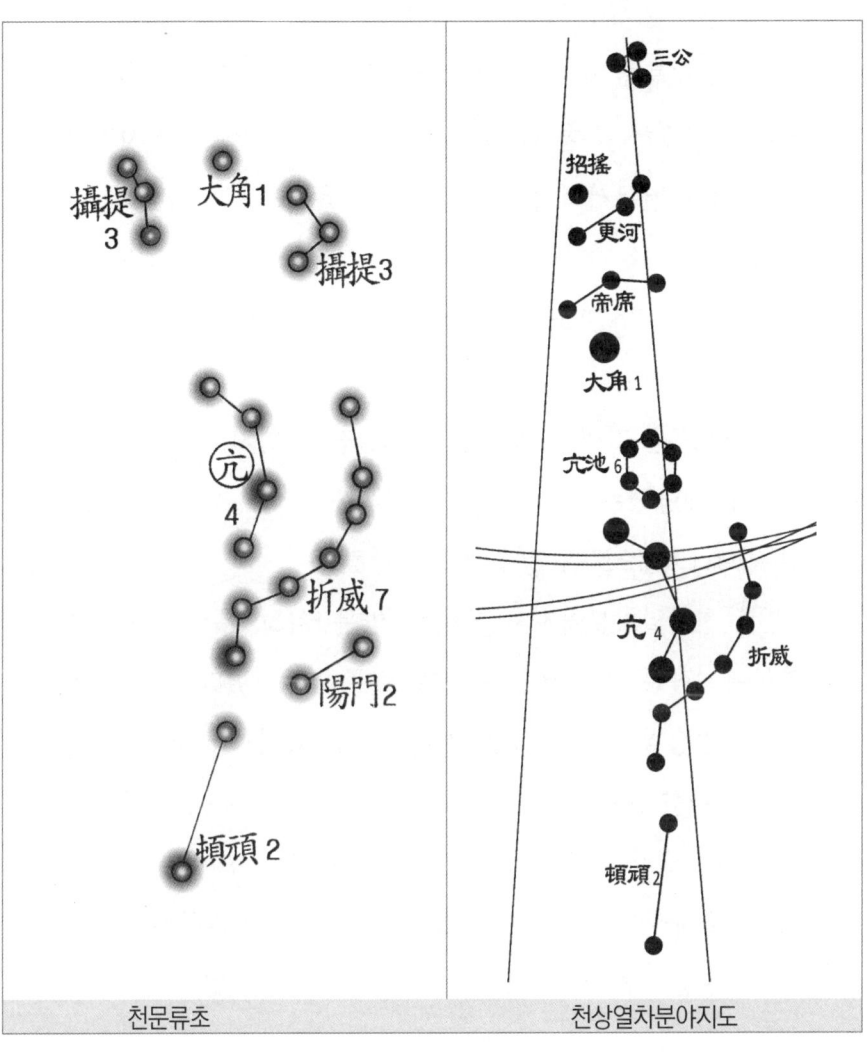

| 천문류초 | 천상열차분야지도 |

항수 영역의 『천문류초』와 「천상열차분야지도」의 다른 점

①『천문류초』에서는 '섭제(좌섭제, 우섭재)'를 '대각'을 좌우에서 옹호하는 별자리로 보아서 항수 영역에 소속시켰다. 이는 일반 천문서적에서 주장하는 내용이기도 하다.

『천문류초』는 별그림은 「천상열차분야지도」에서 따왔지만, 28수 영역에 각 별을 소속시키는 것은 당시 중국의 천문이론을 적용한 것이다.

② '삼공'은 자미원 영역에, '초요, 경하, 항지, 제석'은 저수 영역에 배당했는데, 「천상열차분야지도」에서는 항수의 영역선 안에 그림으로써 항수에 소속시켰다.

③ 「천상열차분야지도」에서는 '양문(陽門), 우섭제'를 각수 영역에, '좌섭제'를 저수 영역에 소속시켜 그렸다.

④ 「천상열차분야지도」에서는 '대각, 항지, 항, 돈완'만 별자리 숫자를 표시했는데,『천문류초』에서는 항수 영역의 모든 별자리에 별자리 숫자를 표시했다. 이점은 「천상열차분야지도」의 별자리이름과 개수를 표시할 때 미처 처리하지 못했던 것을『천문류초』에서 보완한 것이라고 볼 수 있다.

① 항수의 개괄

1)항수는 네 개의 별로 이루어 졌으며, 주천도수 중에 9도를 맡고 있다(루수와 마주보고 있으며, 12황도궁 중에 천칭궁에 해당하고, 진의 방향에 있으며, 정나라에 해당한다).2)

② 항수의 보천가

3)항(亢)은 네 개의 주홍색 별로 굽은 활모양과 흡사한 모습이고 / 대각(大角)은 한 개의 주홍색 별로 항의 바로 위에 밝게 떠 있네 / 절위(折威)는 일곱 개의 검은색 별로 항의 아래에 비껴서 있고 / 대각의 좌우에는 섭제(攝提)가 하나씩 있는데 / 각기 세개씩의 붉은색 별로 솥의 형상을 하고 있네 / 절위의 아래 왼쪽에 있는 것이 돈완(頓頑)인데 / 두개의 진한 누런색 별이 비스듬히 누운 형태라네 / 돈완의 아래4)에 두 개의 별을

1] 亢四星九度(對婁 天秤宮 辰地 鄭之分)
2] 항수를 우리나라의 지역에 배당하면, 전라북도의 중동부 지역인 무주(茂朱)·금산(錦山)·장수(長水)·함양(咸陽), 남원군의 운봉면(雲峰), 진안군의 용담면(龍潭)·남원(南原)에 해당한다고 한다.
3] 四紅却似彎弓狀 / 大角一紅直上明 / 折威七黑亢下橫 / 大角左右攝提星 三三赤立如鼎形 / 折威下左頓頑星 / 兩箇斜安黃色精 / 頑下二星號陽門 / 色若頓頑直下蹲
4] 다른 천문도에는 양문이 돈완의 오른쪽 아래에 놓여 있다. 이 별 그림은 「천상열차분야지도」를 베낀 듯하다.

양문(陽門)이라고 부르는데 / 돈완과 같이 짙은 누런색으로, 마치 돈완의 바로 아래에 웅크리고 있는 모습이라네.

③ 항수에 딸린 별

<u>1 항(亢)</u> 1]항은 해와 달이 다니는 길로, 천자가 조정에서 조공을 받는 예법을 주관한다. 또 여러 곳에서 주청하여 아뢰는 일과, 송사를 심리하여 죄를 다스리고 일에 대해 포상하고 기록하는 일 등을 총괄한다. 다른 이름으로는 소묘(疏廟)라고도 하는데, 돌림병 등을 다스리기 때문이다.

항이 밝고 크면 온 세상이 중앙정부에 감화되어 따르고, 보필하는 신하가 충성을 다할 것이며, 백성은 질병도 없게 될 것이다. 그러나 항이 자리를 옮기거나 움직이면 질병이 창궐하고, 보이지 않으면 천하가 들끓듯이 어지러워지고 또 가뭄과 수해로 인한 피해가 있게 된다.

<u>2 대각(大角)</u> 2]대각은 천왕(天王)의 자리이며, 또한 하늘의

1] 日月之中道 主天子內朝天下之禮法 又曰摠攝天下奏事 聽訟理獄錄功 一日疏廟 主疾疫 明大四海歸王輔臣納忠 人無疾疫 移動多病 不見天下鼎沸而旱澇作矣 / 항(亢)은 네 개의 주홍색 별이 구부러진 활모양으로 이루어졌다.
2] 天王坐也 又爲天棟正統紀也 金守之兵起 日食主凶 / 대각은 좌섭제와 우섭제가 양쪽에서 보좌하는 형상이므로 천왕의 자리라고 하는 것이다. / 대각(大角)은 한 개의 주홍색 별로 항수의 바로 위에 있다.

대들보가 되므로, 통수권과 기강을 바르게 하는 의미가 있다. 금성이 머무르면 병란이 일어나고, 해가 대각을 먹게 되면 (모반 등으로 인해) 흉하게 된다.

3 절위(折威)   1)절위는 주로 목을 베어 죽이는 의미가 있다 (군대 내의 일로 군법을 시행하는 의미). 금성과 화성이 머무르면 오랑캐(夷狄)가 변방을 침범하고, 그 죄를 물어 참수한 머리를 큰 거리에 매다는 형벌이 있게 된다.

4 섭제(攝提)   2)섭제는 주로 사계절과 절기(節氣)를 세우고 조짐을 살피는 일을 주관한다. 또 방패가 되기도 하는데, 제좌(帝坐 : 大角)3)를 좌우에서 옹호하고 있는 형상이기 때문이다. 따라서 구경(九卿)4)의 역할을 하는 의미가 있다. 밝고 크면 삼

1] 主斬殺 金火守之 夷狄犯邊 將有棄市者 / 절위(折威)는 일곱 개의 검은색 별로 항(亢)의 아래에 있다.

2] 主建時節伺機(機祥也)祥 爲盾以夾擁帝坐也 主九卿 明大三公恣橫 客星入之 聖人受制 / 섭제(攝提)는 대각의 좌측과 우측에 하나씩 있는데, 각기 세개씩의 붉은색 별로 솥의 형상을 하고 있다.

3] 제좌(帝坐 : 大角) : 『문헌통고 : 文獻通考』와 『성신고원 : 星辰考源』에는 '제석(帝席)'을 '제좌(帝坐)'라고 하였으니, 섭제가 대각(大角) 또는 제석을 좌우에서 옹호한다고 보아도 무방하다(저수의 ★5 제석 참조).

4] 아홉사람의 높은 벼슬아치를 말하는 것으로, 시대에 따라 이름이 다르다. 지리에 통달해서 이롭고 이롭지 못한 것을 아는 사람으로 임명한다. 따

공(三公)¹⁾이 정사(政事)를 자의적으로 전횡하고, 객성이 들어오면 성인(聖人)이 압제를 받게 된다.²⁾

⑤ 돈완(頓頑) ³⁾돈완은 죄수들을 살피고, 참되고 거짓됨을 살피는 역할을 한다.

⑥ 양문(陽門) ⁴⁾양문은 변방 요새의 험한 곳을 다스리는 일을 한다. 객성이 양문 주변에 나타나면 오랑캐(夷狄)가 변방을 침범하게 된다.

서 사시에 어긋나지 않게 일을 하게하고, 하수구와 도랑을 소통시키며, 제방을 수선하고, 오곡을 심는 일을 한다.

1] 삼공(三公)은 지혜가 하늘과 땅의 이치에 통달하고, 변화에 대응하여 막힘이 없어서 만물의 실정을 잘 분별할 줄 아는 사람을 임명한다. 주된 역할은 음양과 사시를 조화시키고 바람과 비를 조절하는 일이다.

2] 삼공에 각기 세명의 경이 참여하여 9경이 되고, 9경에 각기 세명의 대부가 참여하여 27대부가 되며, 27대부에 각기 3명의 원사가 참여하여 81원사가 된다. 이들을 합하면 120(3+9+27+81=120)의 벼슬이 된다. 하늘과 땅 및 사람의 수를 합하면 3이므로, 세명씩 늘인 것이다.

3] 主考囚 察情僞也 / 돈완(頓頑)은 절위의 왼쪽 아래에 두개의 진한 누런색 별로 이루어졌다.

4] 主邊塞險阻之地 客星出陽門夷狄犯邊양문(陽門)은 두 개의 짙은 누런색 별로 돈완의 아래에 있다.

(3) 저수(氐宿)

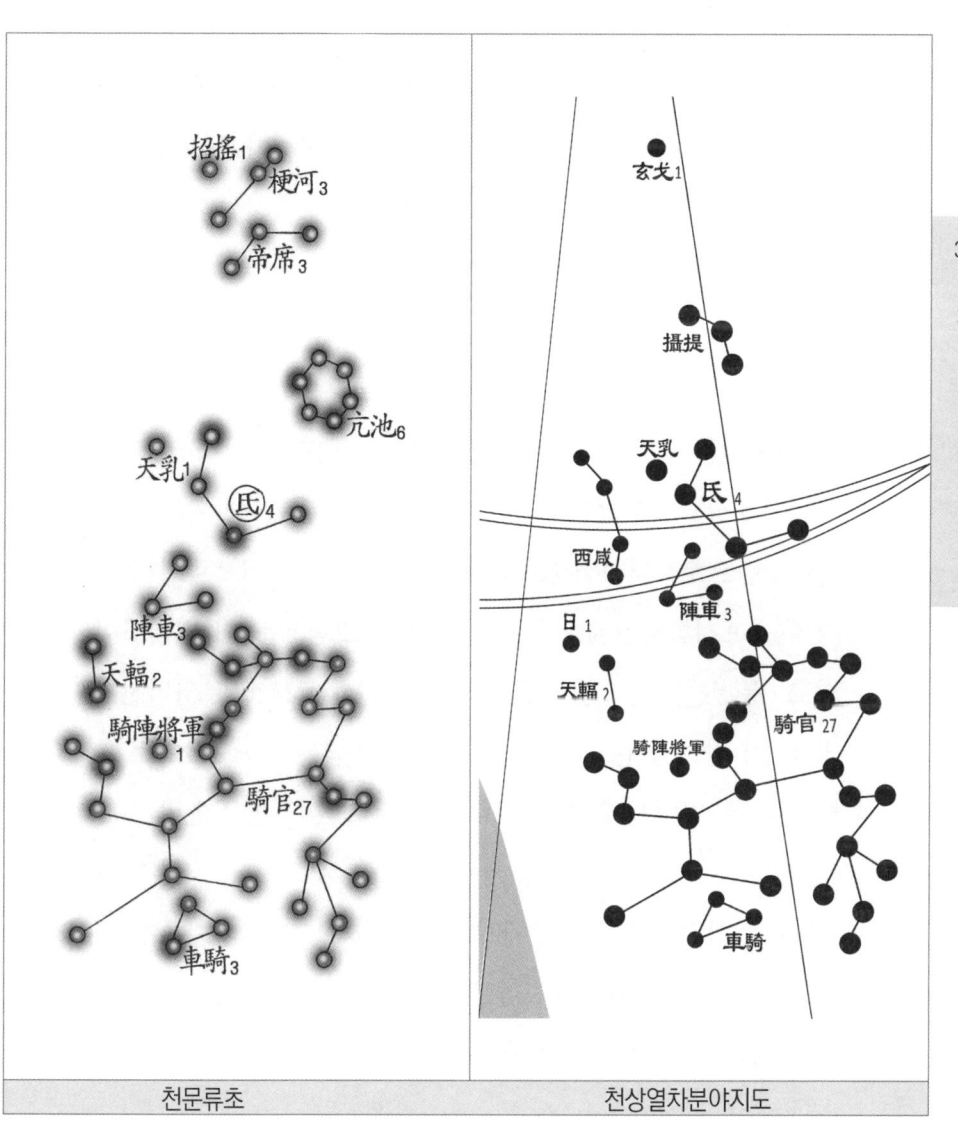

| 천문류초 | 천상열차분야지도 |

저수 영역의 『천문류초』와 「천상열차분야지도」의 다른 점

① 『천문류초』에서는 '현과'를 자미원 영역에, '섭제'는 항수에, '서함, 일'은 방수에 배당시켰는데, 「천상열차분야지도」에서는 저수 영역 안에 그림으로써 저수에 소속시켰다. 또 '초요, 경하, 제석, 항지'를 항수 영역선 안에 그려서 항수에 소속시켰다.

다른 별자리와 마찬가지로, 『천문류초』에서는 당시 유행하는 천문이론에 따라 저수에 소속시키는 별자리를 정했다. 하지만 「천상열차분야지도」를 보면 그 소속된 별이 달라진다.

주극선으로부터 365분도선까지 그은 28개의 선으로 28수의 영역을 표시하였는데, 『천문류초』의 별그림에는 이 영역선이 없고, 통천문도인 「천상열차분야지도」에는 28개의 영역선이 있다. 이 안에 있는 별은 해당 28수에 소속된 것으로 보고, 특히 오른쪽 영역선에 별이 하나라도 걸려 있으면 소속된 것으로 본다.

② 「천상열차분야지도」에서는 '현과, 저, 진거, 일, 천복, 기관'만 별자리 숫자를 표시했는데, 『천문류초』에서는 항수 영역의 모든 별자리에 별자리 숫자를 표시했다.

① 저수의 개괄

1]저수(氐宿)는 네 개의 별로 이루어졌으며, 주천도수 중에 15도를 맡고 있다(위수와 마주보고 있으며, 12황도궁 중에 천갈궁2]에 해당하고, 묘의 방향에 있으며, 송나라에 해당한다).3]

② 저수의 보천가

4]저(氐)는 네개의 주홍색 별이 말(斗)을 기울여 쌀의 양을 헤

1] 氐四星十五度(對胃 天蝎宮 卯地 宋之分) /『석씨성경 : 石氏星經』에 "저(氐)'는 가슴(胸)이니, 창룡의 가슴에 해당한다"고 했으며,『사기』의 천관서에 "저수는 동방의 별자리인데, '氐'에는 만물이 다 이른다는 뜻이 있다"고 했다. /『삼재도회 : 三才圖會』등은 "16도를 맡고 있다"고 되어 있다.

2] 천갈궁(天蝎宮) : 대화의 분야(大火之次)에 해당하며, 저수(氐宿)의 4도부터 미수(尾宿)의 9도까지를 말한다. 중국을 12주로 나누면 예주(豫州)에 해당하고, 중국의 송나라에 해당한다. 천갈궁의 '蝎' 자는 '도마뱀 갈' 또는 '전갈(蠍) 갈' 자이다. 그래서 전갈자리라고 번역한다.

3] 저수를 우리나라의 지역에 배당하면, 충남 및 서부 전북 지역인 논산군의 연산(連山), 대전의 진잠(鎭岑), 논산군의 노성(魯城)·은진(恩津)·공주(公州), 부여(扶餘)군의 임천(林川)·홍산(鴻山)·석성(石城), 서천군의 한산(韓山)·서천(舒川)·보령(保寧)·청양(靑陽)에 해당한다고 한다.

4] 四紅似斗側量米 / 天乳氐上黑一星 / 世人不識稱無名 / 一赤招搖梗河上 / 梗河橫列三星狀 / 帝席三黑河之西 / 亢池六黑近攝提 / 氐下衆星騎官赤 / 騎官之星二十七 / 三三相連十次一 / 陣車三黑氐下是 / 車騎三烏官下位 / 天輻兩黃立陣傍 / 將軍陣裏振威霜 /『천문류초』의 그림에는 천유(天乳)가 저의 왼쪽에 있는 것 같이 그려졌으나, 다른 천문도에는 저의 바로 윗쪽

아리는 형상이고 / 천유(天乳)는 저의 위에 있는 한개의 검은색 별로 / 세상사람들이 존재를 깨닫지 못하여 이름이 없는 것으로 알고 있네 / 한개의 붉은색 별인 초요(招搖)는 경하(梗河)의 위에 있고 / 경하는 세개의 별이 가로로 빗겨있네 / 제석(帝席)은 세개의 검은색 별로 경하의 서쪽에 있고 / 항지(亢池)는 여섯개의 검은색 별로 섭제에 가까이 있네 / 저의 아래에 여러개의 붉은색 별을 기관(騎官)이라 하니 / 기관은 27개의 별로 이루어졌으며 / 세개씩 서로 이어진 것이 10무더기에서 하나가 모자라네 / 진거(陣車)의 세개의 검은색(黑色) 별은 저의 아래에 있고 / 거기(車騎)[1]는 세개의 진한 검은색(烏色)의 별로 기관의 아랫쪽에 있네 / 천복(天輻)은 두개의 누런색 별로 진거의 곁에 남북으로 있고 / 기진장군(騎陣將軍)은 펼쳐져 있는 진(陣 : 기관 등)의 안쪽에 있으면서 서릿발 같은 위엄을 떨치고 있네.

③ 저수에 딸린 별

| 1 | 저(氐) | [2]저(氐)의 아랫쪽으로 2척(尺)이 되는 곳은 오성

에 놓여 있다.

1] 거기(車騎) : 마차(馬車) 또는 병거(兵車)와 기마(騎馬). 또 이를 지휘하는 장군을 뜻하기도 한다.

2] 下二尺爲五星日月中道 爲天子之路寢 明則大臣妃后奉君不失節 不見或移動

과 해와 달이 지나가는 길로, 천자가 침소로 들어가는 길이 된다. 별이 밝으면 대신(大臣)과 비(妃)를 비롯한 후궁들이 임금을 잘 섬기고 절개를 잃지 않는다. 보이지 않거나 자리를 이동하면, 장차 신하가 궁실을 도모하여 재앙과 난리가 생긴다.

일식 또는 월식이 있으면 내란이 일어날 조짐이고, 목성이 범하면 황비 또는 후비를 세우게 되며, 화성이 범하면 신하가 윗사람(임금 등)을 무시하고 기만하게 되고, 금성이 범하면 장수를 임명하게 되며, 수성이 범하면 모든 관리들에게 근심이 생기게 된다.

객성이 범하면 혼례가 멋대로 진행되고, 혜성이나 패성이 범하면 폭력을 휘두르는 병란이 일어나며, 달무리가 일어나면 사람들이 불안하게 된다.

혹 후비의 관칭이라고도 하니, 휴식을 취하는 방의 뜻이 있다. 앞의 두 별은 적실을 뜻하고, 뒤의 두 별은 첩에 해당한다. 미래에 백성에게 부역시킬 일이 생기게 되면 별이 미리 움직이고, 밝고 크면 백성에게 힘든 부역이 없게 된다.

則臣將謀內 禍亂生矣 日月食主內亂 木犯立妃后 火犯臣僭上 金犯拜將 水犯百官憂 客星犯婚禮不整 彗孛犯暴兵起 月暈人不安 一曰爲后妃之府 休解之房 前二星適也 後二星妾也 將有徭役之事先動 明大則民無勞 / 저(氐)는 네 개의 주홍색 별로 이루어졌다.

2 천유(天乳 : 民星) 1)천유는 백성에 관한 별로, 감로를 내리는 일을 한다. 밝으면 감로를 내려 윤택하게 해준다.

3 초요(招搖 : 武星) 2)초요는 무력에 관련된 별로, 변방 부족의 병란을 주관한다. 별빛의 끝이 칼끝같이 뾰족해지면서 색이 변하고 요동하면, 병란이 크게 일어난다.

4 경하(梗河) 3)경하는 황실의 창(矛)에 해당하는 것으로, 천자가 이를 잘 갖추고 있으면 걱정근심이 없어진다. 일명 천봉(天鋒 : 황실의 칼)이라고도 하며 변방 부족의 병란을 주관한다. 그 색깔이 변하고 움직이면 병사가 상하게 되고, 별이 없어지면 해당하는 나라에 병사에 의한 모반이 일어난다.

5 제석(帝席) 4)제석은 천자가 잔치를 열어 즐기며, 축수의

1] 主甘露 明則潤澤甘露降 / 천유(天乳)는 저의 위에 한개의 검은색 별로 이루어졌다.

2] 主胡兵 芒角變色搖動則兵革大起 / 초요(招搖)는 한개의 붉은색 별인데 경하(梗河)의 위에 있다.

3] 天矛 天子以備不虞 一曰天鋒 主胡兵 其色變動有兵喪 星亡其國有兵謀 / 경하(梗河)는 세개의 별로 이루어졌다.

4] 天子燕樂獻壽之所 不見大人失位 / 제석을 '제좌(帝坐,帝座)'라고도 한다. 항수(亢宿)의 제좌 참조. 제석(帝席)은 세개의 검은색 별로 경하의 서쪽에

잔을 드리는 곳이다. 별이 보이지 않으면 천자의 자리를 잃게 된다.

|6| **항지(亢池)** 1]항지는 물에 떠있는 배의 노에 해당하는 것으로, 주로 손님을 보내고 맞이하는 일을 한다. 다른 곳으로 옮겨가면 흉하게 된다.2]

|7| **기관(騎官 : 武星)** 3]기관은 무운(武運)을 주관하는 별자리(武星)이다. 천자를 호위하는 기사들로, 숙위(宿衛)를 담당하고 있다. 별이 무리져서 모여있으면 난리가 없어 평안해지고, 보이지 않으면 병란이 일어난다.

|8| **진거(陣車)** 4]진기는 전차(戰車)를 의미한다.

있다.

1] 爲泛舟楫 主迎送 移徙凶 / 楫 : 노 즙. 본문에는 '揖(읍할 읍)'으로 되어있다. / 항지(亢池)는 여섯개의 검은색 별인데, 항수의 섭제(좌섭제) 근처에 있다.

2] 항지가 다른 곳으로 옮겨가면, 그 나라의 관문과 교량이 쓸모없게 된다는 뜻이니, 자국은 피폐해지고 다른 나라는 번영하게 됨을 뜻한다.

3] 天子騎士之衆 主宿衛 星衆則安 不見兵起 / 기관(騎官)은 저의 아래에 27개의 붉은색 별이 세개씩 아홉무더기를 이루고 있다.

4] 革車也 / 혁거(革車)는 고대에 기마가 이끄는 전차(兵車)이다. 『삼재도회』에는 "진거가 보이지 않으면 전차가 크게 활동한다(不見則兵車大起)"고 하

| 9 | 거기(車騎) | 1)전차와 기마를 총지휘하는 장수(거기장군)를 의미한다. 움직이고 흔들리면 거기장군이 역할을 수행하게 된다. 금성과 화성이 범하면 재앙이 일어난다.

| 10 | 천복(天輻) | 2)천복은 천자의 수레를 뜻한다. 객성이 와서 머무르면 천자의 수레 행렬에 근심이 있게 된다.

| 11 | 기진장군(騎陣將軍) | 3)기진장군은 기마부대의 장수를 뜻한다. 움직이고 흔들리면 기진장군이 출병하게 된다.

였다. / 진거(陣車)는 세개의 검은색(黑色) 별로 저의 아래에 있다.

1] 都車馬之將也 動搖車騎行 金火犯爲災 / 거기(車騎)는 세개의 진한 검은색(烏色) 별로 기관의 아랫쪽에 있다.

2] 主鸞駕 客星來守之 輦轂有憂 / 천복(天輻)은 두개의 누런색 별로 진거의 곁에 있다.

3] 主騎將 搖動則騎將出 / 『삼재도회』에는 "움직이고 흔들리면 기진장군이 출병하게 되고, 보이지 않으면 기진장군이 전사하게 된다(搖動則騎將出 不見則騎將死)"고 되어 있다. / 기진장군(騎陣將軍)은 기관(騎官)의 안에 있는데, 한 개의 별로 이루어졌다.

(4) 방수(房宿)

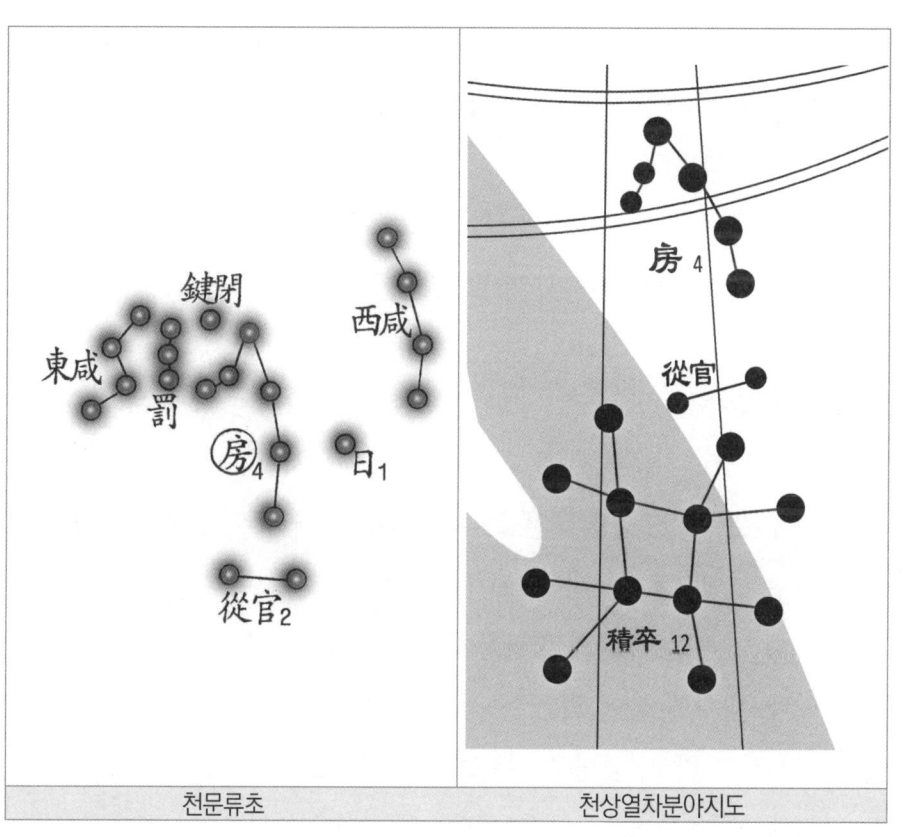

방수 영역의 『천문류초』와 「천상열차분야지도」의 다른 점

① 『천문류초』에서는 '적졸'을 심수에 배당했지만, 「천상열차분야지도」에서는 방수의 영역선 안에 그림으로써 방수소속이라고 하였다.

② 또 「천상열차분야지도」에서는 '건폐, 벌, 동함'은 심수의 영역선 안에 그리고, '서함, 일'을 저수의 영역선 안에 소속시켰다.

③ 방수를 중심으로 '서함'과 '동함'이 옹호하는 형세로 놓여 있으므로, 『천문류초』를 비롯한 다른 천문서적에서는 방수 영역에 소속시켰지만, 「천상열차분야지도」에서는 각기 심수와 저수 영역으로 나누어 소속시켜 그렸다.

④ '건폐'는 대문의 잠금장치이고, '구검'은 방문의 잠금장치이다. 방수에 붙어 있는 '구검(『천문류초』 별그림에는 이름을 표시하지 않고, 설명문에는 설명을 해놓았다.)'과 관련이 있으므로 『천문류초』 등에서는 방수에 소속시켰다.

⑤ 「천상열차분야지도」에서는 '종관'에 별자리 숫자를 표시하지 않았는데, 『천문류초』에서는 '종관2'라고 표시하였다. '동함, 서함,벌, 건폐' 등은 둘 다 별자리 숫자를 표시하지 않았다. '구검'은 둘 다 이름을 표시하지 않았다.

① 방수의 개괄

1)방수(房宿)는 네 개의 별로 이루어졌으며, 주천도수 중에 5도를 맡고 있다(묘수와 마주보고 있으며, 12황도궁 중에 천갈궁에 해당하고, 묘의 방향에 있으며, 송나라에 해당한다).

② 방수의 보천가

2)방(房)은 네 개의 주홍색 별이 곧바로 아래로 향한 모습으로 명당(明堂)3)을 주관하며 / 건폐(鍵閉)는 한개의 누런색 별로 방의 위로 비스듬하게 있네 / 구검(鉤鈐)은 두개의 붉은색 별로 방의 곁에 근접해 있고 / 세개의 누런색 별인 벌(罰)이 건폐의 위에 심어져 있다네 / 동함과 서함이 벌을 사이에 끼고 마치 방수(房宿)와 같은 형상으로 놓여있고 / 방의 아래에 한개의 검은색(烏色) 별을 일(日)이라고 부르며 / 종관(從官)은 두개의 누런색 별로 일의 아래에서 떠오르는 모습이라네.

1] 房四星五度(對昴 天蝎宮 卯地 宋之分) / 『삼재도회 : 三才圖會』 등은 "6도를 맡고 있다"고 되어있다. / 방수를 우리나라의 지역에 배당하면, 충남 서천군의 비인(庇仁), 익산군의 용안(龍安)·임피(臨陂), 김제군의 만경(萬傾)·부안(扶安), 금산군의 진산(珍山)에 해당한다고 한다.

2] 四紅直下主明堂 / 鍵閉一黃斜向上 / 鉤鈐兩赤近其旁 / 罰有三黃植鍵上 / 兩咸夾罰似房狀 / 房下一烏號爲日 / 從官兩黃日下出

3] 명당(明堂) : 천자가 정치를 베푸는 자리.

③ 방수에 딸린 별

[1] 방(房 : 民星) 1)방은 명당이 되니, 천자가 정치를 베푸는 궁궐을 뜻한다. 또한 사보(四輔)가 되니, 제일 아래에 있는 별은 상장(上將)이고, 그 위에 별은 차장(次將)이며, 그 위에 별은 차상(次相)이고, 제일 위에 있는 별은 상상(上相)이 된다. 남쪽의(밑에 있는) 두 별은 임금의 자리이고, 북쪽의 (위에 있는) 두 별은 부인(夫人)의 자리이다.

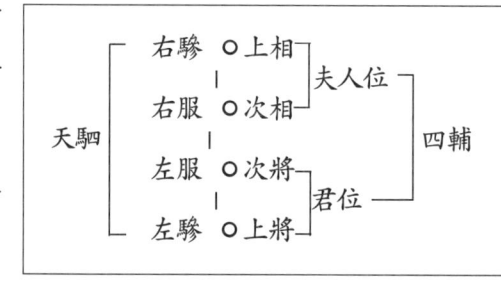

또한 사표(四表)²⁾가 되니, 방의 중간은 천구(天衢 : 하늘의 큰 길) 중에서도 큰 길(大道)로, 황도(黃道 : 태양이 지나가는

1] 爲明堂 天子布政之宮也 亦四輔也 下第四星上將也 次次將也 次次相也 上星上相也 南二星君位 北二星夫人位 又爲四表 中間爲天衢之大道 黃道之所經也 南間曰陽道 北間曰陰道 七曜由乎天衢則天下平和 由陽道則主旱喪 由陰道則主水兵 亦曰天駟 主車駕 南星曰左驂 次左服 次右服 次右驂 亦曰天廐 又主開閉 爲蓄藏之所由也 明則王者明 驂星大則兵起 星離則人流 立春日晨中於午爲農祥百穀熟 日月食主昏亂權臣橫 彗孛犯之兵起 / 방(房)은 네 개의 주홍색 별로 이루어졌다.

2] 사표(四表) : 나라에 있어 사방의 바깥이라는 뜻으로, 온 천하를 이른다.

길)의 운행길이다. 그 남쪽은 양도(陽道)라 하고 북쪽은 음도(陰道)라고 하는데, 칠요(日月木火土金水)가 이 천구를 따라 운행하면 천하가 평화롭게 되지만, 남쪽으로 치우쳐 양도를 따라 운행하면 가뭄으로 인한 피해와 인명이 손상되게 되고, 북쪽으로 치우쳐 음도를 따라 운행하면 물난리와 병란이 일어나게 된다.

또한 천사(天駟)라고도 부르니, 임금의 행차를 주관하며, 제일 아래에 있는 별은 좌참(左驂)이고, 그 위의 별은 좌복(左服)이며, 그 위의 별은 우복(右服)이고, 그 위의 별은 우참(右驂)이다. 또 천구(天廐)라고도 부르는데, 열고 닫는 것을 주관하니, 저축하고 잘 간직하는 시발점이 된다.

- 방의 네 별의 역할

房宿	제일 아랫별	세 번째 별	두 번째 별	제일 윗별
四輔	상장	차장	차상	상상
자리	임금의 자리		부인의 자리	
길	陽道	大道(黃道)		陰道
天駟	좌참	좌복	우복	우참

밝으면 임금이 현명하나, 참성(驂星 : 좌참과 우참)이 커지면 병란이 일어나고, 별들이 서로 떨어져 있으면 백성들이 유랑(流浪)하게 된다. 입춘날 새벽에 방수가 오방(午方)에서 중

천(中天)하면 농사에 상서로운 조짐이 되니, 백곡이 다 잘 숙성하게 된다. 일식 또는 월식이 방수에서 일어나면 임금이 현명하지 못해서 혼란해지는 것을 뜻하니, 권신이 정사를 전횡하게 된다. 혜성이나 패성(살별)이 범하면 병란이 일어난다.

 2 | 건폐(鍵閉)   1)건폐는 관문(關門)의 자물쇠와 열쇠의 기능을 주관한다. 밝으면 길하고, 어두우면 궁궐의 대문을 지키지 않아 혼란스럽게 된다.

 3 | 구검(鉤鈐)   2)구검은 방(房)의 열쇠와 자물쇠를 뜻한다.3) 하늘의 열쇠와 자물쇠로 하늘의 중심(天心)을 열고 닫음을 주관한다. 임금이 효도를 하면 구검이 밝아진다. 구검이 방에 가까와지면 천하가 한마음이 되고, 멀어지면 천하가 불화하게

---

1) 主關籥 明則吉 暗則宮門不禁 / 건폐(鍵閉)는 한개의 누런색 별로 방의 위에 있다.

2) 房之鈐鍵 天之管籥 主閉鍵天心也 王者孝則鉤鈐明 近房天下同心 遠則天下不和 王者絶後 房鉤鈐間有星及疏拆則地動河淸 / 구검(鉤鈐)은 두개의 붉은색 별로 방의 곁에 있다.

3) 구검은 방과 가장 가깝게 연결되어 있는 두개의 작은 별이다. 방과 밀접한 관계에 있기 때문에 어떤 천문도에서는 방과 연결해서 그리기도 한다. 따라서 구검은 집안에 있는 방의 열쇠라는 뜻과, 방의 열쇠라는 뜻을 아울러 가지고 있다. 방수의 '방(房)' 자도 가장 깊숙하고도 아늑한 방이라는 뜻으로 지어진 이름이다.

되며, 임금의 후사가 끊기게 된다. 방과 구검간에 다른 별이 끼어들거나 소원하게 갈라놓으면 지진이 일어나고 황하가 맑아지는 등 기이한 일이 벌어진다.[1]

| 4 | 벌(罰) | [2]벌은 돈을 받고 죄를 사해주는 일을 맡아한다. 곧게 남북으로 잘 줄지어 있으면 법령이 공평하게 집행되고, 구부러지고 비스듬히 기울어져 있으면 형벌이 중도를 잃어 치우치게 시행된다.

| 5 | 양함(兩咸) | [3]양함(동함과 서함)은 일월과 오성이 다니는 길이다. 방(또는 방수)의 샆짝문이 되니, 남녀사이의 음란한 짓거리 등 도를 넘는 행동을 방비하는 역할을 한다. 밝으면 길하고 어두우면 흉하다. 일월 및 오성이 범하여 머물면 음모가 있게 되고, 화성이 머무르면 병란이 일어난다.

1] 하청(河淸) : 중국에 있는 황하(黃河)의 물은 항상 탁하게 흐려 있는데, 천년에 한번 맑아진다고 한다. 따라서 될 수 없는 일이나, 있을 수 없는 일을 뜻하고, 혹 성인(聖人)이 나타나 세상이 평안해지기를 바라는 말로도 쓰인다.

2] 主受金贖罪 正而列則法令大平 曲而斜行則刑罰不中 / 벌(罰)은 세개의 누런색 별로 이루어졌는데 건폐의 위에 있다.

3] 日月五星之道也 爲房之戶 所以防佚也 明吉 暗凶 日月五星犯守之有陰謀 火守之兵起 / 각기 네 개의 별로 이루어진 동함(東咸)과 서함(西咸)은 벌(罰)을 사이에 끼고 양쪽으로 벌려있다.

| 6 | 일(日) | 1] 일은 태양의 정수(精髓)로 덕을 밝히는 일을 주관한다. 금성이나 화성이 범하여 머무르면 근심이 있게 된다.

| 7 | 종관(從官) | 2]

1] 太陽之精 主明德 金火犯守之有憂 / 일(日)은 한개의 짙은 검은색(烏色) 별로 이루어졌는데 방의 아래에 있다.

2] 『천문류초』의 본문에는 종관에 대한 설명이 없다. 다른 천문책(삼재도회 등)을 참고해보면, "천자의 병을 보살피는 의(醫)와, 앞날을 예측하고 푸닥거리를 하는 무(巫)와 점(占)을 맡는다"고 하였다. / 종관은 두개의 누런색 별로 일(日)의 아래에 있다.

(5) 심수(心宿)

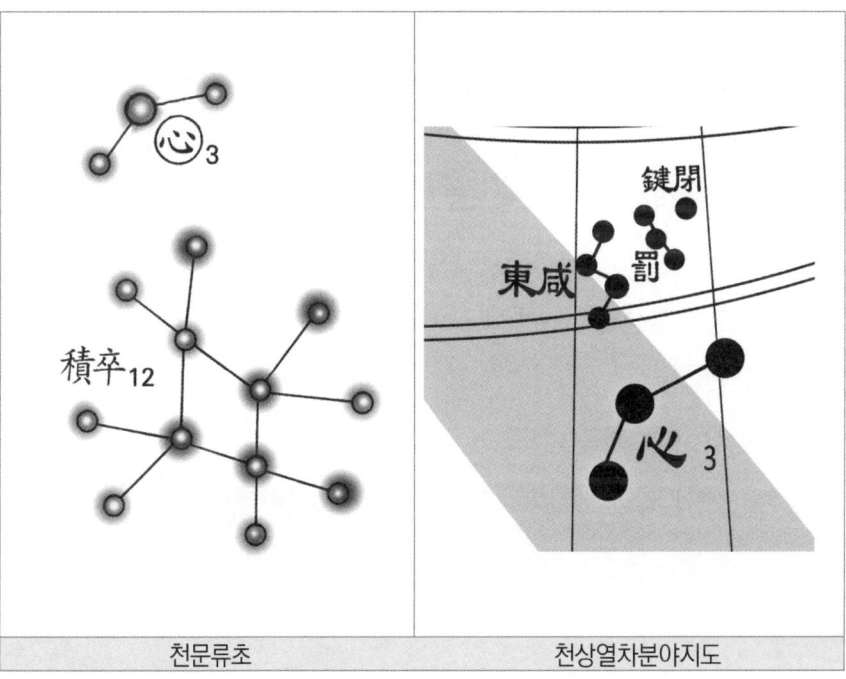

| 천문류초 | 천상열차분야지도 |

심수 영역의 『천문류초』와 「천상열차분야지도」의 다른 점

① 「천상열차분야지도」에서는 '건폐(鍵閉), 벌(罰), 동함(東咸)'을 심수 영역에 소속시켜 그렸는데, 『천문류초』에서는 방수에 소속된 것으로 보았다.

② 앞서 방수에서 설명했듯이 『천문류초』를 비롯한 다른

천문서적에서는, '건폐'는 '구검'과 연관성을 살린 것이고, '동함'은 '서함'과 함께 방수를 옹호하는 별자리라고 본 것이다. 또 '벌'은 '건폐'와 '동함' 사이에 있는 별자리로, '동함' 보다 더 방수에 가까우므로 방수 영역에 포함시킨 것이다.

3 하지만「천상열차분야지도」에서는, 이 세 별자리 모두 심수의 영역선 안에 그림으로써 심수에 소속된 별자리로 보았다.

4 또「천상열차분야지도」에서는 적졸(積卒)을 방수 영역에 그렸다.

5 심수와 '적졸'의 별 개수는『천문류초』와「천상열차분야지도」에서 각기 3개와 12개로 모두 표시하였다.

① 심수의 개괄

1]심수(心宿)는 세 개의 별로 이루어 졌으며, 주천도수 중에 5도를 맡고 있다(필수와 마주보고 있으며, 12황도궁 중에 천갈궁에 해당하고, 묘의 방향에 있으며, 송나라에 해당한다).

1] 心三星五度(對畢 天蝎宮 卯地 宋之分) / 심수를 우리나라의 지역에 배당하면, 충남의 남부지역인 옥구(玉溝), 익산(盆山)군의 려산(礪山)·함열(咸悅), 전주군의 고산(高山)에 해당한다고 한다.

② 심수의 보천가

1)세개의 붉은색 별로 된 심(心) 중에, 가운데 있는 별이 가장 붉으며 / 심의 아래에는 12개의 주홍색 별로 된 적졸(積卒)이 있는데 / 세 별씩 서로 모여서 심의 아래에 있는 것이 적졸이라네.

③ 심수에 딸린 별

1 심(心)   2)심(心)은 대화(大火)라고도 부르며, 천왕(天王)의 자리를 뜻한다. 세 개의 별중에 가운데 별은 명당(明堂)이라고 부르며, 셋 중에 제일 큰 별로 천자의 바른 자리가 되니, 천하의 상과 벌을 주관한다. 앞의 별(오른쪽 별)은 태자가 되는데, 밝지 못하면 태자가 천자의 자리를 계승하지 못하고, 뒤의 별(왼쪽 별)은 서

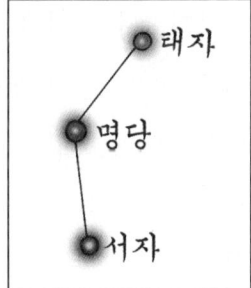

1] 三星中央赤最深 下有積卒紅十二 三三相聚心下是

2] 一名大火 天王位也 中星曰明堂 爲大辰天子之正位 主天下之賞罰 前星爲太子 不明則太子不得位 後星爲庶子 明則庶子繼 心上四尺爲日月五星之中道 中心明則化成道昌 直則地動 移徙不見國亡 又曰黑色大人有憂 直則王失勢 動則國有憂 離則民流 金火犯血光不止 土木犯吉 日月食吉 月暈兵起 火來守之國無主 客星及孛犯天下兵荒 / 심(心)은 세개의 붉은색 별로 이루어졌는데, 가운데 있는 별이 가장 붉다.

자가 되는데, 밝으면 서자가 천자의 자리를 계승하게 된다.

심의 위로 4척이 되는 곳은, 일월과 오성이 다니는 한가운데 길이 된다. 가운데 별이 밝으면 교화가 잘 이루어져 도가 창성하게 되며, 심수가 일직선으로 곧게 되면 지진이 일어나고, 자리를 옮겨가거나 보이지 않으면 나라가 망하게 된다.

또 이르기를 "흑색(黑色)으로 변하면 대인(大人 : 天子)에게 근심이 생기고, 일직선으로 곧게 되면 임금이 세력을 잃게 되며, 움직이면 나라에 우환이 생기고, 사이가 벌어지면 백성이 유랑하게 된다"고 하였다.

금성이나 화성이 범하면 난리로 인해 온나라가 피를 보게 되고, 토성이나 목성이 범하면 길하게 되며, 일식 또는 월식이 일어나면 길하고, 달무리가 생기면 병란이 일어나며, 화성이 와서 머무르면 나라에 임금이 없게 되고, 객성이나 패성이 범하면 천하가 병란으로 인해 황폐해진다.[1]

| 2 | 적졸(積卒) | 2)적졸은 오영(五營)[3]의 군사의 무리를 뜻하

1] 일식 또는 월식이 일어나면 길하고, 원문 그대로 해석한 말이나 '吉'은 '凶'의 오기라고 여겨진다. 다른 천문서를 보면 일식이나 월식이 심수에서 일어나면 임금과 신하가 서로 의심하고 서로 주도권을 쥐려고 다툰다고 되어있다.

2] 五營軍士之衆 主衛士掃除不祥 微而小則吉 明大搖動兵大起 一星亡兵少出

니, 주로 지키는 병사들(衛士)의 상서롭지 못함을 소제하는 것을 주관한다. 미미하면서도 작으면 길하고, 밝으면서 크게 요동치면 병란이 크게 일어난다.

한개의 별이 없어지면 병사가 조금 출동하고, 두별이 없어지면 절반의 병사가 출동하며, 세개의 별이 없어지면 모든 병사가 다 출동하게 된다. 다른 별이 머무르면 병란이 크게 일어나고, 가까운 신하를 주살하게 된다.

二星亡兵半出 三星亡兵盡出 他星守之兵大起 近臣誅 / 적졸(積卒)은 심의 아래에 12개의 주홍색 별로 이루어졌는데, 세 별씩 네 무더기를 이루고 있다.

3] 다섯 군영이라는 뜻으로, 나라를 지키는 병사들을 통칭한다.

(6) 미수(尾宿)

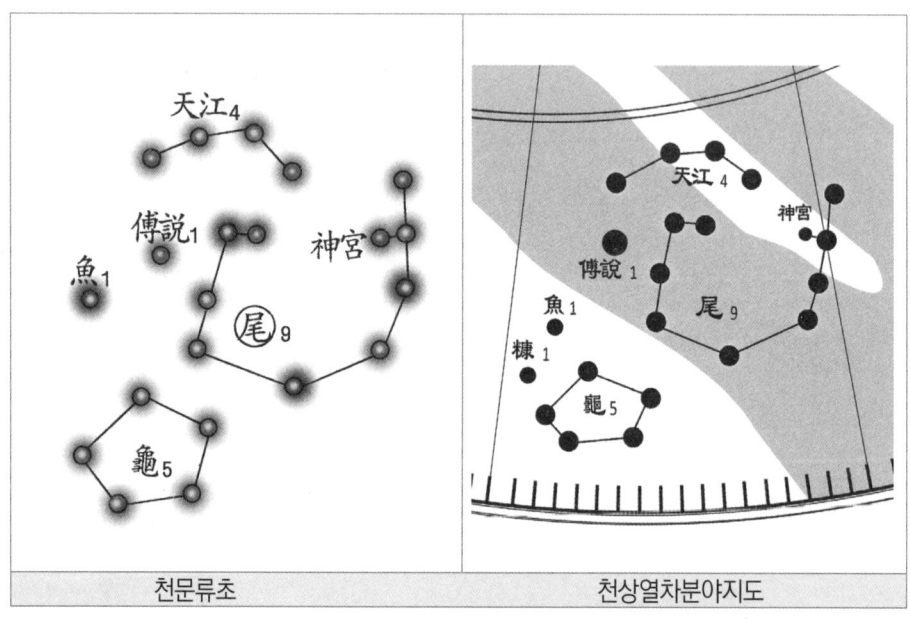

| 천문류초 | 천상열차분야지도 |

미수 영역의 『천문류초』와 「천상열차분야지도」의 다른 점

①『천문류초』등 다른 천문서적에서는 '강(糠, 쌀 껍질 강)'을 기수(키 기, 별자리 수)와 연관시켜 기수 영역에 소속된 것으로 보았다. 기수가 키질을 해서 쌀 알맹이는 남기고 강(쌀껍질)은 버린다고 보았기 때문이다.

하지만 「천상열차분야지도」에서는 '강(糠)'을 미수의 영역선 안에 그림으로써 미수 소속으로 보았다.

② 그 외에 소속된 별자리에 모두 별개수를 표기했는데, '신궁' 만은 별개수를 표기하지 않았고, 또 미수와 선을 연결해서 하나의 별자리인 것처럼 그린 것도 「천상열차분야지도」와 똑같지만, 설명문에는 '신궁'을 독립시켰다. '신궁'을 미수와 이어서 그린 것은 「순우천문도」 등에서는 없는 드문 일이다.

① 미수의 개괄

1)미수(尾宿)는 아홉 개의 별로 이루어졌으며, 주천도수 중에 18도를 맡고 있다(자수와 마주보고 있으며, 12황도궁 중에 인마궁2)에 해당하고, 인의 방향에 있으며, 연나라에 해당한다).3)

1] 尾九星十八度(對觜 人馬宮 寅地 燕之分)

2] 인마궁(人馬宮) : 석목의 분야(析木之次)에 해당하며, 미수(尾宿)의 9도부터 두수(斗宿)의 11도까지를 말한다. 중국을 12주로 나누면 유주(幽州)에 해당하고, 중국의 연나라에 해당한다.

3] 미수를 우리나라의 지역에 배당하면, 함경남도 지역인 덕원(德原)·안변(安邊)·고원(高原)·문천(文川)·정평(定平)·영흥(永興)·함흥(咸興)·북청(北靑)·홍원(洪原)·단천(湍川)·이원(利原)·길주(吉州)·경성(鏡城)·부녕(富寧)·장진(長津)에 해당한다고 한다.

② 미수의 보천가

1]갈고리 모양의 아홉개의 붉은색 별이 미(尾)이며 창룡(蒼龍)의 꼬리이고 / 미의 아랫머리에 다섯개의 붉은색 별이 귀(龜)라네 / 미의 위에 네개의 주홍색 별이 천강(天江)이며 / 미의 동쪽에 한개의 붉은색 별이 부열(傅說)이네 / 부열의 동쪽(왼쪽)에 주홍색 별 하나가 외롭게 있는 것이 어(魚)이며 / 귀의 서쪽에 한개의 붉은색 별이 신궁(神宮)이니 / 후비(后妃 : 여기서는 尾)의 가운데에 놓여있게 된 것이라네.

③ 미수에 딸린 별

 1 미(尾)   2]미(尾)는 후비들을 맡은 부서로 후궁(後宮)이 있는 곳이다. 오른쪽으로 제일 위에 있는 별이 후(后)이고, 그 밑의 세 별이 부인(夫人)이며, 그 밑의 별들은 빈(嬪)과 첩(妾)이

1] 九赤如鉤蒼龍尾 / 下頭五赤號龜星 / 尾上天江四紅是 / 尾東一赤名傅說 / 傅說東紅一魚子 / 龜西一赤是神宮 / 所以列在后妃中 / 子 : 본문에는 '子'로 되어 있다.

2] 后妃之府 後宮之場也 上第一星后也 次三星夫人 次則嬪妾亦爲九子 色欲均明 大小相承則后妃無妬忌 後宮有叙多子孫 微細暗 后有憂疾 疏遠則后失勢 動移則君臣不和天下亂 就聚則大水 木犯及月暈則后妃死 火犯宮中內亂 土犯吉 水犯宮中有事 客星犯大臣誅 日月食主飢 金火守之後宮兵起 / 미(尾)는 아홉개의 붉은색 별이 갈고리 모양을 이루고 있다.

106

된다. 또 미의 아홉별은 아홉자식이 된다.

그 별빛이 균등하게 밝고, 크고 작은 별들이 서로 잘 이어져 있으면, 후비간에 서로 투기하지 않고 평화로우며, 후궁간에 서로 서열이 있고 자손이 많게 된다. 별이 미세하고 어두우면 황후(后)에게 근심과 질병이 있게 되고, 별끼리 서로 성기면서 멀리 떨어져 있으면 황후가 세력을 잃게 되며, 움직이고 이동하면 임금과 신하간에 불화하게 되고, 천하에 난리가 생겨나며, 서로 모여 있으면 홍수가 난다.

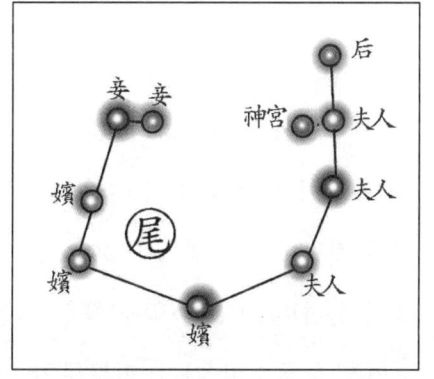

목성이 범하거나 달무리가 일이니면 황후나 왕비가 죽게 되고, 화성이 범하면 궁중에 내란이 일어나며, 토성이 범하면 길하고, 수성이 범하면 궁중에 일이 생기게 된다. 객성이 범하면 대신이 주살당하고, 일식 또는 월식은 나라에 기아(飢餓)가 든다는 것을 의미하며, 금성 또는 화성이 머무르면 후궁간에 세력다툼으로 병란이 일어난다.

| 2 | 귀(龜) | 1)귀(龜)는 길과 흉을 점쳐서 정하는 것을 맡는다.

1] 主占定吉凶 明則君臣和 不明則爲乖戾 亡則赤地千里 火守之兵起 在外守之

별이 밝으면 임금과 신하가 화목하고, 밝지 않으면 임금과 신하 간에 사이가 벌어지며, 없어지면 황폐한 땅(赤地)이 천리에 걸쳐 뻗게 된다.

화성이 머무르면 병란이 일어나고, 귀의 밖에 화성이 머무르면 병란을 평정하게 된다.

3 천강(天江 : 民星) 1)천강은 백성의 운을 맡은 별(民星)이다. 태음(달)을 주관하니, 밝은 것이 좋지 않다. 만약에 밝아지고 움직이면 엄청난 수해가 일어난다. 가지런하지 못하고 뒤섞인 것같이 보이면 말(馬)이 모자라게 되고, 제대로 모습을 갖추지 못하면 나루터·항구 또는 관문 등 통행에 문제가 생긴다.

형혹(熒惑 : 화성)이 머무르면 새로이 임금을 세우게 되고, 객성이 천강에 들어오면 수상운송이 막혀서 끊어지게 된다.

兵罷 / 귀(龜)는 다섯개의 붉은색 별로 이루어졌는데 미의 아래에 있다. / 적지(赤地) : 가뭄이나 황충해 등으로 모든 초목이 말라죽는 현상.

1] 主大陰 不欲明 明而動水暴出 參差則馬貴 不具則津河關道不通 熒惑守之有立主 客星入河津絶 / 천강(天江)은 네개의 주홍색 별로 이루어졌으며, 미의 위에 있다. / 천강을 천한(天漢 : 은하수)의 별명이라하여, 은하수를 주관한다는 설도 있다. 치맹(郗萌)은 "천강은 밝거나 은하수의 가운데 있으면 좋지 않으니, 은하수 안에 있게 되면 병란이 크게 일어나고, 전쟁으로 인해 들에 전차와 기마가 가득차게 되며, 길이 통하지 않게 된다"고 하였다.

4 부열(傅說)   1)부열은 후궁 및 무당이 신령께 제사지내고 자손의 잉태를 기도하는 것을 주관한다. 그러므로 "왕과 후비(后妃) 등이 제사를 받들어 자손을 기원하는 것을 주관한다"고 말하는 것이다. 밝고 크면 임금에게 자손이 많이 늘어나고, 작고 어두우면 후궁에게 자식이 적게 된다. 움직이고 흔들리면 후궁이 불안해 하고, 천자에게 대를 이을 후손이 없게 된다.

5 어(魚)   2)어는 음한 일(陰事)을 주관하니, 구름끼고 비오는 때를 미리 알 수 있다. 크게 밝으면 음양이 화합하고 바람과 비가 때에 맞춰 오게 되며, 어두우면 물고기가 없어지게 된다. 움직이고 흔들리면 큰 물난리가 일어나게 되고, 화성이 남쪽에 머무르면 가뭄이 들게 되며, 북쪽에 머무르면 수해가 일어난다.

6 신궁(神宮)   3)신궁은 후궁들이 옷을 갈아입는 내실을 뜻

1] 主後宮女巫 祝祀神靈 祈禱子孕 故曰 主王后之內祭祀以求子孫 明大王者多子孫 小而暗後宮少子 動搖後宮不安 天子無嗣 / 부열(傅說)은 한개의 붉은색 별이며, 미의 동쪽(왼쪽)에 있다.

2] 主陰事 知雲雨之期也 大明則陰陽和風雨時 暗則魚多亡 動搖則大水暴出 火守之在南則旱 在北則水 / 어(魚)는 부열의 동쪽(왼쪽)에 있는 한 개의 주홍색 별이다.

3] 解衣之內室 / 신궁은 미(尾)에 근접해 있으므로 미의 일부로 볼 수도 있으

한다.

나, 미와는 서로 다른 별이다. 미가 후궁 및 그 자식에 관한 개별적인 길흉을 나타낸다면, 신궁은 후궁 전체에 대한 총애의 유무를 나타낸다. / 신궁(神宮)은 한개의 붉은색 별로 미의 안에 있다.

(7) 기수(箕宿)

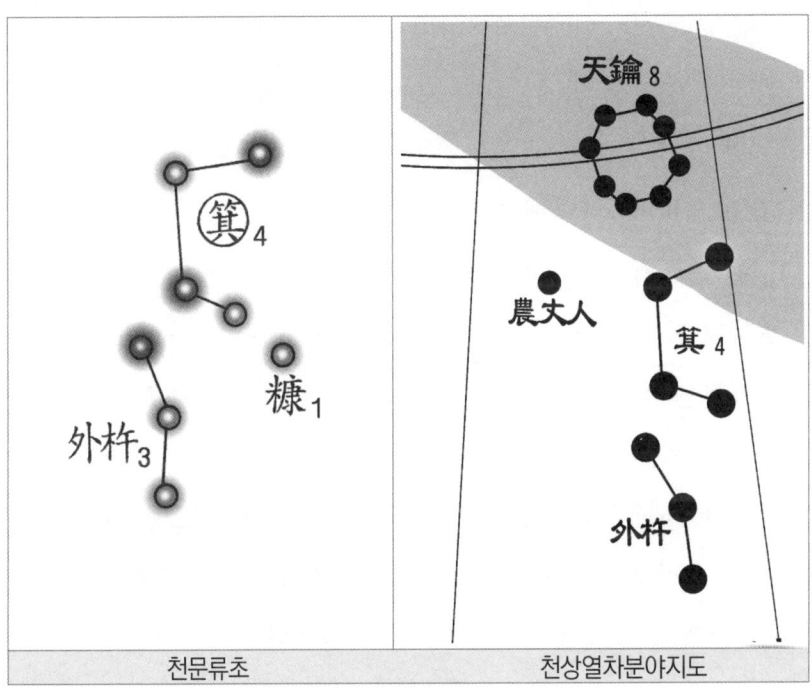

기수 영역의 『천문류초』와 「천상열차분야지도」의 다른 점

① '천약'은 '하늘 천, 자물쇠 약 또는 빗장 약' 자를 쓴다. '천' 자가 붙은 것은 별이라는 뜻이고, 뒤에 쓴 '약' 자에서 관문의 왕래를 주관하는 별이라는 뜻이 나온다. 또 '농장인'은 농사를 주관하는 경험많은 노인을 뜻하는 별이다. 두 별 모두

111

'새벽을 연다, 봄을 연다, 시작한다'는 뜻이 많으므로, 『천문류초』 등에서는 두수 영역에 소속시켰다.

② 하지만 「천상열차분야지도」에서는, '천약'과 '농장인'을 기수의 영역선 안에 그림으로써 기수에 소속시켰다.

③ 앞서 기수에서 설명했듯이, 「천상열차분야지도」에서는 '강'을 미수에 배당했다.

④ 또 「천상열차분야지도」에서 '외저(外杵)'라고 이름 붙인 별자리를 『천문류초』에서도 '외저'라고 이름을 붙이고, 설명문에서는 '목저(木杵)'라고 이름하고 설명했다. 별그림은 「천상열차분야지도」를 베끼고 설명은 당시 유행하는 학설을 쓴 것이다. '외저'라고 한 것은 위수(危宿) 영역에 있는 '내저(內杵)'와 구별하기 위한 용어이다. 그곳에서도 별그림에서는 '내저'라 했고, 설명문에서는 '저'라고 하였다.

① 기수의 개괄

1) 기수(箕宿)는 네 개의 별로 이루어졌으며, 주천도수 중에 11

1] 箕四星十一度(對參 入馬宮 寅地 燕之分) / 기수를 우리나라의 지역에 배당하면, 함경북도 지역인 명천(明川)·경흥(慶興)·온성(穩城)·경원(慶源)·종성(鍾城)·무산(茂山)·고령(高寧)·회령(會寧)·갑산(甲山)·삼수(三水)에 해당한다고 한다.

도를 맡고 있다(삼수와 마주보고 있으며, 12황도궁 중에 인마궁에 해당하고, 인의 방향에 있으며, 연나라에 해당한다).

② 기수의 보천가
¹⁾기(箕)는 네개의 주홍색 별로 마치 곡식을 까부르는 키(箕)의 형상이네 / 기의 아래에 세개의 주홍색 별은 목저(木杵 : 나무 절구공이)라고 하며 / 기의 앞에 있는 한개의 검은색(黑色) 별이 곡식을 까부르고 남은 껍데기인 강(糠)이라네.

③ 기수에 딸린 별

| 1 | 기(箕) | ²⁾기(箕)는 후궁을 주관하니 횡후(后)와 비(妃)의 자리를 뜻한다. 천계(天雞)³⁾라고도 부르는데, 팔풍(八風)⁴⁾을

1] 四紅其狀似簸箕 / 箕下三紅名木杵 / 箕前一黑是糠皮
2] 後宮妃后之位 一曰天雞 主八風日月宿風起 又主口舌 主蠻夷 蠻夷將動先表焉 大明直則五穀熟 君無讒間 疎暗無君世亂 五穀貴 蠻夷不服 就聚細微天下憂 動則蠻夷有使來 離徙則人流 若移入河國災人相食 月暈金火犯兵起 流星犯大臣叛 / 기(箕)는 네개의 주홍색 별로 이루어졌다.
3] 『주역』에서는 바람을 뜻하는 손괘(巽卦)를 닭(鷄)이라고 하는데, 닭은 바람과 같이 안으로 파고드는 성질이 있기 때문이다. 그래서 풍향계에 닭을 상징물로 올려놓는 풍속이 도처에 있는 것이다.

주관해서, 일·월성(日月星)이 머무는 곳에 바람이 일어남을 맡는다.1] 또한 구설을 주관하고, 변방부족(蠻夷)를 주관한다. 변방의 부족이 침공하려고 할 때면 먼저 조짐을 보인다고 한다.

크게 밝고 일직선으로 곧으면 오곡이 잘 성숙하고, 임금과 신하간에 참소와 이간질이 없어진다. 어둡고 성기면 임금이 없는 난세가 벌어지고, 오곡이 귀하게 되며, 변방의 부족이 복종하지 않는다. 기수가 안으로 모이고 미세하게 되면 천하에 근심이 있게 되고, 움직이면 변방부족의 사신이 오게 된다. 자리를 옮기면 백성이 유랑하게 되고, 만약에 기(箕)가 은하수

4] 팔풍(八風) : 팔방의 바람이라
는 뜻으로,
명서풍(明庶風:동풍),
청명풍(淸明風:동남풍),
경풍(景風:남풍),
량풍(凉風:서남풍),
창합풍(閶闔風:서풍),
부주풍(不周風:서북풍),
광막풍(廣莫風:북풍),
융풍(融風:동북풍)을 말한다.

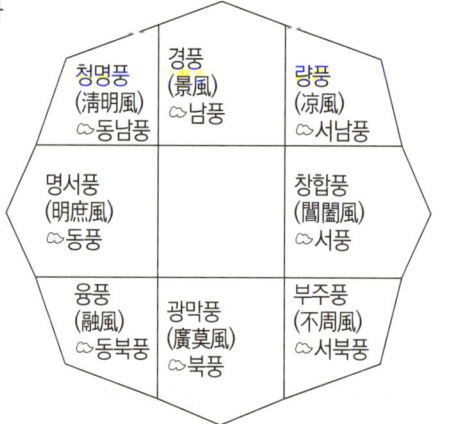

『풍속통의:風俗通義』에는 "바람을 다스리는 것은 기성(箕星)이다. 기성이 키를 까부르고 드날리니, 능히 바람의 기운을 이르게 한다(風師者 箕星也 箕主簸揚 能致風氣)"고 했다.

1] 일성(日星)과 월성(月星)이 동벽(東壁)과 익수(翼宿)·진수(軫宿)에 있을 때 바람이 일어난다.

안으로 들어가면 나라에 큰 재앙이 생기고 사람들이 서로간에 인육을 먹게 된다.

달무리가 지거나 금성 또는 화성이 범하면 병란이 일어나고, 유성(流星)이 범하면 대신이 반란을 일으킨다.

|2| 목저(木杵)   1)목저는 주로 곡식을 도정하는 일을 맡는다. 따라서 위와 아래로 곧게 있어서 방아를 찧는 형상이면 풍년이 들고, 가로누우면 기근이 든다. 자리를 옮기면 사람들이 자신의 직업을 잃게 되고, 보이지 않으면 사람들간에 서로 인육을 먹게 되며, 객성이 목저의 안으로 들어오면 급한 변란이 있게된다.

|3| 강(糠)   2)강은 밝으면 **풍년**이 들고, 어두우면 기근이 들

---

1) 主杵臼之用也 縱爲豊 橫爲飢 移徙人失業 不見人相食 客星入杵臼天下有急變 / 저(杵)는 '공이 저(절구공이)' 자이다. 따라서 '목저'는 나무로 된 절구공이라는 뜻이다. 그림에는 '外杵'라고, 풀이글에는 '木杵'라고 하였다. / 목저(木杵)는 세개의 주홍색 별로 이루어졌으며, 기(箕)의 아래에 있다.

2) 明則爲豊 暗則爲飢 不見人相食 / 강(糠)은 '쌀겨 강' 자이다. 곡식을 까부를 때 생기는 찌꺼기를 의미한다. 기수가 창룡의 항문에 해당하므로, 찌꺼기(똥)를 배출하는 뜻이 있다. / 강(糠)은 한개의 검은색(黑色) 별로 기수의 오른쪽에 있다. / 방수·심수·미수·기수의 북쪽(윗쪽)은 천시원(天市垣)이 자리한다. 28수와 천시원의 영역은 태양이 지나는 길인 황도(黃道)로써 경계를 삼는다.

며, 보이지 않으면 기근이 심해져 사람들이 서로간에 인육을 먹게된다.

※ 동방7수의 개괄

	상징	의미	별의 수	부속 별	주천 도수	12황도궁	12자리(次)	해당지역 중국	해당지역 우리나라
각	용의 뿔	생성과 소멸 위엄과 신용	2	平道2 天田2 進賢1 周鼎3 天門2 平2 庫樓10 柱15 衡4 南門2	12도	天秤宮(辰), 軫12도~氐4도	壽星之次	鄭(兗州)	전라도
항	목	조공을 받고, 송사 심리 등	4	大角1 折威7 左攝提3 右攝提3 頓頑2 陽門2	9도				
저	가슴	천자가 침소 가는 길	4	天乳1 招搖1 梗河3 帝席3 亢池6 騎官27 陣車3 車騎3 天輻2 騎陣將軍1	15도	天蝎宮(卯), 氐4~尾9도	大火之次	宋(豫州)	충청도
방	배	정치를 베푸는 명당, 四輔, 四表, 天駟	4	鍵閉1 鉤鈐2 罰3 東咸4 西咸4 日1 從官2	5도				
심	엉덩이	명당(상과 벌을 주관)	3	積卒12	5도				
미	꼬리	황후를 비롯한 후궁	9	龜5 天江4 傅說1 魚1 神宮1	18도	人馬宮寅	析木之次	燕(幽州)	함경도
기	꼬리(항문)	후궁, 八風, 변방부족	4	木杵3 糠1	11도				
계	蒼龍	생성하고 베푸는 일	30	41개 별자리 (156개 별)	75도	3궁	3차	3국, 3주	3도

2) 북방7수(北方七宿)

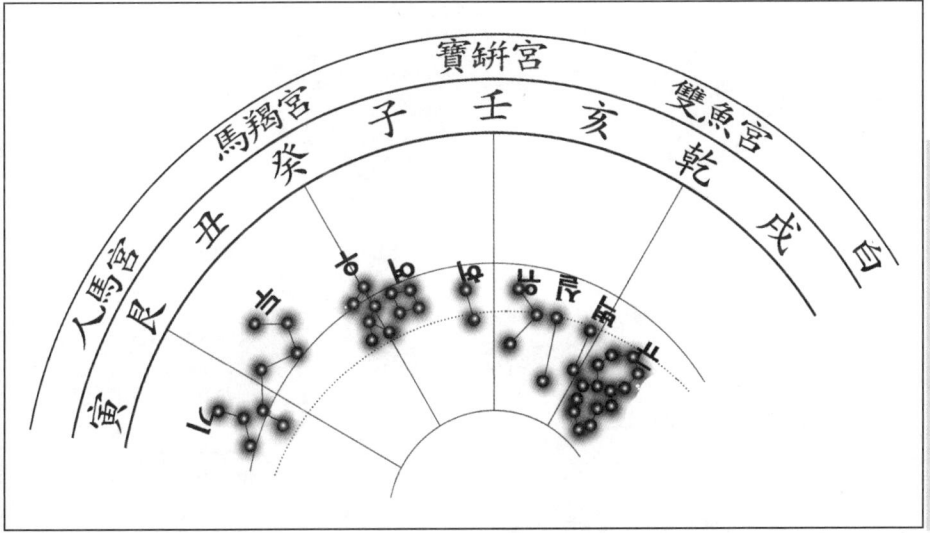

(1) 두수(斗宿)

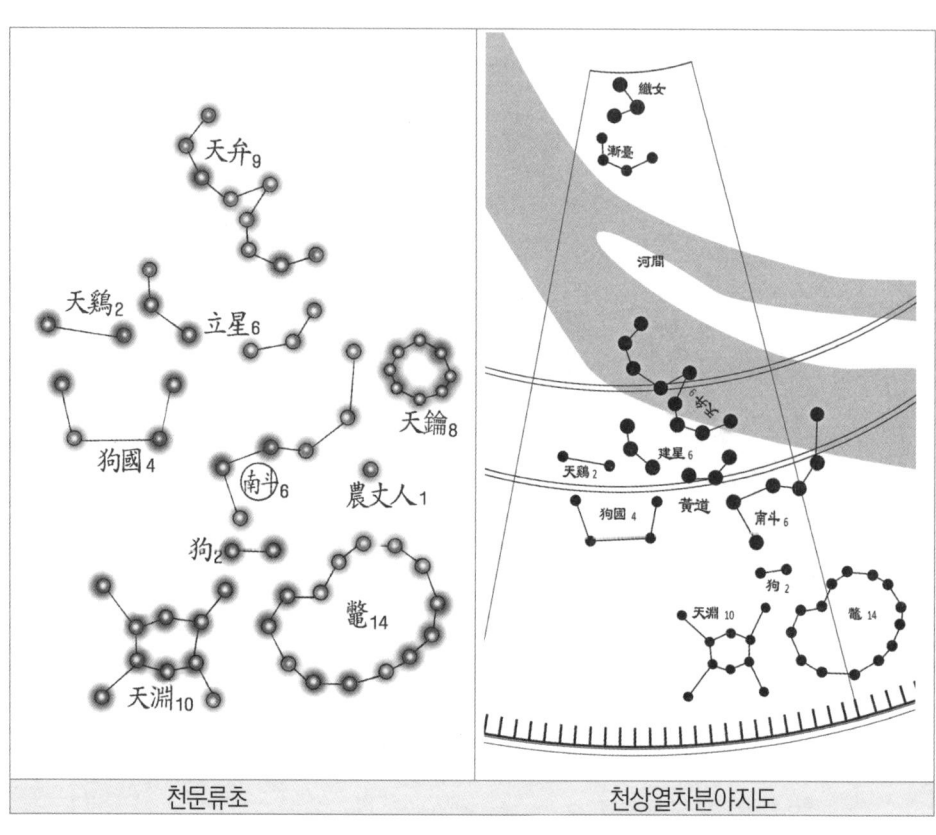

| 천문류초 | 천상열차분야지도 |

두수 영역의 『천문류초』와 「천상열차분야지도」의 다른 점

① 『천문류초』에서는 '건성(建星)'을 고려의 시조 왕건(王建)의 이름을 피해 쓰기 위해 '입성(立星)'이라고 표기했다. 중

국 천문서적에서는 '입성'이라는 용어가 없다. 『천문류초』에서 처음으로 쓰인 것으로 보아, '세울 건'을 피해서 '세울 립'으로 쓴 것이 분명하다. 「천상열차분야지도」를 만든 조선시대 초기에는 '왕건'을 높일 여유가 없었지만, 『천문류초』를 쓸 세종시대에 와서는 나라가 안정되었기 때문에 가능했을 것이다.

「천상열차분야지도」에서는 '건성6'이라고 해서 '성(별 성)' 자를 더 붙여 썼는데, 『천문류초』에서도 별그림에서도 '입성6'이라고 해서 '성' 자를 더 붙였다. 다만 설명문에서는 '입(효)'이라고 해서 '성' 자를 뺐다. 아마도 「천상열차분야지도」에서 '성' 자를 더 붙인 것을 별그림에서 그대로 따라 그린 것 같다.

② 또 『천문류초』에서는 '견우'와 '직녀'를 연관시켜 '점대, 직녀'를 우수 영역에 배당했는데, 「천상열차분야지도」에서는 두수에 배낭했고, '천약, 농장인'도 기수 영역에 소속시켜 그렸다.

① 두수의 개괄

1]두수(斗宿)는 여섯 개의 별로 이루어졌으며, 주천도수 중에 26과 ¼도를 맡고 있다(정수와 마주보고 있으며, 12황도궁 중에 마갈궁2]에 해당하고, 축의 방향에 있으며, 오나라에 해당한

1] 斗六星二十六度 四分度之一 (對井 磨竭宮 丑地 吳之分)

다).¹]

② 두수의 보천가(步天歌)

²]두(南斗)는 여섯개의 주홍색 별로 자미원(紫微垣)에 있는 북두칠성과 흡사하고 / 두의 괴(魁) 윗쪽에 있는 것은 립(됴: 또는 建)인데, 세개씩 이루어진 주홍색 별로 서로 마주보고 있다네 / 천변(天弁)은 립의 위에 세 별씩 짝을 진 아홉개의 주홍색 별이고 / 두의 아래에 14개의 주홍색 별이 원을 이룬 것이 있는데 / 이름은 비록 별(鼈: 자라)이나 동아줄을 꿰어 놓은 것과 같은 형태라네 / 천계(天鷄)는 립의 뒷쪽(북쪽)에 두개의 검은색 별이고 / 천약(天籥)은 두의 자루(柄) 앞에(남쪽) 여덟개의 짙은 누러색 별이네 / 구국(狗國)은 네 개의 짙은 김

2] 마갈궁(磨竭宮) : 성기의 분야(星紀之次)에 해당하며, 두수(斗宿)의 11도부터 여수(女宿)의 7도까지를 말한다. 중국을 12주로 나누면 양주(揚州)에 해당하고, 중국의 오나라와 월나라에 해당한다. 마갈궁(磨竭宮)을 마갈궁(磨蝎宮) 또는 마갈궁(馬羯宮)이라고도 한다.

1] / 두수를 우리나라의 지역에 배당하면, 경북의 서남지역인 하동·해남·사천군의 곤양·산청군의 단성·사천·고성·통영·산청·함양군의 안의·진주·거제·진해·협천군의 삼가,초계·협천·의령·함안·거창·고령·김천군의 지례·이원·칠곡·창령·성주에 해당한다고 한다.

2] 六紅其狀似北斗 / 魁上立紅三相對 / 天弁立上三紅九 / 斗下圓紅十四星 / 雖然名鼈貫索形 / 天鷄立背雙黑星 / 天籥柄前八黃精 / 狗國四烏鷄下生 / 天淵十黃鼈東邊 / 更黑兩狗斗魁前 / 農家丈黑狗下眠 / 天淵十黃狗色玄

은색(烏色) 별로 천계의 아래에서 생겨나고 / 천연(天淵)은 10개의 누런색 별로 별(鼈)의 동쪽(왼쪽)가에 있다네 / 또 두개의 검은색 별인 구(狗)가 두수의 괴(魁) 앞에 있고 / 농가장(農家丈 : 農丈人)의 검은색 별은 구(狗) 아래에 잠들었으며 / 천연은 열개의 누런색 별이고, 구(狗)의 색은 검다네(玄色).

③ 두수에 딸린 별

| 1 | 두(斗, 南斗) | 1]두는 하늘의 사당(天廟)인데, 하늘의 기틀(天機)이라고도 부른다. 오성이 그 가운데를 관통해서 지나가고, 해와 달이 지나가는 바른 길이니, 승상(丞相) 또는 태재(太宰)2]의 자리가 된다. 정사(政事)의 마땅함을 잘 헤아려 처리하고, 어질고 현명한 사람을 포상하고 천거하여 벼슬과 녹봉을 준다. 또 병사(兵事)를 주관하며, 수명(壽命)의 기한을 관리한

1] 天廟也 亦曰天機 五星貫中日月正道 爲丞相太宰之位 酌量政事之宜 褒進賢良稟授爵祿 又主兵 亦爲壽命之期 將有天子之事 占於南斗盛明 君臣一心 天下和平 爵祿行 芒角動搖 天子愁 兵起 移徙其臣逐 日月五星逆入天下流蕩 孛犯之兵起 小暗則廢宰相及死 / 북방7수의 하나인 두(남두)는 주로 생명의 태어남과 건강을 관장하고, 자미원에 있는 북두는 생명의 마침을 주관한다. / 두(南斗)는 여섯개의 주홍색 별로 이루어졌다.

2] 태재(太宰) : 태재(大宰)라고도 하며, 은(殷)나라 시대 최고벼슬인 육태(六太) 중에서도 으뜸으로, 승상의 역할과 같았다.

다.

　천자의 일에 있어서 남두(南斗)로써 점을 칠 때에, 크게 밝으면 임금과 신하가 한마음이 되고, 천하가 화평해지며, 벼슬과 녹봉이 제대로 행해지나, 별빛에 까끄라기가 일면서 뿔처럼 솟고(芒角) 움직이며 흔들리면, 천자에게 근심이 생기며, 또한 병란이 일어난다. 또 자리를 옮기면 신하를 쫓아내게 되고, 일월과 오성이 거꾸로 들어오면 천하가 크게 어지러워진다. 패성이 범하면 병란이 일어나고, 작고 어두우면 재상을 폐하고 결국 죽이게 된다.

　2　천변(天弁)　1)천변은 시정(市政)을 맡은 관리의 장이 된다. 주로 시장에서 물건을 늘어놓고 품목을 관리하는 일을 맡아 하니, 시장의 진귀한 보배를 주관한다. 밝고 성대해지면 만물이 번창하고, 밝지 않거나 혜성 또는 객성이 범하면 곡식을 비롯한 물건에 품귀현상이 일어나며, 오래 머무르면 죄수의 무리가 병란을 일으킨다.

1] 市官之長 主列肆闤闠(闤市垣也 闠市門也) 若市籍之事 以知市珍 明盛則萬物昌 不明及彗客犯之糴貴 久守之囚徒起兵 / 환궤(闤闠) : 환(闤)은 시장의 담이고, 궤(闠)는 시장의 대문이다. 저자의 담과 문이란 뜻으로, 시정(市井)의 거리 또는 도로를 말함. / 적귀(糴貴) : 사고 파는 곡식의 값이 비쌈. / 천변(天弁)은 립(立,建)의 위에 있는데, 아홉 개의 주홍색 별로 세 별씩 짝을 져서 세무더기를 이루고 있다.

3 　립(立)　1)립은 황도(黃道) 상에 있는 별로, 하늘의 수도(首都)의 관문이 된다. 건성과 두성의 사이는 칠요가 다니는 길이니, 일을 꾸미는 것(謀事)이 되고, 하늘의 북(天鼓)이 되며, 하늘의 말(天馬)이 된다. 동요하면 사람이 피로하게 되고, 달무리가 지면 교룡이 나타나며 말과 소에 질병이 든다. 월식이 일어나고 오성이 범하여 머무르면, 대신이 서로 참언을 하고, 신하가 임금을 제거하려 일을 꾸민다. 또한 육로나 수로가 불통되고, 큰 물난리가 있게 된다.

4 　별(鼈)　2)별(鼈 : 자라)은 물에서 사는 충(蟲)이 된다. 다른 별이 머무르면 나라에 국상이 일어나고 물난리가 일어나며, 화성이 머무르면 가뭄이 든다.

5 　천계(天鷄 : 民星)　3)천계(天鷄)는 백성의 운을 주관하는

1] 臨於黃道 天之都關也 建斗之間 七曜之道 爲謀事 爲天鼓 爲天馬 動搖則人勞 月暈蛟龍見牛馬疫 月食五星犯守 大臣相譖　臣謀主 亦爲關梁不通 有大水 /
건성 : 『천문류초』의 그림과 제목에는 립(立)이라 하고, 설명에는 건(建)으로 되어 있다. 다른 천문도에는 건으로 표기 되어 있다. 고려의 시조 이름인 '왕건(王建)'을 휘해서, 같은 뜻으로(세울 건 = 세울 립) 별자리 이름을 바꾼 것이라고 여겨진다.
　• 립(立 : 또는 建)은 여섯 개의 주홍색 별로, 두의 괴(魁) 윗쪽에 있다.
2] 爲水蟲 有星守之白衣會 主有水 火守之旱 / 별(鼈)은 두의 아래에 14개의 주홍색 별이 원을 이루며 있다.

별로, 기후와 때를 관장한다. 금성 또는 화성이 머무르거나 들어오면 병란이 크게 일어난다.

| 6 | 천약(天鑰 : 民星) | 1)천약은 백성의 운을 주관하는 별로, 하늘의 자물쇠라는 뜻이니, 관문의 문단속을 주관한다. 밝으면 길하고, 어두우면 흉하다.

| 7 | 구국(狗國) | 2)구국은 중국 변방의 선비(鮮卑)·오환(烏丸)·옥저(沃沮)를 관장하니, 밝으면 변방의 부족들이 흥기하여 중국으로 쳐들어 온다.

　금성 또는 화성이 범하여 머무르면 변방의 부족들에게 변란이 일어난다. 태백성이 역(逆 : 서쪽으로 진행하여)해서 와 머무르면, 그 해당하는 나라에 난리가 일어나며, 객성이 범해서 머무르면 큰 도적이 생겨나고, 그 해당하는 나라3)의 왕이 중

---

3) 主候時 金火守入兵大起 / 천계(天鷄) : 동방창룡7수 중 기수(箕宿)의 「★1 기(箕)」 참조. / 천계(天鷄)는 립의 뒷쪽(북쪽)에 두개의 검은색 별로 이루어졌다.

1) 主鎖鑰關閉 明吉 暗凶 / 천약(天鑰)은 두의 자루(柄) 남쪽에 여덟개의 짙은 누런색 별로 이루어졌다.

2) 主鮮卑烏丸沃沮 明則邊寇作 金火犯守外夷有變 太白逆守其國亂 客星守犯之 有大盜 其王且來 / 구국(狗國)은 네 개의 짙은 검은색(烏色) 별로 이루어졌으며, 천계의 아래에 있다.

국에 내조하여 조공을 바치러 오게 된다.

| 8 | 천연(天淵) | 1)천연은 논밭에 물을 대고 사람의 일상생활 등에 필요한 물을 얻는 등 관개(灌漑)를 관장한다. 또 바다속에서 사는 물고기나 자라 또는 패류 등을 주관한다. 화성이 머무르면 큰 가뭄이 생기고, 수성이 머무르면 큰 홍수가 발생한다.

| 9 | 구(狗) | 2)구(狗 : 개)는 주로 도둑을 지키기 위해 짖는 일과, 간사한 무리의 준동을 막는 일을 맡는다. 일상적인 자리에서 벗어나면 큰 재앙이 일어난다.

| 10 | 농장인(農丈人 : 民星) | 3)농장인은 백성의 운을 주관하는 별로, 농사 경험이 많은 나이든 농삿꾼을 뜻하는 말이다. 농

3] 『영대비원 : 靈臺祕苑』에는 "화성이 머무르면 동이(東夷 또는 옥저라고 한다)에 병란이 일어나고, 금성이 머무르면 선비(鮮卑)·오환(烏丸 또는 烏桓이라고 한다)의 땅에 병란이 일어난다"고 되어 있다.

1] 主灌漑 主海中魚鼈 火守之大旱 水守之大水 / 천연(天淵)은 10개의 누런색 별로 이루어졌으며, 별(鼈)의 왼쪽에 있다.

2] 主吠守防奸回也 不居常處爲大災 / 구(狗)는 두의 괴(魁) 앞에 있는데, 두개의 검은색 별로 이루어졌다.

3] 老農 主稼穡 又主先農 農正官 明歲豊 暗民失業 移徙歲饑 客彗守之民失耕歲荒 / 농장인(農家丈 : 農丈人)은 한 개의 검은색 별로, 구(狗)의 아래에 있다. 보천가에는 농가장(農家丈)으로 표기되어 있다.

사짓는 일 또는 농사를 선도하여 장려하는 관리를 주관한다. 밝으면 풍년이 들고, 어두우면 백성이 직업을 잃게 되며, 자리를 옮기면 기근이 든다. 객성 또는 혜성이 머무르면 백성이 농사짓는 때를 잃게 되어 농토가 황폐하게 되고 기근이 든다.

(2) 우수(牛宿)

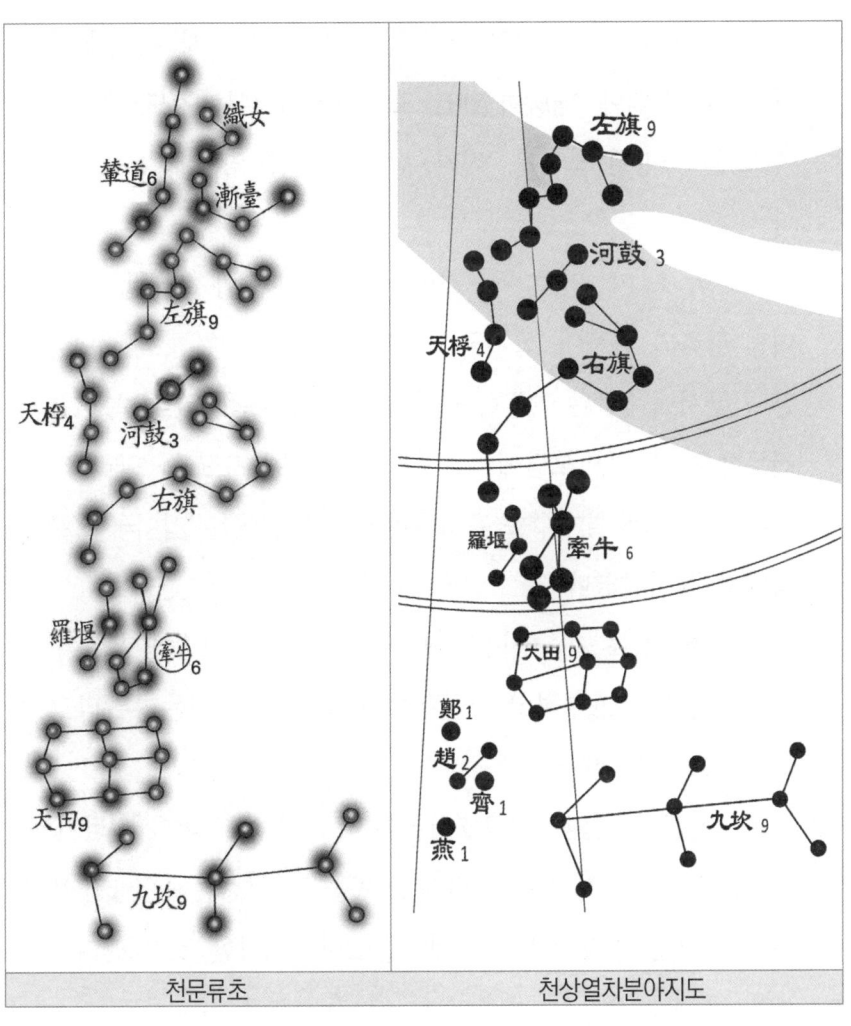

| 천문류초 | 천상열차분야지도 |

우수 영역의 『천문류초』와 「천상열차분야지도」의 다른 점

① 『천문류초』에는 '정, 조, 제, 연'이 다른 12개 나라와 함께 여수 영역에 배당하였다. 또 「천상열차분야지도」에서는 '연도'를 자미원 영역에, '직녀, 점대'를 두수 영역에 배당하였다.

② '정, 조, 제, 연'은 '주, 진(晉), 진(秦), 대, 위, 한, 월, 초'의 여덟 나라와 더불어 '십이국'이라고 불린다. 『천문류초』 등 다른 천문서적에서는 이들을 묶어서 여수에 소속시켰다. 특히 『천문류초』에서는 그림에서는 「천상열차분야지도」를 따라 각 나라의 이름과 별개수를 표시했지만, 설명문에는 '십이국'으로 묶어서 설명하였다.

③ 『천문류초』와 「천상열차분야지도」의 별그림에서 모두 '견우6'이라고 표기하고, 『천문류초』의 설명문에는 '우'라고 표기하고 설명했다.

④ 『천문류초』와 「천상열차분야지도」의 별그림에서 '좌기'와 '우기' 중에 '좌기'에만 별개수 '9'를 표기했다. 또 '나언'을 제외한 다른 별자리에는 별개수를 모두 표기한 것이 같다.

① 우수의 개괄

1)우수(牛宿)는 여섯 개의 별로 이루어졌으며, 주천도수 중에 8도를 맡고 있다(귀수와 마주보고 있으며, 12황도궁 중에 마갈궁에 해당하고, 축의 방향에 있으며, 오나라에 해당한다).2)

② 우수의 보천가

3)우(牛)는 여섯개의 주홍색 별로 은하수의 둔덕 가까이 있는데 / 은하수쪽으로는 두개의 뿔(별)이 나있으나 / 복부 아래로 내려오면 다리 하나가 없다네 / 우의 아래로 아홉개의 검은 별이 천전(天田)이고 / 천전의 아래로 세개씩 모여 총 아홉개가 이어져 있는 것이 구감(九坎)이네 / 우의 위로 세개의 주홍색별을 하고(河鼓)라 하고 / 하고 위에 세개의 주홍색별은 직녀(織女)라 하네 / 좌기(左旗)와 우기(右旗)는 각기 아홉개의 별로

1] 牛六星八度(對鬼 磨竭宮 丑地 吳之分)
2] 우수를 우리나라의 지역에 배당하면, 경남 서부지역인 현풍·창령군의 영산·창원군의 웅천·창원·대구·청도·밀양에 해당한다고 한다.
3] 六紅近在河岸頭 / 頭上雖然有兩角 / 腹下從來欠一脚 / 牛下九黑是天田 / 田下三三九坎連 / 牛上三紅號河鼓 / 鼓上三紅是織女 / 左旗右旗各九星 / 河鼓兩畔右紅明 / 更有四黃名天桴 / 河鼓直下如連珠 / 羅堰三烏牛東居 / 漸臺四黑似口形 / 輦道東足連五丁 / 輦道漸臺在何許 / 欲得見時近織女 / 천문류초와 천상열차분야지도에는 연도가 6개의 별로 그려져 있다.

이루어졌는데 / 하고의 양쪽 변두리 조금 우측으로 치우쳐서 주홍색으로 밝게 놓여있다네 / 다시 네개의 누런색 별을 천부(天桴)라 하는데 / 하고의 바로 아래에 구슬을 이어놓은 것처럼 있네 / 나언(羅堰)은 세개의 짙은 검은색(烏色)별로 우의 동쪽(왼쪽)에 놓여있고 / 점대(漸臺)는 네개의 검은색 별이 입구자(口)와 비슷한 형태며 / 점대의 동쪽의 발에 해당하는 곳에 다섯개의 별이 'ㅜ(정)' 자 형으로 놓여 있는 것이 연도(輦道)라네 / 연도와 점대의 두 별자리를 어디에서 찾을 것인가? / 이를 보고자 한다면 직녀성의 근처를 살펴라.

③ 우수에 딸린 별

[1] 우(牛:民星) 1]우(牛)는 백성의 운을 주관하는 별이다. 하늘의 관량(關梁 : 육로와 수로의 관문)으로, 해와 달 및 오성이 다니는 길이며, 주로 제사에 쓰는 제물(희생)과 관련이 있다. 우(牛)의 제일 위에 있는 두별은 도로를 주관하고, 그 밑에 있는 두개의 별은 관량을 주관하며, 그 다음 두 별은 남쪽 변

1] 天之關梁 日月五星之中道 主犧牲 上二星主道路 次二星主關梁 次二星主南夷 中一星主牛 移動則牛多殃 明大則王道昌 曲則羅貴 又日明大則關梁通牛貴 怒則馬貴 不明失常穀不登 細則牛賤 中星移上下牛多死 小星亡則牛多疫 月暈損犢 金火犯之兵灾 水土犯之吉 / 우(牛)는 여섯개의 주홍색 별로, 은하수의 근처에 있다.

방국가를 주관한다.

중간에 있는 1개의 별은 주로 소를 관장한다고 하는데, 이동하면 소에 재앙이 많게 되고, 밝고 커지면 왕도가 번창하며, 구부러지면 사들이는 곡식의 값이 비싸게 된다고 한다.

일설에는 밝고 커지면 관량(육로와 하천)이 잘 통하게 되고 소가 귀하게 되며, 노(怒)하면 말이 귀하게 되고, 밝지 못하고 평상의 자리를 잃으면 곡식이 잘 자라지 않으며, 미세(細)하면 소가 천하게 되고, 가

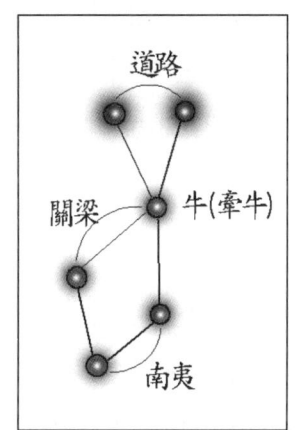

운데 있는 별이 상하로 이동하면 소가 많이 죽게 되며, 주변의 작은 별들이 없어지면 소에 질병이 돌게 된다.

달무리가 지면 송아지를 잃게 되고, 금성 또는 화성이 범하면 병란으로 인한 재앙이 있게 되며, 수성 또는 토성이 범하면 길하게 된다.

2 천전(天田 : 民星) 1)천전은 백성의 운을 주관하는 별로, 천자가 있는 도성안의 밭을 뜻한다. 각수(角宿)에 속한 천전과

1] 主天子畿內之田 其占與角之天田同 客星犯之天下憂 彗孛守之農夫失業 / 천전(天田)은 우(牛)의 아래에 아홉개의 검은 별로 이루어졌다.

그 점풀이가 같다. 객성이 범하면 천하에 근심이 생기고, 혜성 또는 패성이 머무르면 농부가 직업을 잃게 된다.

[3] **구감(九坎)** 1)구감은 주로 물이 흐르는 도랑, 즉 샘물에서 근원한 물이 흘러서 가득차고 넘치는 등의 일을 관장한다. 밝고 성대하면 재앙이 있게 되고, 중국 변방의 부족(夷狄)들이 변경을 침범한다. 따라서 밝지 못하면 길하다.

[4] **하고(河鼓)** 2)하고는 하늘의 북이다. 군대에서 명령을 낼 때 쓰는 북, 또는 지휘의 상징인 부월(鈇鉞)을 주관한다. 일명 삼무(三武)라고도 하는데, 천자의 세 장군을 주관한다. 중간의 큰 별이 대장군이 되고, 왼쪽에 있는 별이 좌장군이 되며, 오른쪽에 있는

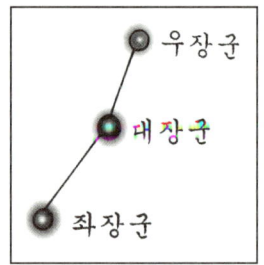

1] 主溝渠 所以導達泉源流瀉盈溢 明盛則有災夷狄侵邊 不明則吉 감(坎)은 구덩이 또는 험한 함정 등을 뜻한다. 주역에서는 양이 음에 빠져서 험한 꼴을 당하는 것(☵)으로 표현하였다. 또 감은 북방에 놓여 있으므로, 어둡고 은밀한 것을 상징한다. / 구감(九坎)은 아홉 개의 검은색 별인데, 천전의 아래에 세개씩 짝을 지어 세무더기를 이루고 있다.

2] 天鼓也 主軍鼓及鈇鉞 一曰三武 主天子三將軍 中大星爲大將軍 左星爲左將軍 右星爲右將軍 所以備關梁設險阻而拒難也 明大光潤將軍吉 動搖差度亂兵起 直則將有功 曲則將失律 / 하고(河鼓)는 우의 위에 세개의 주홍색 별로 이루어졌다.

별이 우장군이 된다. 이 때문에 관량(關梁)을 방비하고, 험준한 방비막을 설치하여, 어려운 난리를 막는 일을 한다.

밝고 크며 빛이 윤택하게 나면 장군이 길하게 되고, 움직이며 흔들려서 본래의 도수(度數)와 차이가 나면 병란이 일어난다. 일직선이 되면 장군에게 공이 있게 되고, 곡선으로 구부러지면 장군이 군률(軍律)을 잃게 된다.

5 직녀(織女:文星) 1]직녀는 문운(文運)을 주관하는 별로, 하늘의 여자이다. 과실 또는 풀의 열매(果蓏), 실과 천(絲綿) 및 보옥(寶玉)의 일을 맡는다. 임금된 사람의 효심이 지극하여서 신이 감동하여 함께 기뻐하면 직녀성의 별들이 모두 밝아지고 천하가 화평하게 된다. 직녀성의 큰 별이 노하여 별빛의 끝이 머리뿔 같이 되면(怒角), 베와 비단(布帛)이 귀하게 된다.

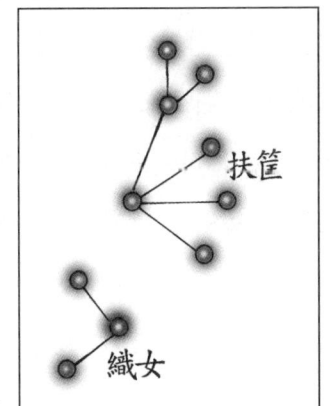

또 이르기를 세 별이 모두 밝아

1] 天女也 主果蓏絲綿寶玉 王者至孝神祇咸喜則俱明天下和平 大星怒角布帛貴 又曰三星俱明女功善 暗而微女功廢 不見兵起 女子爲候 足常向扶筐則吉 不向則絲綿大貴 / 희(喜) : 빛의 색깔이 윤택한 것을 말한다(喜者 光色潤澤). / 직녀(織女)는 하고의 위에 세개의 주홍색 별로 이루어졌다.

지면, 길쌈 등 여인들이 하는 일이 잘되고, 어두워지고 미미해지면 길쌈 등의 일이 잘 안된다. 보이지 않으면 병란이 일어나고, 여자가 병을 앓게 된다. 왼쪽 위에 있는 별의 끝이 부광(扶筐)을 향해서 있으면 길하고, 그렇지 않으면 실이나 천이 크게 부족하게 된다.

6 좌기 우기(左旗 右旗 : 武星) 1)좌기와 우기는 무운(武運)을 주관하는 별로, 하늘의 깃발 및 북이 된다. 밝고 윤택하면 장군이 길하고,2) 움직이며 흔들리면 병란이 일어난다.

7 천부(天桴) 3)천부는 북을 치는 북채(鼓桴)니, 주로 북을 두드리는 일을 맡는다. 움직이고 흔들리면 군사적인 용도로 북채를 쓰게 된다. 하고(河鼓)와 한 별자리 같이 가까와 져도 군사적인 용도로 북채를 쓰게 된다. 또 주로 시

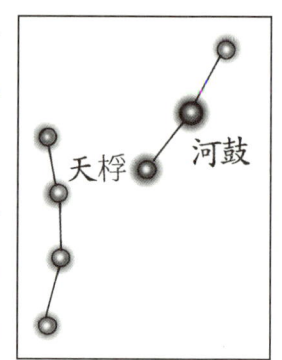

---

1) 皆天之旗鼓也 明潤將軍吉 動搖兵起 / 좌기(左旗)와 우기(右旗)는 각기 아홉 개의 주홍색 별로 이루어졌는데, 하고를 중심으로 양쪽으로 놓여있다.
2) 군률이 제대로 시행된다는 뜻이다.
3) 鼓桴也 主鼓桴之用 動搖軍鼓用 桴鼓相値亦然 又主漏刻 暗則刻漏失時 천부(天桴)는 하고의 아래에 네개의 누런색 별로 이루어졌다.

간의 알림을 맡는데, 천부가 어두워지면 시간을 제대로 알리지 못하게 된다.

| 8 | 나언(羅堰 : 民星) | 1)나언은 백성의 운을 주관하는 별로, 제방을 쌓아서 물을 저장함으로써 논과 밭에 물을 대는 역할을 한다. 크고 밝으면 큰 홍수가 일어나 물이 넘치게 된다.

| 9 | 점대(漸臺) | 2)점대는 물에 임해 있는 누대이다. 시간과 율려의 일을 맡아한다. 밝으면 음양이 조화를 이루어 율려가 화음을 이루고, 밝지 못하면 항시 기운이 새서 조화가 없어진다.

| 10 | 연도(輦道) | 3)연도는 천자가 놀고 즐기는 길이 된다. 금성 또는 화성이 머무르면 천자가 다니는 길에 병란이 일어난다.

1] 主堤塘壅蓄水潦灌漑田苗 大而明大水泛溢 / 나언(羅堰)은 우의 동쪽(왼쪽)에 세개의 짙은 검은색(烏色) 별로 이루어졌다.

2] 臨水之臺也 主漏刻律呂之事 明則陰陽調而律呂和 不明則常漏不定 / 점대(漸臺) : 중국의 한나라 무제(武帝)가 세운 건장궁(建章宮 : 섬서성 장안현 소재)의 태액지(太液池)에 임한 높은 누대(樓臺). / 점대(漸臺)는 직녀의 아래에 네개의 검은색 별이 입구자(口) 형태로 놓여있다.

3] 天子嬉遊之道 金火守之 御路兵起 / 연도(輦道) : 연로(輦路)라고도 하며, 궁 안에 나있는 길을 뜻한다. / 연도(輦道)는 점대의 동쪽으로 여섯개의 별이 '丁(정)' 자 형으로 놓여 있다.

(3) 여수(女宿)

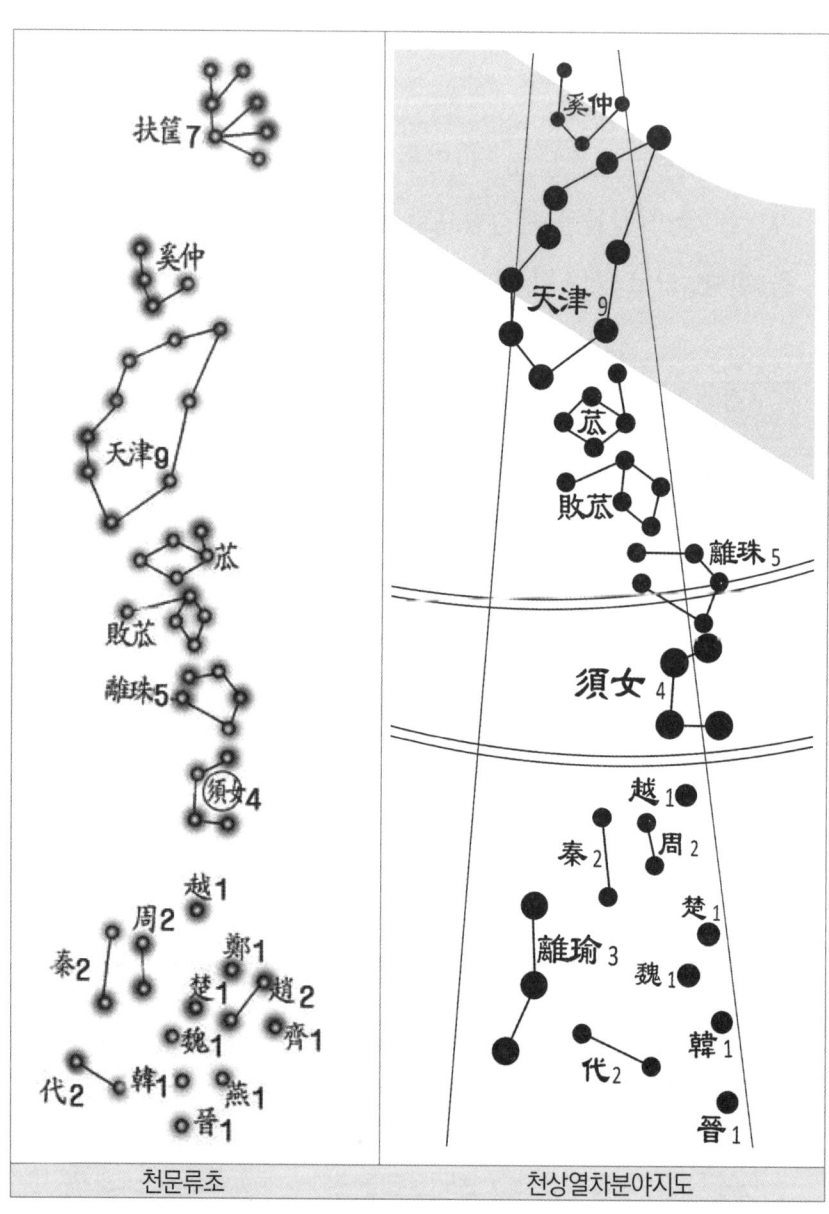

| 천문류초 | 천상열차분야지도 |

여수 영역의 『천문류초』와 「천상열차분야지도」의 다른 점

① 『천문류초』에서는 '이유(離瑜)'를 허수에 배당했는데, 「천상열차분야지도」에서는 여수 영역선 안에 그림으로써 여수에 소속시켰다.

'이유(離瑜)'의 '이(離)'는 의식을 치를 때 입는 좋은 옷이고, '유(瑜)'는 곱고 좋은 옷이니, 부인네가 행사 때 입는 정장이다. 여수는 예식의 옷을 만드는 등 허드렛일을 하는 여인의 별이므로, 여수에 소속시키는 것이 더 합당하다고 생각한다.

② 또 『천문류초』 등 당시의 천문서적에서는 「천상열차분야지도」에서 자미원에 소속시킨 '부광(扶筐)'을 여수에 소속시켜 보았는데, '부광(扶筐)'은 '뽕잎을 담는 그릇'이라는 뜻이므로 길쌈을 하고 옷을 만드는 여수에 소속시킨 것 같다.

③ 그림에는 「천상열차분야지도」를 따라서 '苽고', '敗苽패고'라 표기하고, 설명문에는 '瓜과', '敗瓜패과'라고 하였다.

④ 「천상열차분야지도」에서는 '정, 조, 제, 연' 등 12국에 소속된 별을 우수 영역에 배당했다.

또 『천문류초』에서는 설명문에 '12국'이라는 이름을 붙여해서 뭉뚱거려 해설했다.

① 여수의 개괄

1]여수(女宿)는 네 개의 별로 이루어졌으며, 주천도수 중에 12도를 맡고 있다(류수와 마주보고 있으며, 12황도궁 중에 보병궁2]에 해당하고, 자의 방향에 있으며, 제나라에 해당한다).3]

② 여수의 보천가

4]여(女)는 네 개의 주홍색 별이 기(箕)와 같은 모습으로, 시집가고 장가가는 일을 주관하네 / 십이제국(十二諸國)이 그 아래에 벌려 있는데 / 제일 앞에 있는 월(越)나라로부터 동쪽으로 얘기하자면 / 동주(東周)와 서주(西周)의 두 별이 있고, 역시 두

1] 女四星十二度(對柳 寶缾宮 子地 齊之分)

2] 보병궁(寶缾宮) : 현효의 분야(玄枵之次)에 해당하며, 여수(女宿)의 7도부터 위수(危宿)의 16도까지를 말한다. 중국을 12주로 나누면 청주(靑州)에 해당하고, 중국의 제나라에 해당한다.

3] 여수를 우리나라의 지역에 배당하면, 서부 경북지역인 김해·부산·황산·양산·경산·부산시의 기장·울주군의 언양·울산·금풍군·경주·경산군 자인·영일군 장기·영양에 해당한다.

4] 四紅如箕主嫁娶 / 十二諸國在下陳 / 先從越國向東論 / 東西兩周次二秦 /
雍州南下雙鴈門 / 代國向西一晉伸 / 韓魏各一晉北輪 / 楚之一國魏西屯 /
楚城南畔獨燕軍 / 燕西一郡是齊隣 / 齊北兩邑乃趙垠 / 欲知鄭在越下存 /
十六黃星細區分 / 五點離珠女上橫 / 敗瓜之上匏瓜生 / 兩星各五匏瓜明 /
天津九赤彈弓形 / 兩星入牛河中橫 / 四黃奚仲天津上 / 七烏仲側扶筐星

별로 된 진(秦)이 그 왼쪽에 있으며 / 옹주의 남쪽 아래로 쌍으로 된 안문(雁門 : 代國)이 있다네 / 대국(代國)의 오른쪽으로 한 개로 된 진(晉)이 펼쳐졌고 / 한(韓)나라와 위(魏)나라가 각기 한개의 별로, 진(晉)나라의 바로 위에 수레바퀴처럼 있고 / 초(楚)나라가 역시 한개의 별로 위(魏)나라의 오른쪽에 진을 치고 있으며 / 초나라 별(城)의 남쪽(아랫쪽)으로는 연(燕)나라의 군사들만 있고 / 연나라의 오른쪽에 있는 한개의 별이 제(齊)나라이네 / 제나라의 북쪽(윗쪽)으로 있는 두개의 별(邑)이 조(趙)나라이고 / 정(鄭)나라가 어디에 있는지를 알고자 하면 월(越)나라의 아래에 있으니 / 이것이 16개의 누런별을 세분해서 본 것이네 / 다섯개의 별로 된 이주(離珠)는 여(女)의 윗쪽으로 비스듬히 놓여 있고 / 패과(敗瓜)의 위에서 포과(匏瓜 : 박과 오이)가 생겨나며 / 두 별사리(패과와 포과)가 각기 다섯개의 별로 이루어졌는데, 포과(匏瓜)가 밝은 별이라네 / 천진(天津)은 아홉개의 붉은색 별이 활을 튕겨놓은 형태로 있고 / 그 중 두 별은 우수(牛宿)의 영역에 들어가서 은하수 안에 횡으로 있다네 / 네개의 누런 별이 해중(奚仲)으로 천진(天津)의 위에 있고 / 일곱개의 짙은 검은색(烏色) 별이 해중옆에 있는 것이 부광(扶筐)이라네.

③ 여수에 딸린 별

　1　여($女$)　1]여($女$)의 아래로 9척이 되는 지점은 해와 달이 다니는 길이다. 하늘의 작은 창고(또는 山海池澤의 세금을 담당하는 관리)이다. 수녀(須女)라고 한 것은, '수(須)'는 천한 첩을 일컫는 말로, 부인네의 직책 중에 계급이 낮은 자이니, 주로 베와 비단(布帛)을 짜고 마름질하여 옷을 지으며 시집가고 장가드는 일을 맡아하기 때문이다.

　별이 밝으면 천하에 풍년이 들고 여인네의 일(길쌈 등)이 번창하며, 작고 어두우면 나라의 창고가 비게 된다. 별이 이동하면 부녀자들에게 재앙이 생기니, 아이를 낳다가 죽게 되는 사람이 많게 되고, 임금의 후비가 폐해지게 된다.

2]여($女$)에 해 또는 달이 먹어들어가면 나라에 우환이 생기고, 목성이 범하면 황후를 세우게 되며, 화성이 범하면 여자들이 죽는 일이 많아지고, 금성이 범하면 재앙이 있게 되며, 토성 또는 패성이 범하면 누에치는 일에 손실이 있게 되고, 달무리가 여의 근처에서 일면 부인네에게 재앙이 있게 된다. 수성이 머

1] 下九尺爲日月中道 天之少府也 謂之須女者 須賤妾之稱 婦職之卑者也 主布帛裁製嫁娶 明則天下豊女功昌 小暗則國藏虛 移動則婦女受殃 産死者多 后妃廢 / 여(女)는 네 개의 주홍색 별로 이루어졌다.

2] 日月食國憂 木犯立后 火犯女喪 金犯灾 土孛犯損蠶 月暈婦人灾 水守之萬物不成 火守之布帛貴 人多死 土守之有女喪 金守之兵起

무르면 만물이 결실을 맺지 못하고, 화성이 머무르면 베와 비단이 귀하게 되고 사람이 많이 죽게 되며, 토성이 머무르면 여자들이 죽는 일이 많아지고, 금성이 머무르면 병란이 일어난다.

| 2 | 십이국(十二國)   1]십이국은 16개의 별로 이루어졌고, 별자리에 변화가 생기면 각기 해당하는 나라에 변란이 생기게 된다.

| 3 | 이주(離珠)   2]이주(離珠)는 여수(女宿)의 물건을 감추어 두는 창고로 여자를 위한 별이다. 또 이르기를 "천자의 면류관에 다는 구슬과 왕후나 대감집부인이 걸고 다니는 귀걸이 등을 주관한다"고 한다. 그 모습을 잃으면 후궁의 질서가 무너지고, 객성이 범하면 후궁들이 흉하게 된다.

| 4 | 포과(匏瓜, 匏苽)   3]포과(匏瓜)는 음모(陰謀)와 후궁 그리

1] 有十六星 其星有變各以其國 / 십이국(十二國, 또는 十二諸國)은 여수(女宿)의 아래에 16개의 별로 이루어졌다.

2] 須女之藏府 爲女子之星也 又曰主天子旒珠后夫人環珮 非其故後宮亂 客星犯之後宮凶 / 이주(離珠)는 여(女)의 윗쪽에 다섯개의 별로 이루어졌다.

3] 主陰謀 主後宮 主果食 明則歲熟 微則后失勢 瓜果不登 彗孛犯近臣借有戮死者 客星守之魚鹽貴 / 포과(匏瓜)는 이주의 위에 다섯 개의 밝은 별로 이루

고 과일 등의 먹을거리를 주관한다. 별이 밝으면 곡식이나 과일이 잘익고, 미미해지면 후궁이 세력을 잃으며 오이 등의 과일이 잘되지 않는다. 혜성 또는 패성이 범하면 가까운 신하가 참람되이 행동하다가 도륙되어 죽는 사람이 생기고, 객성이 머무르면 물고기와 소금이 모자라게 된다.

5 패과(敗瓜,敗苽)   1)패과(敗瓜)는 모든 씨앗을 주관하고, 포과와 점치는 내용이 대체로 같다.

6 천진(天津)   2)천진(天津)은 사독(四瀆)의 교량 및 나루터를 주관하니, 수상교통을 맡은 신이 되어 사방을 통하게 한다. 별이 밝으면서 움직이면 병란이 물에 쓸러가는 모래와 같이 일어나고, 사람 죽는 것이 난마와 같이 된다.
　한개의 별이 보이지 않으면 관문(육로)과 교량(수로)이 통하

어졌다. 천문류초와 천상열차분야지도 그림에는 고(苽)로 쓰여있다.

1] 主種 與匏瓜略同 / 패과(敗瓜)는 이주의 오른쪽에 있으며, 포과 보다는 조금 어두운 다섯개의 별로 이루어졌다.

2] 主四瀆津梁 所以渡神通四方也 明動則兵起如流沙 死人如亂麻 一星不備關梁不通 三星不備覆陷天下 星亡水災河溢 水賊稱王 사독(四瀆) : 나라의 운명과 깊은 관련이 있다고 하여 해마다 제사를 지내던 네 강. 중국에서는 장강(長江), 황하(黃河), 회수(淮水), 제수(濟水)를 말하며, 우리나라에서는 낙동강(東瀆), 한강(南瀆), 대동강(西瀆), 용흥강(龍興江:北瀆)의 네 강을 뜻한다. / 천진(天津)은 포과의 위에 아홉개의 붉은색 별로 이루어져 있다.

지 않게 되고, 세별이 보이지 않으면 천하가 뒤집혀지고 함정에 빠지게 된다. 별이 모두 없어지면 홍수가 나고 하천이 범람하며, 물을 무대로 한 도적이 스스로 왕이라고 일컫게 된다.

7 해중(奚仲) 1)해중(奚仲)은 옛날의 거정(車正) 벼슬이니, 황제의 수레를 맡은 관리이다. 금성 또는 화성이 머무르면 반드시 병란이 일어 전차가 쓰이게 된다.

8 부광(扶筐) 2)부광(扶筐)은 뽕잎을 담는 그릇이니, 주로 누에에 관한 일을 맡아서 한다. 별이 나타나면 길하고, 나타나지 않으면 흉하다. 별자리가 옮겨가면 길쌈 등 여자의 일이 잘못되고, 혜성이 범하면 장군이 반란을 일으키며, 유성(流星)이 범하면 옷감이 크게 귀하게 된다.

1] 古車正也 主帝車之官 金火守之兵車必起 / 해중(奚仲) : 해중은 하(夏)나라의 시조인 우왕(禹王)의 신하이다. 처음으로 수레를 만들었다고 하며, 죽어서 하늘로 올라가 별이 되었다고 한다. / 해중(奚仲)은 네개의 누런 별로 이루어졌으며, 천진(天津)의 위에 있다.

2] 盛桑之器 主蠶事 見吉不見凶 移徙女功失業 彗星犯將叛 流星犯絲綿大貴 / 부광(扶筐)은 일곱개의 짙은 검은색(烏色) 별로 이루어졌으며, 해중의 옆에 있다.

(4) 허수(虛宿)

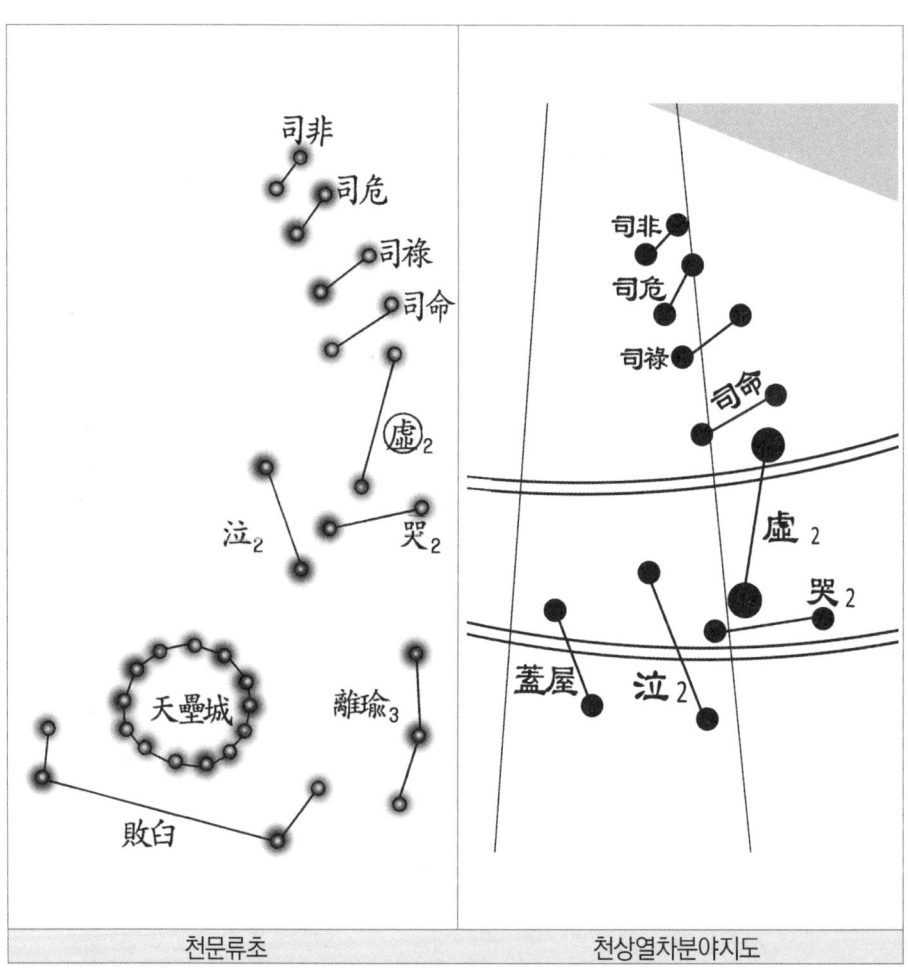

| 천문류초 | 천상열차분야지도 |

허수 영역의 『천문류초』와 「천상열차분야지도」의 다른 점

①『천문류초』에는 '개옥(蓋屋)'을 위수 영역에 소속된 것으로 보았는데, 「천상열차분야지도」에서는 허수 영역에 소속되게 그렸다.

『천문류초』를 비롯한 천문서적에서는, 임금이 초상을 치를 때 거처하는 임시숙소라는 뜻을 가진 '개옥(蓋屋)'을, 왕릉을 지키고 초상을 치르며 묘당(廟堂)과 사당(祠堂)의 일을 맡은 위수 영역에 소속시킨 것 같다.

② 또『천문류초』에서 허수에 소속시킨 '천루성, 패구'를 「천상열차분야지도」에서는 위수에 소속시켜 그렸다.

'천루성'은 변방을 지키는 망루 겸 성채이고, '패구'는 집이 망했을 때 챙겨가는 기본 사새도구를 맡은 별이므로, 한밤중 고요할 때 적군을 지켜야 하고 또 집이 망하면 야반도주를 해야 하므로 허수에 소속시킨 것 같다.

③ 「천상열차분야지도」에서는 '허수(허2), 곡2, 읍2, 이유3'의 네 별자리만 별의 개수를 붙였는데,『천문류초』에서도 그 네 별자리에만 별의 개수를 붙였다.

① 허수의 개괄

1)허수(虛宿)는 두 개의 별로 이루어졌으며, 주천도수 중에 10도를 맡고 있다(성수와 마주보고 있으며, 12황도궁 중에 보병궁에 해당하고, 자의 방향에 있으며, 제나라에 해당한다).2)

② 허수의 보천가

3)허(虛)는 위와 아래로 각기 한개의 별이 구슬을 이은 것 같고 / 사명(司命)·사녹(司祿)·사위(司危)·사비(司非)의 네 별자리는 허의 위에 있다네 / 허와 위(危)의 아래에 곡(哭)과 읍(泣)이 있는데 / 곡과 읍이 쌍쌍으로 있는 아래에 천루성(天壘城)이 있고 / 천루성은 누런 별 13개가 원을 그리고 있다네 / 패구(敗臼)의 네별은 천루성의 아래에 빗겨놓여 있으며 / 패구의 서쪽(오른쪽)에 세개의 별로 이루어진 이유(離瑜)가 밝게 비추고 있다네.

1] 虛二星十度(對星 寶餠宮 子地 齊之分)

2] 허수를 우리나라의 지역에 배당하면, 경남 동부지역인 칠곡군의 인동·영일군·군위군의 군위,의흥·금릉군의 개령·영천군의 신령·의성군에 해당한다고 한다.

3] 上下各一如連珠 / 命祿危非虛上呈 / 虛危之下哭泣星 / 哭泣雙雙下壘城 / 天壘圓黃十三星 / 敗臼四星城下橫 / 臼西三點離瑜明

③ 허수에 딸린 별

1 허(虛)   1)허는 빈집(虛堂)이 된다. 총재(冢宰)의 벼슬에 해당하니, 서울에 거주하면서 묘당(廟堂)과 제사의 일을 맡아서 한다. 또 바람과 구름 그리고 죽음(死喪)에 관한 일을 주관한다.

밝고 고요하면 천하가 편안하고, 움직여 흔들리면 죽는자가 많아져 곡하는 소리가 늘어난다. 또 움직이면 토목공사가 많게 되고, 일식 또는 월식이 있으면 병란이 일어난다. 유성이 범하면 적당(賊黨)의 난리가 일어나 종묘를 어지럽히며, 오성이 범하면 재앙이 있게 된다.

2 사명(司命)   2)사명(司命)은 잘못된 행실을 들어내 벌을 주고, 상서롭지 못한 일을 없애는 일을 한다.

3 사록(司祿)   3)사록(司祿)은 벼슬과 녹봉을 주는 일을 맡고, 또 수명을 연장하고 덕을 펴는 일을 한다.

1] 虛爲虛堂 冢宰之官 主邑居廟堂祭祀之事 又主風雲死喪 明靜則天下安 動搖則有死喪哭泣 又動則有土功 日月食兵起 流星犯賊亂宗廟 五星犯有灾 / 허(虛)는 두 개의 주홍색 별로 이루어졌다.
2] 主擧過行罰 滅不祥 / 사명(司命)은 허의 위에 두 개의 별로 이루어져있다.
3] 主爵祿增年延德 / 사록(司祿)은 사명의 위에 두 개의 별로 이루어져있다.

4 사위(司危) 1)사위(司危)는 잘못된 것을 바르게 하고, 아랫사람들을 올바르게 인도한다.

5 사비(司非) 2)사비(司非)는 주로 잘못된 일을 살피는 일을 맡는다.

이 네가지 별자리(사명,사록,사위,사비)가 밝고 커지면 재앙이 있게 되고, 평상적인 형태로 있으면 길하게 된다.

6 곡(哭) 3)곡(哭)은 곡하며 부르짖는 일(號哭)을 맡아한다.

7 읍(泣) 4)읍(泣)은 죽음을 관장하니, 밝으면 나라에 곡하며 울 일이 많게 된다. 금성 또는 화성이 머물러도 또한 같은 결과가 온다. 달이 범하거나 오성 또는 혜성이 범하면 죽는 사람이 많게 된다.

8 천루성(天壘城) 5)천루성(天壘城)은 북쪽 오랑캐인 정령

1] 主矯失正下 / 사위(司危)는 사록의 위에 두 개의 별로 이루어져있다.
2] 主察愆尤 此四司明大爲災 居常爲吉 / 사비(司非)는 사위의 위에 두 개의 별로 이루어져있다.
3] 主號哭 / 곡(哭)은 허의 아래에 두 개의 별로 이루어져 있다.
4] 主死 明則國多哭泣 金火守之亦然 月五星彗孛犯之爲喪 / 읍(泣)은 허의 아래에 두 개의 별로 이루어져 있다.

(丁零 : 盲連)·흉노(匈奴) 등의 일을 맡아 보는데, 천루성을 보아서 그 나라들의 흥하고 망하는 것을 살핀다. 형혹(熒惑)이 별자리 안에 들어와 머무르면, 북쪽 오랑캐들이 변방을 침범하고, 객성이 들어오면 북방을 침범하게 된다.

| 9 | 패구(敗臼) | 1)패구(敗臼)는 패망 또는 재앙으로 인한 해로움을 맡아한다. 한개의 별이 보이지 않으면 백성들이 시루(甑)나 솥(釜)같은 기본적인 가재도구를 팔 정도로 가난해지고, 모두 보이지 않으면 백성들이 자신의 고향을 떠나 방랑하게 된다.

오성이 별자리 안으로 들어오면 옛제도를 바꾸어 새로운 제도가 시행되게 된다. 객성 또는 혜성이 범하면 백성이 유리걸식하게 되고 병란이 일어난다.

| 10 | 이유(離瑜) | 2)이유(離瑜)의 '이(離)'는 의식을 치를 때 입는 좋은 옷이고, '유(瑜)'는 곱고 좋은 옷이니, 둘다 부인네의

5] 主北夷丁零(盲連)匈奴 所以候興敗存亡 熒惑入守夷人犯塞 客星入北方侵 천루성(天壘城)은 곡 아래에 13개의 누런색 별이 원을 이루고 있다.

1] 主敗亡灾害 一星不具民賣甑釜 不見民去其鄕 五星入除舊布新 客彗犯之民飢流亡兵起 / 패구(敗臼)는 천루성의 아래에 네 개의 별로 이루어져 있다.

2] 離圭衣瑜玉飾皆婦人之服 微則後宮儉約 明則婦人奢縱 客彗入後宮無禁 / 이유(離瑜)는 패구의 서쪽(오른쪽)에 세개의 밝은 별로 이루어져 있다.

의복이다. 별이 미미하면 후궁들이 검약하게 살고, 밝으면 부인네들이 사치하고 방종하게 된다. 객성 또는 혜성이 들어오면 후궁들에게 절제가 없어진다.

(5) 위수(危宿)

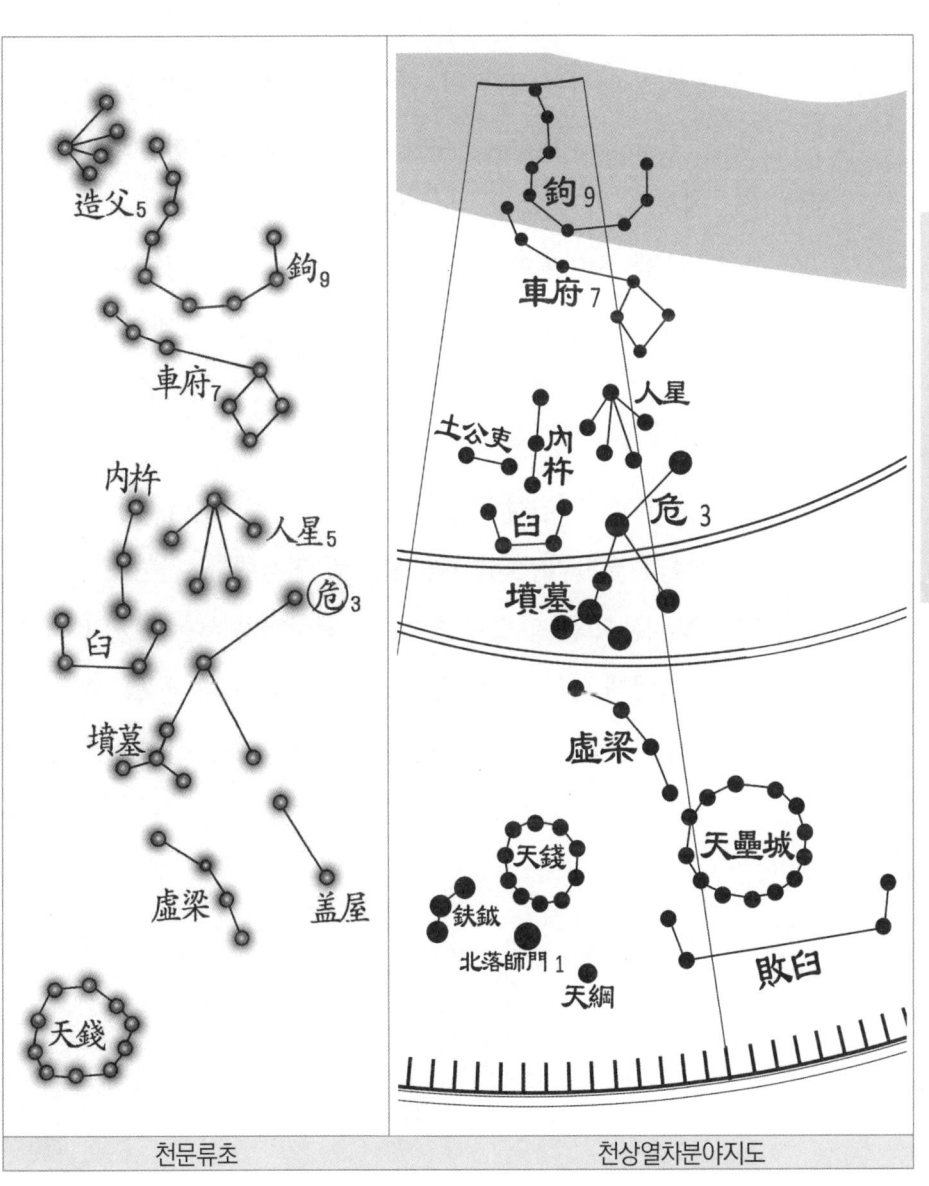

천문류초 / 천상열차분야지도

위수 영역의 『천문류초』와 「천상열차분야지도」의 다른 점

①『천문류초』에서는 '토공리, 부월, 북락사문, 천강'을 실수 영역에, '천루성, 패구'를 허수에 소속시켰는데,「천상열차분야지도」에서는 이 별들을 위수 영역에 소속시켰다.

② 또 '조보'를 자미원에 배당했다. '조보'가 말을 책임지는 관리에 해당하기 때문에,『천문류초』 등에서는 '조보' 바로 아래에 있는 '거부(車府, 관용으로 쓰는 수레의 곳간)'와 연관시킨 것 같다.

③『천문류초』와 「천상열차분야지도」에서는 '위(위수)'와 '분묘'를 하나의 별자리인 것처럼 선으로 연결했다.

'위(위수)'와 '분묘'를 연결시킨 것은 「천상열차분야지도」의 독창작인 연결인데, 그 별그림을 따온 『천문류초』에서 별 생각없이 이어놓은 것 같다. 설명문에서는 분리해서 설명하였다.

① 위수의 개괄

1]위수(危宿)는 세 개의 별로 이루어졌으며, 주천도수 중에 17도를 맡고 있다(장수와 마주보고 있으며, 12황도궁 중에 보병궁에 해당하고, 자의 방향에 있으며, 제나라에 해당한다).2]

② 위수의 보천가

3]세 별이 곧지 않게(삼각형 모양) 놓여 있는 것이 위수(危宿)라는 것을 옛날에 먼저 알았네 / 위(危)의 윗쪽으로 검은색(黑)의 다섯개 별이 인성(人星)이고 / 인성의 옆에 세개의 별(내저)과 네개의 별(구)이 절구질하는 형태로 있으며 / 인성의 위에 일곱개의 짙은 검은색(烏色) 별을 거부(車府)라 부르고 / 거부의 위에 아홉개의 진힌 누런색의 별이 천구(天鉤)이며 / 천구의 위에 다섯개의 검은색(黑) 별이 조보(造父)라네 / 위의 아랫쪽

1] 危三星十七度(對張 寶瓶宮 子地 齊之分)

2] 위수를 우리나라의 지역에 배당하면, 북부 경북지역인 선산·상주·청송·영일군의 영해,청하·예천군의 용궁·상주군의 함창·안동·영덕·청송군의 진보·예천·문경·안동군의 예안·영천·영풍군의 풍기,순흥에 해당한다고 한다.

3] 三星不直舊先知 / 危上五黑號人星 / 人畔三四杵臼形 / 人上七烏號車府 / 府上天鉤九黃精 / 鉤上五黑字造父 / 危下四紅號墳墓 / 墓下四黃斜虛梁 / 十箇天錢梁下黃 / 墓傍兩星名蓋屋 / 身着黑衣危畔宿

으로 네개의 주홍색(紅) 별을 분묘(墳墓)라 하고 / 분묘의 아래로 네개의 누런색 별이 비껴 있는 것이 허량(虛梁)이며 / 열개의 누런색 별로 이루어진 천전(天錢)은 허량의 아래에 있고 / 분묘의 곁에 두개의 별을 개옥(盖屋)이라고 하는데 / 검은색 옷을 입고 위(危)의 옆에 잠들었네.

③ 위수에 딸린 별

[1] 위(危) 1)위(危)는 하늘의 곳간이고, 하늘의 시장에 지은 집으로 물건을 잘 간직하는 일을 맡아한다. 또 바람과 비를 관장하고, 분묘의 일 및 상사(喪事)가 나서 사람이 죽고 그에 따라 곡을 하고 우는 일을 맡아하니, 도읍에 거처해서 묘당(廟堂)과 사당(祠堂)의 일을 맡은 총재(冢宰)의 직책에 해당한다.

별이 움직이면 사람이 죽어 곡을 하며 우는 일이 많아지고, 또한 토목공사가 많게 된다. 화성이 머무르면 천자가 병사를 거느리고 나갈 일이 생기고, 금성이 머무르면 기근이 생기고 병란이 일어나며, 수성이 머무르면 아랫사람이 윗사람을 배반

1] 主天府 天市架屋受藏之事 又主風雨墳墓死喪哭泣之事 亦爲邑居廟堂祠祀之事 冢宰之官也 動則死喪哭泣 又有土功 火守則天子將兵 金守則飢饉兵起 水守則下謀上 月暈日月五星犯卽有灾 / 위(危)는 세개의 주홍색 별이 삼각형 모양으로 이루어져 있다.

하는 모의가 일어나고, 달무리가 지거나 해와 달 및 오성이 범하면 재앙이 생겨난다.

☐ 2 ☐ 인성(人星 : 民星) ☐ 1)인성(人星)은 백성의 운을 주관하는 별이다. 별이 움직이지 않고 고요해야 좋으니, 고요하면 사람들이 부드러워져서 사이가 먼 사람도 친하게 할 수 있다. 일명 와성(臥星 : 누워있는 별)이라고도 하니, 주로 밤에 순찰함으로써 음탕함을 방지하는 역할을 한다.

인성이 보이지 않으면 임금의 명령을 허위로 발동하는 사람이 있게 되고, 별이 밝으면 백성이 편안해지며, 어두우면 흉하게 된다. 객성 또는 혜성이 머무르거나 범하면 사람들에게 질병이 많이 나돌게 된다.

☐ 3 ☐ 저(杵 : 民星) ☐ 2)저(杵)는 백성의 운을 주관하는 별로, 절구질하는 것과 군량을 관장한다. 저의 바로 아래에 구(臼)가 있

1] 主靜衆庶柔遠能邇 一日臥星主夜行以防淫人 不見則人有詐行詔書 明則人安 暗凶 客彗守犯人多疾疫 / 인성(人星)은 위의 윗쪽으로 검은색(黑)의 다섯 개 별로 이루어져 있다.

2] 主舂軍糧 正直下臼吉 不相當糧絶 不直民飢 不具民賣甑釜 / '저(杵)'는 절구공이 저자이고, '구(臼)'는 절구이다. / 내저(內杵, 또는 杵)는 인성의 왼쪽으로 세개의 별로 이루어져 있다. 천문류초나 천상열차분야지도 그림에는 '내저(內杵)'라고 써서 동방칠수 중 箕宿의 '외저(外杵)'와 구별하였다.

으면 길하고, 서로 잘 맞지 않으면 양곡이 끊어진다. 또 저가 일직선으로 곧지 못하면 백성이 기근을 겪게 되고, 별자리를 제대로 갖추지 못하고 있으면 백성이 솥과 시루(甑)를 팔아 연명하는 데까지 이르게 된다.

| 4 | 구(臼 : 民星) | 1]구(臼)는 백성의 운을 주관하는 별로, 절구질 하는 것을 맡아 한다. 저(杵)를 향해 있지 않고 엎어져 있으면 크게 기근이 들며, 저를 향해 있으면 크게 풍년이 든다.
 별이 밝지 않으면 백성에게 기근이 들고, 별자리가 모여 있으면 농사가 잘 되며, 서로 떨어져 있거나 움직이면 기근이 든다. 객성 또는 혜성이 저와 구의 사이에 들어오면 병란이 일어나서, 천하의 쌀을 모은다.

| 5 | 거부(車府) | 2]거부(車府)는 관용으로 쓰는 수레의 곳간을 맡고, 또한 사신들의 숙소를 관리한다. 별이 광명하고 윤택하면, 외국 사절의 수레와 마차가 화려하고 깨끗해진다. 금성 또는 화성이 머무르면 군대의 전차가 크게 움직여 쓰이게 되고,

---

1] 主春 覆則大饑 仰則大豊 不明民飢 星衆歲樂 疏或動饑 客彗入杵臼兵起 天下聚米 / 구(臼)는 내저의 아래에 네개의 별로 이루어져 있다.

2] 主官車之府 又主賓客之館 光明潤澤 必有外賓車駕華潔 金火守之兵車大動 彗客犯之亦然 / 거부(車府)는 인성의 위에 일곱개의 짙은 검은색(烏色) 별로 이루어져 있다.

혜성 또는 객성이 범해도 역시 군대의 전차가 크게 움직여 쓰이게 된다.

| 6 | 천구(天鉤)   1]천구(天鉤)는 타고 다니는 수레와 복식을 관장하니, 별이 밝으면 복식이 예법에 맞게 된다. 천구는 갈고리 모양인데 일직선같이 곧게 되면 지진이 일어나고, 다른 별들이 와서 머물러도 역시 지진이 발생한다.

| 7 | 조보(造父)   2]조보(造父)는 말을 모는 관리이다. 일명 사마(司馬)라고도 하고, 혹은 백락(伯樂)이라고도 한다. 주로 나라에서 쓰는 마굿간과 말, 말에 쓰이는 고삐나 굴레 등 장신구를 맡는다.

별들이 사리를 옮기면 병란이 일어나고 말이 귀해지며, 별이 없어지면 말이 크게 귀해진다. 별이 밝으면 길하다. 혜성

1] 主輦輿服飾 明則服飾正 直則地動 他星守占同 / 구(鉤) : 갈고리 구. 『천문류초』의 그림에서는 '구(鉤)'라고만 되어있다. / 천구(天鉤)는 거부의 위에 아홉개의 진한 누런색 별로 이루어져 있다.

2] 御官也 一曰司馬 或曰伯樂 主御營馬廐馬乘轡勒 移處兵起馬貴 星亡馬大貴 明則吉 彗客入之僕御謀主 有斬死者 / 『영대비원 : 靈臺祕苑』에서는 "객성 또는 혜성 및 패성이 범하면 병란 또는 혁명이 일어나서, 마굿간에 있던 말들이 다 출동하게 된다"고 하였다. 조보는 주나라 때 말을 잘 몰기로 이름난 사람이고, 백락 역시 주나라때 말을 잘 감별한 사람이다. / 조보(造父)는 천구의 위에 다섯개의 검은색(黑) 별로 이루어져 있다.

또는 객성이 별자리에 들어오면 말을 몰던 노복이 주인에게 모반하여, 목을 베어 죽이는 자가 생긴다.

8 분묘(墳墓 : 大曰墳 小曰墓)   1)분묘(墳墓)는 주로 죽고 장례지내는 일을 관장한다. 별이 밝으면 사망하는 사람이 많이 생기고, 오성이 머무르거나 범하면 곡하며 울 일이 많이 생긴다.

9 허량(虛梁)   2)허량(虛梁)은 임금의 동산과 능, 그리고 종묘(宗廟) 등을 관장하니, 사람이 거처하는 곳이 아니라서 '허량'이라고 부른다.

금성 또는 화성이 머무르거나 별자리 안에 들어와 범하면 병란으로 인한 재앙이 크게 일어난다. 혜성 또는 패성이 범하면, 병란이 일어나서 종묘(宗廟)를 바꾸게 된다(임금이 바뀌어 조상이 달라진다).

1] 主喪葬之事 明則多死亡 五星守犯爲人主哭泣之事 / 산소가 큰 것을 '분(墳)'이라 하고, 작은 것을 '묘(墓)'라고 한다. 「천상열차분야지도」에서는 위수와 하나의 별자리인 것처럼 선으로 연결했다. / 분묘(墳墓)는 위수의 아랫쪽으로 네개의 주홍색(紅) 별로 이루어져 있다.

2] 主園陵寢廟 非人所處 故曰虛梁 金火守入犯兵灾大起 彗孛犯兵起 宗廟改易 / 허량(虛梁)은 분묘의 아래에 네개의 누런색 별로 이루어져 있다.

| 10 | 천전(天錢 : 民星) | ¹⁾천전(天錢)은 백성의 운을 주관하는 별로, 돈 또는 비단을 모으는 곳을 관장한다. 밝으면 창고가 가득차고, 어둡게 되면 헛되이 소모하게 된다. 금성 또는 화성이 머무르면 병란과 도적떼가 일어난다. 혜성 또는 패성이 범하면 곳간에 도적이 생겨난다.

| 11 | 개옥(蓋屋) | ²⁾개옥(蓋屋)은 천자가 거처하는 궁실을 관장하니, 또한 궁실을 다스리는 관리가 된다. 오성이 범하면 병란이 일어나고, 혜성 또는 패성이 범하면 병란으로 인한 재앙이 더욱 심하게 된다.

1] 主錢帛所聚 明則府藏盈 不爾虛耗 金火守之兵盜起 彗孛犯庫藏有賊 / 천전(天錢) 허량의 아래에 열개의 누런색 별로 이루어져 있다.

2] 主天子所居室 亦爲治宮室之官 五星犯之兵起 彗孛犯之兵災尤甚 / 『삼재도회』에는 '오성'을 '금성'이라고 표기하였고, 『영대비원 : 靈臺祕苑』에서는 '오성'이라고 하였다. / 개옥(蓋屋) 분묘의 오른쪽 곁에 두개의 검은색 별로 이루어져 있다.

(6) 실수(室宿)

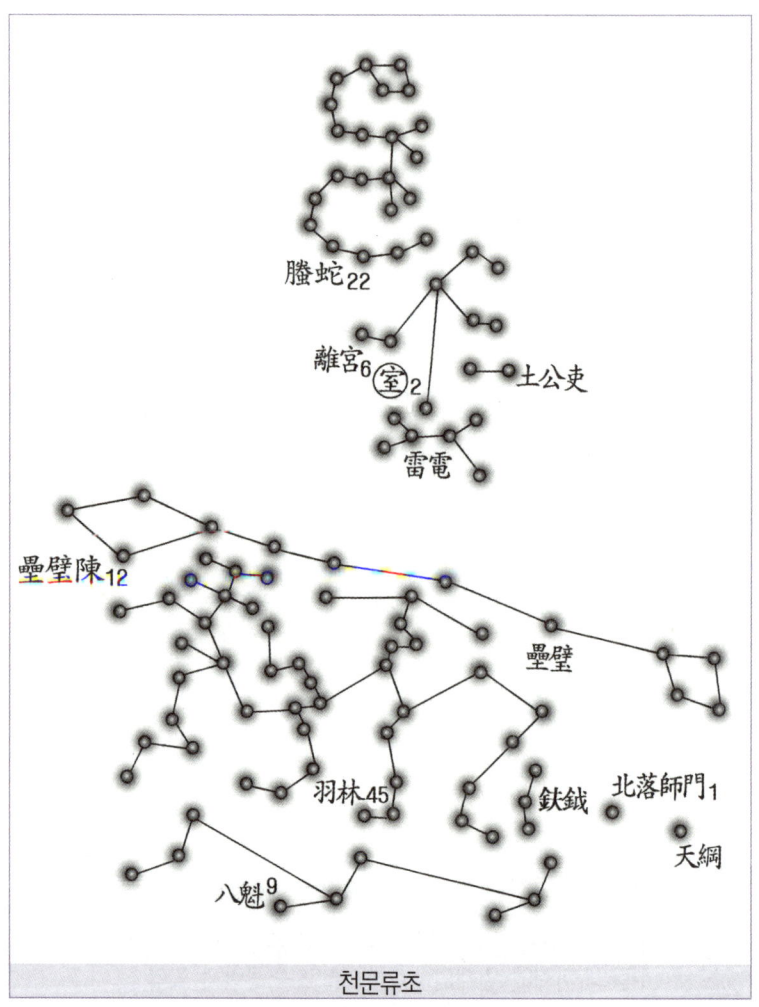

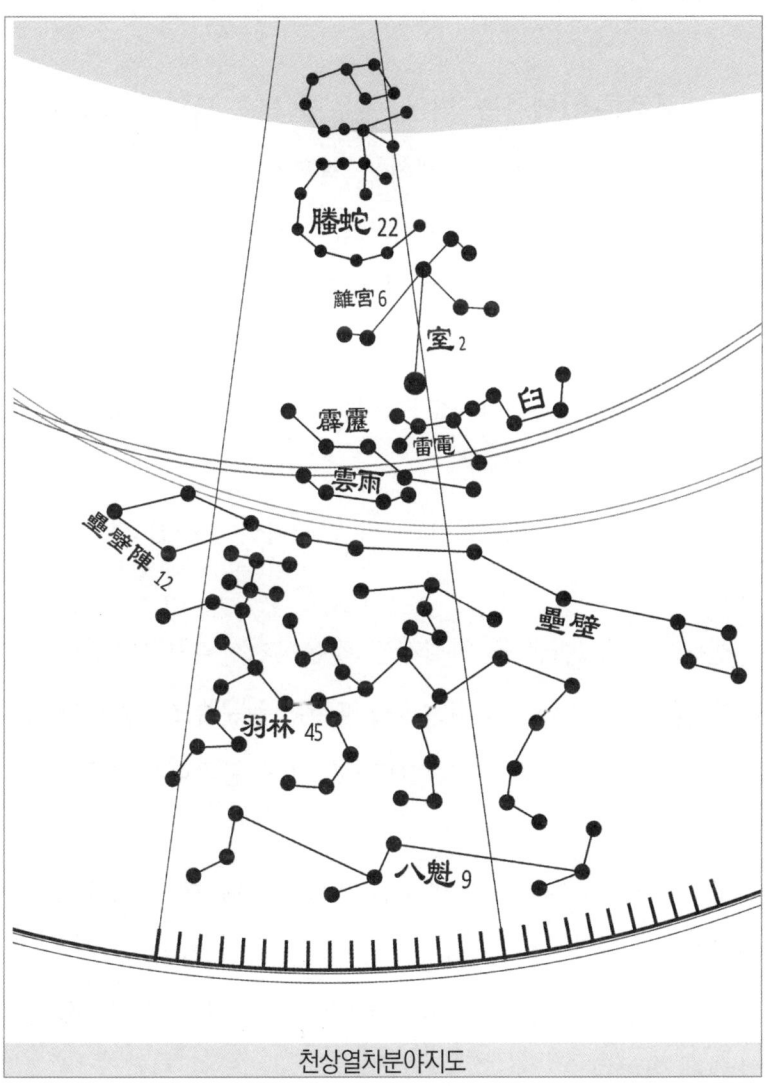

천상열차분야지도

실수 영역의 『천문류초』와 「천상열차분야지도」의 다른 점

① 『천문류초』에서는 '벽력, 운우'를 벽수 영역에 배당하였는데, 「천상열차분야지도」에서는 실수에 배당하였다.

'뇌전'과 어울리는 별자리이므로 실수에 같이 소속시키는 것이 합당한데, 『천문류초』에서는 당시 유행하는 학설을 따른 것 같다.

② 또 「천상열차분야지도」에서는 '토공리, 부월, 북락사문, 천강'을 위수에 배당하였다.

③ '실(실수)'과 '이궁'을 하나의 별자리인 것처럼 선으로 연결했다.

'실(실수)'와 '이궁'을 연결시킨 것은 「천상열차분야지도」의 독창작인 연결인데, 그 별그림을 따온 『천문류초』에서 별 생각없이 이어놓은 것 같다. 설명문에서는 분리해서 설명하였다.

④ 「천상열차분야지도」에서는 '뇌전'과 '구'를 선으로 연결하였다.

⑤ '뇌전, 천강'을 「천상열차분야지도」를 따라 별개수를 표기하지 않았다.

① 실수의 개괄

1]실수(室宿)는 두 개의 별로 이루어졌으며, 주천도수 중에 16도를 맡고 있다(익수와 마주보고 있으며, 12황도궁 중에 쌍어궁2]에 해당하고, 해(亥)의 방향에 있으며, 위나라에 해당한다).3]

② 실수의 보천가

4]실(室)의 두개의 주홍색 별 위로 리궁(離宮)이 나왔으니 / 실을 둘러싸며 세쌍을 이루어 모두 여섯개의 별이네 / 실의 아랫머리 쪽으로 여섯개의 검은색(黑色) 별이 뇌전(雷電)이고 / 그

1] 室二星十六度(對翼 雙魚宮 亥地 衛之分)

2] 쌍어궁(雙魚宮) : 추자의 분야(娵訾之次)에 해당하며, 위수(危宿)의 16도부터 규수(奎宿)의 4도까지를 말한다. 중국을 12주로 나누면 병주(幷州)에 해당하고, 중국의 위나라에 해당한다. 쌍어궁에서 적도와 황도가 만나는 점이 춘분점이다.

3] 실수를 우리나라의 지역에 배당하면, 동북 강원지역인 봉화·평해·울진·삼척·정선·영월·강릉·횡성·평창·양양·홍천·춘천·인제·간성·고성·화포·양구에 해당한다.

4] 兩紅上有離宮出 / 遶室三雙共六星 / 下頭六黑雷電形 / 壘壁陳次十二星 / 兩頭如升陳下分 / 陳下分明羽林軍 / 四十五卒三爲群 / 壁西西下最難論 / 字細歷歷着區分 / 三粒黃金名鈇鉞 / 一顆明珠北落門 / 門東八魁九黑子 / 門西一宿天網是 / 電傍兩黑＋公吏 / 騰蛇室上二十二

163

아래로 누벽진(壘壁陣)의 열두개의 별이 놓여 있는데 / 되(升)와 같은 양쪽의 머리 모양이 진 아래로 나뉘어 늘어져 있네 / 누벽진 아래에 나뉘어 늘어져 있는 것이 분명 우림군(羽林軍)이니 / 마흔다섯개 별(兵卒)이 셋씩 무리지어 있다네 / 누벽진의 서쪽(오른쪽)의 아래가 제일 분간하기 어려우니 / 자세히 살펴보아 구분해야 한다네 / 세개의 황금의 환알같은 별을 부월(鈇鉞)이라고 하고 / 한알의 명아주(明珠) 구슬같은 별이 북락사문(北落師門)이며 / 북락사문의 동쪽(왼쪽)에는 아홉개의 검은색(黑色) 별인 팔괴(八魁)가 있고 / 북락사문의 서쪽(오른쪽)에 있는 한개의 별이 바로 천강(天綱)이라네 / 뇌전(雷電)의 곁에 있는 두개의 검은색 별이 토공리(土公吏)이고 / 등사(螣蛇)는 실(室)의 위에 스물두개의 별로 이루어져 있다네.

③ 실수에 딸린 별

[1] 실(室) 1]실(室)은 또한 영실(營室)이라고도 부르며, 태묘(太廟)와 천자의 궁실이 된다. 또 군량을 쌓아두는 곳간이 되고, 토목공사를 주관한다.

1] 亦謂之營室 爲太廟天子之宮也 又爲軍粮之府 主土功事 明國昌 不明而小 祠祀鬼神不享 國多疾疫 動則有土功 兵出野 / 실(室)은 두개의 주홍색 별로 이루어져 있다.

별이 밝으면 나라가 번창하며, 밝지 못하고 작아지면 사당에 제사를 지내도 귀신이 흠향하지 않아서, 나라에 전염병이 창궐한다. 별이 움직이면 토목공사를 해야 할 일이 생기고, 병사들이 벌판에 출병할 일이 생긴다.

2 리궁(離宮) 1)리궁(離宮)은 천자의 별궁(別宮)이니, 숨고 감추며 휴식하는 장소이다. 움직이고 흔들리면 토목공사할 일이 생기고, 별자리를 제대로 갖추지 못하면 천자에게 근심이 생긴다. 금성 또는 화성이 머무르거나 별자리에 들어오면 병란이 일어나고, 혜성이 범하면 궁궐을 손질하고 청소할 일이 생겨난다.

3 뇌전(雷電) 2)뇌진(雷電)은 우뢰를 치게 하고 벌레들을 움직이게 하는 일을 맡는다. 별이 밝거나 움직이면 우뢰가 크게 떨친다.

---

1) 天子之別宮也 主隱藏休息之所 動搖爲土功 不具天子憂 金火守入兵起 彗犯有修除之事 / 리궁(離宮)은 모두 여섯개의 별로, 실(室)을 둘러싸며 세쌍을 이루고 있다. 『천문류초』와 「천상열차분야지도」 모두 실수와 이궁을 하나의 별자리인 것처럼 선으로 연결했다.

2) 主興雷動蟄 明或動則震雷作 / 뇌전(雷電)은 실의 아랫쪽으로 여섯개의 검은색(黑色) 별로 이루어져 있다.

4 누벽진(壘壁陳 : 武星)   1)누벽진(壘壁陳)은 무운(武運)을 주관하는 별로, 우림(禁衛 : 천자의 거처)의 담장벽이라는 뜻이니, 천자의 군대의 병영을 주관한다.

 별들이 모여있고 밝으면 편안해지고, 성기면서 움직이면 병란이 일어난다. 별이 보이지 않으면 천하에 대란이 일어나고, 오성이 별자리 안에 들어오면 병란이 일어나며, 금성이나 화성 또는 수성이 들어오면 더욱 심한 난리가 난다.

 5 우림(羽林 : 武星)   2)우림(羽林)은 무운을 주관하는 별로, 하늘(천자)의 군사이다. 군대의 기마대를 관장하고, 또 왕을 보익하는 일을 맡는다. 별이 모여있고 밝으면 편안하고, 성기면서 움직이면 병란이 일어난다.

 별이 보이지 않으면 천하에 난리가 나고, 금성이나 화성 또는 수성이 머무르거나 들어오면 병란이 일어난다. 세성(목성)이 별자리 안으로 들어오면 제후들이 다 병사들을 발동하고 신하가 모반을 하나, 반드시 패하여 베임을 당한다.

1] 羽林之垣壘 主天軍營 星衆而明則安寧 希而動則兵革起 不見天下亂 五星入兵起 金火水尤甚 / 누벽진(壘壁陳)은 뇌전의 아래에 열두개의 별로 이루어져 있다.

2] 天軍也 主軍騎 又主翼王 星衆而明則安寧 希而動則兵革起 不見天下亂 金火水守入兵起 歲星入諸侯悉發兵 臣下謀叛 必敗伏誅 / 우림(羽林, 또는 羽林軍)은 누벽진 아래에 마흔다섯개 별(兵卒)이 셋씩 무리지어 있다.

6 부월(鈇鉞)

1)부월(鈇鉞)은 변방의 동쪽 오랑캐를 베어 죽이는 일을 맡는다. 별이 밝지 않으면 부월을 사용하지 못하고, 자리를 이동하면 병란이 일어난다.

달이 별자리 안으로 들어오면 대신(大臣)을 베어 죽이게 되고, 목성이나 화성·토성·금성 중의 하나가 들어와도 역시 대신을 베어 죽이게 된다.

7 북락사문(北落師門)

2)북락사문(北落師門)은 하늘의 번락(蕃落 : 북쪽 변방을 지키는 고을)이다. 또한 천군(天軍)이라고도 하며, 변방을 지키는 척후문으로, 주로 비상시대의 조짐을 살피는 척후병이다.

별이 밝고 크면 군대가 편안하고, 미약하면 병란이 일어난다. 금성 또는 화성이 머무르면 병란으로 인한 재앙이 있게 되고, 일설에는 다른 별이 머무르면 오랑캐가 변방의 요새안으로 들어온다고 한다.

1] 主誅夷 不明則鈇鉞不用 移動則兵起 月入大臣誅 木火土金入 皆爲大臣誅 / 부월(鈇鉞)은 우림군의 아래에 세 개의 누런색 별로 이루어져 있다.

2] 天之蕃落也 亦曰天軍 蕃之候門 主非常以候兵 明大則軍安 微弱則兵起 金火守之有兵災 一曰有星守之虜入塞 / 북락사문(北落師門)은 한 개의 밝은 별로 부월의 오른쪽에 있다.

8 팔괴(八魁)   1)팔괴(八魁)는 새나 짐승을 그물 등을 이용해 잡는 관리를 맡는다. 객성 또는 혜성이 별자리 안으로 들어오면 도적이 많이 생기고 병란이 일어나며, 금성 또는 화성이 들어와도 같은 결과가 생긴다.

9 천강(天綱)   2)천강(天綱)은 군대의 장막을 뜻하니, 천자가 천렵 또는 수렵을 할 때에 모이는 장소를 주관한다. 금성 또는 화성이 머무르거나, 객성 또는 혜성이 천강의 영역안으로 들어오면 병란이 일어난다.

10 토공리(土公吏)   3)토공리(土公吏)는 토목공사를 담당하는 관리를 맡는다. 움직여 흔들리면 보수해서 다시 짓는 일이 생겨난다.

11 등사(螣蛇)   4)등사(螣蛇)는 물에 사는 충(蟲 : 벌레는 물

---

1) 主捕張禽獸之官也 客彗入多盜賊兵起 金火入亦然 / 팔괴(八魁)는 북락사문의 동쪽(왼쪽)에 아홉개의 검은색(黑色) 별로 이루어져 있다.
2) 主武帳 天子游獵之所會 金火守客彗入皆爲兵起 / 천강(天綱)은 북락사문의 서쪽(오른쪽)에 한개의 별로 이루어져 있다.
3) 主土功之官也 動搖則有修築之事 / 토공리(土公吏)는 뇌전(雷電)의 오른쪽에 두개의 검은색 별로 이루어져 있다.
4) 主水蟲 微則國安 明則不寧 移南大旱 移北大水 彗孛犯水道不通 客星犯水物

론 길짐승과 날짐승을 포함한 개념)을 맡는다. 별이 미미하면 나라가 안정되고, 밝으면 편안하지 못하다. 남쪽으로 이동하면 큰 가뭄이 들고, 북쪽으로 이동하면 큰 홍수가 일어난다. 혜성 또는 패성이 범하면 수로(水路)가 막히게 되고, 객성이 범하면 물에서 얻는 수확물이 줄어든다.

不成 / 등사(螣蛇)는 실(室)의 위에 스물두개의 별로 이루어져 있다.

(7) 벽수(壁宿)

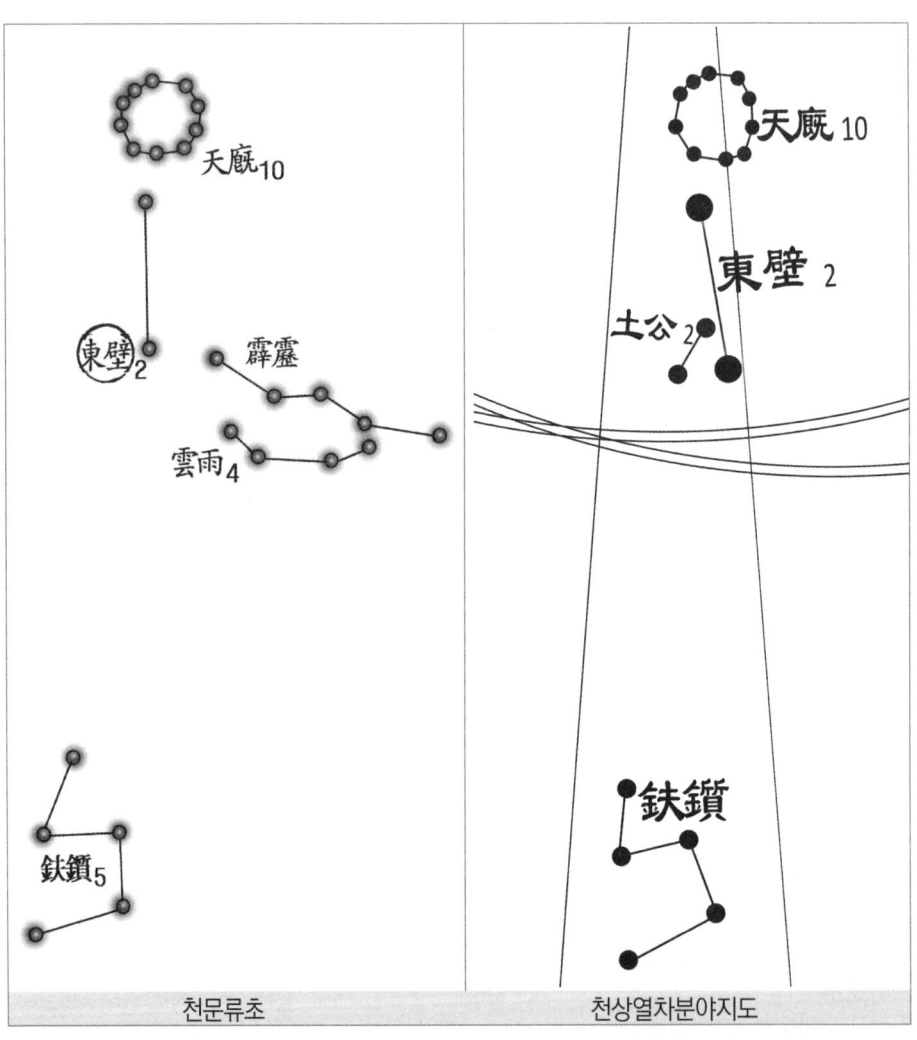

| 천문류초 | 천상열차분야지도 |

벽수 영역의 『천문류초』와 「천상열차분야지도」의 다른 점

1 『천문류초』에는 별그림이나 설명에 모두 '토공'이 없다. 대부분의 중국 천문서적에 없는 별자리이므로, 「천상열차분야지도」의 독창성을 이 별자리에서 찾는 학자도 있다.

2 「천상열차분야지도」에서는 '벽력, 운우'를 실수 영역에 소속시켰다.

3 『천문류초』와 「천상열차분야지도」 모두 '벽(벽수)'을 '동벽2'라고 표기하였다. '벽'의 별칭이 '동벽'이다. '동벽'은 '실(실수)'과 생김새가 비슷하기 때문에, '실' 보다 왼쪽 혹은 동쪽에 있다는 뜻으로, 왼쪽 또는 동쪽의 뜻을 가진 '동' 자를 더 넣어서 구별한 것이다.

4 『천문류초』에서는 '부질'의 별개수를 표기하였다.

① 벽수의 개괄

1)벽수(壁宿)는 두 개의 별로 이루어졌으며, 주천도수 중에 9도를 맡고 있다(진수와 마주보고 있으며, 12황도궁 중에 쌍어궁에 해당하고, 해(亥)의 방향에 있으며, 위나라에 해당한다).2)

② 벽수의 보천가

3)벽(壁)은 두개의 주홍색(紅色) 별인데, 그 아랫머리쪽으로 있는 것이 벽력(霹靂)이라네 / 벽력은 다섯개의 짙은 검은색(烏色) 별이 횡으로 가로질러 가는 모습이고 / 운우(雲雨)는 그 밑에서 '입구(口)' 자 모양으로 사방을 가리키네 / 벽의 위에는 열 개의 누런색 별이 천구(天廐)가 원형으로 있고 / 디섯게의 짙은 검은색(烏色) 별인 부질(鈇鑕)은 우림군(羽林軍)의 왼쪽 옆에 놓여 있다네.

1] 壁二星九度(對軫 雙魚宮 亥地 衛之分)

2] 벽수를 우리나라의 지역에 배당하면, 동북 강원지역인 화천군의 낭천·통천군의 흡곡·통천·회양·김화군의 금성,김화·평강·이천군의 안협,이천에 해당한다고 한다.

3] 兩紅下頭是霹靂 / 霹靂五烏橫着行 / 雲雨次之口四方 / 壁上天廐十圓黃 / 鈇鑕五烏羽林傍

③ 벽수에 딸린 별

1   동벽(東壁 : 文星)   1)동벽(東壁)은 문운(文運)을 주관하는 별이니, 천하의 도서(圖書)를 보관하는 비밀스러운 도서관이다. 또한 토목공사를 맡기도 한다.

별이 밝으면 도서들이 모여 쌓이고, 도술(道術)이 행해지며, 소인이 벼슬에서 물러나고 군자가 벼슬을 한다. 별이 본래의 색을 잃고 크기가 같지 않으면, 천자가 무신(武臣)을 우대하고 문신(文臣)을 천시하며, 도서들이 깊이 감추어지고 신하들이 당파를 지어서 간사한 사람들이 중용된다. 별이 움직이면 토목공사 할 일이 발생한다.

일식 또는 월식이 있으면 어진 신하를 잃게 되며, 오성 또는 패성이 범하면 병란이 일어난다. 혜성이 범하면 병란이 일어나고 화재가 일어난다고 하며, 일설에는 큰 홍수가 일어 백성들이 유랑한다고 한다. 유성이 범하면 문장이 쇠퇴해져 폐해지고, 해 또는 달이 머물렀다 가면 바람이 분다.

2   벽력(霹靂)   2)벽력(霹靂)은 우뢰를 일으키고 벼락치는 일

1] 主文章 天下圖書之祕府 亦主土功 明則圖書集 道術行 小人退君子進 失色大小不同 天子重武臣賤文士 圖書隱 親黨回邪用 動則有土功 日月食損賢臣 五星孛犯兵起 彗犯爲兵爲火 一日大水民流 流星犯文章廢 日月宿風起 / 벽수(壁宿) 또는 벽(壁)을 동벽(東壁)이라고도 한다. / 벽(壁)은 두개의 주홍색(紅色) 별로 이루어져 있다.

을 맡는다. 별이 밝으면서 움직이면 일이 순조롭게 잘 되고, 밝지 못하면 흉하게 된다. 오성과 더불어 합하게 되면 벽력이 치게 된다.

3 운우(雲雨) 1)운우(雲雨)는 비와 이슬 등을 관장하여 만물을 완성하게 한다. 별이 밝으면 비가 많이 와서 물이 풍부해진다. 화성이 머무르면 큰 가뭄이 들고, 수성이 머무르면 큰 홍수가 발생한다.

4 천구(天廐:武星) 2)천구(天廐)는 무운을 주관하는 별로, 말(馬)을 맡아보는 관리를 맡으니, 지금의 역정(驛亭 : 각 지역 교통 책임관)과 같은 직책이다.

별이 보이지 않으면 천하의 도로가 단절되고, 달이 범하면 전쟁터에 나갔던 말이 돌아오며, 혜성이 들어오면 마굿간에 화재가 나고, 객성이 들어오면 말이 길을 떠나게 되며, 유성이

2] 主興雷奮擊 明而動用事 不明凶 與五星合有霹靂之應 / 벽력(霹靂)은 벽(壁)의 아래에 다섯개의 짙은 검은색(烏色) 별로 이루어져 있다.

1] 主雨澤 成萬物 明則多雨水 火守之大旱 水守之大水 운우(雲雨)는 벽력의 아래에 있는 네 개의 검은색 별인데, '입구(口)' 자 모양으로 이루어져 있다.

2] 主馬之官 若今驛亭也 不見天下道斷 月犯兵馬歸 彗星入馬廐火 客星入馬出行 流星入天下有驚 / 천구(天廐)는 벽의 위에 10개의 누런색 별이 원형을 이루고 있다.

들어오면 천하에 놀랄 일이 생긴다.

| 5 | 부질(鈇鑕) | 1]부질(鈇鑕)은 잘라내고 베는 도구니, 꼴을 베어 소나 말에게 사료를 주는 일을 맡는다. 별이 밝으면 소나 말이 살이 찌고, 미약하고 어두우면 소나 말이 먹을 것이 없어 기아를 겪는다.

| 5 | 토공(土公) | 2]

1] 刈具也 主斬蒭飼牛馬 明則牛馬肥 微暗則牛馬飢餓 / 부질(鈇鑕) : 도끼와 참형(斬刑)할 때 몸을 올려 놓는 기구. 여기서는 작두를 뜻한다. / 부질(鈇鑕)은 우림군(羽林軍)의 왼쪽에 다섯개의 짙은 검은색(烏色) 별로 이루어져 있다.

2] 천문류초에는 천문도의 그림이나 설명에 없다. 대부분의 중국 천문서적에도 없는 별자리이다. 하지만 천상열차분야지도에는 2개의 별로 그려져 있으므로, 그 독창성을 드러내는 별자리이기도 하다. 토목공사를 맡은 관리이다. 별이 밝거나 움직이고 흔들리면 토목공사할 일이 생긴다. / 2개의 검은색 별이고, 벽의 아래에 비스듬히 누워있다.

※ 북방7수의 개괄

	상징	의미	별의수	부속 별	주천도수	12황도궁	12자리(次)	해당지역 중국	해당지역 우리나라
두	거북과 뱀의 영킴	하늘의 사당, 승상 또는 태재로 兵事와 壽命을 주관	6	天弁9 立(建)6 鼈14 天鷄2 天籥8 狗國4 天淵10 狗2 農丈人1	26¼도	마갈궁(축),斗1도~女7도	성기(星紀)	오吳 揚州	경상도
우[견우]	뱀	희생(牛)과 관량(關梁)	6	天田9 九坎9 河鼓3 織女3 左旗9 右旗9 天桴4 羅堰3 漸臺4 輦道5	8도				경상도
여[수녀]	거북	작은 창고, 혼인 시중드는 여자	4	十二諸國16 離珠5 鮑苽5 敗瓜5 天津9 奚仲4 扶筐7	12도	보병궁(자),女7~危16도	현효(玄枵)	齊 靑州	경상도
허	거북	冢宰(묘당과 제사 등 죽음에 관한 일)	2	司命2 司祿2 司危2 司非2 哭2 泣2 天壘城13 敗臼4 離瑜3	10도				
위	뱀	총재, 하늘의 곳간	3	人星5 杵4 臼4 車府7 天鉤9 造父2 墳墓4 虛梁4 天錢10 蓋屋2	17도				
실	반룡	太廟, 천자의 宮室, 군량곳간, 토목공사	2	離宮6 雷電6 壘壁陳12 羽林軍45 鈇鉞3 北洛師門1 八魁9 天綱1 土公吏2 螣蛇22	16도	쌍어궁(해),危16도~奎4도	추자(娵訾)	衛 幷州	강원도
벽	규룡	文章, 도서관, 토목공사	2	霹靂5 雲雨4 天廐10 鈇鑕5 (土公2)	9도				
계	玄武	죽음, 저장 및 수축공사	25	60개 별자리 (384개 별)	98¼도	3궁	3차	3국 3주	3도

3) 서방7수(西方七宿)

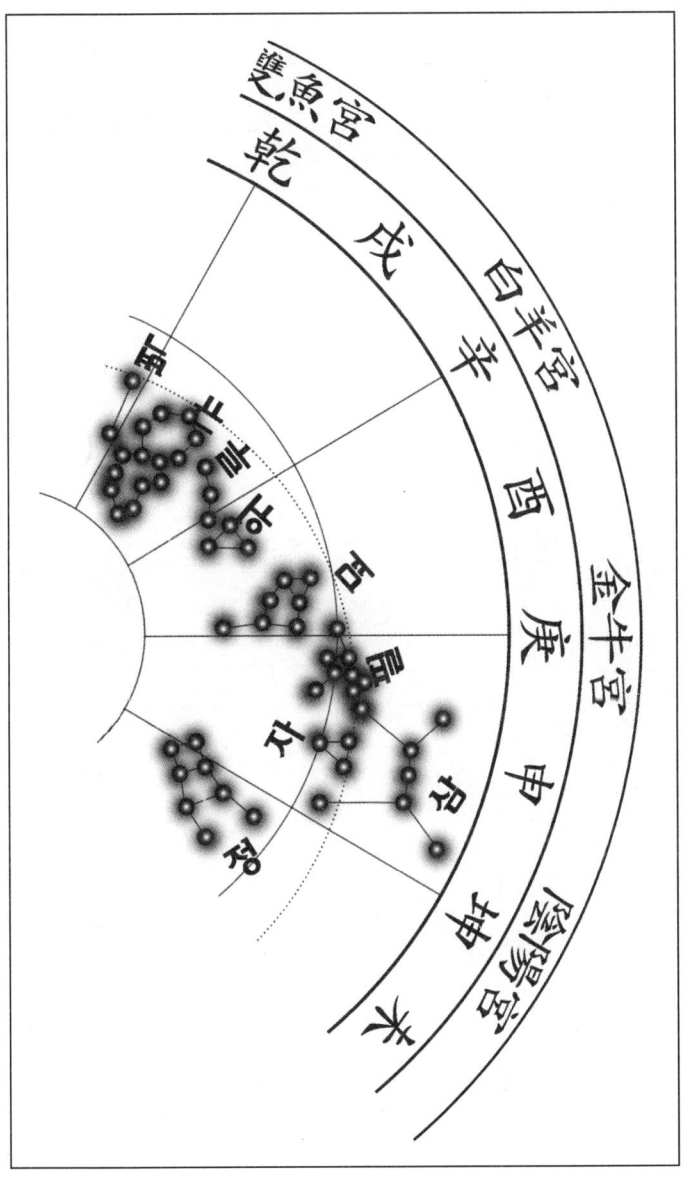

(1) 규수(奎宿)

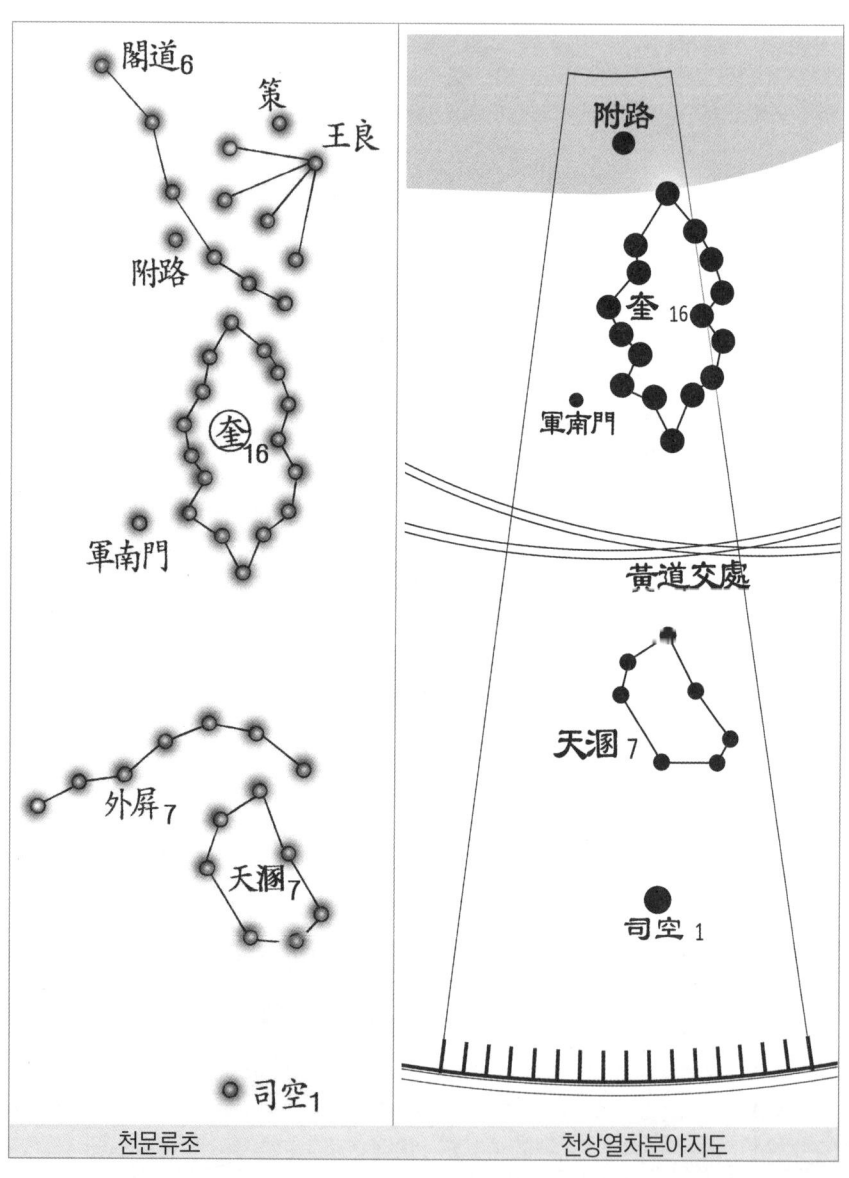

규수 영역의 『천문류초』와 「천상열차분야지도」의 다른 점

①『천문류초』 등 중국에서 유행하는 천문서적에서는 '각도, 책, 왕량'을 규수 영역에 소속시켰지만, 「천상열차분야지도」에서는 자미원 영역에 소속시켰다.

『천문류초』 등에서는 '각도'는 비바람을 막을 수 있게 지붕과 벽을 설치한 안락한 포장도로이고, '책'은 마차를 모는 채찍이며, '왕량'은 마차를 아주 잘 모는 마부이다. 유능한 마부가 각도로 마차를 몰아서 '실(실수)' 영역의 임금 별장인 '이궁'으로 들어간다는 뜻을 살린 것이다.

② 「천상열차분야지도」에서는 '외병'을 루수 영역에 배당했다. 그런데 『천문류초』 등에서 '외병'을 규수 영역에 소속시킨 것은, '외병(밖에 있는 병풍)'의 아래에 있는 '천혼(화장실)'을 가리자는 뜻을 살린 것이다.

③ 「천상열차분야지도」에서는 황도와 적도가 교차하는 지점을 '황도교처(黃道交處)'라고 표시하였다. 황도와 적도가 만나는 점을 춘분·추분이라고 해서 중요시 여기고, 또 황도교처를 표시함으로써 천문도를 만든 시기와 위도를 알 수 있다.

④ 『천문류초』에서는 별그림에서는 '사공'이라하고, 풀이문에서는 '토사공'이라 하였다. 아마도 연문인 것 같다.

① 규수의 개괄

1]규수(奎宿)는 열여섯 개의 별로 이루어졌으며, 주천도수 중에 16도를 맡고 있다(각수와 마주보고 있으며, 12황도궁 중에 백양궁2]에 해당하고, 술의 방향에 있으며, 노나라에 해당한다).3]

② 규수의 보천가(步天歌)

4]규(奎)는 허리부분이 가늘고 머리부분이 뾰족한 해진 신발모양으로 / 열여섯개의 주홍색 별이 신발의 형태로 둘러있네 / 외병(外屛)은 일곱개의 짙은 검은색(烏色) 별로 규의 아래에 가로놓였고 / 외병의 아래에는 일곱개의 짙은 검은색(烏色) 별인

1] 奎十六星十六度(對角 白羊宮 戌地 魯之分)

2] 백양궁(白羊宮) : 강루의 분야(降婁之次)에 해당하며, 규수(奎宿)의 4도부터 위수(胃宿)의 6도까지를 말한다. 중국을 12주로 나누면 서주(徐州)에 해당하고, 중국의 노나라에 해당한다.

3] 규수를 우리나라의 지역에 배당하면, 남부 충북지역인 안흥·태안·서산·해미, 홍성군의 결성, 당진군의 당진, 면천, 홍성, 예산군의 덕산·대흥, 아산군의 아산·신창, 평택·신창·예산, 청양군의 정산·온양, 천안군의 직산에 해당한다고 한다.

4] 腰細頭尖似破鞋 / 一十六紅遶鞋生 / 外屛七烏奎下橫 / 屛下七烏天溷明 / 司空左畔土之精 / 奎上一黑軍南門 / 河中六赤閣道形 / 附路一赤道傍明 / 五紅吐花王良星 / 王良近上一策名

천혼(天溷)이 밝히고 있으며 / 천혼의 왼쪽 곁에 있는 사공(司空)은 흙의 정기(精氣)라네 / 규의 윗쪽(북쪽)으로 한개의 검은색(黑色) 별이 군남문(軍南門)이고 / 은하수 가운데 있는 여섯개의 붉은색(赤色) 별이 각도(閣道)이며 / 한개의 붉은 색(赤色) 별인 부로(附路)는 각도의 곁에서 밝히고 있네 / 주홍색의 꽃을 토해 놓은 것 같은 다섯개 별이 왕량(王良)이고 / 왕량의 바로 위에 있는 한개의 별이 책(策)이라네.

③ 규수에 딸린 별

<u>1</u> <u>규(奎:文星)</u>   1)규(奎)는 문운(文運)을 주관하는 별로,2) 하늘의 무기고에 해당한다. 일명 천시(天豕:하늘의 돼지)라고도 하는데, 병사들을 사용해서 폭란을 금하는 역할을 맡는다. 또한 도랑 등 관개수로를 맡으니, 서남쪽의 큰별을 천시의 눈 또는 대장(大將)이라고 한다.

별이 밝으면 천하가 평안하고, 움직이면 병사들에 의한 난

1] 天之武庫 一日天豕 主以兵禁暴 又主溝瀆 西南大星天豕目 亦日大將 明則天下安 動則兵亂 客星守入兵起 金火守有水災 若帝淫洪政不平則奎有角 角動則有兵不出年中 或有溝瀆之事 又日中星明水大出 日月食五星犯皆有凶 / 규(奎)는 열여섯개의 주홍색 별이 신발의 형태를 이루고 있다.
2] 규에 오성이 비춘 뒤로 송나라에 어진 선비가 많이 나왔다.

리가 일어나며, 객성이 머무르거나 들어오면 병란이 일어난다. 금성 또는 화성이 머무르면 홍수로 인한 재앙이 생기고, 만약에 임금이 음란하거나 실정해서 공평히 하지 못하면 규(奎)에 뿔(角 : 머리뿔같이 빛나는 芒보다 큰 광선)이 생긴다. 뿔이 움직이면 1년 안으로 병란이 생기고, 혹은 도랑 또는 관개수로에 말썽이 생긴다. 또 한편으로는 가운데 있는 별이 밝으면 홍수가 크게 발생하고, 일식 또는 월식이 생기거나 오성이 범하면 흉한 일이 발생한다고 한다.

2 외병(外屛) 1)외병(外屛)은 천혼(天溷)을 가리는 병풍이니,2) 냄새나고 더러운 오물을 막고 감추는 일을 맡는다. 천균(天囷)3)과 점의 내용이 같다.

3 천혼(天溷) 4)천혼(天溷)은 하늘의 화장실(측간)이다. 별이 보이지 않으면 사람들이 안정하지 못하고, 다른 곳으로 옮겨가도 마찬가지로 안정하지 못한다.

---

1) 以蔽天溷也 主障蔽臭穢 占與天囷同 / 외병(外屛)은 일곱개의 짙은 검은색(烏色) 별로 규의 아래에 있다.
2) 천혼(天溷)은 하늘의 화장실 역할을 한다.
3) 천균(天囷) : 서방7수 중 위수(胃宿)의 「★3 천균(天囷)」 참조.
4) 天之厠也 不見則人不安 移徙亦然 / 천혼(天溷)은 외병의 아래에 일곱개의 짙은 검은색(烏色) 별로 이루어져 있다.

4 토사공(土司空)

1)토사공(土司空)은 물을 저장하고 대는 일과 토목공사를 맡는다. 별이 크고 누런색이면서 밝으면 천하가 편안해진다.

객성이 들어오면 토목공사가 많아지고, 천하에 크게 질병이 돈다. 오성이 범하면 남자는 농사를 짓지 못하고 여자는 길쌈을 하지 못하게 된다. 혜성 또는 객성이 범하면 홍수 또는 가뭄이 들고, 백성들이 유랑걸식하며, 병란이 크게 일어나고, 토목공사를 많이 하게 된다.

5 군남문(軍南門)

2)군남문(軍南門)은 하늘의 대장군(大將軍) 병영의 남쪽문으로, 주로 출입하는 사람들의 신분을 확인하고 묻는 역할을 한다.

별이 움직이고 흔들리면 군사를 출동하게 되고, 보이지 않으면 병란이 일어난다. 별이 밝으면 멀리 있는 나라에서도 중국에 조공을 하며, 밝지 못하면 변방의 국가들이 모반을 한다.

1] 主水土之事 大而黃明 天下安 客星入之多土功 天下大疫 五星犯之 男女不得耕織 彗客犯之 水旱 民流 兵大起 土功興 / 토사공(土司空, 또는 司空)은 천혼의 왼쪽에 한 개의 누런색 별로 이루어져 있다. / 별그림에서는 '사공'이라 하였다. '토' 자가 잘못 들어갔다.

2] 天大將軍之南門 主誰何出入 動搖則軍行 不見則兵亂 明則遠方來貢 不明外國叛 / 군남문(軍南門)은 규의 윗쪽(북쪽)으로 한개의 검은색(黑色) 별로 이루어져 있다.

| 6 | 각도(閣道) | 1)각도(閣道)는 높은 고가도로(飛道)이다. 임금의 어가(御駕)가 가는 길을 관장하니, 천자가 별궁으로 노닐며 가는 길이다.

별이 갖추어지 않으면 어가의 가는 길이 막히며, 움직이고 흔들리면 내전(內殿) 안에서 병란이 일어나고, 혜성이나 패성 또는 객성이 범하면 불안하게 되고 국상(國喪)이 발생한다.

| 7 | 부로(附路) | 2)부로(附路)는 샛길(棧道)로, 각도(閣道)가 망가졌거나 통하지 못할 때 쓰는 길이다. 일명 태복(太僕)이라고도 하는데, 바람과 비를 막고, 또 천자가 노닐 때 시종하는 뜻이 있다. 별의 조짐으로 점치는 내용은 각도와 같다.

| 8 | 왕량(王良 : 武星) | 3)왕량(王良)은 무운(武運)을 주관하는

1] 飛道也 主輦閣之道 天子游別宮之道 不具則輦道不通 動搖則宮掖之內兵起 彗孛客犯主不安國有喪 / 각도(閣道)는 은하수의 안쪽으로 여섯개의 붉은색(赤色) 별로 이루어져 있다.

2] 別道也 備閣道之敗傷而乘之也 一曰太僕 主禦風雨 亦游從之義 占與閣道同 / 부로(附路)는 각도의 오른쪽에 한개의 붉은 색(赤色) 별로 이루어져 있다.

3] 天子奉車御官也 其四星曰天駟 旁一星曰王良 亦曰天馬 動則車騎滿野 亦曰王梁 梁爲天橋 主禦風雨水道 故或占津梁星 移主有兵 亦曰馬病 客星守之橋不通 與閣道近有江河之變 金火守之兵憂 彗客犯之爲兵喪 流星犯大兵將出 / 왕량(王良) : 왕량은 조보(造父)와 더불어 주(周)나라 때 말을 잘 몰던 사람

별로, 천자의 어가를 받들어 말을 모는 관직이다. 다섯개의 별 중에서 네개의 별은 천사(天駟 : 네마리 말)가 되고, 곁의 한개의 별을 왕량(王良) 또는 천마(天馬)라고도 하는데, 별이 움직이면 전차와 기마가 들에 가득하게 된다.

또 왕량(王梁)이라고도 하는데, '양(梁)'은 하늘의 큰 다리(天橋)를 뜻하므로, 바람과 비에 대비하여 물길(水道)을 관리한다는 뜻이다. 이런 뜻에서 수로와 관문을 맡은 별과 별점을 같이 보기도 한다. 그래서 그 별이 움직이면 병란이 일고, 또한 말(馬)이 질병을 앓기도 한다.

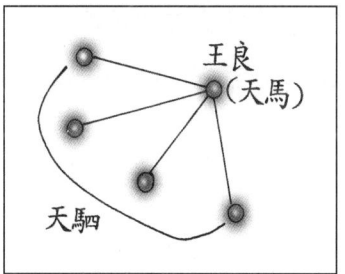

객성이 머무르면 다리(橋)가 불통하고, 각도(閣道)와 가까이 다가서면 강과 하천에 변괴가 생기며, 금성 또는 화성이 머무르면 병란의 근심이 있고, 혜성 또는 객성이 범하면 병사들이 많이 죽게 되며, 유성이 범하면 큰 병란이 일어나게 된다.

| 9 | 책(策) | 1]책(策)은 왕량이 말을 모는 채찍이니, 주로 천자

이다. 그 정화가 하늘로 올라가 각기 별이 되었다고 한다. / 왕량(王良)은 주홍색의 밝은 다섯개 별로 부로의 오른쪽에 있다.

1] 王良之御策 主天子僕御 若移在馬後 是謂車騎滿野 流彗孛客犯 皆爲大兵起 天子自將 近之下有謀亂者 / 책(策)은 왕량의 바로 위에 한 개의 별로 이루어져 있다.

의 말을 모는 시종을 관장한다. 만약에 별이 자리를 옮겨 말(天駟)의 뒤에 있으면,1) 이를 전차와 기마가 들판에 가득찼다고 한다(큰 전쟁의 조짐).

유성·혜성·패성·객성 중의 하나가 범하는 것은 모두 큰 병란이 일어날 조짐이다. 천자가 친히 병사를 이끌게 되니, 가까운 아랫사람 중에 난리를 책동하는 자가 생기기 때문이다.

1] 왕량과 천사(天駟) 사이에 책(策)이 있는 것은, 마치 마부(왕량)가 채찍(策)을 휘둘러 말(天駟)을 모는 형상이므로, 전차와 기마가 가득하다고 하는 것이다. 『삼재도회』 또는 『영대비원』 참조.

(2) 루수(婁宿)

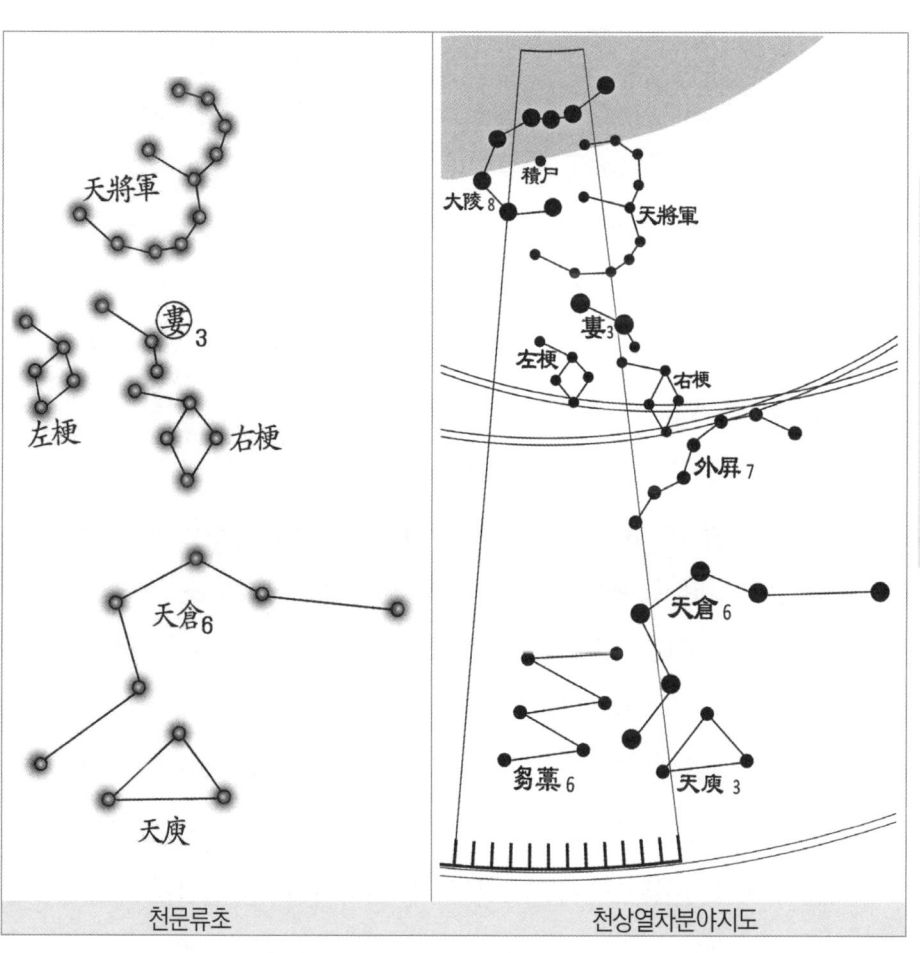

루수 영역의 『천문류초』와 「천상열차분야지도」의 다른 점

① 『천문류초』 등에서는 '대릉, 적시'를 위수 영역에 소속시켰다. '대릉(大陵)'은 왕릉이라는 뜻의 별이고, '적시(積尸)'는 시체를 쌓아둔다는 뜻의 별이다. 위수 영역의 '천선, 적수' 같은 물과 관련된 별과 '천름, 천균' 등 산과 관련된 별의 사이에 있으므로 명당자리라는 뜻이 된다.

② 또 앞서 규수에서 설명했듯이 『천문류초』 등에서는 '외병'을 규수에 소속시켰다.

③ 『천문류초』 등에서는 '추고'를 묘수에 소속시켰는데, '추고'는 말과 소 등에게 먹이는 꼴이라는 뜻으로, 천원(天苑)과 관련이 있다고 해서 묘수 영역에 소속시킨 것 같다.

그렇다 해도 「천상열차분야지도」와 두 영역(루수→위수→묘수)이나 건너 뛰어 별자리를 연관시킨 것은 다소 무리가 있다고 보여진다. 중국의 「순우천문도」에서는 위수 영역에 그려져 있는 것으로 볼 때, 「천상열차분야지도」의 원본인 고구려 중기 때의 천문도에서는 오른쪽에 있다가 다른 별자리 보다 다소 빠르게 왼쪽으로 이동한 것이 아닌가 의심스럽다.

④ 「천상열차분야지도」에 별개수가 표기된 '천유'의 별개수를 표기하지 않았다.

① 루수의 개괄

1)루수(婁宿)는 세 개의 별로 이루어졌으며, 주천도수 중에 12도를 맡고 있다(항수와 마주보고 있으며, 12황도궁 중에 백양궁에 해당하고, 술의 방향에 있으며, 노나라에 해당한다).2)

② 루수의 보천가

3)루(婁)는 세개의 주홍색 별로 서로간의 거리가 균일하지 않고 / 좌경(左梗)과 우경(右梗)4)의 짙은 검은색(烏色) 별이 루를 양쪽에서 끼고 있다네 / 천창(天倉)의 여섯개 붉은색(赤色) 별은 루의 아랫머리에 놓여 있고 / 천유(天庾)의 세개 짙은 검은색(烏色) 별은 천창의 동쪽(왼쪽) 다리쪽에 있네 / 루의 위에는 열한개의 별로 이루어진 천장군(天將軍)이 살피네.

1] 婁三星十二度(對亢 白羊宮 戌地 魯之分)
2] 루수를 우리나라의 지역에 배당하면, 충남 북부지역인 천안군의 천안, 목천·연기군의 연기, 전의·청원군의 문의·대덕군의 회덕·옥천·보은군의 회인, 보은·영동·옥천군의 청산·영동군의 황간에 해당한다고 한다.
3] 三紅不均近一頭 / 左梗右梗烏夾婁 / 天倉六赤婁下頭 / 天庾三烏倉東脚 / 婁上十一將軍侯
4] 좌경(左梗) 우경(右梗):『삼재도회』또는『영대비원』등에서는 좌경(左更) 우경(右更)으로 표기되어 있다. 좌경과 우경은 모두 진(秦)나라 시대의 벼슬이름이다.

③ 루수에 딸린 별

<u>1 루(婁)</u> 1]루(婁)의 아래로 9척은 해와 달이 다니는 중도(中道)이고, 또한 하늘의 옥(天獄)에 해당한다. 주로 제물(犧牲)이 될 짐승을 목장에서 길러서 교사(郊祀)나 제사(祭祀) 때 공급하는 일을 맡는다. 또한 병사들을 크게 기르고 무리(衆)를 모으는 일을 맡기도 한다.

별이 움직이고 흔들리면 무리들이 모여들고, 별이 일직선으로 곧아지면 임금의 명령을 집행하는 이가 있으며, 서로 가까이 모여있으면 나라가 불안해진다. 금성 또는 화성이 머무르면 궁궐의 정원안에서 병란이 일어나고, 일식 또는 월식이 있으면 내란이 일어난다. 일설에 의하면 일식이 있으면 재상 또는 대인이 해를 입게 되고, 교사(郊祀)를 지내더라도 신이 흠향하지 않는다고 한다.

금성·목성·화성·토성 중의 하나라도 범하면 흉하고(수성이 범하면 길함), 패성이 들어오면 병란이 일어나며, 혜성이 범하면 백성이 굶어 죽게 되고, 객성이 범하면 큰 병란이 일어난다. 객성이 머무르면 오곡이 익지 않고, 또 일설에는 신하가

1] 下九尺爲日月中道 亦爲天獄 主苑牧犧牲 供給郊祀 亦爲興兵聚衆 動搖則聚衆 直則有執主之命者 就聚國不安 金火守之宮苑之內兵起 日月食宮內亂 一日日食宰相大人當之 郊祀神不享 金木火土犯凶 孛起兵 彗犯民飢死 客星犯爲大兵 守之五穀不成 又曰臣惑主專政 歲多獄訟 / 루(婁)는 세개의 주홍색 별로 이루어져 있다.

190

임금을 미혹시켜 정사를 전횡하니, 그 해에 옥사(獄事)와 송사(訟事)가 많아진다고도 한다.

[2] 좌경(左楗) 1)좌경(左楗)은 산림을 지키는 직책이다. 주로 산림과 호수 및 늪 등의 후미진 곳을 관장한다.

[3] 우경(右楗) 2)우경(右楗)은 목장을 관리하는 직책으로, 소나 말 등을 양육해서 기르는 일을 맡는다. 금성 또는 화성이 머무르면 산과 호수 등에서 병란이 일어나는데, 그 별점이 좌경과 똑같다.

[4] 천창(天倉) 3)천창(天倉)은 곡식의 창고로 감추어 저장해 두는 곳이다. 별이 누렇고 크면 모든 농작물이 잘 익고, 별이 서로 가까우면서 촘촘하게 있으면 곡식이 잘 익는다. 이와는

1] 山虞也 主山澤林藪之事 / 좌경(左楗)은 루의 왼쪽에 다섯 개의 짙은 검은색(烏色) 별로 이루어져 있다.

2] 牧師也 主養牧牛馬 金火守之山澤有兵 其占兩楗同 / 목사(牧師) : 주나라 시대에 목장을 관리하던 벼슬. / 좌경은 지(智)와 인(仁)을 맡고, 우경은 예(禮)와 의(義)를 맡았다고도 한다. / 우경(右楗)은 루의 오른쪽에 다섯 개의 짙은 검은색(烏色) 별로 이루어져 있다.

3] 倉穀所藏也 黃而大歲熟 近而數歲熟粟聚 遠而疏則反是 月犯主發粟 五星犯兵起 歲饑倉粟出 客彗犯五穀不成 流星入色赤爲兵 / 천창(天倉)의 여섯개 붉은색(赤色) 별로, 루의 아래에 있다.

반대로 별이 서로 멀어서 성글게 있으면 곡식이 잘 안된다.

달이 범하면 곡식을 징발하게 되고, 오성이 범하면 병란이 일어나며, 농작물이 잘 되지 않아 창고의 곡식이 방출되게 된다. 객성 또는 혜성이 범하면 오곡이 익지 않고, 유성이 들어와서 색이 붉어지면 병란이 일어난다.

5 천유(天庾) 1]천유(天庾)는 곡식을 들판에 쌓아두는 일을 관리한다. 별점은 천창(天倉)과 동일하다.

6 천장군(天將軍 : 武星) 2]천장군(天將軍)은 무운을 주관하는 별로, 병사들을 관장한다. 가운데의 큰 별이 하늘의 대장이 되고, 밖의 작은 별들이 장교 및 병사가 된다. 대장별이 흔들리면 병란이 일어나서 대장이 출병하게 되고, 작은

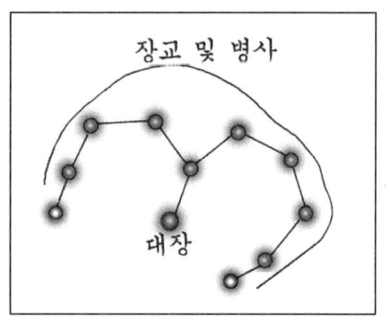

별들이 움직이고 흔들리거나 혹 제모습을 갖추지 못하고 있어

1] 主露積 占與天倉同 / 천유(天庾)는 세개 짙은 검은색(烏色) 별로, 천창의 동쪽(왼쪽)에 있다.

2] 主武兵 中大星天之大將也 外小星吏士也 大將星搖兵起大將出 小星動搖或不具 亦爲兵起 直揚者隨所擊勝 五星犯守 或流星入大將憂 客星守之大將不安 軍吏以飢敗 / 천장군(天將軍)은 루의 위에 열한개의 별로 이루어졌다.

도 또한 병란이 일어난다. 일직선으로 밝게 빛나면 병사들이 공격하는 곳마다 이기게 된다.

　오성이 범해서 머무르거나, 혹 유성이 들어오면 대장에게 근심이 생기고, 객성이 머무르면 대장이 평안하지 못하게 되니, 장졸들이 굶주리고 전투에서 패하게 된다.

(3) 위수(胃宿)

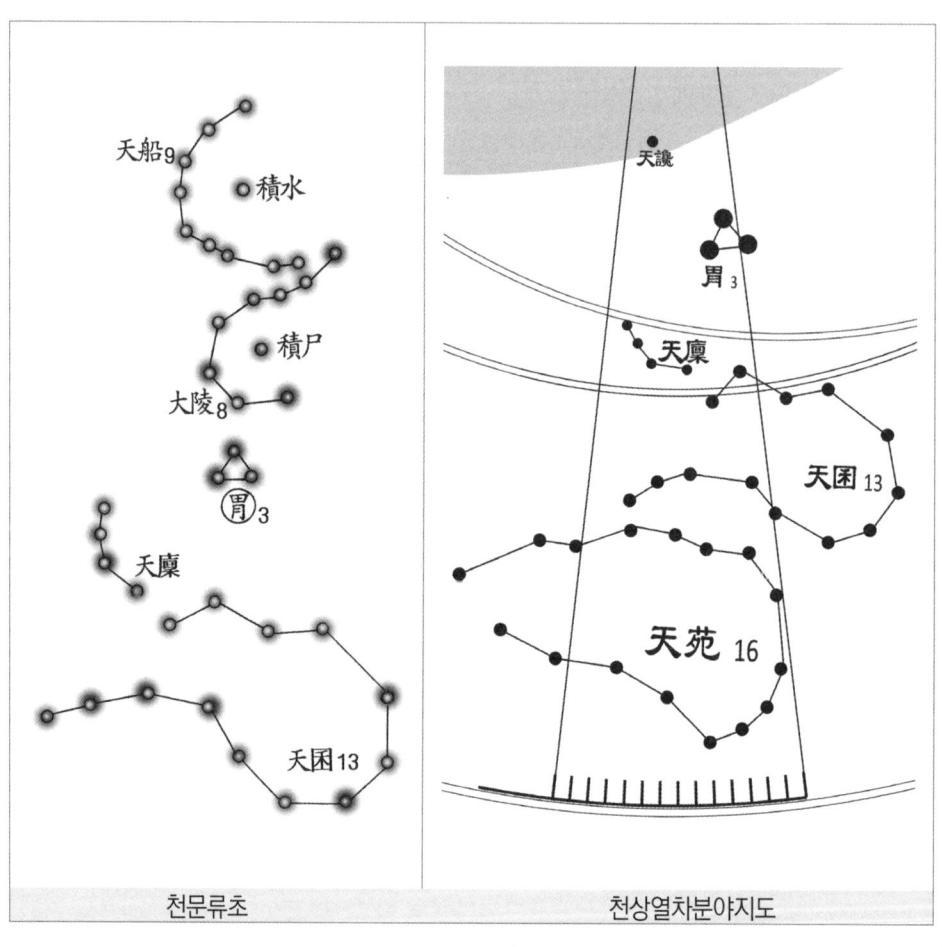

위수 영역의 『천문류초』와 「천상열차분야지도」의 다른 점

① 『천문류초』 등에서는 '천참, 천원(天苑)'을 묘수 영역에 소속시켰다. '천참'은 묘수 영역의 아부하고 참소하는 별인 '권

설'과 함께 관련지은 것 같다.

②「천상열차분야지도」에서는 '천선, 적수'를 자미원에, '대릉, 적시'를 루수 영역에 그렸다.

① 위수의 개괄

1]위수(胃宿)는 세 개의 별로 이루어졌으며, 주천도수 중에 14도를 맡고 있다(저수와 마주보고 있으며, 12황도궁 중에 금우궁2]에 해당하고, 유의 방향에 있으며, 조나라에 해당한다).3]

② 위수의 보천가

4]위(胃)는 세개의 주홍색 별이 솥의 다리 형상을 하고 은하수

1] 胃三星十四度(對氐 金牛宮 酉地 趙之分)

2] 금우궁(金牛宮) : 대량의 분야(大梁之次)에 해당하며, 위수(胃宿)의 6도부터 필수(畢宿)의 11도까지를 말한다. 중국을 12주로 나누면 기주(冀州)에 해당하고, 중국의 조나라에 해당한다.

3] 위수를 우리나라의 지역에 배당하면, 평남의 동부지역인 영원・양덕・맹산・선천・강계・덕천・희천, 순천군의 은산, 영변・위원・초산・운산에 해당한다고 한다.

4] 三紅鼎足河之次 / 天廩胃下斜四星 / 天囷十三如乙形 / 河中八赤名大陵 / 陵北九赤天船名 / 陵中積尸一黑星 / 積水船中一黑精

의 밑에 있으며 / 위의 아래에 네개의 별이 빗겨져 놓인 것이 천름(天廩)이라네 / 천균(天囷)은 열세개의 별이 '乙(을)' 자의 형태로 있고 / 은하수의 가운데에 놓여 있는 여덟개의 붉은색 별은 대릉(大陵)이라 한다네 / 대릉의 북쪽에 아홉개의 붉은색 별을 천선(天船)이라 하고 / 대릉의 가운데 있는 적시(積尸)는 한개의 검은색(黑色) 별이며 / 적수(積水)도 천선의 가운데에 한개의 검은색(黑色) 정화(精華)로 되어 있다네.

③ 위수에 딸린 별

[1] 위(胃) 1]위(胃)는 하늘의 주방창고이니, 오곡의 창고이다. 별이 밝으면 사계질이 화평하고, 천하가 편안하며, 창고가 가득차게 된다.

별이 밝지 않으면 윗사람이나 아랫사람이나 모두 자신의 올바른 지위를 잃게 되며, 별이 움직이면 이곳에서 저곳으로 곡식을 옮겨 먹여야 할 일이 생기고, 별이 어두우면 창고가 비게 된다. 위(胃)의 세 별이 서로 가까이 모여들면 곡식이 귀하게

1] 天之廚藏 五穀之倉也 明則四時和平 天下晏然 倉廩實 不明則上下失位 動則輸運 暗則倉空 就聚則穀貴 民流 星衆穀聚 星少穀散 客星守之 强臣凌 穀不熟 彗犯兵動臣叛 有水災穀不登 五星犯日月食孛侵並有災 / 위(胃)는 세개의 주홍색 별이 솥의 다리 형상을 하고 은하수의 밑에 있다.

되고, 백성이 떠돌아다니게 된다. 위의 근처에 다른 별이 많으면 곡식이 모이게 되고, 위의 근처에 별이 적어지면 곡식을 풀어놓게 된다.

객성이 머무르면 권력이 센 신하가 임금을 능멸하게 되고, 곡식이 잘익지 않게 된다. 혜성이 범하면 병사들이 동요하고 신하가 모반을 꾀하며, 홍수로 인한 재앙이 있고, 곡식이 자라지 않는다. 오성이 범하거나 일식이나 월식 또는 패성이 침범하는 것 등은 모두 재앙이 있을 조짐이다.

2 천름(天廩)   1]천름(天廩)은 기장(黍稷)을 쌓아 저장함으로써 제사때 제물로 바치는 일을 관장한다. 별이 밝으면 나라가 튼튼해지고 풍년이 들며, 별이 다른 곳으로 옮겨가면 나라가 약해진다. 별이 검으면서도 성기면 곡식이 부패해지고, 달이 범하면 곡식이 귀해진다.

오성이 범하면 기근이 들고, 객성이 범하면 창고가 비게 된다. 유성이 들어와 별의 색이 붉어지면 가뭄이 들고, 화재가 발생한다. 그러나 별빛이 누렇고 희게 되면 곡식이 잘 익게 된

1] 主積蓄黍稷以供享祀 明則國實歲豊 移則國虛 黑而稀則粟腐敗 月犯穀貴 五星犯歲饑 客犯倉庫空虛 流星入色赤爲旱 爲火 黃白天下熟 / 이외에도 『영대비원』에서는 "유성이 들어왔을 때 별의 빛이 푸르러지면 천하에 근심이 많아진다"고 하였다. / 천름(天廩)은 위의 아래에 네개의 별로 이루어져 있다.

다.

3 **천균(天囷)** 1)천균(天囷)은 곡식을 쌓아두는 창고의 역할을 하니, 주로 임금의 창고에 곡식을 대는 일을 한다. 밝으면서 누런 빛을 띠면 풍년이 들고, 어두우면 기근이 든다. 달이 범하면 곡식을 이동시켜야 할 일이 생기고, 오성이 범하면 창고가 텅텅비게 된다. 객성 또는 혜성이 들어오면 창고에 우환이 생기고, 창고가 물에 잠기고 불에 타는 일이 생긴다.

4 **대릉(大陵)** 2)대릉(大陵)은 능(陵) 또는 묘(墓)를 주관한다. 밝고 크거나 혹은 대릉 별자리의 가운데에 별이 많이 있으면, 천하에 죽는자가 많이 생기고, 혹은 병란이 일어난다. 달 또는 오성이 범하면 홍수 또는 가뭄 및 병란으로 인한 사상자가 생긴다. 객성 또는 혜성이 들어오면 백성에게 질병이 돌고, 유성이 출(出)해서 그 아래를 범하면 그 지역에 시체가 산더미같이

1] 倉廩之屬 主給御廩粢盛 明而黃則歲豊 暗則饑 月犯有移粟事 五星犯倉庫空虛 客彗入倉庫憂 水火焚溺 / 천균(天囷)은 천름의 아랫쪽으로 열세개의 별이 '乙(을)' 자의 형태를 이루고 있다.

2] 主陵墓 明而大 或中星多則 天下多死喪 或兵起 月五星犯爲水旱兵喪 客彗入民疫 流星出犯之其下有積尸 / 출(出) : 출이라는 것은, 아직 가지 않아야 할 때 간 것을 말한다(出者 未當去而去). / 대릉(大陵)은 은하수의 안에 여덟개의 붉은색 별로 이루어져 있다.

쌓인다.

5 천선(天船 : 民星)   1)천선(天船)은 백성에 관련된 별로, 주로 수로(水路)를 잘 통하게 하고 다스리는 역할을 하며, 또 홍수와 가뭄을 주관하니, 천선(天船)이 은하수의 안에 있지않으면 수로가 통하지 못할 뿐만 아니라 강물이 범람해서 넘치게 된다.

천선의 별 중에 가운데 있는 네 별은 균일하게 밝은 것이 좋은데, 네 별이 균일하게 밝으면 천하가 평안하고, 그렇지 못하면 병란이 일어난다. 만약에 보이지 않거나 자리를 옮겨도 역시 병란이 일어난다. 달 또는 오성이 범하면 물이 범람해서 백성이 이주하게 되며, 객성 또는 혜성이 출입하면 큰 홍수가 일거나 병란이 발생한다.

6 적시(積尸)   2)적시(積尸)가 밝으면 죽는 사람이 산처럼 쌓인다. 밝으면서도 크거나 혹은 곁에 별이 많이 있으면, 천하에

1] 主通濟利涉 主水旱 不在河中津河不通 水泛溢 中四星欲其均明 卽天下安 不則兵 若喪移徙亦然 月五星犯水溢民移 客彗出入爲大水有兵 / 천선(天船)은 대릉의 윗쪽에 아홉개의 붉은색 별로 이루어져 있다.

2] 明則死人如山 明而大 或有傍星多則天下多死喪 或兵起 若不見 或暗皆吉 火守天下大哭泣 月犯有叛臣 五星犯天下大疾 客彗犯有大喪 / 적시(積尸)는 대릉의 가운데에 한개의 검은색(黑色) 별로 이루어져 있다.

죽어나가는 사람이 많게 되고, 혹은 병란이 일어난다. 만약에 적시가 보이지 않거나 혹 어두워지면 길하게 된다.

　화성이 머무르면 천하에 크게 곡을 하고 울일이 생기고, 달이 범하면 모반을 하는 신하가 생겨나며, 오성이 범하면 천하에 큰 질병이 돈다. 객성 또는 혜성이 범하면 상복(喪服)을 입는 사람이 많게 된다.

| 7 | 적수(積水) | 1]적수(積水)는 주로 물로 인한 재앙의 조짐을 맡는다. 밝거나 위로 움직이면 홍수로 인해 배를 사용해야 할 일이 생기고, 형혹성(熒惑星 : 화성)이 범하면 홍수가 있게 된다.

1] 主候水災 明動上行舟船用 熒惑犯有水 / 적수(積水)는 천선의 가운데에 한 개의 검은색(黑色) 별로 이루어져 있다.

(4) 묘수(昴宿)

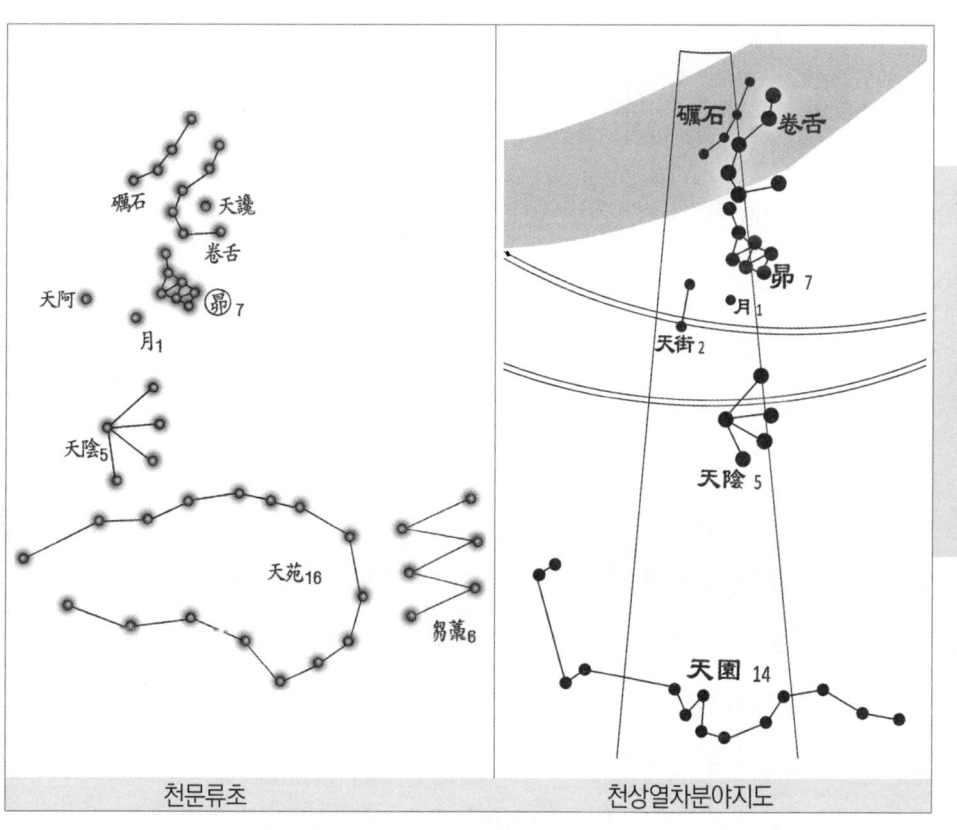

묘수 영역의 『천문류초』와 「천상열차분야지도」의 다른 점

① 『천문류초』에서는 '천가, 천원(天園)'을 필수 영역에 배당하였다.

② 「천상열차분야지도」에서는 '천참'을 위수 영역에, '천아'

를 필수 영역에, '추고'를 루수에, '천원(天苑)'을 위수에 배당하였다.

① 묘수의 개괄

1)묘수(昴宿)는 일곱개의 별로 이루어졌으며, 주천도수 중에 11도를 맡고 있다(방수와 마주보고 있으며, 12황도궁 중에 금우궁에 해당하고, 유의 방향에 있으며, 조나라에 해당한다).2)

② 묘수의 보천가

3)묘(昴)는 일곱개의 주홍색 별이 마치 한 별처럼 모여 있으나, 실지로는 적지 않고 / 천아(天阿)는 묘수의 오른쪽에, 월(月)은 왼쪽에 있는데, 각기 한개의 별로 되어 있다네 / 월의 아래에 다섯개의 누런색 밝은 별이 천음(天陰)이고 / 천음의 아래에 여섯개의 짙은 검은색(烏色) 별이 추고(芻藁)를 이루고 있으며 /

1] 昴七星十一度(對房 金牛宮 酉地 趙之分)
2] 묘수를 우리나라의 지역에 배당하면, 평북의 북부지역인 벽동·창성·삭주·의주·용천·철산·귀성·선천·태천에 해당한다고 한다.
3] 七紅一聚實不少 / 阿西月東各一星 / 月下五黃天陰明 / 陰下六烏芻藁營 / 營南十六天苑形 / 河裏六紅名卷舌 / 舌中一黑天讒星 / 礪石舌傍斜四丁

추고의 남쪽에 열여섯개의 별이 천원(天苑)의 모습으로 있다네
/ 은하수 안의 여섯개 주홍색 별을 권설(卷舌)이라 하고 / 권설
의 가운데에 있는 한개의 검은색(黑色) 별이 천참(天讒)이며 /
려석(礪石)은 권설의 옆에 빗겨서 놓여있는 네개의 별인데 'ㄒ
(고무래 정)' 자의 형태로 있다네.

③ 묘수에 딸린 별

| 1 | 묘(昴) | 1]묘(昴)의 아래는 해와 달의 중도(中道)이고, 하늘
의 눈과 귀가 된다. 서쪽 방위를 주관하고, 옥사(獄事)를 주관
하며, 또한 변방부족의 선봉을 맡은 기사(旄頭)가 되니 북쪽 오
랑캐의 별이다. 또 상사(喪事)를 주관하고, 문서가 아닌 말로써
임금께 상주하는 일을 주관한다.

별이 밝고 크면 임금에게 아첨하는 신하가 없으며, 천하가

1] 下爲日月中道 天之耳目也 主西方 主獄事 又爲旄頭 胡星也 又主喪 主口舌奏
對 明大則君無佞臣 天下安和 暗小則佞者被誅 搖動則信讒 殺忠良 又曰明則
獄訟平 暗則刑罰濫 六星與大星等大水 有白衣會 七星黃兵大起 動搖有大臣
下獄 大而盡動 若跳躍 胡兵大起 一星不見 皆憂兵之象 日食王者疾 宗姓自立
月食大臣誅 女主憂 彗犯大臣爲亂 星孛其分臣下亂 有邊兵 大臣誅 流星出入
犯之夷兵起 / 모두(旄頭) : 한(漢)나라 시대에 기사들의 총칭. 또는 북쪽
변방국가의 선봉을 맡은 기사나 척후병을 뜻한다. / 묘(昴)는 일곱개의 주
홍색 별이 뭉쳐 있어서 마치 한 개의 별같이 보인다.

안정되고 화평하게 되나, 별이 어둡고 작으면 아첨하는 자가 생겨나오고 주살(誅殺)당하게 된다. 흔들리고 움직이면 참소하는 자를 믿고, 충성되고 어진 사람을 죽이게 된다.

　일설에는 별이 밝으면 옥사(獄事)와 송사(訟事)가 공평하고, 어두우면 형벌이 남용된다고도 한다. 여섯 별이 큰 별과 크기가 똑같아지면 큰 홍수가 나고, 상복을 입는 사람들이 많아지며, 일곱 별이 누런색을 띠면 병란이 크게 일어난다. 움직이고 흔들리면 대신(大臣)이 옥에 갇히게 되고, 커지면서 모든 별이 움직여 도약하는 것과 같이 하면, 북쪽 오랑캐가 병란을 크게 일으킨다. 어느 한 별이 보이지 않더라도 병란을 근심해야 하는 상이 된다.

　일식이 있으면 임금에게 질병이 생기고, 왕족 중의 한 사람이 일어서 왕이 된다. 월식이 있으면 대신을 주살할 일이 생기고, 황후에게 근심이 생긴다. 혜성이 범하면 대신이 난리를 일으키고, 별이 자기의 분야를 거스르면 신하가 난리를 일으키며, 변방에 병란이 일어나고, 대신을 주살하게 된다. 유성이 출 또는 입(出入)하면서 범하면 동쪽 오랑캐가 병란을 일으킨다.

2 천하(天河 : 一作天阿)　　1]천하(天河)는　천아(天阿)라고도

1] 主女人災福 又主察山林妖變 五星客彗犯 主妖言滿路 / 『천문류초』의 그림

하는데, 주로 여자의 재앙과 복을 맡는다. 또 산림의 요사스러운 변괴를 살피는 역할을 하기도 한다. 오성이나 객성 또는 혜성이 범하면 요사스러운 말이 길마다 가득하게 된다.

3 월(月) 1)월(月)은 해와 달이 여자와 관계되는 것을 주관하고, 신하의 무리를 주관하며, 여인의 재앙과 복을 주관한다. 혜성 또는 객성이 범하면 대신이 쫓겨나고, 황후에게 우환이 든다.

4 천음(天陰) 2)천음(天陰)은 주로 천자를 따라서 사냥을 하는 신하가 음모를 꾸미는 것을 예방하는 역할을 한다. 별이 밝지 못하면 비밀스러운 말이 누설된다.

5 추고(芻藁) 3)추고(芻藁)는 주로 꼴(藁) 등을 쌓고, 이로써

에는 '천아(天阿)'로 되어있다. / 천아(天阿, 또는 天河)는 묘의 왼쪽에 한 개의 별로 되어 있다.

1] 主日月之應女 主臣下之衆 又主女人災福 彗客犯大臣黜 女主憂 / 월(月)은 묘의 오른쪽에 한개의 별로 되어 있다.

2] 主從天子弋獵之臣 預陰謀也 不明則禁言漏洩 / 『영대비원』등 다른 천문서에는 "밝지 않아야 길하고, 밝으면 비밀이 누설된다"고 되어 있다. / 천음(天陰)은 월의 아래에 다섯개의 밝은 누런색 별로 이루어져 있다.

3] 主積藁之屬 以供牛馬之食 一曰天積 天子之藏府 盛則歲豊穰 希則貨財散 不

말과 소의 사료로 먹이는 일을 주관한다. 일명 천적(天積)이라고도 하니, 천자의 물건을 두는 곳간이 된다.

별이 성하면 곡식 등이 풍년이 들고, 성기면 재화가 흩어진다. 보이지 않으면 갑자기 소가 떼로 죽어나가고, 달이 범하면 재화와 보물이 새어 나간다. 수성 또는 화성이 범하면 소와 말을 먹일 사료가 불에 타고 물에 빠지는 우환이 생긴다.

6 **천원(天苑)** 1)천원(天苑)은 천자의 동산으로, 새와 짐승을 기르는 곳이다. 별이 밝으면 새와 짐승 또는 소와 말이 동산에 가득차고, 밝지 못하면 여위어서 죽는 짐승이 많게 된다.

별자리의 형태를 갖추지 못하면 목을 베어 죽이는 일이 발생하고, 오성이 범하면 병란이 일어난다. 객성 또는 혜성이 범하면 병란이 일고, 짐승이 죽는 일이 많게 된다. 유성이 들어와 별의 색이 검어지면 새와 짐승이 많이 죽게 되고, 누렇게 되면 새와 짐승이 많은 번식을 한다.

7 **권설(卷舌)** 2)권설(卷舌)은 기밀스런 지혜와 꾀를 주관한

見則牛暴死 月犯財寶出 水火犯蒭藁有焚溺之患 / 추고(蒭藁)는 천음의 아래에 여섯개의 짙은 검은색(烏色) 별로 이루어져 있다.

1] 天子之苑囿 養禽獸之所也 明則禽獸牛馬盈 不明則多瘠死 不具則有斬刈事 五星犯兵起 客彗犯爲兵 獸多死 流星入色黑禽獸多死 黃蕃息 / 천원(天苑)은 추고의 남쪽에 열여섯개의 별로 이루어져 있다.

다. 일설에 의하면 입을 주관하니, 말로써 참소하고 아부하는 것을 주관한다고 하였다.

별이 구부러져 있으면서 움직이지 않으면 현인이 등용되고, 직선의 모습으로 있으면서 움직이면 참소하는 사람이 뜻을 얻으니, 천하에 구설로 인한 폐해가 생겨난다고 하였다. 다른 곳으로 옮겨서 은하수를 벗어나면, 천하에 망령된 말이 많이 횡행하게 되고, 곁에 별이 많이 있으면 죽는 사람이 산과 같이 많게 된다. 달이 범하면 천하에 죽는 사람이 많게 되고, 오성이 범하면 아부하는 사람이 임금 곁에서 총애를 받으며, 혜성 또는 객성이 범하면 시종하는 신하에게 우환이 생긴다.

8 천참(天讒) 1)천참(天讒)은 의사와 무속인을 주관한다. 별이 어두우면 길하고, 밝고 성해지면 임금이 아부하는 말을 믿게 된다.

---

2) 主樞機智謀 一日主口語以知讒佞 曲而靜則賢人用 直而動則讒人得志 天下有口舌之害 移出漢則天下多妄言 旁星繁則死人如丘山 月犯天下多喪 五星犯佞人在側 彗客犯侍臣憂 / 권설(卷舌)은 은하수 안에 여섯개의 주홍색 별로 이루어져 있다.

1) 主醫巫 暗爲吉 明盛人君納佞言 / 천참(天讒)을 천운(天隕)이라고도 하고, 태미원의 종관(從官)과 별점의 조짐이 같다. / 천참(天讒)은 권설의 가운데에 있는 한개의 검은색(黑色) 별을 말한다.

| 9 | 려석(礪石) | 1)려석(礪石)은 병장기의 뾰족한 끝이나 날을 가는 일을 주관한다. 별이 밝으면 병란이 일어나고, 별모습이 평상시와 같으면 길하다. 금성 또는 화성 및 객성이 머무르면 병사들이 이동하게 된다.

1] 主磨礪鋒刃 明則兵起 如常則吉 金火及客星守之兵動 / 려석(礪石)은 권설의 옆에 있는 네 개의 별인데, '丁(고무래 정)' 자의 형태를 이루고 있다.

(5) 필수(畢宿)

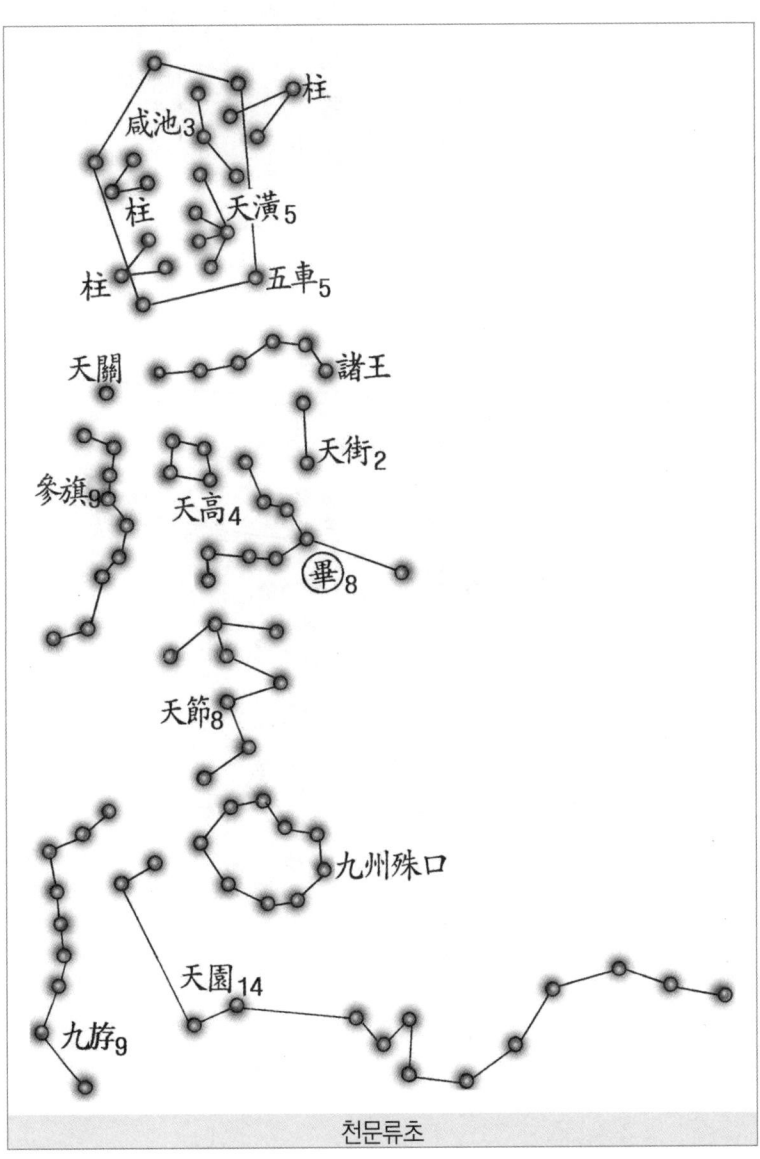

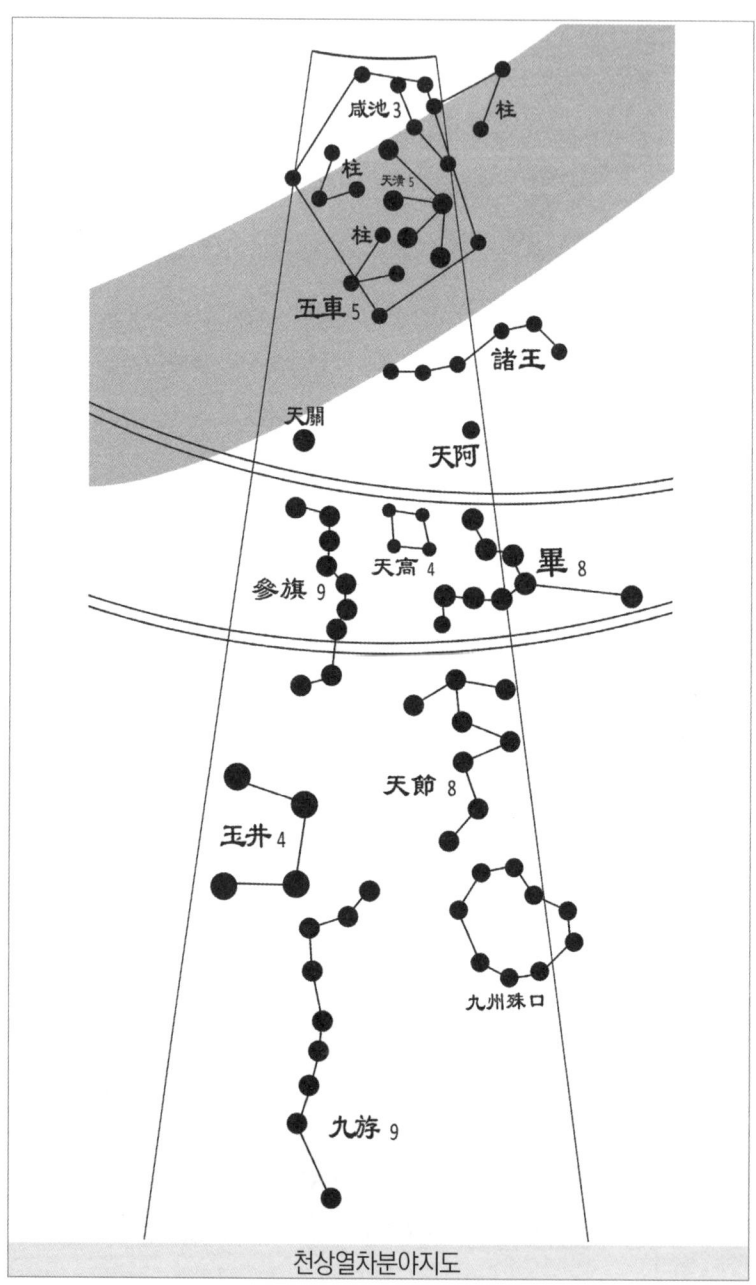

천상열차분야지도

필수 영역의 『천문류초』와 「천상열차분야지도」의 다른 점

1️⃣ 『천문류초』에서는 '천아'를 묘수 영역에 배당하고, '옥정'을 삼수에 배당하였다.

2️⃣ 「천상열차분야지도」에서는 '천가, 천원(天園)'을 묘수 영역에 배당하였다.

3️⃣ 『천문류초』에서는 「천상열차분야지도」의 별그림을 따라 '천원(天園)'의 별 개수를 14개로 보았다. 「신법보천가」에는 그림이나 글에 모두 13개로 되어있다.

4️⃣ 「천상열차분야지도」에서는 필수와 '부이'를 선으로 연결해서 한 개의 별자리인 것처럼 표시했지만, "畢八(필수는 여덟 개의 별로 이루어졌다)"이라고 표기함으로써, 필수와 '부이'는 다른 별자리임을 명시하였다. 『천문류초』에서도 그대로 따라 그렸다.

5️⃣ 필수 영역의 '주'는 '오거' 안에 3별씩 선으로 연결해서 세 쌍을 만들었으므로 3개의 별자리로 보았다. 각수 영역의 '주'는 '고루' 안에 3별씩 다섯 쌍이 있다. 병사가 진을 치고 있는 것을 뜻한다. 『천문류초』에서도 그림은 그대로 따라하고, 설명문에서는 '삼주(三柱)'라고 이름해서 하나의 별자리로 보았다.

① 필수의 개괄

1]필수(畢宿)는 여덟개의 별로 이루어졌으며, 주천도수 중에 16도를 맡고 있다(심수와 마주보고 있으며, 12황도궁 중에 금우궁에 해당하고, 유의 방향에 있으며, 조나라에 해당한다).2]

② 필수의 보천가

3]필(畢)은 여덟개의 주홍색 별로 흡사 오이의 갈래처럼 나와 있고 / 부이(附耳)는 한개의 별로 필의 끝에서 빛나며 / 두개의 별로 이루어진 천가(天街)는 필이 갈래지는 곳의 근처에 있다네 / 천절(天節)은 부이의 아래에 여덟개의 검은색(烏色) 별로 휘장치듯이 있고 / 필이 위로 빗겨서 여섯개의 깊은 별로 이루어진 제왕(諸王)이 있네 / 제왕의 아래에 있는 네개의 검은색(皂色) 별이 천고(天高)이고 / 천절의 아래에 검은색(黑色) 원의

1] 畢八星十六度(對心 金牛宮 酉地 趙之分)

2] 필수를 우리나라의 지역에 배당하면, 평남지역인 곽산·가산·정주·박천·개천·안주·순천·성천·숙천, 강동군의 삼등면·자산·강동·순안, 평원군의 영유에 해당한다고 한다.

3] 恰似瓜叉八紅出 / 附耳畢股一星光 / 天街兩星畢皆傍 / 天節耳下八烏幢 / 畢上橫黑六諸王 / 王下四皂天高星 / 節下黑團九州城 / 畢口斜對五車面 / 車有三柱任縱橫 / 車中五點天潢明 / 潢上咸池三黑星 / 天關一赤車脚邊 / 參旗九赤參車間 / 旗下直立九斿連 / 斿下十三烏天園 / 九斿天園參脚邊

형태로 성(城)을 쌓은 것이 구주(九州 : 九州珠口)라네 / 필의 입
쪽으로 빗겨서 대면한 것이 오거(五車)이고 / 오거에는 세개의
주(柱 : 기둥)가 종횡으로 놓여 있으며 / 오거의 안에 다섯개의
점을 이룬 천황(天潢)이 밝고 / 천황의 위에 세개의 검은 색 별
이 함지(咸池)라네 / 천관(天關)은 한개의 붉은색 별로 되어 있
는데, 오거의 다리 근처에 있고 / 삼기(參旗)는 아홉개의 붉은
색 별로 삼수(參宿)와 오거의 사이에 있네 / 삼기의 아래로 직
립한 것이 구유(九斿)로 아홉개의 별이 연이어져 있고 / 구유의
아래에 열세개의 짙은 검은색(烏色) 별이 천원(天園)인데 / 구
유와 천원은 삼(參宿)의 다리 근처에 있다네.

③ 필수에 딸린 별

| 1 | 필(畢) | 1]필(畢)은 변방 병사의 수렵하고 훈련하는 것을
주관한다. 필 중에 큰 별을 천고(天高)라하고, 별명으로는 변장

1] 主邊兵弋獵 其大星日天高 一日邊將 主四夷之尉 明大則遠夷來貢 天下安 失
色則邊兵亂 一星亡爲兵喪 動搖邊兵起 有讒臣 離徙天下獄亂 就聚法令酷 又
主街巷陰雨 天之雨師也 故明而移動則霖潦 及街壅塞 明而定則天下安 又爲
天馬 日月食邊兵凶 將衰 木犯有軍功 又日多風雨 月入多雨 客犯大人憂 無兵
兵起 有兵兵罷 入多獄事 守爲饑 彗犯北地爲亂 人民憂 星孛其分土功興 多
徭役 流星犯邊兵大戰 色赤貫之戎兵大至 入而復出爲赦 / 필(畢)은 여덟개의
주홍색 별로 이루어져 있다.

(邊將 : 변방의 장수)이라고 하니, 사방의 오랑캐를 막는 벼슬이다. 별이 밝고 크면 먼지역의 오랑캐도 와서 조공을 하게 되고, 천하가 평안해지며, 별이 본래의 색을 잃으면 변방의 병사들이 난리를 일으킨다. 한개의 별이 없어지면 병사들에 사상자가 생기고, 움직이고 흔들리면 변방에 병란이 일어나며, 참소하는 신하가 생겨난다. 서로 떨어지며 자리를 옮기면 천하에 옥사(獄事)가 문란해지고, 다가와 모이면 법령이 가혹해진다.

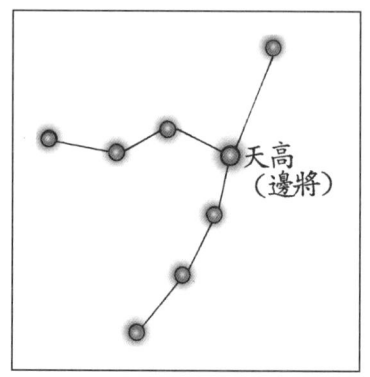

또 시내의 거리를 주관하고 구름끼고 비오는 것을 주관하니, 하늘의 비를 맡은 관리(雨師)이다. 그러므로 밝으면서 이동하면 큰 비가 내리고, 거리의 통행이 꽉 막히며, 밝으면서 안정되어 있으면 천하가 안정된다.

또 필을 천마(天馬)라고도 한다. 일식 또는 월식이 있으면 변방의 병사에 흉사가 생기고, 그 장수도 쇠약해진다. 목성이 범하면 전쟁으로 인한 공이 있게 되고, 일설에는 바람과 비가 많게 된다고도 한다. 달이 들어오면 비가 많이 오게 되고, 객성이 범하면 대인에게 근심이 생기며, 병란이 없을 경우는 병란이 생기고, 병란이 있을 경우에는 병란이 그치게 된다. 객성이 들어오면 옥사(獄事)가 많게 되고, 머무르면 기근이 든다. 혜성이 범하면 북쪽 땅에서 난리가 나고, 백성이 근심에 떨게 된다. 별이 필을 거스르면 그 해당하는 지역에 토목공사가 크게 일어나서 부역에 동원되고, 유성이 범하면 변방의 병사에게 큰 전쟁이 발생한다. 유성의 색이 붉어지며 가운데를 관통하면 오랑캐의 병사가 크게 쳐들어 오고, 유성이 들어왔다가 다시 나가면 다시 쳐들어온 병사가 각자의 나라로 돌아간다.

│ 2 │ 부이(附耳) │ 1]부이(附耳)는 주로 정치의 잘잘못을 듣고, 허물과 간사한 일을 살피고 상서롭지 못한 일을 살피는 역할을 한다.

별이 성하면 중국이 미약해지고 도적이 생기며, 변방에 경계해야 할 조짐이 나타나고, 외국이 반란의 전쟁을 벌여 해를 넘기게 된다. 별이 이동하면 아부하고 참소하는 말들이 성행하고, 병란이 크게 일어난다. 목성이 범하면 병란이 일어나 장수와 정승이 죽게 되며, 금성이 범하면 아부하는 신하가 총애를 받게 된다.

1] 主聽得失 伺慝邪 察不祥 盛則中國微 有盜賊 邊候警 外國反鬪兵連年合 移動則佞讒行 兵大起 木犯爲兵 將相喪 金犯佞臣在側 / 부이(附耳)는 필의 끝에 붙어 있어서 필과 같은 별처럼 보이기도 하는데, 한개의 별로 되어 있다.

③ **천가(天街)** 1)천가(天街)는 삼광(三光)2)이 다니는 길이다. 주로 관문과 교량의 동태를 살핀다. 일설에는 중국과 변방국가의 경계를 맡는다고도 하니, 천가의 남쪽이 화하(華夏 : 중국)가 되고, 천가의 북쪽이 이적(夷狄 : 중국외의 나라)이 된다고 한다.

별이 밝으면 왕도(王道)가 바르게 되고, 어두우면 병란이 일어난다. 금성 또는 화성이 머무르면 오랑캐(胡夷)가 병란을 일으킨다. 달이 천가의 한가운데를 범하면 중국이 평안하고 천하가 안녕해지며, 천가의 바깥쪽을 범하면 기운이 누설되므로, 참소하는 사람이 일을 맡게 되어 백성이 뜻을 얻지 못하게 되고, 달이 천가로 가지 않으면 임금의 정령(政令)이 행해지지 않게 된다.

④ **천절(天節)** 3)천절(天節)은 사신이 소지하는 부절(符節)로,

---

1) 三光之道也 主伺候關梁 又曰主中外之境 街南爲華夏 街北爲夷狄 明王道正 暗兵起 金火守之胡夷兵起 月犯街中 爲中平天下安寧 街外爲漏洩 讒夫當事 民不得志 不由天街主政令不行 / 천가(天街)는 두개의 별로 이루어져 있으며, 필의 위에 있다.

2) 삼광(三光) : 해와 달 및 오성(五星).

3) 主使臣之所持 宣威德於四方 明大則使忠 不明則奉使無狀 火守之臣有謀逆 或使臣死 金守之大將出 客彗犯之法令不行 / 천절(天節)은 부이의 아래에 여덟개의 짙은 검은색(烏色) 별로 이루어져 있다.

위엄과 덕을 사방에 널리 펴는 일을 관장한다.

별이 밝고 크면 사신이 충성을 다하고, 밝지 못하면 임금의 뜻과는 상관없이 사신이 소임을 다하지 못한다. 화성이 머무르면 신하 중에 역모를 꾸미는 자가 생기고, 혹 사신이 죽게 된다. 금성이 머무르면 대장군이 출병하게 되고, 객성 또는 혜성이 범하면 법령이 제대로 행하지 못해 어지러워 진다.

│ 5 │ 제왕(諸王) │ 1)제왕(諸王)은 종사(宗社)와 왕실의 울타리가 되는 제후를 관장한다. 별이 밝으면 제후가 천자를 잘 받들어 천하가 안정되고, 밝지 못하면 반란을 도모한다. 별이 보이지 않으면 종사가 기울어져 위태하고, 사방에서 병란이 일어난다.

화성이 들어오면 제왕(諸王 : 여기서는 제후)의 비(妃)가 자의석으로 정사를 주무르게 되어 아래에서 모반할 것을 꾀하게 된다. 객성 또는 혜성이 머무르면 제후가 쫓겨난다.

│ 6 │ 천고(天高) │ 2)천고(天高)는 망대 또는 정자(亭子)의 높음을

1] 主宗社蕃屛王室也 明則諸侯奉上 天下安 不明則下叛 不見宗社傾危 四方兵起 火入之諸王妃恣爲 下所謀 客彗守諸侯黜 / 제왕(諸王)은 필의 위에 여섯 개의 검은색 별로 이루어져 있다.

2] 臺榭之高 主遠望氣象 不見則宮失其守 陰陽不和 月五星犯之水旱不時 乘之外臣誅 火入十日爲小赦 三十日大赦 客彗守大旱 / 천고(天高)는 제왕의 아래에 네개의 검은색(皁色) 별로 이루어져 있다.

뜻한다. 주로 기후와 지역의 형상을 멀리 바라보는 것을 주관한다. 별이 보이지 않으면 궁궐을 지키지 못하고, 음과 양이 조화를 잃는다.

달 또는 오성이 범하면 수해(水害) 또는 가뭄의 피해가 갑자기 있게 된다. 달 또는 오성이 위에서부터 내려오면 제후와 같은 외신(外臣)을 주살하게 된다. 화성이 들어와 10일을 머무르면 소규모의 사면이 있게 되고, 30일을 머무르면 대규모의 사면이 있게 된다. 객성 또는 혜성이 머무르면 큰 가뭄이 든다.

| 7 | 구주수구(九州殊口) | 1)구주수구(九州殊口)는 각 지방의 풍속을 알려주는 관리로, 두 번 세번 통역하는 자를 말한다. 한 개의 별이 없어지면 한 나라에 근심이 생기고, 두개 이상의 별이 없어지면 천하에 난리가 나며 병란이 일어난다.

금성 또는 화성이 머물러도 병란이 일어난다. 객성이 들어오면 백성에게 홍수로 인한 근심이 생기니, 바다에 인접한 나라는 불안하게 되고, 병란도 발생한다.

| 8 | 오거(五車) | 2)오거(五車)는 천자의 오병(五兵)3)을 관장하

1] 曉方俗之官 通重譯者也 一星亡一國憂 二星已上 天下亂 兵起 金火守亦爲兵 客星入民憂水 負海國不安 有兵 / 구주수구(九州殊口)는 천절의 아래에 아홉 개의 검은색(黑色) 별로 둥근 원의 형태를 이루고 있다.

니, 천자의 병사와 전차(戰車)의 막사이다. 또 오곡(五穀)이 풍성하고 소진됨을 관장한다.

서북쪽의 큰 별을 천고(天庫)라 하여 태백성(太白星)을 주관하며, 진(秦)나라에 해당하고, 콩(豆)을 주관한다.

동북쪽의 별을 천옥(天獄)이라 하여 진성(辰星)을 주관하고, 연(燕)나라와 조(趙)나라에 해당하며, 쌀(稻)을 주관한다.

동남쪽의 별을 천창(天倉)이라 하여 세성(歲星)을 주관하고, 노(魯)나라와 위(衛)나라에 해당하며, 삼(麻)을 주관한다.

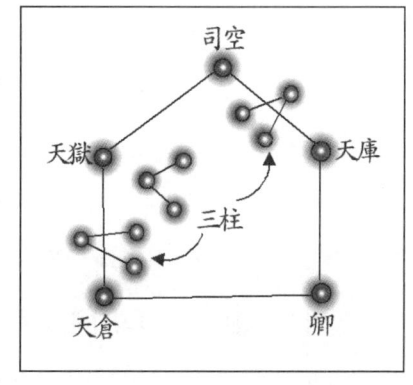

중앙의 별을 사공(司空)이라 하여 진성(塡星)을 주관하고, 초(楚)나라에 해당하며, 기장(黍)과 조(粟)를 주관한다.

서남쪽의 별을 경(卿)이라 하여 형혹성(熒惑星)을 주관하고, 위(魏)나라에 해당하며, 보리(麥)를 주관한다. 오거(五車)에 변

2] 主天子五兵 天子兵車舍也 又主五穀豊耗 西北大星曰天庫 主太白 秦分 主豆 東北星曰天獄 主辰星 燕趙分 主稻 東南星曰天倉 主歲星 魯衛分 主麻 中央星曰司空 主塡星 楚分 主黍粟 西南星曰卿 主熒惑 魏分 主麥 五車有變 各以所主占之 / 오거(五車)는 제왕의 위로 다섯 개의 별로 이루어져 있다.

3] 오병(五兵) : 여기서는 다섯 병부(兵部)라는 뜻으로, 중병(中兵)·외병(外兵)·기병(騎兵)·별병(別兵)·도병(都兵)을 말한다.

화가 있으면, 각기 주관하는 바에 따라 점을 친다.

각 별의 직책	방위	주관하는 별	해당하는 나라	주관하는 곡식
천고(天庫)	서북	태백성(금성)	진(秦)	콩(豆)
천옥(天獄)	동북	진성(辰星:수성)	연(燕),조(趙)	쌀(稻)
천창(天倉)	동남	세성(목성)	노(魯),위(衛)	삼(麻)
사공(司空)	중앙	진성(塡星:토성)	초(楚)	기장(黍),조(粟)
경(卿)	서남	형혹성(화성)	위(魏)	보리(麥)

<u>9 삼주(三柱)</u> 1)삼주(三柱)는 일명 삼천(三泉)이라고도 한다. 밝기가 똑같고, 별자리의 영역이 넓어지고 좁아지는 것에 상도(常道)가 있는 것이 좋다. 별이 번창하면 병란이 크게 일어나고, 천자가 영대(靈臺)의 예절을 갖추고 있으면, 오거와 삼주(三柱)가 균일하게 밝아지며 상도(常道)가 있게 된다.

오거의 밖으로 한개의 주(柱)가 나가거나 혹 보이지 않으면 병사들이 반정도 출병하게 되고, 세개의 주(柱)가 모두 오거의 밖으로 나가거나 보이지 않으면 병사들 역시 모두 출병하게 된다.

1] 一日三泉 欲其均明 濶狹有常 星繁則兵大起 天子得靈臺之禮 則五車三柱均明有常 一柱出 或不見兵半出 三柱盡出及不見 兵亦盡出 柱外出一月 穀貴三倍 出二月 三月以此倍貴 火入守天下旱 金入守兵起 彗孛犯兵起民流 / 삼주(三柱, 또는 柱)는 총 9개의 별로, 각기 세개의 별로 이루어진 세 개의 주(柱)를 이루고 있다.

주(柱)가 오거의 밖으로 나간지 1개월이 되면 곡식이 귀해져서 값이 세배로 뛰고, 2개월이 되거나 3개월이 되면 각기 여섯배 아홉배로 곡식의 값이 뛰게 된다.

화성이 들어와 머무르면 천하에 가뭄이 들고, 금성이 들어와 머무르면 병란이 일어나며, 혜성 또는 패성이 범하면 병란이 일어나 백성이 유랑하게 된다.

| 10 | 천황(天潢) | 1)천황(天潢)은 하천과 교량을 주관하니, 물을 건너는 곳이다. 별이 보이지 않으면 하천(水路)과 교량이 통하지 못하게 된다. 달 또는 오성이 들어오면 병란이 일어나고, 도로가 통하지 못하게 되며, 천하에 난리가 나고, 정권이 바뀌게 된다. 객성이 들어오면 병란이 일어나고, 객성이 머무르고 있으면 홍수로 인한 피해가 있게 된다.

| 11 | 함지(咸池) | 2)함지(咸池)는 물고기가 모이는 곳이니, 주로 언덕가의 소택지나 연못 등을 관장한다. 별이 밝고 크면 용

1] 主河梁 濟渡之處 不見則河梁不通 月五星入兵起 道不通 天下亂 易政 客星入爲兵 留守則有水害 / 천황(天潢)은 오거의 안에 다섯개의 밝은 별로 이루어져 있다.

2] 魚圍也 主陂澤池沼 明大則龍見虎狼爲害 兵起 不具河道不通 月入爲暴兵 五星入爲兵 爲旱 失忠臣 君易政 客星入天下大水 流星入爲喪 出則兵起 / 함지(咸池)는 천황의 위에 세개의 검은 색 별로 이루어져 있다.

(龍)이 나타나고,[1] 호랑이와 이리 등이 해를 입히며, 병란이 일어난다. 별자리를 갖추지 못하면 하천의 수로가 불통하고, 달이 들어오면 폭도와 같은 병란이 일어난다.

오성이 들어오면 병란이 나고, 가뭄이 들며, 충성스러운 신하를 잃고 임금이 정치를 바꾼다. 객성이 들어오면 천하에 큰 홍수가 지고, 유성이 들어오면 상사(喪事)가 많아지며, 유성이 나가면 병란이 일어난다.

| 12 | 천관(天關) | [2]천관(天關)은 일명 천문(天門)이라고도 하니, 해와 달 및 오성이 다니는 길이다. 변방의 요새를 관장하고, 관문의 개폐를 맡는다. 별끝에 뿔같은 까끄라기가 일면 병란이 일어나고, 다른 곳으로 옮겨서 오거(五車)와 별이 합해지면, 대장군이 출병하기 위해 갑옷을 입어야 한다.

오성이 머무르면 귀인(貴人)이 많이 죽게 되고, 객성이 범하면 백성에게 질병이 많이 돌게 되며, 관문과 시장이 불통하게 된다. 일설에는 제후와 백성간에 통하지 않아 서로 공격하게 된다고도 한다. 객성이 들어오면 도적이 많게 되고, 유성이 범

1] 『삼재도회』 등에서는 "용이 하늘에서 떨어져 죽는다"고 하였다.
2] 一曰天門 日月五星所行之道 主邊塞 主關閉 芒角有兵 移徙與五車合 大將披甲 五星守之貴人多死 客星犯民多疾 關市不通 又曰諸侯不通民相攻 入多盜 流星犯天下有急 關梁不通 民憂多盜 / 천관(天關)은 오거의 아랫쪽에 있는 한개의 붉은색 별이다.

하면 천하에 급박한 일이 생기며, 관문과 교량이 통하지 않게
되고, 백성들은 도적이 많이 생기는 것을 근심하게 된다.

| 13 | 삼기(參旗 : 武星) | 1)삼기(參旗)는 무운을 주관하는 별
로, 천기(天旗) 또는 천궁(天弓)이라고도 부르며, 주로 활과 석
노(石弩)를 사용하는 일을 맡는다. 변화를 관찰하여 어려움을
막는 일을 하니, 삼기가 활을 잡아당긴 모습을 하고 있으면 병
란이 일어난다.

별이 밝으면 변방에 도적들이 준동하고, 어두우면 길하다.
화성이 머무르면 아랫사람이 윗사람을 모반할 생각을 하고,
제후들이 병란을 일으킨다. 일설에는 변방에서 병란이 일어난
다고도 한다. 금성이 머무르면 병란이 일어나고, 객성이 머무
르면 천하에 근심거리가 생기며, 유성이 들어오면 북쪽 땅에
서 병란이 일어난다.

| 14 | 구유(九斿 : 武星) | 2)구유(九斿)는 무운을 주관하는 별

1] 一日天旗 一日天弓 主司弓弩之張 候變禦難 如弓張則兵起 明則邊寇動 暗爲
   吉 火守之下謀上 諸侯起兵 一日有邊兵 金守之兵亂 客星守之天下憂 流星入
   北地兵起 / 삼기(參旗)는 아홉개의 붉은색 별로, 삼(參)과 오거의 사이에
   있다.

2] 天子之旗 主天下兵旗 金火犯兵 騎滿野 客星犯諸侯兵起 禽獸多疾 / 구유(九
   斿)는 삼기의 아래에 아홉개의 별로 이루어져 있다.

로, 천자의 깃발이다. 천하의 모든 군부대의 깃발을 관장한다. 금성 또는 화성이 범하면 병란이 일어나 기병(騎兵)이 들에 가득차게 된다. 객성이 범하면 제후들이 병란을 일으키고, 새와 짐승에게 질병이 돈다.

| 15 | 천원(天園) | 1)천원(天園)은 과일과 채소를 심는 장소이다. 별자리가 구부러지면서 갈고리 같이 되면 과일과 채소가 잘 익는다.

1] 植果菜之所 曲而鉤果菜熟 / 천원(天園)은 구유의 아래에 열 네개의 짙은 검은색(烏色) 별로 이루어져 있다. 천상열차분야지도에는 그림이나 글에 모두 열 세개로 되어 있다.

224

(6) 자수(觜宿)

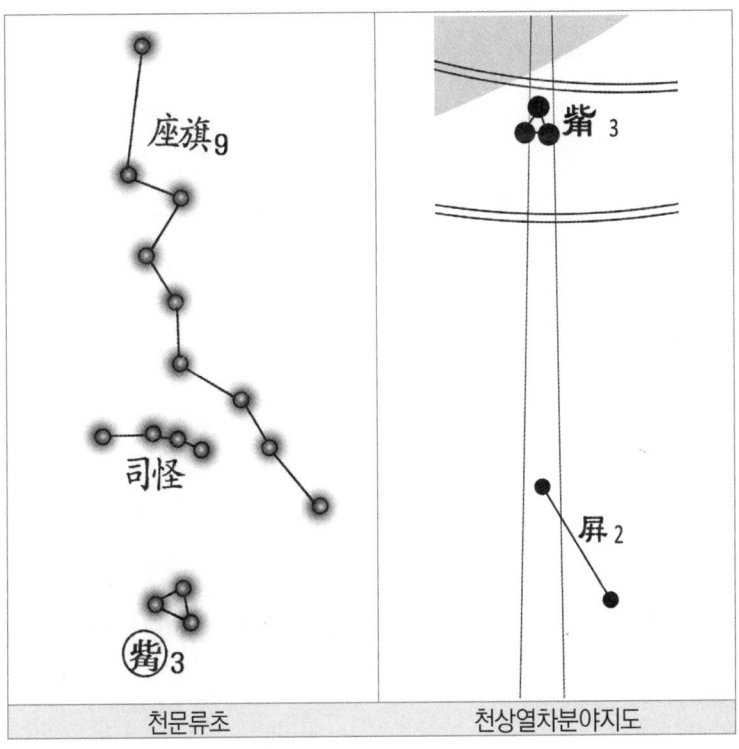

자수 영역의 『천문류초』와 「천상열차분야지도」의 다른 점

① 「천상열차분야지도」에서는 '병'을 자수 영역에 그렸는데, 『천문류초』 등 다른 천문도에서는 '병'을 '천측'과 관련 있다고 해서 삼수 영역으로 보았다.

② 「천상열차분야지도」에서는 '좌기'를 자미원에 배당하고,

'사괴'를 삼수 영역에 배당하였다.

① 자수의 개괄

1]자수(觜宿)는 세개의 별로 이루어졌으며, 주천도수 중에 2도를 맡고 있다(미수와 마주보고 있으며, 12황도궁 중에 음양궁2]에 해당하고, 신의 방향에 있으며, 진나라와 위나라에 해당한다).3]

② 자수의 보천가

4]자(觜)는 세개의 주홍색 별이 서로 가까이 있어서 삼수의 꽃

1] 觜三星二度(對尾 陰陽宮 申地 晉魏之分)

2] 음양궁(陰陽宮) : 실침의 분야(實沈之次)에 해당하며, 필수(畢宿)의 11도부터 정수(井宿)의 10도까지를 말한다. 중국을 12주로 나누면 익주(益州)에 해당하고, 중국의 진나라에 해당한다.

3] 자수를 우리나라의 지역에 배당하면, 경기도와 강원도의 일부인 이천군의 음죽·여주·원주·강원에 해당한다고 한다. 또는 경기도 이천과 지평에 해당한다는 설도 있다.

4] 三紅相近作參蘂 / 觜上坐旗烏指天 / 尊卑之位九相連 / 司怪四黑坐旗邊 / 曲立大近井鉞前 / 蘂 : 꽃술 예(초목의 털이 더부룩하게 난 모양, 부엉이의 머리위에 불같이 난 털). / 정수(井宿)는 남방7수 중의 하나이고, 열월(列鉞)은 정수에 딸린 별이다.

술을 만들고 있으며 / 자의 위에 짙은 검은색(烏色)의 별로 된 좌기(坐旗 또는 座旗)가 하늘을 가리키니 / 위 아래로 아홉개의 별이 연이어져 있네 / 사괴(司怪)는 네개의 검은색(黑色) 별로 좌기의 가에 있으며 / 곡선을 그리며 서 있되 정수(井宿)와 무척 가까우며 열월(列鉞)의 앞쪽(남쪽)에 있다네.[1]

③ 자수에 딸린 별

| 1 | 자(觜) | 자(觜)는 하늘의 관문을 주관한다. 별이 밝고 크면 천하가 평안하고, 오곡이 잘 익는다. 움직여 다른 곳으로 가면 임금과 신하가 지위를 잃게 되고, 천하에 가뭄이 든다. 자수는 또한 삼군의 척후가 되고, 행군할 때는 군량을 두는 창고가 된다. 보려(葆旅 또는 葆㒰, 야생으로 나는 식용할 수 있는 채소임)를 관장하고, 만물을 다 거두어 들이는 일을 한다.

---

[1] 열월(列鉞)은 정수에 속한 별이다. 얼핏 봐서는 정과 한 별자리로 보이기도 하며, 사괴와도 거의 붙어 있다. 또 정수와 자수(觜宿)는 그 영역이 거의 구별이 안갈 정도로 서로 근접해 있다.

[2] 主天之關 明大則天下安 五穀熟 移動則君臣失位 天下旱 爲三軍之候 行軍之藏府 主葆旅(野生之可食者) 收斂萬物 明則軍儲盈 將得勢 動而明盜賊群行 葆旅起 動移將有逐者 金火來守國易政 兵起 災生 日食臣不忠 月食君害臣 五星犯災生 彗孛客流犯兵起 / 자(觜)는 세개의 주홍색 별로 이루어져 있다.

별이 밝으면 군사를 가득 모아서 장군이 세력을 얻게 되고, 움직이면서 밝으면 도적이 떼를 지어 횡행하며, 보려가 잘 자라게 된다. 움직이면서 이동하면 장군이 쫓겨나게 된다. 금성 또는 화성이 와서 머무르면 나라의 정권이 바뀌고, 병란이 일어나는 등 재앙이 생긴다. 일식이 있으면 신하가 불충하게 되고, 월식이 있으면 임금이 신하를 해치게 된다. 오성이 범하면 재앙이 생겨나고, 혜성이나 패성 또는 객성이 범하면 병란이 일어난다.

| 2 | 좌기(坐旗) | 1)좌기(坐旗)는 임금과 신하의 높고 낮은 지위를 구별하는 일을 주관한다. 별이 밝으면 나라에 예절이 있게 된다.

| 3 | 사괴(司怪) | 2)사괴(司怪)는 하늘과 땅 및 일월성신(日月星辰) 그리고 새와 짐승 및 곤충·뱀·초목 등의 변화를 관찰하는 일을 한다. 사괴의 별들이 열을 이루지 못하면, 궁궐 안을 비롯한 천하 모든 곳에 변괴가 많이 생긴다.

1] 主別君臣尊卑之位 明則國有禮 / 좌기(坐旗, 또는 座旗)는 자의 위에 아홉 개의 짙은 검은색(烏色) 별로 이루어져 있다.
2] 候天地日月星辰 禽獸蟲蛇草木之變 不成行列 宮中及天下多怪 / 사괴(司怪)는 좌기의 왼쪽에 네개의 검은색(黑色) 별로 이루어져 있다.

(7) 삼수(參宿)

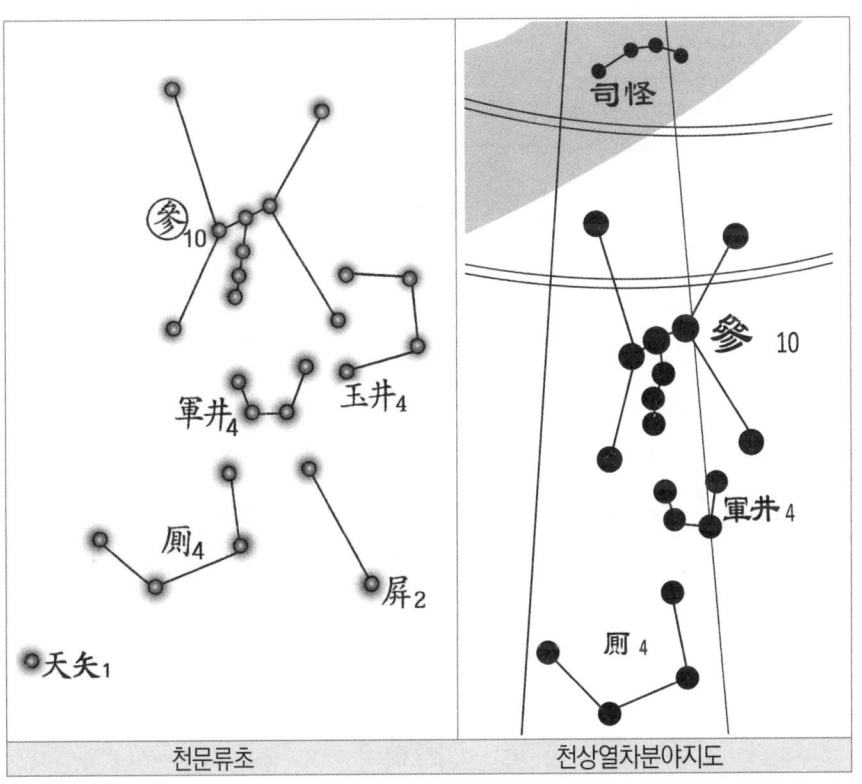

| 천문류초 | 천상열차분야지도 |

삼수 영역의 『천문류초』와 「천상열차분야지도」의 다른 점

①① 「천상열차분야지도」에 '參十(삼십, 삼수의 별은 10개이다)' 이라고 한 것은 '벌(伐, 3개)'과 삼수(7개)는 하나의 별자리라는 것을 밝힌 것이다.

『천문류초』에서는 별그림은 「천상열차분야지도」와 똑같이 그리고 표기했으나, 설명문에서는 '삼(삼수)'과 '벌'을 다른 별자리로 보고 설명하였다.

② 또 '天厠(천측)'을 '厠(측)'으로만 표기했고, '天屎(천시)'를 정수 영역에 새기면서 '똥 시(屎)' 자를 '화살 시(矢)' 자로 기록했다. 『천문류초』에서도 똑같이 그리고 표기했지만, 설명문에서는 '천측, 천시(天屎)'라고 다른 천문서적을 따랐다. 또 '천시'를 다른 천문도와 마찬가지로 삼수 영역에 소속시켰다.

③ 『천문류초』에서는 '사괴'를 자수 영역에 배당했다.

④ 「천상열차분야지도」에서는 '옥정'을 필수 영역에, '병'을 자수에, '천시(天屎, 天矢)'를 정수 영역에 배당했다.

① 삼수의 개괄

1)삼수(參宿)는 열개의 별로 이루어졌으며, 주천도수 중에 9도를 맡고 있다(기수와 마주보고 있으며, 황도궁에서는 음양궁에 해당하고, 신의 방향에 있으며, 진나라와 위나라에 해당한다).2]

1] 參十星九度(對箕 陰陽宮 申地 晉魏之分)

2] 삼수를 우리나라의 지역에 배당하면, 경기도 지역인 이천, 양평군의 지제·양근, 가평·포천,포천군의 영평, 연천군에 해당한다고 한다.

② 삼수의 보천가

1)총 열개의 별로 이루어진 삼(參)은 자수(觜宿)와 서로 영역을 침범하고 있다네 / 삼은 두 어깨와 두 다리가 있고, 두 다리 안에 있는 세개의 별이 심장(心)이 되며 / 벌(伐)의 세별은 배(腹) 안에 깊이 들어가 있다네 / 옥정(玉井)은 네개의 주홍색 별로 오른쪽 다리를 감싸고 있고 / 병(屏)은 두개의 붉은색 별로 옥정의 남쪽에 있으며 / 군정(軍井)은 네개의 짙은 검은색(烏色) 별로 병(屏)의 위에서 입을 다물고 있다네 / 삼의 왼쪽 다리 쪽에는 네개의 붉은색 별로 이루어진 천측(天厠)이 임했고 / 천측의 아래에는 한개의 붉은색 별로 된 천시(天屎)가 깊숙히 있다네.

③ 삼수에 딸린 별

1 삼(參)   2)삼(參)의 윗쪽은 오성과 해와 달의 중도이다. 일

1] 總有十星觜相侵 / 兩肩雙足三爲心 / 伐有三星腹裏深 / 玉井四紅右足陰 / 屏星兩赤井南襟 / 軍井四烏屏上吟 / 左足四赤天厠臨 / 厠下一赤天屎沉 / 천측과 천시는 각기 화장실과 똥을 의미한다. 따라서 누런색깔이 되는 것을 좋게 여긴다. 여기서 '붉다(赤)'고 한 것은 '누렇다(黃)'의 오기가 아닌가 한다.

2] 上爲五星日月中道 又日爲忠良孝謹之子 明大則臣忠 子孝 安吉 移動殺忠臣 一日鈇鉞 主斬刈萬物以助陰氣 又爲天獄 主殺伐 又主權衡 所以平理也 又主

설에는 삼이 충성스럽고 어질며 효도하는 자식이 라고 하니, 별이 밝고 크 면 신하가 충성하고 자식 이 효도하여 안정되어 길 하며, 이동하면 충신을 죽 이게 된다고 한다. 또 부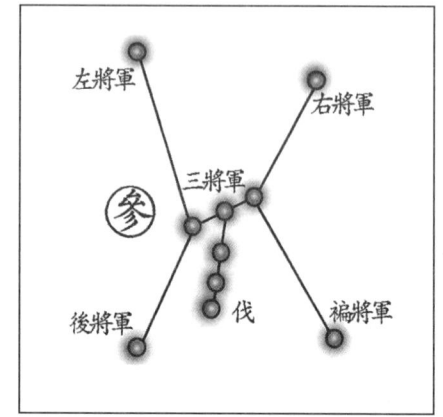
월(鈇鉞)이라고도 부르니, 만물을 베어 죽임으로써 음기(陰氣) 를 돕는다고 한다. 또 하늘의 옥(天獄)이 되니 죽이고 정벌하는 것을 주관하고, 또 권형(權衡)이 되니 공평하게 다스리는 것이 다. 또 변방의 성(城)을 주관하고, 구역(九譯 : 아홉번이나 통역 해야 되는 아주 먼땅)이 되므로, 움직이지 않는 것이 좋다.

邊城爲九譯 故不欲其動也 中三星 三將也 左肩主左將 右肩主右將 左足主後 將軍 右足主禍將軍 七將皆明天下兵精也 王道缺則芒角張失色 軍散敗 芒角 動搖邊候有急 天下兵起 有斬伐之事 左足入玉井中兵大起 秦地大水 若有喪 足 若突出玉井 則虎狼暴害人 差戾王臣貳 金火來守 則國易政 兵起灾生 日 月食田荒米貴 客星入犯國內有斬刈事 彗犯邊兵散 君亡遠期三年 貫之色白爲 兵喪 星字于參 君臣俱憂 國兵敗 流星入犯先起兵者亡 出而光潤邊安 有赦獄 空 / 삼수의 좌견과 우견 등 좌우를 나눔에 있어서, 『사기:史記』등에서는 모두 "삼수의 누런색 어깨가 좌견이고, 푸른색 어깨가 우견이다(黃比參左 肩 靑比參右肩)"고 되어 있는데, 『한서:漢書』와 『진서:晉書』의 천문지(天 文志)에만 "삼수의 누런색 어깨가 우견이고, 푸른색 어깨가 좌견이다(黃比 參右肩 靑比參左肩)"고 되어있다. 여기서는 『사기』의 의견을 따른다. / 삼 (參)은 7개의 주홍색 별로 이루어져 있다.

가운데의 세 별은 세 장수[1]를 뜻하고, 왼쪽 어깨는 좌장군(左將軍)이 되며, 오른쪽 어깨는 우장군(右將軍)이 되고, 왼쪽 다리는 후장군(後將軍)이 되며, 오른쪽 다리는 편장군(褊將軍)이 되니, 일곱 장수(별)가 다 밝으면 천하의 병사들이 정예병이 된다고 한다.

왕도(王道)가 결여되면, 별끝이 뿔같이 까끄라기가 일고 별자리가 펼쳐지며 별이 색을 잃게 되니, 군대가 흩어져 패하게 된다. 별끝이 뿔같이 까끄라기가 일고 움직이며 흔들리면 변방에 급박한 징후가 나타나고, 천하에 병란이 일어나서 목을 베고 치는 일이 생긴다. 왼쪽 다리가 옥정의 안에 들어가면[2] 병란이 크게 일어나고, 진(秦)나라 땅에 큰 홍수가 발생한다. 만약에 다리가 없어지거나, 옥정의 밖으로 돌출하면, 호랑이와 이리가 포악해져서 사람에게 해를 끼치며, 임금의 차사가 명령을 어기고 신하가 두 마음을 품게된다.

금성 또는 화성이 와서 머무르면 나라의 정권이 바뀌고, 병

1] 세장수는 중군(中軍)을 이루며, 가운데 별이 대장군이고 좌우의 별이 참모이다.

2] 왼쪽 다리라고 했으나 옥정은 오른쪽 다리에 있다. 따라서 '左足'은 '右足'의 오기로 보인다.

란이 일어나는 등 재앙이 발생한다. 일식 또는 월식이 있으면 밭이 황폐해지고 쌀이 귀하게 된다. 객성이 들어와 범하면 나라안에 목을 베어 죽일 일이 발생하고, 혜성이 범하면 변방의 병사들이 흩어져서 임금이 멀리 몽진하여 삼년후에나 돌아온다. 혜성이 관통해서 별이 흰색으로 변하면 병사들을 잃게 되고, 별이 삼(參)을 거스르며 오면 임금과 신하에게 모두 우환이 생기며, 중국의 병사들이 패하게 된다. 유성이 들어와 범하면 먼저 군사를 일으킨 자가 망하고, 유성이 나가면서 빛이 윤택하면 변방이 안정되며, 사면령이 있게 되어 옥이 텅텅 비게 된다.

2 벌(伐) 1)벌(伐)은 하늘의 도위(都尉)가 되며, 선비족 또는 융이·적이(戎狄) 등의 나라에 해당한다. 별이 밝지 않아야 중국에 좋으니, 만약 밝아져서 삼수와 같은 밝기가 되면, 대신이 난리를 꾀해서 병란이 일어난다.2)

1] 天之都尉也 主鮮卑戎狄之國 不欲其明 明與參等 大臣謀亂兵起 / 벌(伐)은 삼과 거의 붙어 있어서 하나의 별자리 같이 보인다. 세개의 주홍색 별로 이루어져 있다.

2] 일설에는 벌(伐)은 조선을 비롯하여 선비족 등 북쪽 변방국가에 해당하니, 벌(伐)이 밝아지면 중국의 세력이 약해지고 조선 등의 국가가 강대해진다고도 한다.

3 옥정(玉井)   1)옥정(玉井)은 우물로 부엌에 물을 대는 역할을 한다. 그러므로 별이 움직이고 흔들리면 근심이 생긴다.

객성이 들어오면 수해(水害)가 있게 되고, 상사(喪事)가 있게 되며, 중국이 영토를 잃게 된다. 유성이 들어오면 큰 홍수가 발생한다.

4 병(屛)   2)병(屛)은 하늘의 병풍이 되니, 별자리를 갖추고 있지 못하면 사람에게 질병이 많게 된다. 별이 밝지 못하면 대인(천자)이 앓아 눕게 되고, 어둡거나 없어지면 임금에게 병이 많게 된다.

달 또는 오성이 범하면 홍수가 나고, 혜성이 범하면 갑자기 홍수 또는 가뭄이 들며, 객성이 들어오면 다리가 넷 달린 짐승에게 질병이 크게 돌고, 사람 역시 많이 죽게 된다.

5 군정(軍井)   3)군정(軍井)은 군대가 행군할 때 쓰는 우물

1] 主水泉以給庖廚 動搖爲憂 客星入爲水 爲喪 國失地 流星入爲大水 / 옥정(玉井)은 삼의 오른쪽 밑에 네개의 주홍색 별로 이루어져 있다.

2] 天屛 不具人多疾 不明則大人寢疾 亡王多病 月五星犯之爲水 彗犯水旱不時 客星入四足蟲大疾 人亦多死 / 병(屛)은 두개의 붉은색 별로 이루어졌으며, 옥정의 아랫쪽으로 있다. / 병(屛)이 화장실과 우물을 가려 주어야 질병이 없게 된다.

3] 行軍之井 主給師濟疲乏 月犯芻藁 財寶出 火入爲水 兵多死 金入兵動 民不安

로, 군인에게 보급되어 고달프고 지친 몸을 달래는 역할을 한다.

달이 범하면 말과 소에게 먹일 꼴(蒭藁)과 재물 및 보화가 나가게 된다. 화성이 들어오면 수해(水害)가 있게 되고, 병사들이 많이 죽게 된다. 금성이 들어오면 병사들이 움직이게 되고 백성들은 불안하게 되며, 객성이 들어오면 수해(水害)를 근심해야 한다.

| 6 | 천측(天厠) | 1)천측(天厠)은 뒷간을 말한다. 주로 천하의 질병을 주관하니, 별이 누런색이 되면 길하고 풍년이 들며, 청색 또는 검은색이면 사람들이 허리 아래에 질병이 든다. 별자리를 갖추고 있지 못하면 귀인(貴人)에게 병이 많이 생기고, 객성이 들어오면 곡식이 귀하게 되며, 혜성 또는 패성이 들어오면 기근이 든다.

| 7 | 천시(天屎) | 2)천시(天屎)의 별색이 누렇게 되면 풍년이 든

客入憂水害 / 군정(軍井)은 병의 위에 있으며, 네개의 짙은 검은색(烏色) 별로 이루어져 있다.

1) 溷也 主天下疾病 黃爲吉歲豊 靑黑人主腰下有疾 不具貴人多病 客入穀貴 彗孛入歲饑 / 천측(天厠)은 네개의 붉은색(누런색) 별로 이루어졌으며, 삼의 왼쪽 다리 아랫쪽으로 있다.

2) 色黃年豊 變色爲蝗 爲水旱 爲霜 殺物 不見天下荒 星微民多流 / 屎 : 시(屎)

236

다. 색이 변하면 황충(蝗虫)이 많아지고, 가뭄 또는 수해가 들며, 서리가 내려 만물을 죽이게 된다. 별이 보이지 않으면 천하가 황폐해지고, 별이 미약해지면 백성 중에 유랑민이 많이 생긴다.

3장 28수 **서방** 삼수

는 똥을 뜻한다. 따라서 누런색깔을 띠면 건강한 똥을 뜻하므로 풍년이 드는 것이다. / 천시(天屎)는 천측의 아래에 있으며, 한개의 붉은색(누런색) 별로 이루어져 있다. 천상열차분야지도와 천문류초의 그림에는 '天矢'라고 쓰여 있다.

※ 서방7수의 개괄

	상징	의미	별의 수	부속 별	주천 도수	12황도궁	12자리(次)	해당지역 중국	해당지역 우리나라
규	백호, 백호의 꼬리	하늘의 무기고, 폭란을 방비, 관개수로	16	外屛7 天溷7 司空1 軍南門1 閣道6 附路1 王良5 策1	16도	백양궁(술),奎4도~胃6도	강루(降婁)	魯(徐州)	충청도
루	새끼호랑이, 백호의 몸체	하늘의 獄, 병사 및 희생을 길러 공급하는 일	3	左更5 右更5 天倉6 天庾3 天將軍11	12도				
위	새끼호랑이, 백호의 몸체	주방 창고, 오곡의 창고	3	天廩4 天囷13 大陵8 天船9 積尸1 積水1	14도	금우궁(유),胃8~畢11도	대량(大梁)	趙(冀州)	평인도
묘	새끼호랑이, 백호의 몸체	하늘의 눈과 귀(정보), 서쪽을 주관, 喪事	7	天阿(天河)1 月1 天陰5 蒭藁6 天苑16 卷舌6 天讒1 礪石4	11도				
필	호랑이, 백호의 몸체	변방병사의 훈련, 구름과 비(雨師)	8	附耳1 天街2 大節8 諸王6 天高4 九州殊口9 五車5 柱(三柱)9 天潢5 咸池3 天關1 參旗9 九斿9 天園14	16도				
자	기린의 머리, 백호의 머리와 수염	요새의 관문, 군대의 척후, 군량창고	3	坐旗(座旗)9 司怪4	2도	음양궁(신),畢11도~井10도	실침(實沈)	晉,魏(益州)	경기도,강원도
삼	기린의 몸체, 백호의 앞발	효도와 충성, 형벌을 다스림, 변방의 수비	10	伐3 玉井4 屛2 軍井4 天厠4 天屎1	9도				
계	白虎	무력의 방비, 경계와 대비.	50	49개 별자리 (251개 별)	80도	3궁	3차	4국 3주	4도

238

4) 남방7수(南方七宿)

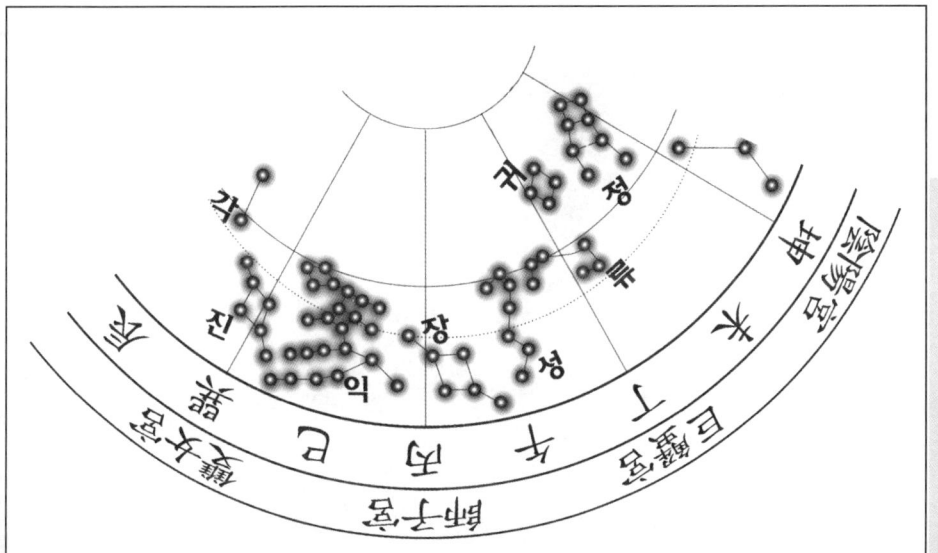

(1) 정수(井宿)

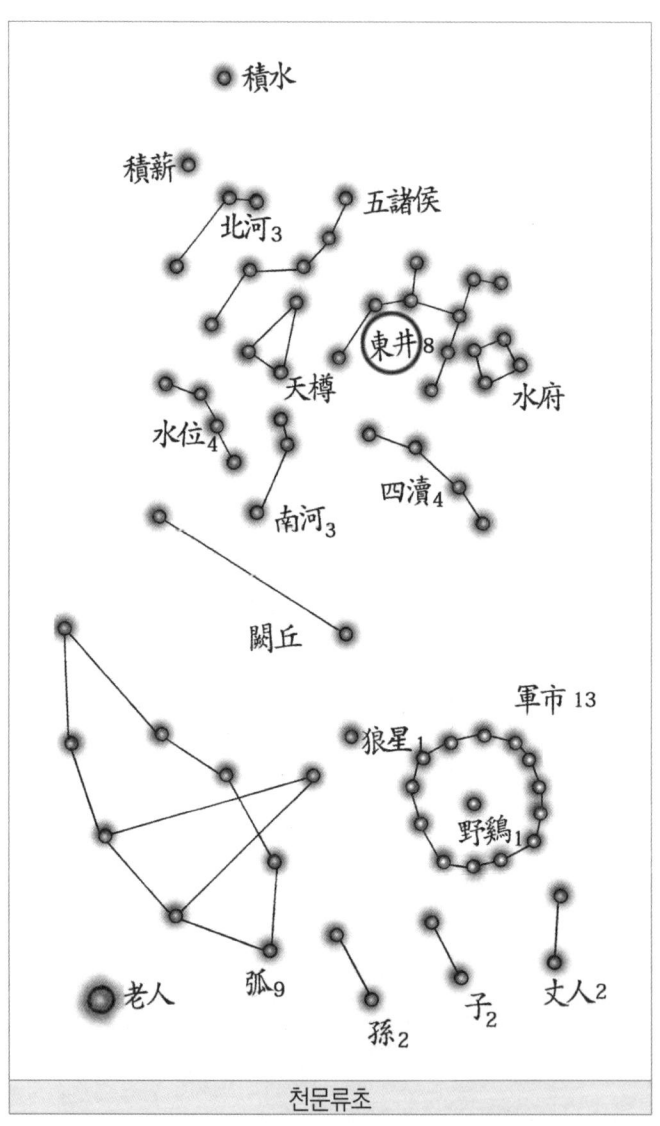

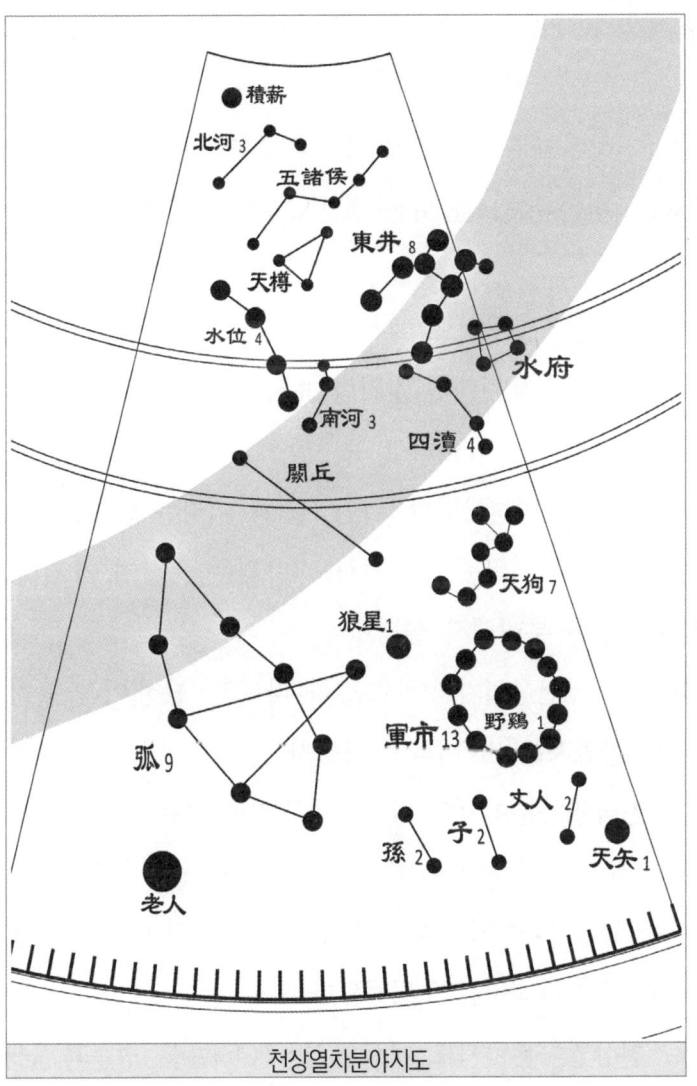

정수 영역의 『천문류초』와 「천상열차분야지도」의 다른 점

① 「천상열차분야지도」에서는 '적수(積水)'를 주극선 안에 새겼다. 『천문류초』 등 다른 천문도에서는 정수 영역에 배당하였다.

② 「천상열차분야지도」에서는 정수와 '월(鉞)'을 선으로 연결해서 한 개의 별자리인 것처럼 표시했지만, '東井八(정수는 여덟 개의 별로 이루어졌다)'이라고 표기함으로써, 정수와 '월'이 다른 별자리임을 명시하였다. 다만 '월(鉞)'이라는 별 이름을 표시하지 않았다. 『천문류초』에서도 그림은 똑같이 표기하고, 설명문에서는 분리해서 설명했다.

③ '낭'을 「천상열차분야지도」를 따라서 '낭성'이라 표기하고, 설명문에서는 '낭'이라고 하였다.

④ 「천상열차분야지도」와 『천문류초』에서는 '호(8개)'와 '시(1개)'를 선으로 연결하고, '弧九(호는 아홉 개의 별로 이루어졌다)' 라고 해서 한 개의 별자리임을 명시했다. 하지만 대부분의 천문도에서는 '호'와 '시'를 구별하였다.

⑤ 「천상열차분야지도」에서도 '천구(天狗)'를 정수와 '군시'의 사이에 그렸다. 『천문류초』에서는 귀수 영역에 소속시켰다.

① 정수의 개괄

1]정수(井宿)는 여덟개의 별로 이루어졌으며, 주천도수 중에 33도를 맡고 있다(두수와 마주보고 있으며, 12황도궁 중에 거해궁2]에 해당하고, 미의 방향에 있으며, 진(秦)나라에 해당한다).3]

② 정수의 보천가(步天歌)

4]여덟개의 주홍색 별이 횡으로 두줄의 열을 지으면서 은하수

1] 井八星三十三度 (對斗 巨蟹宮 未地 秦之分)

2] 거해궁(巨蟹宮) : 순수의 분야(鶉首之次)에 해당하며, 정수(井宿)의 15도부디 류수(柳宿)의 8도까지를 말한다. 중국을 12주로 나누면 옹주(雍州)에 해당하고, 중국의 진나라에 해당한다.

3] 정수를 우리나라의 지역에 배당하면, 평안도 남부지역인 철원, 강서군의 증산·강서·함종, 평양·용강군의 용강,삼화·상원·중화와 황해도 지역인 장연·대강·황주·수안·곡산·안악·봉산·은률·신계·서흥·문화·토산·신천·풍천·재령·평산·송화·장연·우봉·해주·옹진에 해당한다고 한다.

4] 八紅橫列河中淨 一紅名鉞井邊安 / 兩河各三南北正 / 天樽三烏井上頭 樽上橫列五諸侯 / 侯上北河西積水 / 欲覓積薪東畔是 / 鉞下四烏名水府 / 水位東邊四紅是 / 四瀆橫黑南河裏 / 南河下頭是軍市 / 軍市圓紅十三星 / 中有一赤野鷄精 / 孫子丈人市下列 / 各立兩烏從東設 / 闕丘二黑南河東 / 丘下一狼光蒙茸 / 左畔九赤彎弧弓 / 一矢擬射頑狼胸 / 有簡老人南極中 / 春秋出入壽無窮

속에 있는 것이 정(井)이고 / 한개의 주홍색 별이 열월(列鉞: 鉞인데, 정의 가장자리에 안정된 모습으로 있다네 / 남하(南河)와 북하(北河)는 각기 세개의 별로 되어 있으면서 남과 북으로 대치되어 있고 / 천준(天樽)은 세개의 짙은 검은색(烏色) 별로 정의 윗머리 부분에 있으며 / 천준의 위에 횡으로 열을 짓고 있는 것이 오제후(五諸侯)라네 / 오제후의 위에 있는 것이 북하(北河)인데, 그 서쪽으로는 적수(積水)가 있고 / 적신(積薪)을 찾으려면 적수의 동쪽 부근을 보게나 / 열월의 아래에 네개의 짙은 검은색(烏色) 별을 수부(水府)라 하고 / 수위(水位)는 동쪽 변두리에 네개의 주홍색별로 이루어져 있다네 / 사독(四瀆)은 네개의 검은색(黑色) 별로 남하의 안쪽(오른쪽)에 횡으로 누워 있으며 / 남하의 아랫머리에 있는 것이 군시(軍市)인데 / 군시는 13개의 주홍색 별이 원을 그리며 있고 / 그 안에 한개의 붉은색 별인 야계(野鷄)가 그 정화(精華)를 보이고 있다네 / 손(孫)과 자(子) 및 장인(丈人)은 군시의 아래에 열을 짓고 있는데 / 각기 두개의 짙은 검은색(烏色) 별이 동쪽을 따라 베풀어져 있다네 / 궐구(闕丘)는 두개의 검은색(黑色) 별로 남하의 동쪽에 있고[1] / 궐구의 아래에 한개의 별로 되어 있는 랑(狼)이 어지럽게 빛을 발하고 있다네 /

1] 궐구는 남하의 서남쪽에 있는 별이다. 따라서 '동쪽'은 서남쪽 또는 남쪽으로 고쳐야 맞다고 생각한다.

랑의 왼쪽가에 아홉개의 붉은색 별이 활의 시위를 당기듯이 있는 것이 호(弧)인데 / 한 개의 시(矢 : 화살의 뜻을 지닌 별로, 마치 활(호)에 살을 멕인 것같은 상태이다)를 완강한 랑(이리를 뜻하는 별)의 가슴에 겨눈 것 같은 모습이라네 / 한개로 이루어진 노인(老人)이 남극의 가운데 있는데 / 춘분과 추분에 출입하니 수명이 영원하네

③ 정수에 딸린 별

<u>1 동정(東井)</u> 1]동정(東井,井)은 샘물을 주관하고, 해와 달 및 오성이 관통해 지나가는 가운데 길(中道)이다. 제후와 황제의 친척 및 삼공(三公)의 지위에 있는 사람들을 관장한다. 별이 밝고 크면 제후를 봉하고 나라를 세운다. 움직이고 흔들리며 색깔을 잃으면 제후와 친척을 주살하고, 삼공을 죽이고 폐하며, 황제의 군대가 재앙을 받는다. 또한 천자의 정후(亭侯)가 된다.2] 주로 물과 일의 공평함을 주관하니, 법령의 공평함을

1] 主泉水 日月五星貫之爲中道 主諸侯 帝戚 三公之位 明大則封侯建國 搖動失色則誅侯戚 廢戮三公 帝師受殃 又爲天子之亭候 主水衡事 法令所取平也 王者用法平則明而端列 月宿有風雨 又爲天子府 暗芒幷日月食五星逆犯 大臣謀亂兵起 中六星明卽水災 客犯穀不登 大臣誅 有土功 小兒妖言 彗犯民讒言 國失政 一日大臣誅 其分兵災 流星犯之 在春夏則秦地謀叛 在秋冬則宮中有憂 / 정(井)은 여덟개의 주홍색 별로 이루어져 있다.

관장한다. 임금이 법을 공평하게 적용하면 별이 밝으면서도 단정하게 열을 짓고,1) 달이 머물면 바람과 비가 내린다.

또 천자의 곳간이 되기도 한다. 별이 어둡고 까끄라기가 일며, 아울러 일식 또는 월식이 있거나 오성이 거스르며 범하면, 대신이 모반을 획책해서 병란을 일으킨다. 가운데에 있는 여섯개의 별이 밝으면 수재(水災)가 발생하고, 객성이 범하면 곡식이 자라지 않으며, 대신을 주살하고, 토목공사가 있게되며, 어린아이들이 요사스러운 말을 퍼프린다. 혜성이 범하면 백성 사이에 참언이 떠돌고, 나라는 정치를 잃게 된다. 일설에는 대신을 주살하고, 동정수에 해당하는 분야에 병란의 재앙이 있게 된다고 한다. 유성이 범하면 봄과 여름에는 진(秦)나라 땅에 모반이 있게 되고, 가을과 겨울에는 궁중 안에서 우환이 있게 된다.

|2| 월(鉞) 2)월(鉞)은 주로 사치하고 음탕한 행동을 사찰해

---

2) 정후란 여러 제후 중에 비교적 공이 낮은 사람을 일컫는다. 다른 제후는 군(郡) 또는 현(縣)을 식읍으로 주었으나, 정후는 향(鄕) 또는 정(亭)을 식읍으로 하였다. 『영대비원』에는 '天子之亭候'를 '天之亭候'라 하여 하늘의 정후(亭候 : 변경에서 적의 동태를 살피는 망대)로 해석하였다.

1) '井' 자의 형상이 확연해진다는 뜻.

2) 主伺奢淫而斬之 明大與井齊 或搖動則 天子用鉞 於大臣 / 월(鉞)을 정(井)과 열을 지어 붙어있다고 하여 '열월(列鉞)'이라고도 한다. / 열월(列鉞, 또는

서 죽이는 일을 한다. 별이 밝고 커서 정수(井宿)와 동등해지거나 혹은 흔들리고 움직이면, 천자가 대신에게 부월(鈇鉞)을 사용하게 된다.

3 양하(兩河:南河와 北河)   1)양하(兩河)는 하늘의 관문이니, 주로 관문과 교량을 관장한다. 남하(南河)를 남수(南戍)라고도 하며 불(火)을 관장하고, 북하(北河)를 북수(北戍)라고도 하며 물(水)을 관장한다. 양하의 사이는 삼광(해와 달 및 오성)이 다니는 길이다. 양하가 움직이고 흔들리면 중국에 병란이 일어나고, 별자리를 갖추지 못하면 길(路)이 불통하며, 하천의 물이 고갈되거나 넘치게 된다. 달이 양하의 사이로 출입하되 한가운데로 지나가면 백성이 편안하고, 농사가 잘되며, 병란이

鉞)은 한개의 주홍색 별로 이루어졌으며, 정의 오른쪽 끝에 거의 붙어있는 모습으로 있다.

1] 天之關門 主關梁 南河曰南戍 主火 北河曰北戍 主水 兩戍之間 三光之常道也 河戍動搖 中國兵起 河星不具 路不通 水乏溢 月出入兩河間中道 民安歲美無兵 出中道之南 君惡之大臣不附 星明吉 暗昧動搖則邊兵起 遠人叛 客星守之 爲旱 爲疫 彗孛出爲兵 守爲旱 流星經兩河間 天下有難 出爲兵喪 邊戍有憂 入爲北兵入中國 關梁不通 / 수(戍 : 수자리 수)는 지킨다는 뜻이다. 그래서 북하를 북쪽을 지킨다는 뜻으로 북수(北戍)라 하고, 남하를 남쪽을 지킨다는 뜻으로 남수(南戍)라 하는 것이다. / 남하(南河)와 북하(北河)를 합해서 양하(兩河)라고 한다. 각기 세개의 별로 되어 있으면서 남과 북으로 대치하는 형상을 하고 있다.

발생하지 않는다. 그렇지만 남쪽으로 치우쳐 지나가면 임금이 대신에게 못되게 하여서 대신이 임금곁에 있지 못하게 된다.

별이 밝으면 길하고, 어둡거나 동요하면 변방의 병사들이 난을 일으키고, 멀리 있는 사람 중에서 반란을 일으킨다. 객성이 머무르면 가뭄이 들고 질병이 돈다. 혜성 또는 패성이 나가면(出) 병란이 발생하고, 머무르면 가뭄이 든다. 유성이 양하의 사이를 지나가면 천하에 어려움이 생기고, 나가면(出) 병사들이 많이 죽게 되며, 변방을 지킴에 근심이 생긴다. 유성이 별자리의 안으로 들어오면 북쪽의 병사들이 중국으로 쳐들어오며, 관문과 교량이 불통하게 된다.

<u>4 천준(天樽)</u> 1)천준(天樽)은 주로 담아 넣는 그릇을 주관하니, 죽(饘粥)으로써 가난하고 굶주린 사람들에게 급식하는 것이다. 별이 밝으면 풍년이 들고, 어두우면 황폐하게 된다.

<u>5 오제후(五諸侯)</u> 2)오제후(五諸侯)는 남몰래 살펴서 잘잘못

1] 主盛 饘粥以給貧餒 明則豊 暗則荒 / 천준(天樽)은 정수의 위에 세개의 짙은 검은색(烏色) 별로 이루어져 있다.

2] 主刺擧戒不虞 又曰 治陰陽 察得失 亦曰主帝心 一曰帝師 二曰帝友 三曰三公 四曰博士 五曰太史 五者常爲帝定疑議 明大潤澤則天下大治 五禮備則光明 不相侵陵 暗則貴人謀上 芒角則 禍在中 客犯王室亂 諸侯亡地 秦國殃 守之諸

을 들추어냄으로써, 예상치 못한 환난을 경계하는 역할을 한
다. 일설에는 음양을 다스
리고, 얻고 잃음을 살피는
역할을 한다고도 한다. 또
황제의 마음을 주관한다
고도 하니, 첫번째 별을
제사(帝師: 임금의 스승), 두

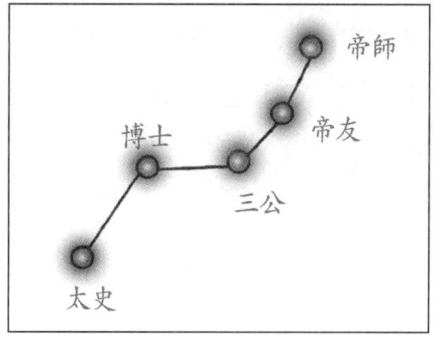

번째 별을 제우(帝友: 임금의 친구), 세번째 별을 삼공(三公), 네번째 별을 박사(博士), 다섯번째 별을 태사(太史)라고 부른다. 이 다섯가지는 항상 임금의 의심스런 바를 의논해서 바로 정해주는 역할을 하는 것이다.

별이 밝고 크며 윤택하면 천하가 크게 잘 다스려지고, 오례(五禮)[1]가 잘 깃추이지면 별이 광명하여 서로 침해하고 능멸하지 않으며, 별이 어두우면 귀인(貴人)이 임금의 지위를 찬탈할 것을 모의하고, 별빛의 끝이 뿔같아지면 재난이 중앙정부에 있게 된다. 객성이 범하면 왕실안에 난리가 나고, 제후가

侯親屬失位 彗孛犯執法臣誅 / 오제후(五諸侯)는 천준의 위에 있으며, 다섯개의 별로 이루어져 있다.

1] 오례(五禮) / ① 길례(吉禮: 제사), 흉례(凶禮: 장례), 빈례(賓禮: 손님접대), 군례(軍禮), 가례(嘉禮: 冠禮,婚禮) / ② 공(公), 후(侯), 백(伯), 자(子), 남(男)의 다섯제후에 대한 예절 / ③ 임금, 제후, 경·대부, 사(士), 서인의 다섯 계층에 대한 예절

자신의 영지를 잃으며, 진(秦)나라에 해당하는 땅에 재앙이 있게 된다. 객성이 머무르면 제후 등 임금의 친척들이 지위를 잃게 되고, 혜성 또는 패성이 범하면 집법(執法)하는 신하를 주살하게 된다.

│ 6 │ 적수(積水) │ 1)적수(積水)는 술과 음식을 공평하게 공급함을 주관하니, 별이 보이지 않으면 재앙이 있게 된다. 일설에는 물로 인한 재앙에 대한 조짐을 주관한다고도 한다. 화성이 범하면 병란이 일어나고 수재(水災)가 발생하며, 수성이 범하면 홍수 또는 가뭄이 든다. 객성이 범하면 병란이 일어나고 큰 홍수가 발생하며, 대신(大臣)이 근심하기를 1년동안이나 하게 된다.

│ 7 │ 적신(積薪) │ 2)적신(積薪)은 부엌에서 쓰는 것들에 준비를 하는 역할을 한다. 별이 밝으면 임금이 편안하고, 밝지 못하면

1] 供酒食之正也 不見爲災 又日主候水灾 火犯爲兵 爲水 水犯爲水旱 客犯兵起 大水 大臣憂期一年 / 적수(積水) 오제후의 위에 있는데, 한 개의 별로 이루어져 있다.

2] 備庖廚之用也 明則人主康 不明五穀不登 火犯爲旱 爲兵 爲火災 客守薪貴 / 적신(積薪) : '신(薪)'은 땔나무나 섶나무 또는 잡초 등 주로 땔감을 뜻한다. 따라서 '적신'은 부엌에서 쓸 땔감을 쌓아둔다는 뜻이다. / 적신(積薪)은 북하의 왼쪽에 있는데, 한 개의 별로 이루어져 있다.

오곡이 자라지 않는다. 화성이 범하면 가뭄이 들고 병란이 나며 화재가 발생한다. 객성이 머무르면 땔감이 귀하게 된다.

8 **수부**(水府 : 民星)   1)수부(水府)는 백성의 운을 주관하는 별로, 물(水)을 맡은 관리이다. 주로 제방(堤防)과 저수지, 도로 및 교량과 도랑을 관리하며 제방 등을 설치하여 방비하는 역할을 한다. 화성이 들어오면 음모를 꾸미는 신하가 생기고, 수성이 들어오면 수재(水災)가 발생하며, 객성이 들어오면 천하에 큰 홍수가 발생한다.

9 **수위**(水位)   2)수위(水位)는 주로 물의 균형을 맞추는 일을 하고, 또 물이 넘치고 새며 흐르는 일 등을 관장한다. 별이 이동해서 북하(北河) 별에 가까이 가면, 나라가 수몰되어 강이나 하천으로 변한다. 만약에 수성이나 화성 또는 객성이 머무르거나 범하면, 모든 하천이 가득차 넘치게 된다. 혜성 또는 패성이 나오면(出) 큰 홍수가 발생하고, 병란이 일어나며, 곡식이

1] 水官也 主隄塘道路梁溝 以設隄防之備 火入有謀臣 水入爲水 客入天下大水 / 수부(水府)는 열월의 아래에 있는데, 네개의 짙은 검은색(烏色) 별로 이루어져 있다.

2] 主水衡 又主瀉溢流也 移動近北河則國沒爲江河 若水火及客星守犯之百川盈溢 彗孛出爲大水 爲兵 穀不成 流星入天下有水 穀敗 民飢 / 수위(水位)는 남하의 왼쪽에 네개의 주홍색별로 이루어져 있다.

익지를 않는다. 유성이 들어오면 천하에 홍수가 발생하고, 곡식이 다 잘못되어 백성이 기아에 허덕이게 된다.

|10| 사독(四瀆 : 民星)   1)사독(四瀆)은 백성의 운을 주관하는 별로, 장강과 황하 및 회수(淮水)·제수(濟水) 등의 정기가 쌓인 것이다. 따라서 별이 밝고 크면 모든 하천이 가득차 범람하게 된다.

|11| 군시(軍市)   2)군시(軍市)는 천군(天軍)의 재화를 교역하는 시장으로, 교역을 하여 물물교환을 한다. 군시의 가운데로 별이 모여들면 군사들의 식량이 여유가 있게 되고, 별이 작아지면 군사들이 기근에 허덕인다. 달이 들어오면 병란이 일이 나고, 임금이 불안하게 된다. 오성이 머무르면 군량이 끊어지고, 객성이 들어오면 자객이 오게 되며, 장수와 군졸이 흩어져서 도망하게 된다. 유성이 나가면(出) 대장(大將)이 출동할 조

---

1) 江河淮濟之積精也 明大則水泛溢 / 사독(四瀆) : 장강과 황하 그리고 회수(淮水)와 제수(濟水)를 사독이라고 한다. 즉 중국의 모든 하천을 뜻한다. / 사독(四瀆)은 네개의 검은색(黑色) 별로 이루어졌으며, 남하의 오른쪽에 있다.

2) 天軍貨易之市 有無相通也 中星衆則軍餘粮 小則軍飢 月入兵起 主不安 五星守之軍粮絶 客星入有刺客起 將離卒亡 流星出爲大將出 / 군시(軍市)는 남하의 아래에 있는데, 13개의 주홍색 별이 원의 형태를 이루고 있다.

짐이다.

| 12 | 야계(野鷄) | 1]야계(野鷄)는 주로 변괴(變怪)를 맡는다. 별빛의 끝이 가시와 뿔같으면서 동요하면 병란으로 인한 재앙이 발생하고, 이동해서 나가면 제후들이 병란을 일으킨다.

| 13 | 장인(丈人) | 2]장인(丈人)은 오래사는 것을 주관하니, 오래 살아 혼몽한 노인을 슬퍼하고, 홀로된 사람들을 불쌍히 여김으로써, 곤궁해진 사람들을 슬퍼한다. 별이 보이지 않으면 신하가 임금과 통하는 방도를 찾지 못하게 된다.

| 14 | 자와 손(子孫) | 3]자(子)와 손(孫)은 모두 장인(丈人)을 곁에서 모시면시 서로 도우며 거처한으로써 효도하고 사랑한다. 별이 보이지 않으면 재난이 발생한다.

1] 主變怪也 以芒角動搖爲兵災 移出則諸侯兵起 / 야계(野鷄)는 한개의 붉은색 별로, 군시가 원을 이루고 있는 안에 있다.

2] 主壽考 悼耄矜寡以哀窮人 不見人臣不得自通 / 장인은 나이가 많은 원로급 신하를 뜻한다. 별이 보이지 않으면 임금이 원로급 신하와의 관계를 소원하게 하는 것이다. / 장인(丈人)은 군시의 아래에 있는데, 두개의 짙은 검은색(烏色) 별로 이루어져 있다.

3] 皆侍丈人之側相扶而居以孝愛 不見爲災 / 자와 손(子孫)은 군시의 아래에 있는데, 각기 두개의 짙은 검은색(烏色) 별로 이루어져 있다.

| 15 | 궐구(闕丘) | 1]궐구(闕丘)는 위나라 천자의 쌍관(雙關)2]을 형상한 것이니, 제후들의 양관(兩觀)을 상징한다. 금성 또는 화성이 머무르면 병사들의 전투가 관문의 아래에서 벌어질 정도로 급박해진다.

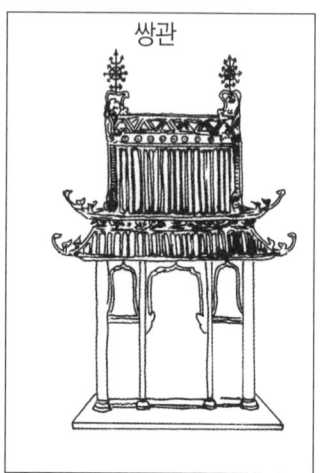

쌍관

| 16 | 랑(狼) | 3]랑(狼)은 야인(野人)의 장수가 되니, 주로 침략하고 약탈하는 것을 관장한다. 별의 색이 항상하고 변동하지 않아야 중국이 좋다. 별빛의 끝이 가시와 뿔같이 되고 색깔이 변하며 동요하면 도적이 준동하고, 오랑캐가 병란을 일으키며, 사람들이 먹을 것이 없어 서로 잡아먹게 된다. 조급히 움직이면 임금이 안정하지 못하여 자신의 궁궐에 머무르지 못하고, 천하를 급히 떠돌게 된다.

1] 主象魏天子之雙關 諸侯之兩觀也 金火守之兵戰關下 / 궐구(闕丘)는 두개의 검은색(黑色) 별로 이루어졌는데, 남하의 아래에 있다.

2] 쌍관(雙關): 양관(兩觀)이라고도 하는데, 궁문의 좌우에 있는 누각을 말한다. 천자의 궁문에 있는 것을 쌍관이라 하고, 제후의 궁문에 있는 것을 양관이라 한다.

3] 爲野將 主侵掠 色有常不欲變動 角而變色動搖盜賊作 胡兵起 人相食 躁則人主不靜 不居其宮 馳騁天下 色黃白而明吉 黑凶 赤芒角兵起 金火守之亦然 月食外國有謀 彗孛犯之盜起 / 랑(狼)은 궐구의 아래에 있는데, 한개의 별로 되어 있다.

색이 누러면서 흰빛이 나고 밝아지면 길하고, 검은 색이 되면 흉하며, 붉어지며 별빛의 끝이 뿔같아지면 병란이 일어난다. 금성 또는 화성이 머물러도 병란이 일어난다. 월식이 있으면 다른 나라에서 중국을 칠 것을 꾀하고, 혜성 또는 패성이 범하면 도적이 준동한다.

| 17 | 호(弧 : 武星) |

1)호(弧)는 무력을 주관하는 별로 하늘의 활이다. 음모를 따라 움직임으로써 도적을 방비하는 일을 맡는다. 항상 시(矢 : 화살)를 잰 상태로 있는데, 시는 랑성(狼)을 향해 있다. 호(弧)와 시(矢)가 움직이고 흔들려서 항상함을 지키고 있지 못하면 도적이 많이 생긴다. 별이 밝으면 병란이 크게 일어난다.

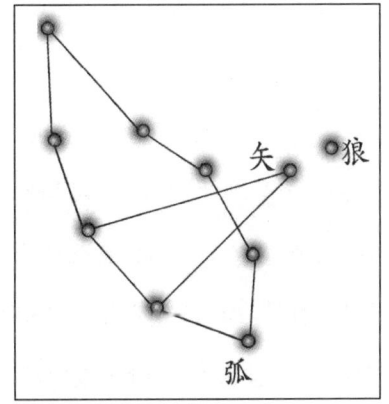

일설에는 천궁(天弓 : 하늘의 활)이라고도 하니, 활을 크게 당긴듯한 상태면 천하에 병란이 크게 일어나고, 임금과 신하

1] 天弓也 主行陰謀 以備盜賊 常屬矢以向狼 弧矢動搖不如常 多盜賊 明則兵大起 又曰天弓 張天下盡兵 主與臣相謀 矢不直狼爲多盜 引滿則天下盡爲盜 月入弧失臣逾主 客星入南夷來降 流星入北兵起 屠城殺將 / 호와 시(弧와 矢)는 모두 아홉 개의 붉은색 별로 이루어져 있다. 이 중에 낭성을 향해 있는 별(낭성에 제일 가까운 별)을 시라 하고, 나머지 여덟별을 호라고 한다.

가 서로 음모를 꾸민다. 시성(矢 : 화살)과 랑성(狼)이 서로 직선을 이루고 있지 못하면 도적이 많이 생기며, 호성(弧)이 활을 세게 당긴듯이 벌어져 있으면 천하에 도적이 횡행하게 된다.

달이 호성과 시성의 안으로 들어오면 신하가 임금을 넘보며, 객성이 들어오면 남이(南夷)가 와서 투항을 하고, 유성이 들어오면 북쪽에서 병란이 일어나 성안의 사람을 도륙하고, 지키는 장수를 죽이게 된다.

18 노인(老人 : 民星) 1)노인(老人)은 백성의 운을 주관하는 별로, 일명 남극(南極)이라고도 한다. 항상 추분의 아침에 병(丙)의 방위에서 나타았다가, 춘분의 저녁 때가 되면 정(丁)

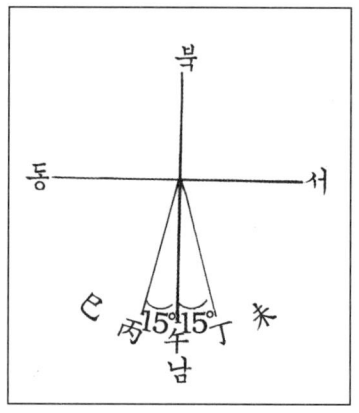

1] 一曰 南極 常以秋分之旦 見于丙 春分之夕沒于丁 秋分候之南郊 明大則人主有壽 天下安寧 不見則人主憂兵起 歲荒 客星入爲民疫 一曰兵起 老者憂 流星犯之老人多疾 一曰兵起 / 노인성은 '남극성(南極星)' 또는 '남극노인(南極老人), 수성(壽星), 수노인(壽老人)'이라고도 하는데, 한 개의 밝은 별로 이루어졌다. 도교에서 도인들이 숭배하는 것은 물론이고, 우리나라에서는 고려와 조선시대에 걸쳐 임금이 직접 노인성에 제를 지낼 정도로 수명과 나라의 안녕에 깊은 관계가 있다고 알려졌다.

의 방위에서 사라진다. 추분이 되면 남쪽 교외에서 관찰된다.

별이 밝고 크면 임금이 오래 살고 천하가 안녕하며, 보이지 않으면 임금에게 우환이 생기고, 병란이 일어나며, 흉년이 든다. 객성이 들어오면 백성에게 질병이 도는데, 일설에 의하면 병란이 일어나며, 노인에게 우환이 생긴다고도 한다. 유성이 범하면 노인에게 질병이 많이 생기고, 일설에 의하면 병란이 일어난다고도 한다.

(2) 귀수(鬼宿)

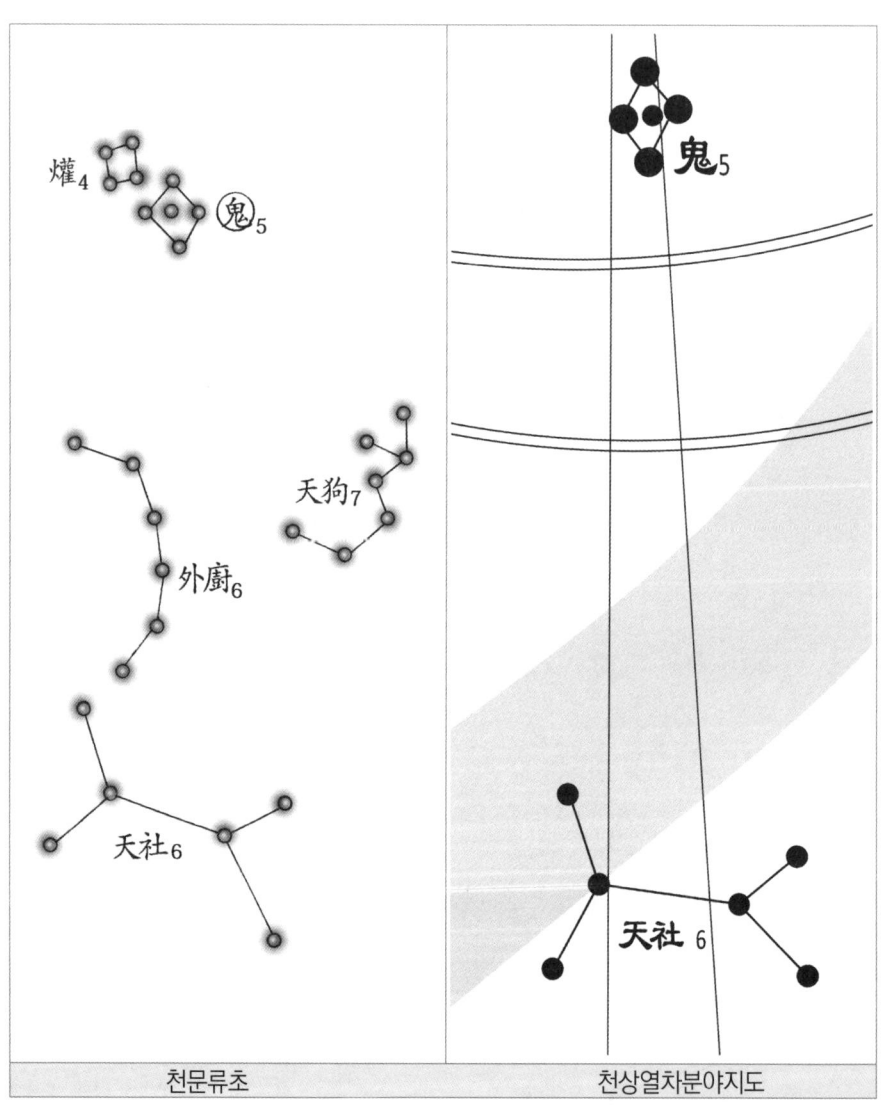

| 천문류초 | 천상열차분야지도 |

귀수 영역의 『천문류초』와 「천상열차분야지도」의 다른 점

1️⃣ 「천상열차분야지도」에서는 '관, 외주'를 류수 영역에 배당하고, '천구'를 정수 영역에 배당하였다.

『천문류초』 등 다른 천문도에서 '관'을 귀수 영역에 소속시킨 것은, '관'이 횃불 또는 봉화(烽火)라는 뜻으로, 사방을 살핀다는 뜻의 귀수와 잘 어울리는 별자리로 보았기 때문이다.

2️⃣ '천기(天紀 또는 天記)'는『천문류초』나「천상열차분야지도」의 별그림에는 없으나,『천문류초』의 설명문에만 있는 특이한 별자리이다.

3️⃣ 『천문류초』와 「천상열차분야지도」의 그림에서는 '鬼五 (귀오: 귀수는 다섯 개의 별로 이루어졌다)'라고 하여 귀수와 '적시기 (積尸氣: 시체들을 쌓은 기운의 모임)'를 하나의 별자리로 보았다.

다만『천문류초』는 그림에서는 하나의 별자리로 보아 다섯 개라 하고, 해설에서는 '積尸 적시'라고 따로 설명해서 두 별을 분리해서 보았다.

① 귀수의 개괄

1)귀수(鬼宿)는 다섯개의 별로 이루어졌으며, 주천도수 중에 4도를 맡고 있다(우수와 마주보고 있으며, 12황도궁 중에 거해궁에 해당하고, 미의 방향에 있으며, 진나라에 해당한다).2)

② 귀수의 보천가

3)네개의 주홍색 별이 정방향으로 나무궤짝처럼 있는 것이 귀(鬼)이고 / 그 중앙의 한개의 흰색 별로 되어 있는 것이 적시(積尸 또는 積尸氣)라네 / 귀의 위로 네개의 짙은 검은색(烏色) 별이 관(爟)의 자리고 / 천구(天狗)는 일곱개의 짙은 검은색(烏色) 별로 귀의 아래에 있다네 / 외주(外廚)는 류수(柳宿)의 밑에 천구(天狗)와 천기(天紀)의 사이에 있고 / 천사(天社)는 여섯개의 검은색(黑色) 별로 호(弧)의 동쪽(왼쪽)에 의지하고 있으며 / 천사의 동쪽에 한개의 짙은 검은색(烏色) 별이 바로 천기(天紀)라네

1] 鬼五星四度(對牛 巨解宮 未地 秦之分)
2] 귀수를 우리나라에 배당하면 황해도 지역인 백령도·금천·연안·연백군의 백천에 해당한다고 한다.
3] 四紅冊方似木樻 / 中央一白積尸氣 / 鬼上四烏是爟位 / 天狗七烏鬼下是 / 外廚天間柳星次 / 天社六黑弧東倚 / 社東一烏是天紀

③ 귀수에 딸린 별

1 여귀(輿鬼) 1]여귀(輿鬼 : 鬼)는 해와 달 및 오성이 지나가는 중도(中道)이다. 주로 사망과 질병 그리고 제사지내는 일을 맡아서 한다. 또 하늘의 눈(天目)이 되니, 간사한 음모를 관찰하는 일을 맡는다.

동북쪽에 있는 별은 말(馬)을 모으는 일을, 동남쪽에 있는 별은 병사를 모으는 일을, 서남쪽에 있는 별은 베와 비단을 모으는 일을, 서북쪽에 있는 별은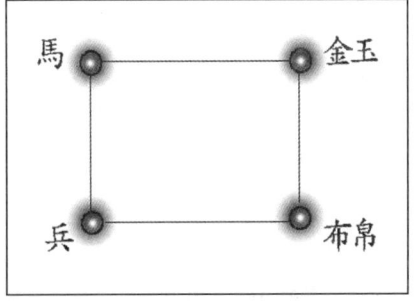
금과 옥을 모으는 일을 맡아서 하니, 그 해당하는 별의 변화에 따라 점을 친다.

별이 밝고 크면 곡식이 잘되고, 밝지 못하면 사람들이 흩어진다. 움직이면서 밝은 빛이 위로 가면 세금이 무겁게 매겨지고, 부역이 많아진다. 별자리가 자리를 옮기면 사람들에게 근심이 생기고, 정령(政令)이 급해진다.

1] 爲日月五星之中道 主死亡疾病 主祠事 又天目也 主觀察奸謀 東北星主積馬 東南星主積兵 西南星主積布帛 西北星主積金玉 隨變占之 明大穀成 不明人散 動而光上賦斂重 徭役多 星徙人愁 政令急 / 귀(鬼)를 '여귀(輿鬼)'라고도 한다. / 귀(鬼 또는 輿鬼)는 네개의 주홍색 별로 이루어져 있다.

2 적시(積尸 : 一曰 積尸氣 氣者 但見氣而已)   1]적시(積尸)는 일명 적시기(積尸氣)라고도 하는데, '기(氣)'라고 덧붙이는 까닭은 기운만 나타날 뿐 실질적인 것이 아니기 때문이다. 따라서 죽고 다치는 일과 제사지내는 일을 맡는다. 일명 부질(鈇鑕)이라고도 하니, 주살하고 목베는 일을 맡는다. 희미해서 밝지 않은 것이 좋다. 별이 밝으면 병란이 일어나고, 대신이 주살당하며, 별이 요동하며 색깔을 잃으면 질병이 돌고, 귀신이 곡을 하며 사람들이 황폐해진다.

3 관(爟 : 擧火曰爟)   2]관(爟 : 불을 드는 것을 관이라고 한다)은 봉화(烽火)와 급한 경보를 주관한다. 별이 밝지 않으면 안정되고, 밝고 크면 변방의 고을에 급박히 경계해야 할 일이 생긴다. 요동치거나 별빛의 끝이 뿔같은 까끄라기가 생기는 것도 같은 조짐이다.

4 천구(天狗)   3]천구(天狗)는 도적을 지키는 일을 맡는다.

1] 主死喪 祠祀 一曰鈇鑕 主誅斬 欲其忽忽不明 明則兵起 大臣誅 搖動失色則 疾病 鬼哭 人荒 / 적시(積尸 또는 積尸氣)는 귀의 한 가운데에 한개의 흰색 별로 되어 있다. / 천문류초와 천상열차분야지도의 그림에는 귀오(鬼五)라고 하여 귀수의 하나로 그려져 있다.

2] 主烽火 備警急 不明安靜 明大則邊亭警急 搖動芒角亦然 / 관(爟)은 귀의 위에 있는데, 네개의 짙은 검은색(烏色) 별로 이루어져 있다.

별이 움직여 자리를 옮기면 병란이 일어나고, 기근이 돌며, 도적이 준동하고, 병사들이 지휘체계를 잃어 흩어지는 군사가 있게 된다. 금성이나 화성 또는 토성이 머무르면 사람들이 먹을 것이 없어 서로를 잡아먹으며, 객성 또는 혜성이 머무르면 떼도적이 준동한다.

⑤ 외주(外廚) 1)외주(外廚)는 천자의 바깥주방이다. 주로 음식을 삶는 것을 주관함으로써 종묘(宗廟)에 제사음식을 공급하는 일을 한다. 점은 천주(天廚)2)와 동일하다.

⑥ 천사(天社 : 民星) 3)천사(天社)는 백성의 운을 주관하는

---

3) 主守賊 動移爲兵 爲饑 多寇盜 有亂兵 金火土守之人相食 客彗守之群盜起 / 천구(天狗)는 일곱개의 짙은 검은색(烏色) 별로 이루어져 있는데, 귀의 아래에 있다.

1) 天子之外廚也 主烹宰以供宗廟 占與天廚同 / 외주(外廚)는 류수(柳宿)의 밑에 천구(天狗)와 천기(天紀)의 사이에 있는데, 여섯 개의 별로 이루어져 있다.

2) 천주(天廚)는 자미원에 속해있는 별자리이다. 천자와 백관(百官)의 주방으로, 보이면 길하고 보이지 않으면 흉하며, 없어지면 기근이 든다. 또 객성 또는 유성이 범해도 기근이 든다.

3) 共工之子勾龍 能平水土 故祀以配社 其精爲星 明則社稷安 不明動搖則下謀上 金火犯社稷不安 客入有祀事于國內 出有祀事于國外 / 천사(天社)는 여섯 개의 검은색(黑色) 별로 이루어졌는데, 호(弧)의 동쪽(왼쪽)에 있다.

별로, 공공씨(共工氏)의 자식인 구룡(勾龍)[1]이 물과 흙을 잘 다스렸으므로, 사직에 배향하여 제사를 올렸는데, 그 정화(精華)가 하늘로 올라가 이루어진 별이 바로 천사인 것이다.

별이 밝으면 사직이 편안하고, 밝지 못하고 동요하면 아랫사람이 임금이 될 것을 도모한다. 금성 또는 화성이 범하면 사직이 불안하고, 객성이 들어오면 제사를 올릴 일이 국내에 있게 되고, 객성이 나가면 제사를 올릴 일이 국외에 있게 된다.

| 7 | 천기(天紀) | [2]천기(天紀)는 주로 날짐승이나 길짐승의 수명을 맡아 행한다. 금성 또는 화성이 머무르거나 범하면 날짐승이나 길짐승이 많이 죽게 되고, 백성이 불안해지며, 객성이 머무르면 정령(政令)이 무너진다.

1] 공공씨(共工氏)의 자식인 구룡(勾龍) : 공공씨는 요임금 때에 치수를 맡았던 벼슬이고, 구룡은 그의 아들이다. 구룡은 아비를 이어 치수작업을 잘한 공으로, 후토(后土) 즉 토관(土官)의 신이 되었다.

2] 主知禽獸齒歲 金火守犯禽獸多死 民不安 客守政繫 / 천기(天紀)는 천사의 동쪽에 한개의 짙은 검은색(烏色) 별로 이루어져 있다. /『천문류초』나 「천상열차분야지도」의 천문도에는 없고『천문류초』의 설명문에만 있는 특이한 별자리이다. 신법보천가에는 '천기(天記)'라고 쓰여있다.

(3) 류수(柳宿)

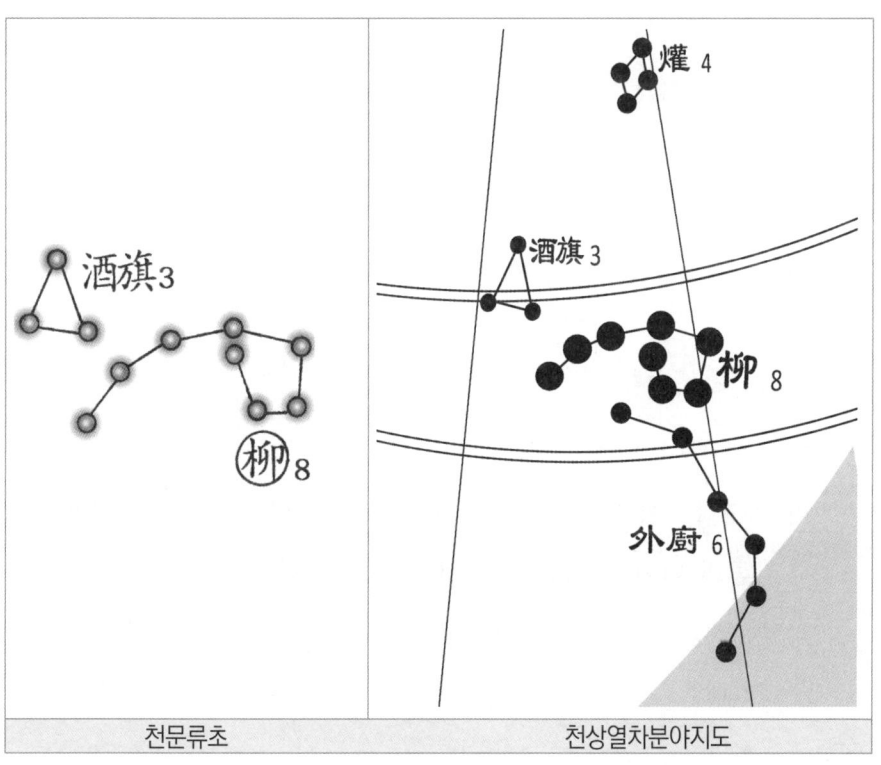

류수 영역의 『천문류초』와 「천상열차분야지도」의 다른 점

①『천문류초』에서는 '관, 외주'를 귀수 영역에 소속시켰다. '관'은 앞서 귀수 영역에서 설명했다.

'외주'는 바깥에 있는 주방으로, 먹고 마시는 류수 영역의 일과 잘 어울린다. 그런데도 귀수 영역에 배당한 이유를 잘 모르겠다.

① 류수의 개괄

1]류수(柳宿)는 여덟개의 별로 이루어졌으며, 주천도수 중에 15도를 맡고 있다(여수와 마주보고 있으며, 12황도궁 중에 사자궁2]에 해당하고, 오의 방향에 있으며, 주나라에 해당한다).3]

② 류수의 보천가

4]류(柳)는 여덟개의 주홍색 별이 머리를 구부리고 있는데, 마치 버드나무의 가지가 땅을 향해 드리운 것과 같은 형상이라네 / 류의 위에 세개의 짙은 검은색(烏色) 별을 주기(酒旗)라고 부르는데 / 잔치를 크게 베푸는 일을 하고, 오성이 머무르는 곳이라네

1] 柳八星十五度(對女 師子宮 午地 周之分)

2] 사자궁(師子宮) : 순화의 분야(鶉火之次)에 해당하며, 류수(柳宿)의 8도부터 장수(張宿)의 16도까지를 말한다. 중국을 12주로 나누면 삼하(三河)에 해당하고, 중국의 주나라에 해당한다.

3] 류수를 우리나라의 지역에 배당하면, 경기도 지역인 강화군의 교동·인천시의 송도·장단·연천군의 마전,적성·파주군·개성·고양·양주·서울·김포·김포군의 통진,양천·강화에 해당한다고 한다.

4] 八紅曲頭似垂柳 / 柳上三烏號爲酒 / 享宴大酺五星守

③ 류수에 딸린 별

1 류(柳)   1]류(柳)는 하늘의 주방을 맡은 관리로, 주로 음식의 창고이고 술자리를 베푸는 자리이다. 별이 밝고 크면 사람들이 술과 음식이 풍부해지고, 요동하면 대인(大人 : 임금)이 술을 먹다 죽게 된다. 색깔을 잃으면 천하가 불안해지고, 기근이 발생해 백성들이 구걸하며 길거리에서 헤매게 된다. 이러한 현상은 조짐이 있은지 3년이 안되어 반드시 발생한다. 또한 우뢰와 비를 주관하므로 주(注 : 물을 댄다는 뜻)라고도 이름하고, 또 나무를 활용한 공사를 주관한다.

별이 밝으면 대신이 신중해서 나라가 안정되고 주방의 음식이 갖추어지며, 류(柳)의 머리가 들려있으면 임금의 명령이 잘 전달되고 훌륭한 보좌역이 출사하며, 별자리가 직선형태로 곧아지면 신하가 임금을 칠 것을 음모한다. 별들이 안으로 모여들면 병란이 일어나 도성문이 열리며, 별이 열려서 밖으로 퍼지면 백성들이 기아에 시달리고, 별이 없어지면 도성안에 크게 놀랄 일이 생긴다.

1] 柳 天之廚宰 主飮食倉庫 酒醴之位 明大則人豊酒食 搖動則大人酒死 失色則天下不安 飢饉流於道路 不過三年必應 又主雷雨 一曰注 又主木功 明大臣重愼國安 廚食具 注擧首王命興輔佐出 直天下謀伐其主 就聚兵鬪 國門開 張則人飢死 亡則都邑振動 日食宮室不安 王者惡之 月食宮室不安 大臣憂 客犯咎在周國 守則布帛魚鹽貴 色蒼白殺邊地諸侯 彗犯大臣誅 爲兵 爲喪 星孛于柳 南夷叛 / 류(柳)는 여덟개의 주홍색 별로 이루어져 있다.

일식이 발생하면 궁궐안이 불안하고 임금이 포악해지고, 월식이 있으면 궁궐안이 불안하고 대신에게 근심이 생긴다. 객성이 범하면 주(周)나라가 잘못해서[1] 허물이 있게 되고, 객성이 머무르면 베와 비단 및 물고기와 소금 등이 귀하게 된다. 별의 색깔이 푸르면서 희어지면 변방의 제후를 죽이게 된다. 혜성이 범하면 대신을 주살하게 되고, 병란이 일어나며 많은 사람이 죽게된다. 별이 류수를 거스르면 남이(南夷)가 모반을 일으킨다.

보기 2 주기(酒旗) [2]주기(酒旗)는 술을 담당하는 관리의 깃발이다. 주로 잔치에서 음식을 즐기는 일을 주관한다. 오성이 머무르면 천하에 큰 잔치가 있어서 술과 고기가 내려지고, 재물이 내려지며 봉작(封爵)이 종실(宗室)에게 수여된다. 화성이 범하면 음식에 절도가 없게 되고, 금성이 범하면 삼공(三公)과 구경(九卿)이 음모를 꾸미며, 객성 또는 혜성이 범하면 술이 지나쳐서 서로 해를 끼치게 된다.

1] 류수는 중국에서는 주(周)나라에 해당한다.

2] 酒官之旗也 主享宴飮食 五星守天下大酺 有酒肉 財物之賜及爵宗室 火犯飮食失度 金犯三公九卿有謀 客彗犯主以酒過爲相所害 / 주기(酒旗)는 류의 위에 세개의 짙은 검은색(烏色) 별로 이루어져 있다./ 당나라 이백의 시「월하독작月下獨酌(하늘이 술을 사랑하지 않았다면/ 하늘에 주성이 없었을 것이다)」으로 더욱 유명해졌다.

(4) 성수(星宿)

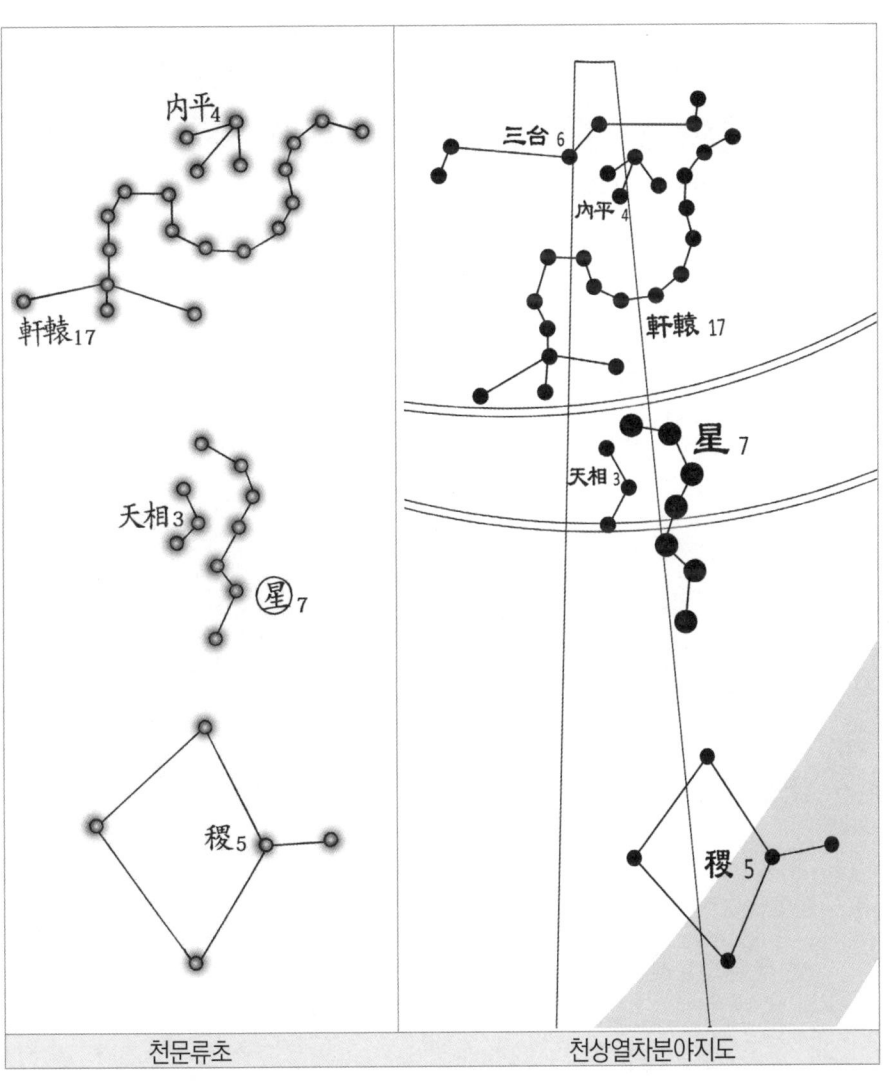

| 천문류초 | 천상열차분야지도 |

성수 영역의 『천문류초』와 「천상열차분야지도」의 다른 점

1️⃣ 「천상열차분야지도」는 '삼태(三台)'를 성수 영역에 소속시켜 그렸으나, 『천문류초』나 다른 천문도에서는 '삼태'를 태미원 영역에 배당하였다.

'삼태'가 삼공이라는 최고위직의 신하에 해당하므로 성수(황후나 후궁을 상징)와는 어울리지 않고, 또 제일 왼쪽에 있는 하태의 끝 별이 우태미원 바로 위에 있으므로 태미원 영역에 소속시킨 것 같다.

① 성수의 개괄

1]성수(星宿)는 일곱개의 별로 이루어졌으며, 주천도수 중에 7도를 맡고 있다(허수와 마주보고 있으며, 12황도궁 중에 사자궁에 해당하고, 오의 방향에 있으며, 주나라에 해당한다).2]

② 성수의 보천가

1] 星七星七度(對虛 獅子宮 午地 周之分)
2] 성수를 우리나라의 지역에 배당하면, 경기도 지역인 부평, 인천·과천·시흥·안산·남양·수원에 해당한다고 한다.

1)일곱개의 주홍색 별이 낚시바늘처럼 류수(柳宿)의 아래에 있는 것이 성(星)인데 / 성의 위에 열일곱개로 되어 있는 별이 헌원(軒轅)이고 / 헌원의 동쪽 위로 네개의 별이 내평(內平)이네 / 내평의 아래에 세개의 누런색 별을 천상(天相)이라 하는데 / 천상의 아래에 다섯개의 별로 된 직(稷)이 가로로 신령스럽게 놓여있다네.

③ 성수에 딸린 별

[1] 성(星) 2)성(星)은 주로 황후와 왕비(后妃)를 맡으니, 궁궐 안에서 임금을 모시는 벼슬을 가진 여자이다. 또한 어진 선비도 된다. 색깔을 잃고 별빛에 까끄라기가 생기면서 움직이면,

---

1] 七紅如鉤柳下生 / 星上十七軒轅形 / 軒轅東頭四內平 / 平下三黃名天相 / 相下稷星橫五靈

2] 主后妃 御女之位 亦爲賢士 失色芒動則后妃死 賢士誅 明大則道化成國盛 一名天都 主衣裳文繡 主急兵 守盜賊 明則王道昌 暗則賢良不處 天下空 天子疾 動則兵起 離則易政 日食主不安 文章士受誅其分兵起 臣爲亂 月食后及大臣有憂 又爲歲饑 民流 其國更政 木犯王憂兵 五穀多傷 火犯旱 逆行地動爲火災 土犯守世治平 王道興 后夫人喜 金犯兵暴起 大臣爲亂 水犯賊臣在側 守則其分有憂 萬物不成 兵從中起 貴臣有罪 民疫流亡 客犯爲兵 彗孛犯亂兵起 貴臣戮 流星犯爲兵憂 入則有急使來 / 성(星)을 일곱 개의 별로 구성되었다 하여 '칠성(七星)'이라고도 한다. / 성(星)은 일곱개의 주홍색 별로 이루어졌다.

황후와 왕비가 죽게 되고 또 어진 선비가 주살된다. 별이 밝고 커지면 정치와 교화가 잘 이루어져서 나라가 성대하게 된다.

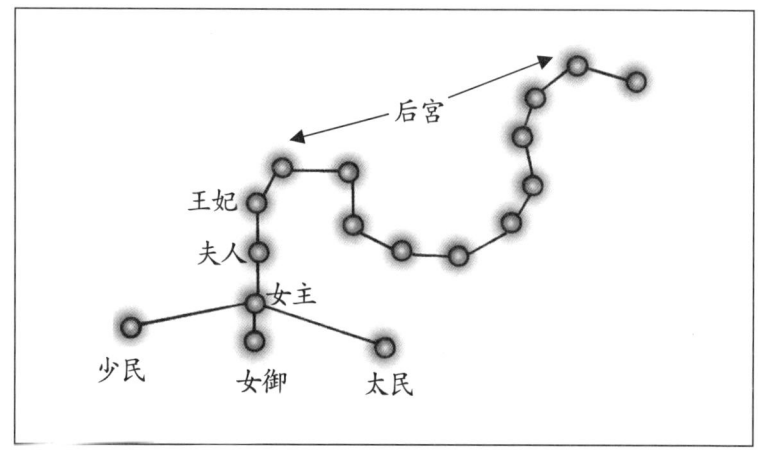

일명 천도(天都)라고도 하니, 주로 의상과 문양에 수를 놓는 일을 맡으며, 급한 병란이 있거나 도적을 막는 일을 주관한다. 별이 밝으면 왕도(王道)가 번창하게 되고, 어두우면 어질고 선량한 사람들이 갈곳이 없게 되어 천하가 공허해지며, 천자(天子) 역시 질병이 든다. 별이 움직이면 병란이 일어나고, 서로 간의 거리가 떨어지면 정치가 바뀐다.

일식이 있으면 임금이 불안해지고 글을 잘하는 선비가 주살을 당하며, 성수에 해당하는 분야에 병란이 일어나고, 신하가 난리를 일으킨다. 월식이 있으면 황후와 왕비(后妃) 및 대신

등에 근심이 생기고, 또한 기근이 들어 백성이 유랑하게 되며, 그 해당하는 나라의 정치가 바뀌게 된다.

목성이 범하면 임금에게 병란의 근심이 있고, 오곡이 성숙하지 못한다. 화성이 범하면 가뭄이 들고, 화성이 역행하면 지진이 일어나 화재가 발생한다. 토성이 범해서 머무르면 세상이 다스려져서 평안해지고, 왕도(王道)가 흥성해지며, 황후와 왕비(后妃) 등 부인에게 기쁨이 있다. 금성이 범하면 병사들이 폭동을 일으키며, 대신이 난리를 일으킨다. 수성이 범하면 도적같은 신하가 측근에서 총애를 받게 되고, 수성이 머무르면 성수(星宿)에 해당하는 분야에 근심이 있게되며, 만물이 성숙하지 못하고, 병란이 중앙에서부터 일어나며, 귀하고 높은 신하가 죄를 얻게 되고, 백성에 질병이 돌고 유랑생활을 하게 된다. 객성이 범하면 병란이 일어나고, 혜성 또는 패성이 범하면 병란이 일어나 어지럽게 되고, 귀하고도 높은 신하가 죽임을 당하게 된다. 유성이 범하면 병란의 근심이 있고, 들어오면 급박한 일을 알리는 사신이 온다.

| 2 | 헌원(軒轅) | 1]헌원(軒轅)은 황제(黃帝)의 신(神)으로 황룡

1] 黃帝之神 黃龍之體也 后妃之主士女職也 南大星女主也 次北一星夫人 次北一星妃也 其次諸星 皆次妃之屬也 女主 南小星 女御也 左一星少民 少后宗也 右一星太民 太后宗也 又如龍之體 主雷雨之神 陰陽交合 盛爲雷 激爲電 和爲

(黃龍)의 형상을 하고 있으니, 황후(后)와 왕비(妃)가 궁궐에서 일하는 여자 벼슬아치의 다스림을 주관한다. 남쪽의 큰 별이 여주(女主 : 황후)이고, 그 바로 위의 별이 부인(夫人)이며, 그 위의 별이 왕비이고, 그 위의 남은 별들이 왕비 이하의 후궁들이다. 여주의 아랫쪽으로 작은 별이 여어(女御)인데, 왼쪽 별이 소민(少民)으로 소후(少后:태자비)의 친척이고, 오른쪽 별이 태민(太民)으로 태후(太后)의 친척이다.

또한 용(龍)의 몸체와 비슷하니, 우뢰와 비의 신으로 음양의 교합을 맡는다. 음양이 교합되어 성대해진 것이 우뢰(雷)이고, 격해진 것이 번개(電)이며, 화합된 것이 비(雨)이고, 성낸 것이 바람(風)이며, 어지러워진 것이 안개(霧)이고, 엉긴 것이 시리(霜)이며, 흩어진 것이 이슬(露)이고, 모인 것이 구름(雲)이니, 기둥처럼 세워진 것이 무지개(虹蜺)이고, 걸려있는 것이 달무리(背喬 : 背穴 또는 背譎)이며, 나뉘어진 것이 햇무리(抱珥)이니, 이 열네가지 변화를 다 헌원이 주관한다.

별이 작으면서 누런색으로 빛나면 길하고, 자리를 옮기면 백성이 유랑하며, 좌우(동서)의 뿔(소민과 태민)이 벌어지면서

雨 怒爲風 亂爲霧 凝爲霜 散爲露 聚爲雲 立爲虹蜺 離爲背喬 分爲抱珥 此十四變 皆軒轅主之 小而黃明則吉 移徙則民流 東西角張而振 后族敗 月五星凌犯環繞乘守皆爲女主有禍 月食女主憂 客犯近臣謀 滅宗族 彗孛犯女主爲寇 一日兵起 流星入後宮多譏亂 / 여어(女御) : 어녀(御女)로 되어 있는 천문도도 있다. / 헌원(軒轅)은 성의 위에 열일곱개의 별로 이루어져 있다.

흔들리면 황후의 친척들이 정사를 전횡하다가 망한다. 달과 오성이 능멸하며 범하거나, 고리를 두르듯이 위에서 올라타면서 머무르면 황후에게 화가 미친다. 월식이 있어도 황후에게 근심이 생기고, 객성이 범하면 가까운 신하가 음모를 꾸미다가 일가부치들이 멸문을 당한다. 혜성 또는 패성이 범하면 황후가 나라를 훔치려 한다. 일설에는 황후가 병란을 일으킨다고도 한다. 유성이 들어오면 후궁이 참소를 해서 국정을 어지럽히는 일이 많게 된다.

<u>3 내평(內平)</u> 1)내평(內平)은 죄를 공평하게 처리하는 관직이다. 별이 밝으면 형벌이 공평하게 된다.

<u>4 천상(天相)</u> 2)천상(天相)은 승상(丞相)의 형상이다. 점은 자미원의 상성(相星)3)과 대략 같이 본다. 오성이 범하여 머무르면 후비(后妃) 또는 장군 및 정승에게 근심이 생긴다. 혜성

---

1) 平罪之官也 明則刑罰平 / 내평(內平)은 헌원의 위에 네개의 별로 이루어져 있다.

2) 丞相之象 占與相星略同 五星犯守后妃將相憂 彗客犯大臣誅 / 천상(天相)은 내평의 아래에 세개의 누런색 별로 이루어져 있다.

3) 상성(相星) : 상(相)은 자미원에 속한 별자리로, 백관을 총괄하여 여러 일을 다스리고, 나라안의 법도를 담당하여 임금을 보필하는 일을 한다. 별이 밝으면 길하고, 어두우면 흉하며, 별이 없어지면 재상이 쫓겨나게 된다.

또는 객성이 범하면 대신을 주살하게 된다.

[5] 직(稷:民星)   1)직(稷)은 백성의 운을 주관하는 별로, 농사에 관한 일을 주관하니, 백곡의 어른(稷을 말함)을 취해서 이름을 삼은 것이다. 별이 밝으면 풍년이 들고, 어둡거나 별자리를 갖추지 못했거나 또는 자리를 옮기면 천하가 황폐해진다. 별이 보이지 않으면 사람들이 먹을 것이 없어 서로 잡아먹게 되고, 객성이 들어오면 중국에서 제사를 지낼 일이 생기고, 나가면 중국 밖에서 제사를 지낼 일이 생긴다.

1] 主農正 取百穀之長以爲號 明則歲豊 暗或不具或移徙 天下荒歉 不見人相食 客入有祠事于內 出有祠事于外 / 직(稷)은 천상의 아래에 다섯개의 별로 이루어져 있다. / 신법보천가 그림에는 없다.

(5) 장수(張宿)

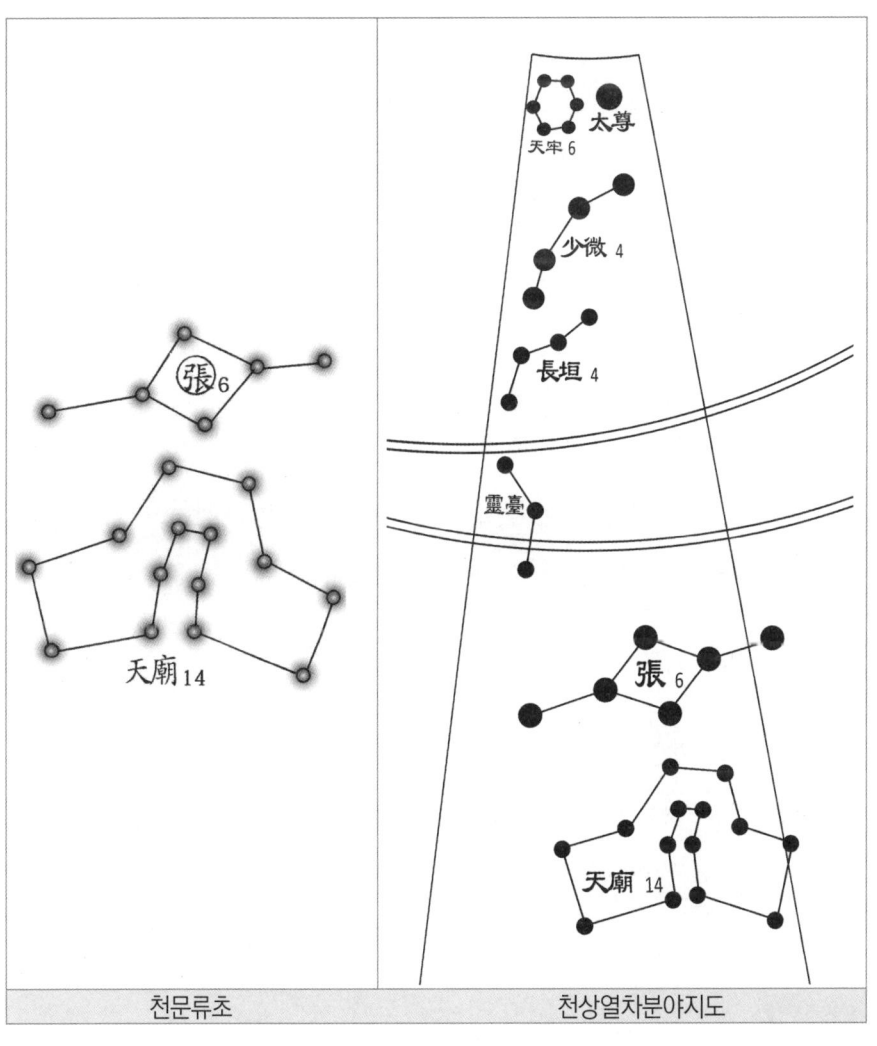

| 천문류초 | 천상열차분야지도 |

장수 영역의 『천문류초』와 「천상열차분야지도」의 다른 점

① 「천상열차분야지도」에서 '태존(太尊), 천뢰(天牢六), 장원(長垣四), 소미(少微四), 호분(虎賁), 영대(靈臺)' 등 여섯 별자리가 장수의 위에 있으나, 『천문류초』 등 다른 천문도에서는 '태존, 천뢰'는 자미원에, '장원, 소미, 호분, 영대' 등은 태미원(太微垣)에 속한 것으로 보았다.

② 이 여섯 별자리 중에서 '호분'은 태미원의 바로 위에 있으므로 태미원 영역에 배당했다.

③ 또 '태존'에 대해서 『천문류초』에서는 자미원에, 「보천가」에서는 자미원과 장수에 모두 포함시켰고, 『천문요람』, 『영대비원』 등에서는 장수에 소속시켰다.

① 장수의 개괄

1]장수(張宿)는 여섯개의 별로 이루어졌으며, 주천도수 중에 18도를 맡고 있다(위수와 마주보고 있으며, 12황도궁 중에 사자궁에 해당하고, 오의 방향에 있으며, 주나라에 해당한다).²⁾

1] 張六星十八度(對危 獅子宮 午地 周之分)
2] 장수를 우리나라의 지역에 배당하면, 경기도 지역인 평택·안성군의 안성, 양성·용인·양지·광주·죽산과 충청도 지역인 진천·청주·괴산군의 청

② 장수의 보천가

1)여섯개의 주홍색 별이, 진수(軫宿)와 비슷한 형태로 성수(星宿)의 곁에 있는 것이 장(張)이라네 / 장의 아래에 있는 것은 천묘(天廟)인데 / 열네개의 별이 사방으로 방책을 이루고 있다네 / 장원(長垣)과 소미(少微)는 비록 장수의 바로 위에 있으나2) / 별자리 노래할 때는 태미원(太微垣)에 속해 있는 것이고 / 한개의 누런색 별로 되어 있는 태존(太尊)은 곧바로 위에 있다네

③ 장수에 딸린 별

| 1 | 장(張)   3)장(張)은 천자의 종묘(天廟)와 명당(明堂)을 맡는

안, 괴산군·음성·충주·청풍·단양·제천에 해당한다.

1] 六紅似軫在星旁 / 張下只是有天廟 / 十四之星冊四方 / 長垣少微雖向上 / 星數歌在太微傍 / 太尊一星直上黃 / 『천문류초』에서는 태존을 자미원에 소속시켰으나, 『보천가』에서는 윗글과 같이 자미원과 장수에 모두 포함시켰고, 『천문요람, 영대비원』 등에서는 장수에 소속시켰다.

2] 장원과 소미는 장수(張宿) 보다 우태미원(右太微垣)에 더 가까이 있다.

3] 主天廟明堂御史之位 明大則國盛强 失色宗廟不安 明堂宮廢 主珍寶 宗廟所用及衣服 又主廚 飮食賞資之事 明則王者行五禮 得天之中 動則賞資 離徙天下有逆 就聚有兵 金火守之兵起 色細無光王者少子孫 日食王者失禮 掌御饌者憂 月食大潦 其分饑 臣失勢 皇后有憂 月犯將相死 彗犯國用兵 民亡 守爲兵 出爲旱 火孛犯兵起 土水犯國不寧 / 장(張)은 여섯개의 주홍색 별로 이

어사(御史)의 직책이다. 별이 밝고 커지면 나라가 성해져서 강대해지고, 색깔을 잃으면 종묘(宗廟)가 불안해지며, 명당궁(明堂宮)이 폐해진다. 또 진귀한 보물을 주관하니, 종묘 및 의복에 소용되는 보물이다. 또 주방을 맡으니, 음식으로 상을 주는 일을 한다. 별이 밝으면 왕이 오례(五禮)를 행하며, 하늘의 중심을 얻어 다스리게 된다. 별이 움직이면 상을 주게되고, 간격이 떨어지거나 자리를 옮기면 천하에 역도들이 생겨난다.

별자리가 모여들면 병란이 일어나고, 금성 또는 화성이 머물러도 병란이 일어난다. 색이 가늘어지면서 빛이 없어지면 임금의 자손이 귀하게 되고, 일식이 생기면 왕이 예절을 잃게 되며, 음식을 만들어 올리는 사람에게 근심이 생긴다. 월식이 되면 큰 장마가 지고, 장수(張宿)에 해당하는 분야의 백성들이 기아에 허덕이며, 신하가 세력을 잃고, 황후에게 근심이 생긴다. 달이 범하면 장군과 재상이 죽게 되고, 혜성이 범하면 나라에서 병사들을 쓸 일이 생기며, 백성이 많이 죽는다. 혜성이 머무르면 병란이 발생하고, 나가면 가뭄이 들며, 화성 또는 패성이 범하면 병란이 일어나고, 토성 또는 수성이 범하면 나라가 편안치 않게 된다.

| 2 | 천묘(天廟 : 民星) | 1)천묘(天廟)는 백성의 운을 주관하는

루어져 있다.

별로, 천자 조상의 묘당이다. 별이 밝으면 길하고, 미세해지면 해당 분야에 병란이 일어나며, 군대에 식량의 공급이 원활치 못하게 된다. 객성이 범하면 나라에 국상이 나서 흰옷을 입게 되고, 병란이 발생한다. 일설에는 제관에게 근심이 생긴다고 하니, 그 점의 내용이 허량(虛梁)1]과 동일하다.

1] 天子祖廟也 明則吉 微細其所有兵 軍食不通 客犯有白衣會 兵起 又曰祠官有憂 其占與虛梁同 / 천묘(天廟)는 장의 아래에 있는데, 열네개의 별이 사방으로 친 방책의 형태를 이루고 있다.

1] 허량(虛梁) : 허량(虛梁)은 북방7수 중에 위수(危宿)에 속한 별자리로, 임금의 동산과 능, 그리고 종묘(宗廟) 등을 관장한다. 금성 또는 화성이 머무르거나 별자리 안에 들어와 범하면 병란으로 인한 재앙이 크게 일어난다. 혜성 또는 패성이 범하면, 병란이 일어나서 종묘(宗廟)를 바꾸게 된다(임금이 바뀌어 조상이 달라진다).

(6) 익수(翼宿)

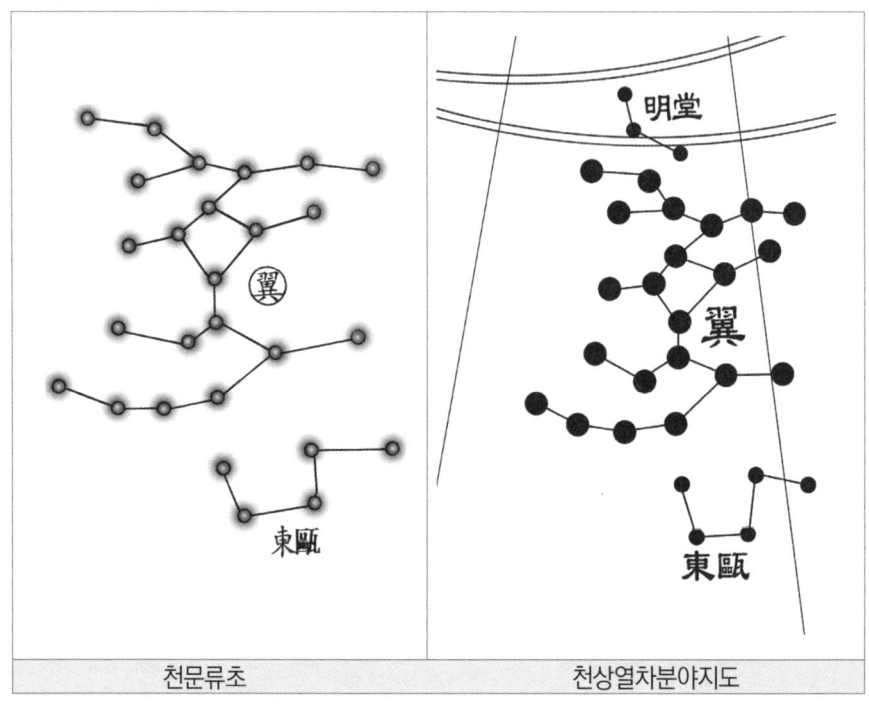

| 천문류초 | 천상열차분야지도 |

익수 영역의 『천문류초』와 「천상열차분야지도」의 다른 점

1 『천문류초』에서는 익수 위의 '명당'을 태미원 영역에 소속시켰다.
2 「천상열차분야지도」에서는 '東區(동구)'의 '구' 자를 '甌(사발 구)' 자가 아닌 '區(지경 구)' 자를 썼는데, 이는 『수서隋書』와

같은 표기법이다. 『천문류초』에서는 그림과 설명문에 모두 '동구(東甌)'로 썼다.

① 익수의 개괄

1]익수(翼宿)는 스물두개의 별로 이루어졌으며, 주천도수 중에 18도를 맡고 있다(실수와 마주보고 있으며, 12황도궁 중에 쌍녀궁2]에 해당하고, 사의 방향에 있으며, 초나라에 해당한다).3]

② 익수의 보천가

4]스물두개의 주홍색 별인 익은 찾기가 쉽지 않으니 / 위로 다

1] 翼二十二星十八度(對室 雙女宮 巳地 楚之分)
2] 쌍녀궁(雙女宮) : 순미의 분야(鶉尾之次)에 해당하며, 장수(張宿)의 16도부터 진수(軫宿)의 12도까지를 말한다. 중국을 12주로 나누면 형주(荊州)에 해당하고, 중국의 초나라에 해당한다.
3] 익수를 우리나라의 지역에 배당하면, 전라도 지역인 고창군의 무장, 고창·영광·장성·진원·함평·무안·나주·진도·해남·영암·강진, 나주군의 남평과 제주도에 해당한다고 한다.
4] 二十二紅大難識 / 上五下五橫着行 / 中間六點恰如張 / 更有六星在何許 / 三三相連張畔附 / 必若不能分處所 / 更請向前看野取 / 五箇黑星翼下頭 / 要知名字是東甌

섯개 아래로 다섯개가 횡으로 놓여 있고 / 중간의 여섯개 별은 장수(張宿)와 흡사하다네 / 다시 남은 여섯개의 별은 어디에 있나 / 셋씩 서로 이어져서 장수(張宿)의 곁에 붙어있네 / 장수와의 나뉘어진 곳을 찾지 못하겠거든 / 반드시 다시 앞에(남쪽에) 있는 벌판을 봐서 찾게나 / 다섯개의 검은색(黑色) 별이 익의 아래에 머리를 두고 있으니 / 요컨대 이 별의 이름이 동구(東甌)인 것을 알게나

③ 익수에 딸린 별

[1] 익(翼) 1)익(翼)은 태미원(太微垣)의 삼공을 관장하니, 도(道)를 이루게 하고 문서 및 전적을 담당한다. 별이 색깔을 잃으면 백성이 유랑하고, 까끄라기가 일면서 움직이면 도가 행해지지 않고 문서 및 전적이 괴멸된다. 움직이고 이동하면 삼

1] 主太微三公 化道文籍 失色則民流 芒動則化道不行 文籍壞滅 動移則三公廢 明大則化成 又爲天之樂府 主俳倡戲樂 又主夷狄遠客負海之賓 明大則禮樂興 四夷來賓 動則蠻夷使來 離徙則天子擧兵 日食臣僭王者 失禮 忠臣見譏 爲旱災 月食亦爲忠臣見譏 飛虫多死 北方有兵 女主惡之 又曰大臣有謀 日月宿風起 木犯五穀爲風所傷 逆行入之 君好畋獵 火犯其分饑 臣下不從命 邊兵起 土犯大臣憂 守之主聖臣賢 歲豊 金入或犯皆爲兵起 水凌抵下臣爲亂 伏誅 守 旱 饑民 流客彗犯大臣憂 國有兵 孛流犯亦爲大臣憂 其下有兵 一日流星入 天下賢士入見 南夷來貢 / 익(翼)은 스물두개의 주홍색 별로 이루어져 있다.

공을 폐하게 되고, 밝고 커지면 교화가 잘 이루어진다.

또한 하늘의 악부(樂府)가 되니, 주로 광대와 가수 등이 희롱하고 즐기는 일을 맡으며, 또한 중국 변방의 이적(夷狄)과 멀리 떨어진 사신 및 바다를 등지고 있는 나라의 사신을 맡는다. 별이 밝고 커지면 예와 악(禮樂)이 흥하고, 사방의 변방국가(夷狄)들이 와서 중국에 조공을 바친다. 별이 움직이면 만·이(蠻夷) 등이 사신을 보내오고, 간격이 떨어지면서 자리를 옮기면 천자가 병사들을 직접 지휘하게 된다. 일식이 있으면 신하 중에 임금을 범하는 자가 생기며, 예절을 잃게 되고, 충신이 참소를 당하며, 가뭄으로 인한 재앙이 든다. 월식이 있어도 충신이 참소를 당하고, 날개가 있는 벌레들이 많이 죽게 되고, 북방에 병란이 발생하며, 황후가 패악을 저지른다. 일설에는 대신이 음모를 꾸민다고도 한다.

해 또는 달이 지나가면 바람이 일어나고, 목성이 범하면 오곡이 풍해(風害)를 입으며, 역행해서 들어오면 임금이 사냥하고 수렵하는 것을 좋아하게 된다. 화성이 범하면 해당하는 분야의 사람들이 기아에 허덕이며, 신하가 명령을 따르지 않고, 변방에서 병란이 일어난다. 토성이 범하면 대신이 근심하고, 머무르면 임금은 성인(聖人)이 맡고 신하는 어진사람이 맡게 되며 풍년이 든다. 금성이 들어오거나 범하면 병란이 일어나고, 수성이 능멸하면서 아랫방향에서 거스르면 신하가 난리를 일으키다가 주살 된다. 머무르면 가뭄이 들고 백성이 굶주리며, 유성이나 객성 또는 혜성이 범하면 대신에게 근심이 생기고, 나라 안에 병란이 발생한다. 패성 또는 유성이 범해도 대신에게 근심이 생기고, 익수(翼宿)의 분야에 병란이 일어난다. 일설에는 유성이 들어오면 천하의 어진 선비가 벼슬길에 나오고, 남이(南夷)가 와서 조공을 한다고도 한다.

| 2 | 동구(東甌) | 1]동구(東甌)는 만이(蠻夷)의 별이다. 주로 동월(東越)과 천흉(穿胸) 및 남월(南越 : 越裳)을 맡는다. 까끄라기가 뿔같이 일면서 동요하면 만이가 반란을 일으키고, 금성 또는 화성이 머무르면 그 해당하는 지역에 병란이 일어난다.

1] 蠻夷星也 主東越穿胸南越 芒角動搖蠻夷叛 金火守之 其地有兵 / 동구(東甌)는 다섯개의 검은색(黑色) 별로 이루어졌는데, 익의 아래에 있다.

(7) 진수(軫宿)

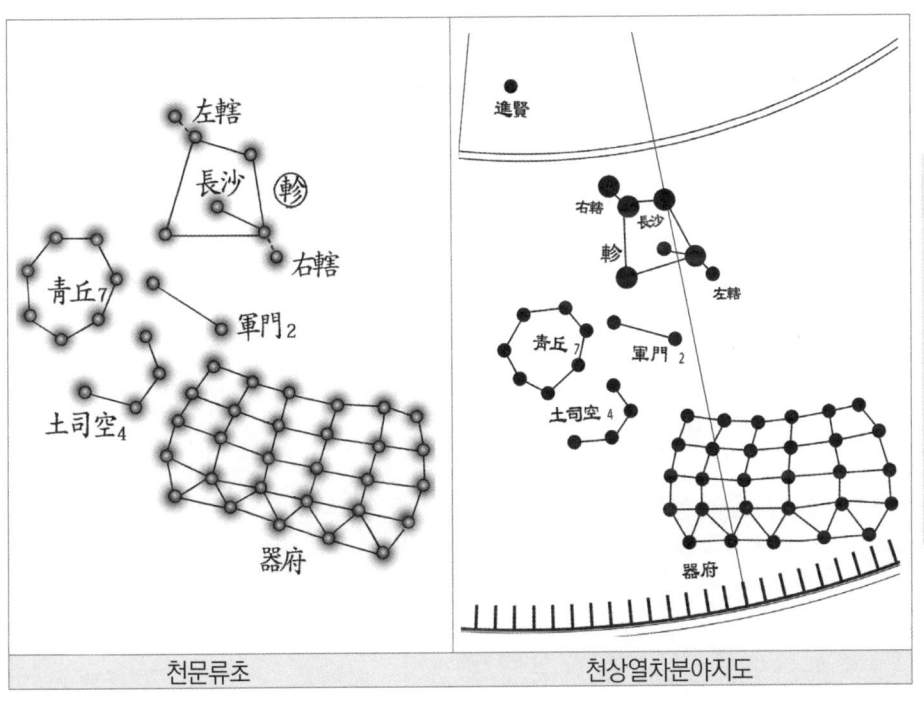

| 천문류초 | 천상열차분야지도 |

진수 영역의 『천문류초』와 「천상열차분야지도」의 다른 점

①「천상열차분야지도」에서는 '진현'을 진수 영역에 그렸으나, 『천문류초』 등 중국의 천문서적에서는 '진현'을 각수 영역에 배당하였다.

② 『천문류초』는 「천상열차분야지도」를 따라 '기부'의 별개

수를 29개로 그렸다. 「보천가」에는 32개로 되어있고, 『천문요람』 등에서도 32개로 표기되었다.

③ 「천상열차분야지도」에서는 진수와 '좌할(1개)', '우할(1개)', '장사(1개)'를 선으로 연결해서 한 개의 같은 별자리인 것 같이 보이게 했다. 그러면서도 '좌할', '우할', '장사' 등의 별자리 이름을 표시함으로써, 진수와 다른 별자리임을 밝혔다. 『천문류초』에서도 똑같이 따라했다.

아마도 「천상열차분야지도」를 그릴 때, 모본이 된 고구려천문도에서 하나의 별자리로 그려진 것을, 조선초에 다시 제작하면서 별그림은 고구려 것을 그리고, 이름과 별개수는 당시에 알려진 천문지식으로 표기한 것 같다.

① 진수의 개괄

1)진수(軫宿)는 네개의 별로 이루어졌으며, 주천도수 중에 17도를 맡고 있다(벽수와 마주보고 있으며, 12황도궁 중에 쌍녀궁에 해당하고, 사의 방향에 있으며, 초나라에 해당한다).2)

1] 軫四星十七度(對壁 雙女宮 巳地 楚之分)

2] 진수를 우리나라의 지역에 배당하면, 전라도 지역인 광주, 담양군의 창평, 화순군의 동복·화순, 능주·장흥·순천·고흥·보성·곡성·구례·광양에 해당한다고 한다.

② 진수의 보천가

1]네개의 주홍색 별이 장수(張宿)와 비슷한 모습으로 익수(翼宿)와 서로 가까운 것이 진(軫)인데 / 중앙의 한개 붉은색(赤色) 별이 장사(長沙)라네 / 좌할(左轄)과 우할(右轄)은 양쪽에 붙어 있고 / 두개의 누런색 별인 군문(軍門)은 익수(翼宿)의 근처에 있네 / 군문의 아래에 네개의 누런색 별이 토사공(土司空)이고 / 군문의 동쪽(왼쪽)에 일곱개의 짙은 검은색(烏色) 별이 청구(靑丘)라네 / 청구의 아래에 있는 것을 기부(器府)라 이름하는데 / 기부는 검은색(黑色) 별 서른두개로 되어있네 / 이러한 별들의 윗쪽은 태미원(太微垣)인데 / 황도(黃道)가 위에 있어 이를 보고 구별하네

③ 진수에 딸린 별

|1| 진(軫) 2]진(軫)은 장군과 악부(樂府)를 맡으니, 노래하고

1] 四紅如張翼相近 / 中央一赤長沙子 / 左轄右轄附兩星 / 軍門兩黃近翼是 / 門下四黃土司空 / 門東七烏靑丘子 / 靑丘之下名器府 / 器府黑星三十二 / 已上便爲大微宮 / 黃道向上看取是

2] 主將軍樂府 歌讙之事 五星犯之失位亡國 女子主政 人失業 賊黨掠 人禍生百日內 明大則天下昌 萬民康 四海歸王 又爲冢宰輔臣也 主車騎 明大則車騎用 主死喪 明則車駕備 離徙天子憂 就聚兵大起 日月宿風起 火犯有亂兵 入將軍 爲亂 水傷稼 民多妖言 逆行爲火 爲兵 金犯爲兵起 水犯民疫 大臣憂 守之大

즐기는 일을 주관한다. 오성이 범하면 지위를 잃고 나라를 잃으며, 여자가 정사를 맡게 되고, 사람이 직업을 잃으며, 도적의 무리가 약탈을 하니, 백일이 못되어 사람들이 화를 입게 된다. 별이 밝고 커지면 천하가 번창하고, 만백성이 편안하며, 온세상이 임금의 교화를 받게 된다.

 또한 총재(冢宰)가 되니, 보필하는 신하이다. 또 전차와 기마(車騎)를 주관하니, 별이 밝고 커지면 전차와 기마가 쓰이게 되어 사람들이 많이 죽고 다친다. 별이 밝으면 임금의 수레와 가마가 제대로 준비되고, 별의 간격이 떨어지며 옮기면 천자에게 근심이 생기며, 가운데로 모여들면 병란이 크게 일어난다.

 해 또는 달이 지나가면 바람이 일어나며, 화성이 범하면 병란이 일어나고, 화성이 들어오면 장군이 난리를 일으키며, 수해로 인해 곡식이 상하고, 백성사이에 요사스러운 말이 퍼진다. 화성이 역행하면 화재가 발생하고, 병란이 일어난다. 금성이 범해도 병란이 일어나고, 수성이 범하면 백성에 질병이 들며, 대신에게 근심이 생긴다. 수성이 머무르면 큰 홍수가 나고, 들어오면 천하에 불로 인한 근심이 많다. 객성·혜성·패성·유성 중에 하나가 범하면 병란이 일어나고, 많이 죽게 된다.

 水 入天下以火爲憂 客彗孛流犯爲兵 爲喪 / 진(軫)은 네개의 주홍색 별로 이루어져 있다.

② 장사(長沙)   1)장사(長沙)는 수명을 관장하니, 별이 밝으면 임금의 수명이 길어지고 자손이 번창한다.

③ 좌할 우할(左轄右轄)   2)좌할 우할(左轄右轄)은 임금과 제후를 주관한다. 좌할(左轄)은 임금과 같은 성씨의 제후이고, 우할은 임금과 다른 성씨의 제후이다. 별이 밝으면 병란이 크게 일어나고, 진수(軫宿)와 멀리 있으면 흉하게 되며, 보이지 않으면 나라에 큰 우환이 있게된다.

④ 군문(軍門)   3)군문(軍門)은 천자의 육군(六軍)의 출입문에 해당하니, 주로 병영의 척후를 주관한다. 표범의 꼬리로 깃발의 위엄을 나타내기도 하니, 자리를 옮기거나 객성이 범하면 도로가 불통한다.

⑤ 토사공(土司空)   4)토사공(土司空)은 주로 토목공사를 맡

1] 主壽命 明則君壽長 子孫昌 / 장사(長沙)는 사각형을 이루고 있는 진의 안에 있는데, 한 개의 붉은색(赤色) 별로 이루어져 있다.

2] 主王侯 左轄爲王者同姓 右轄爲異姓 明兵大起 遠軫凶 不見國有大憂 / 좌할(左轄)과 우할(右轄)은 진의 양 끝에 붙어 있는데, 각기 한 개의 붉은색 별로 이루어져 있다.

3] 天子六軍之門也 主營候 豹尾威旗 移其處及客犯 皆爲道不通 / 군문(軍門)은 진의 아래에 있는데, 두개의 누런색 별로 이루어져 있다.

는다. 일명 사도(司徒)라고도 하니, 구역의 경계를 맡아 행한다. 고르게 밝으면 천하에 풍년이 들고, 미세하고 어두워지면 곡식이 잘 자라지 않는다. 금성 또는 화성이 범하면 남녀가 모두 농사짓고 길쌈하는 일 등을 못하게 된다. 객성 또는 혜성이 범하면 병란이 일어나고 백성이 유랑을 한다.

| 6 | 청구(青丘) | 1)청구(青丘)는 오랑캐(蠻夷 : 여기서는 조선)의 나라이름이다. 동쪽에 있는 삼한(三韓 : 우리나라)을 주관한다. 별이 밝으면 변방국가(조선)의 병사들이 강성해지고, 움직이고 흔들리면 변방국가의 병사들이 난리를 일으킨다.

| 7 | 기부(器府) | 2)기부(器府)는 악기를 맡은 부서이니, 여러

4] 主土功 一曰司徒 主界域 均明則天下豊 微暗則稼穡不登 金火犯男女廢耕桑 客彗犯兵起 民流 / 토사공(土司空)은 군문의 아래에 있는데, 네개의 누런색 별로 이루어져 있다.

1] 蠻夷之國號 主東方三韓之國 明則夷兵盛 動搖夷兵爲亂 / 청구(青丘)는 군문의 동쪽(왼쪽)에 있는데, 일곱개의 짙은 검은색(烏色) 별로 이루어져 있다.

2] 樂器之府 主樂器之屬 明則八音和 君臣平 不明則反是 客彗犯樂官誅 / 기부(器府)는 청구의 아래에 있는데, 서른두개의 검은색(黑色) 별로 이루어져 있다. 천문류초의 그림은 29개이고, 보천가의 그림에는 없으나 갯수는 32개로 되어있다. 『천문요람』에는 32개로 그려져 있다. / 익수와 진수의 북쪽(위)은 태미원(太微垣)인데, 태양이 지나는 길인 황도(黃道)가 경계선이다.

가지 악기를 주관한다. 별이 밝으면 팔음(八音)이 조화를 이루고, 임금과 신하가 평화롭게 지내나, 별이 밝지 못하면 이와 반대로 된다. 객성 또는 혜성이 범하면 악관(樂官)이 주살된다.

남방7수의 개괄			별의 수	부속 별	주천 도수	12황 도궁	12자 리(次)	해당지역	
	상징	의미						중국	우리 나라
정	주작의 머리, 또는 벼슬(정수리 털)	샘물, 제후와 황제의 친척 및 삼공을 주관, 법령의 공평	8	列鉞1 南河3 北河3 天樽3 五諸侯5 積水1 積薪1 水府4 水位4 四瀆4 軍市13 野鷄1 孫2 子2 丈人2 闕丘2 狼1 弧矢9(弧8,矢1) 老人(南極老人)1	33도	거해궁 (미),井 15도~ 柳8도	순수(鶉首)	秦 (雍州)	평안도
귀	주작의 눈	사망과 질병, 제사지내는 일, 간사한 음모를 관찰, 곡식 등 재물을 모음	4	積尸氣1 爟4 天狗7 外廚6 天社6 天紀1	4도				황해도
류	주작의 부리,또는 벼슬	하늘의 주방, 잔치, 우뢰와 비	8	酒旗3	15도	사자궁 (오),柳 8~張 16도	순화(鶉火)	周 (三河)	경기도
성	주작의 목, 또는 심장	황후와 왕비, 어진 선비, 의상과 문양에 수를 놓는 일, 병란 또는 도적을 방비	7	軒轅17 內平4 天相3 稷5	7도				
장	주작의 모이주머 니, 위장	종묘와 명당, 그에 소용되는 보물이나 음식	6	天廟14	18도				충청도
익	주작의 깃촉 (날개)	도를 이루게 하고 문서 및 전적, 광대와 가수, 변방국가의 사신	22	東甌5	18도	쌍녀궁 (사),張 16도~ 軫12 도	순미(鶉尾)	楚 (雍州)	전라, 제주도
진	주작의 꼬리	장군, 樂府(노래하고 즐기는 일), 冢宰	4	長沙1 左轄1 右轄1 軍門2 土司空4 靑丘7 器府32	17도				전라도
계	朱雀	예절 및 의식, 풍성하게 베풂	59	39개 별자리 (184개 별)	112 도	3궁	3차	3국 3주	5도

4장. 하늘의 삼원(三垣)

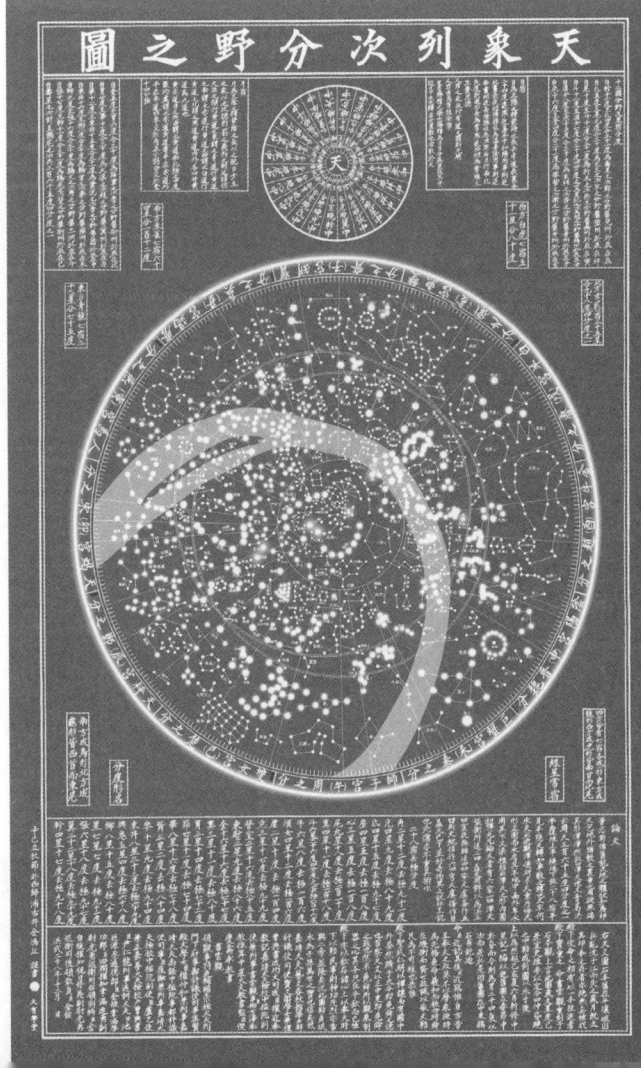

4장. 하늘의 삼원(三垣)

1) 상원 태미원(上元太微垣)

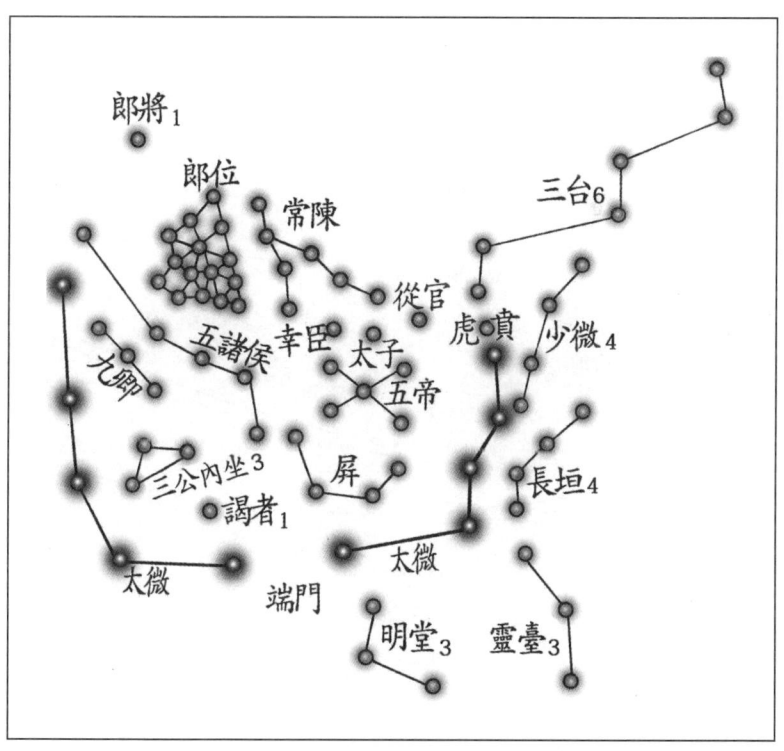

천문류초

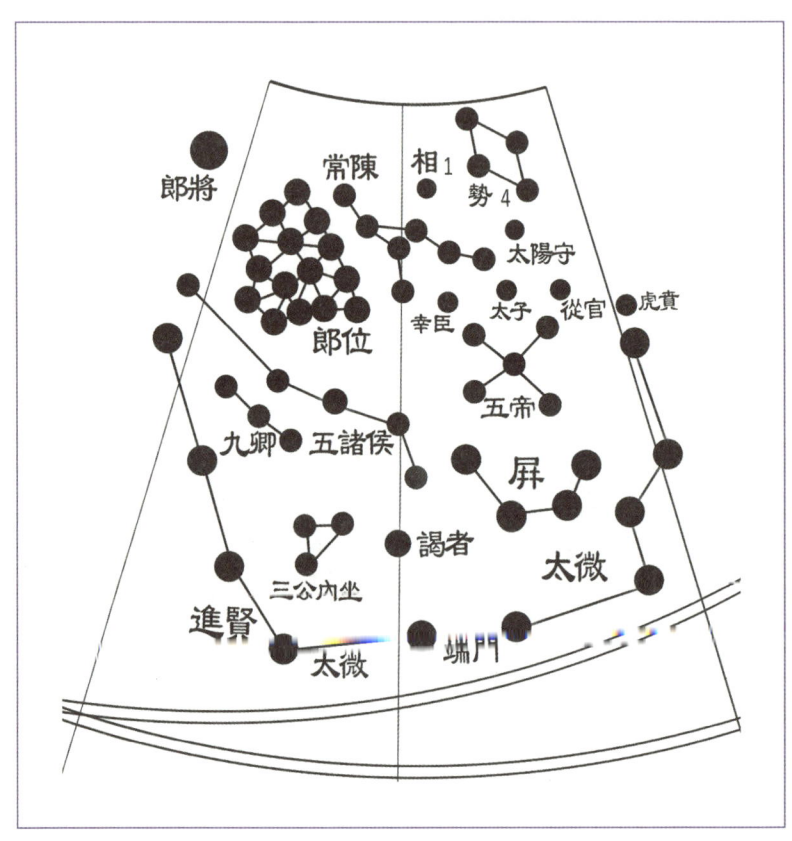

천상열차분야지도

태미원 영역의 『천문류초』와 「천상열차분야지도」의 다른 점

①「천상열차분야지도」에서 태미원 영역에 그린 '상, 세, 태양수'를 『천문류초』에서는 자미원 영역에 배당하였다.

②「천상열차분야지도」에서는 '삼태'를 성수 영역에, '소미, 장원, 영대'를 장수 영역에, '명당'을 익수 영역에 배당하였다.

③ 태미원의 총 18개 별자리 중에서 '상'과 '세'의 두 별자리에만 별의 개수를 표시하였다.

④ 또 '태존'에 대해서 『천문류초』에서는 자미원에, 『보천가』에서는 자미원과 장수에 모두 포함시켰고, 『천문요람, 영대비원』 등에서는 장수에 소속시켰는데, 「천상열차분야지도」에서는 장수 영역에 배당하였다.

⑤「천상열차분야지도」에서 '삼태'는 남방칠수의 '류수, 성수, 장수'의 세 영역에 걸쳐 그려져 있으므로, 성수 영역에 배당하였다.

⑥『천문류초』와 「천상열차분야지도」에서는 태미원 입구를 '端門(단문)'이라고 표기하였다. '단문'을 구성하는 별이 있는 것이 아니라, 태미원의 입구를 그렇게 부른 것이다.

⑦ 별그림에서는 「천상열차분야지도」를 따라 '삼공내좌'라 표기하고, 설명문에서는 '삼공'이라는 이름으로 풀이하였다.

(1) 태미원의 보천가(步天歌)

1]태미원(太微垣)은 상원 태미궁(上元太微宮)이라고 한다.

　밝고 밝게 열을 지어 창공에 펼쳐있으니 / 단문(端門)2]은 해당하는 별없이 단지 문의 중심을 표시한 것이고 / 좌집법(左執法)과 우집법(右執法)은 단문의 좌우로 놓였네 / 단문의 왼쪽으로 한개의 검은색(皁色) 별이 알자(謁者)일세 / 알자의 다음에 세개의 짙은 검은색(烏色) 별이 삼공(三公)이고 / 삼공의 뒤쪽으로 세개의 검은색(黑色) 별이 구경(九卿)이라네 / 3]

1]　上元太微宮

　　昭昭列象布蒼空 / 端門只是門之中 / 左右執法門西東 / 門左一皁乃謁者 /
　　以次卽是烏三公 / 三黑九卿公背傍 / 五黑諸侯卿後行 / 四赤門西主軒屛 /
　　五帝內坐於中正 / 幸臣太子幷從官 / 烏列帝後陳東定 / 郎將虎賁居左右 /
　　常陳郎位居其後 / 常陳七星不相誤 / 郎位陳東赤十五 / 兩面宮垣十紅布 /
　　左右執法是其所 / 東垣上相次相陳 / 次將上將相連明 / 西面垣墻依此數 /
　　但將上將逆南去 / 宮外明堂布政宮 / 三黑靈臺候雲雨 / 少微四赤西南隅 /
　　長垣雙雙微西居 / 北門西外接三台 / 與垣相對無兵災

2]　단문(端門) : 태미원을 들어가는 입구를 단문이라고 한다. 단문을 구성하는 별이 있는 것이 아니라, 통로를 그렇게 부를 뿐이다.

3]　흑색(黑色) 조색(皁色) 오색(烏色) : 흑색(黑色)은 자연에서 볼 수 있는 일반적인 검은 색이고, 조색(皁色)은 인위적으로 물감 등을 들여 검게 만든 것으로 흑(黑) 보다도 더 어두운 색이며, 오색(烏色)은 까마귀의 검은색 털처럼 검다 못해 윤이나는 짙은 검은색이다. 이 세 색깔을 천문(天文)에서는 잘 보이지 않는 별을 표현할 때 쓰면서, 어느 정도는 서로 통용해서 쓴다.

다섯개의 검은색(黑色) 별인 오제후(五諸侯)는 구경의 뒤에 행렬을 이루고 / 단문의 서쪽에 있는 네개의 붉은색(赤色) 별이 헌원의 병(屛)이네 / 오제(五帝)는 태미원의 한가운데에 자리잡으니 / 행신(幸臣)·태자(太子)·종관(從官)은 모두 / 짙은 검은색(烏色) 별로, 오제의 뒤에 상진(常陳)의 동쪽에 자리잡고 / 낭장(郎將)과 호분(虎賁)은 각각 오제의 왼쪽과 오른쪽에 있으며 / 상진(常陳)과 낭위(郎位)는 오제의 뒤에 있다네 / 상진 일곱별은 서로 자리를 바꾸지 않으며 / 낭위는 상진의 동쪽으로 열다섯개의 붉은색(赤色) 별이네 / 태미원의 열개 주홍색 별이 양쪽으로 벌려 있으니 / 좌집법과 우집법이 기준을 잡고 / 동쪽 태미원에는 상상(上相)과 차상(次相)이 있고 / 차장(次將)과 상장(上將)이 연이어 밝게 빛나며 / 서쪽 태미원에는 동쪽과 같은 샛수로 있는데 / 다만 상장(上將)이 남쪽에서부터 위로 거꾸로 배치되었네 / 태미궁의 밖으로는 정사(政事)를 베푸는 장소로 명당(明堂)이 벌려있고 / 세개의 검은색(黑色) 별인 영대(靈臺)가 있어 비와 구름을 알려주네 / 네개의 붉은색 별인 소미(少微)는 서남쪽 모퉁이에 있고 / 장원(長垣)은 두별씩 쌍을 지어 소미의 서쪽에 있네 / 북쪽문의 서쪽바깥으로 삼태(三台)가 붙어 있어서 / 장원과 더불어 상대가 되어 병란이 없게 하네 /

(2) 태미원에 딸린 별

| 1 | 태미원(太微垣) |

[1]태미원(太微垣)은 천자의 궁궐 뜰이고, 오제(五帝)가 거처하는 곳이며, 열두제후의 부서가 되고, 그 바깥 울타리가 구경(九卿)이 된다. 또한 하늘의 궁정(宮庭)이 되니, 명령을 정비하고 집행해서 분쟁을 해결하고, 관리의 승진을 주관 감독하며, 모든 별에게 덕을 주고, 모든 신들에게 부절을 주며 절후를 살피고, 모든 물건의 정서를 펴게하며 의심스러운 것을 풀어준다.

동태미원과 서태미원의 별에 까끄라기가 일면서 동요하면 제후가 반역을 일으킨다.

달 또는 오성이 태미원의 궤도 안으로 들어오면 길하고, 가운데 자리를 범하면 형벌이 제대로 이루어진다.

객성이 범하거나 들어와서 별의 색이 누렇고 희게 되면 천자가 기뻐하게 된다. 객성이 단문으로 출입하면 나라에 우환

1] 天子之宮庭 五帝之坐 十二諸侯府也 其外蕃九卿也 又爲天庭 理法平辭 監升授 德列宿 受符諸神 考節 舒情 稽疑也 東西蕃有芒及動搖者 諸侯謀上 月五星入軌道吉 犯中坐成刑 客犯入色黃白天子喜 出入端門國有憂 左掖門旱 右掖門國亂 出天庭有苟令 兵起 彗犯天下易 出宮中憂 火災 犯執法執法者黜 犯天庭王者有立 孛于翼近上將爲兵喪 孛于西蕃 主革命 孛五帝坐亡國弑君 流星出大臣有外事 出南門甚衆 貴人有死者 縱橫宮中 主弱臣强 由端門入翼光照地有聲有立王 / 태미원(太微垣)은 좌태미원과 우태미원으로 구성되는데, 각기 5개의 붉은색 별(총 10개)로 이루어져 있다.

이 생기고, 좌액문(左掖門)으로 출입하면 가뭄이 들며, 우액문(右掖門)[1]으로 출입하면 나라가 어지러워진다. 천정(天庭)[2]으로 나가면 명령이 가혹해지고, 병란이 일어난다.

혜성이 범하면 천하가 바뀌게 되고, 나가면 궁궐안에 우환이 생기며 화재가 나고, 집법(執法)을 범하면 집법을 맡은 자가 내쫓기게 되며, 천정을 범하면 임금이 새로이 서게 된다.

패성이 양날개쪽(좌태미원,우태미원)으로 와서 상장(上將)에 가까이 가면 병사들이 많이 죽게 되고, 서태미원 쪽으로 가면 혁명이 일어나며, 오제좌(五帝座)쪽으로 가면 나라가 망하고 임금을 시해하게 된다.

유성이 나가면 대신에게 나라밖에 해결해야 할 일이 생기고, 남문(南門 : 端門)으로 나가면 많은 수의 귀인(貴人)이 죽게 되며, 태미궁 안을 종횡으로 가게되면 임금은 약하고 신하는 강하게 되고, 단문으로 해서 양태미원으로 들어와 비추면 해당하는 지역에 지동(地動 : 地震)하는 소리가 나고 임금을 세우

1] 액문(掖門) : 궁궐정문의 좌우로 나 있는 작은 문. 여기서는 단문(端門)이 정문인데, 그 한 가운데로 출입하는 것을 '단문으로 출입한다' 하고, 단문에서도 좌집법쪽으로 치우치게 출입하는 것을 '좌액문으로 출입한다'고 하며, 우집법쪽으로 치우치게 출입하는 것을 '우액문으로 출입한다'고 한다.

2] 천정(天庭) : 하늘의 궁전 뜰이라는 뜻으로, 태미성 또는 삼형성(三衡星)을 의미하기도 한다. 여기서는 태미원의 한 가운데를 말한다.

게 된다.

2   좌집법(左執法) 우집법(右執法)   1]좌집법(左執法)은 정위(廷尉)2]의 상이고, 우집법(右執法)은 어사대부(御史大夫)3]의 상이니, 집법은 흉악하고 간사한 사람들을 찾아서 제거하는 직책이다.

별이 자리를 옮기면 형벌이 더욱 가혹해지고, 밝고 윤택이 나면 임금과 신하간에 예의가 있게 되며, 또 밝게 되면 법령이 평등하게 베풀어진다. 달과 오성 또는 객성이 범하고 머무르면 임금과 신하간에 예절을 잃게 되고, 보필하는 신하가 쫓겨나게 된다. 금성 또는 화성이 들어오면 병란이 일어나고, 유성이 범하면 상서(尙書)에게 우환이 생긴다.

1] 左執法 廷尉之象 右執法 御史大夫之象 執法所以擧刺凶奸者也 移則刑罰尤急 明潤則君臣有禮 又明則法令平 月五星及客犯守 君臣失禮 輔臣黜 金火入爲兵 流星犯尙書憂 / 좌집법(左執法)과 우집법(右執法)은 단문을 구성하는 왼쪽과 오른쪽의 경계가 된다. 또 좌태미원과 우태미원에 속해있는 별로, 제일 남쪽에 있다. 그림에는 태미원에 붙여 놓았고 글로는 독립해 놓았다. 또 글도 완전히 독립해 놓은 것은 아니다.

2] 정위(廷尉) : 진(秦)나라 또는 한(漢)나라 때 형벌을 맡은 벼슬 또는 그 관청.

3] 어사대부(御史大夫) : 진(秦)나라 또는 한(漢)나라 때 관리들의 규찰을 맡아 보던 어사대(御史臺)의 장관.

3 알자(謁者) 1)알자(謁者)는 빈객을 접대하는 일을 맡는다. 별이 밝고 성해지면 사방의 주변국가들이 중국에 조공을 해오고, 별이 보이지 않으면 다른나라에서 사신을 보내지 않고 복종도 하지 않는다.

4 삼공(三公) 2)삼공(三公)은 궁중안에서 조회를 하는 곳이니, 임금을 보필하는 것이다. 그 점(占)은 자미원의 삼공과 동일하게 본다.

5 구경(九卿) 3)구경(九卿)은 궁중안에서 모든 일을 다스리는 일을 맡는다. 그 점은 천기(天紀)4)와 같게 본다.

6 오제후(五諸侯) 5)오제후(五諸侯)는 도성안에서 천자를

1] 主贊賓客 明盛四夷朝貢 不見外國不賓服 / 알자(謁者)는 좌집법의 위에 있는데, 한개의 검은색(皂色) 별로 이루어져 있다.

2] 內坐朝會之所居也 以輔弼帝者 其占與紫微垣三公同 / 삼공(三公)은 알자의 윗쪽에 있는데, 세개의 짙은 검은색(烏色) 별로 이루어져 있다. 그림에는 삼공내좌(三公內坐)라고 써 있다.

3] 內坐主治萬事 與天紀同占 / 구경(九卿)은 삼공의 윗쪽에 있는데, 세개의 검은색(黑色) 별로 이루어져 있다.

4] 천기(天紀) : 귀수(鬼宿)에 있지만, 여기서는 천시원(天市垣)에서 구경의 역할을 하는 별자리를 뜻한다.

5] 內侍天子不之國也 辟雍之禮得則明 亡則諸侯黜 / 오제후(五諸侯)는 다섯개

보필하고 봉지에 가지 않는 제후를 말한다. 천자와 제후간에 벽옹(辟雍)의 예절[1]이 잘 지켜지면 별이 밝게 되고, 별이 없어지면 제후가 쫓겨나게 된다.

| 7 | 병(屛) | [2]병(屛)은 임금의 조정(朝廷)을 덮어서 가리는 것 (병풍 또는 울타리)이다.

| 8 | 오제좌(五帝座) | [3]오제좌(五帝座)의 가운데 있는 한개의

의 검은색(黑色) 별로 이루어졌는데, 구경의 위에 있다.

1] 벽옹(辟雍)의 예절 : 주(周)나라 때 천자가 세운 대학(大學)의 이름으로, 동서남북 및 중앙으로 나누어 교육시켰다. 그 중에서 벽옹은 중앙에 해당하는 것으로, '벽(辟)'은 밝다(明)의 뜻이고, '옹(雍)'은 조화롭다(和)의 뜻이다.

2] 所以擁蔽帝庭也 / 병(屛)은 우집법의 위에 있는데, 네개의 붉은색(赤色) 별로 이루어져 있다.

3] 中一星黃帝 外四星蒼赤白黑帝也(黃帝含樞紐之神 蒼帝靈威仰之神 赤帝赤標怒之神 白帝白招矩之神 黑帝叶光紀之神也)
天子動得天度止得地意 從容中道則五帝之坐明以光 黃帝坐不明 人主當求賢士以輔治 不然則奪勢 五帝坐小弱靑黑天子國亡 同明而光則天下歸心 不然則失位 月出坐北禍大 出坐南禍小 近之大臣誅 或饑 犯黃帝坐有亂臣 金入兵在宮中 木犯有非其主立 火犯兵亂 土逆行守黃帝坐亡君之戒 客星色黃白抵帝坐臣獻美女 彗入抵帝坐兵喪並起 流星犯大臣憂 抵四帝坐輔臣憂(太微垣有五帝座 五帝內座又列乎紫宮何也 日五帝常居在太微而入覲乎紫宮 故有內座 有天星矣而又有五帝何也 五帝在天主五行 在地主五嶽 分方主事以輔天皇者也) / 오제좌(五帝座, 또는 五帝)는 태미원의 한가운데에 있는데, 다섯 개의 별

별이 황제(黃帝)[1]이고, 밖의 네 별이 창제(蒼帝)·적제(赤帝)·백제(白帝)·흑제(黑帝)이다.

천자가 하늘의 운행하는 도수(天度)를 따라 움직이고, 그쳐있을 때는 땅의 뜻을 얻으며, 조화롭게 중도(中道)를 잘 따라가면 오제좌가 밝으면서도 빛난다. 황제별(黃帝坐)

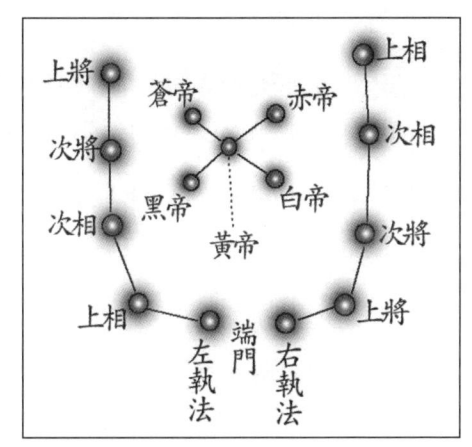

이 밝지 못하면 임금이 어진 선비를 구해서 정치를 보필하게 하여야 하고, 그렇지 못하면 권세를 빼앗기게 된다. 오제좌가 작고 약하면서 청색(靑色)과 흑색(黑色)이 나면 천자(天子)의 나라가 망하게 되고, 다섯 별이 함께 밝으면서 빛나면 천하가 모두 복종하게 된다. 다섯 별이 밝지 않고 빛나지도 않으면 천자가 지위를 잃게 된다.

달이 오제좌의 북쪽으로 나가면 화(禍)가 크고, 남쪽으로 나

로 이루어져 있다. 그림에는 오제(五帝)라고만 쓰여있다.

1] 황제(黃帝)의 이름은 함추뉴(含樞紐)이고, 창제(蒼帝)는 영위앙(靈威仰)이며, 적제(赤帝)는 적표노(赤標怒)이고, 백제(白帝)는 백초구(白招矩)이며, 흑제(黑帝)는 협광기(叶光紀)이다.

가면 화가 적게 되며, 가까이 다가서면 대신이 주살당하고, 혹은 기근이 든다. 달이 황제별(黃帝坐)을 범하면 난리를 일으키는 신하가 있게 된다.

금성이 오제좌에 들어오면 병란이 궁궐 안에서 있게 되고, 목성이 범하면 임금이 되지 말아야 할 사람이 등극하게 되며, 화성이 범하면 병란으로 어지러워지고, 토성이 황제별에 역행하거나 머무르면 임금이 죽게된다는 경보이다.

객성이 와서 색깔이 누렇고 희게 되면서 오제좌로 다가오면(抵) 신하가 미인을 헌상하게 되고, 혜성이 들어와 오제좌로 다가오면(抵)[1] 백성들이 많이 죽게 되고 아울러 병란도 일어난다.

유성이 오제좌를 범하면 대신에게 우환이 생기고, 황제별을 제외한 나머지 네 별(四帝坐)로 다가서면(抵) 보필하는 신하에게 우환이 생긴다.[2]

1] 저(抵) : 저라는 것은, 한번 움직이고 한번 고요하게 그치면서, 곧바로 서로 이르는 것을 뜻한다(抵者 一動一靜 直相至).

2] "태미원에 오제좌가 있으면서 자미원에도 오제좌가 있는 까닭은 무엇인가?" 답하기를 "오제가 항상 태미원에 있으면서도 자미궁에 들어와 임금을 뵙기 때문에, 자미궁의 안에도 오제좌가 있는 것이다". "하늘에 임금의 별(天皇星)이 있고 또 오제(五帝)가 있는 것은 어째서인가?" "오제가 하늘에 있어서는 오행을 맡아 다스리고, 땅에 있어서는 오악(五嶽)을 맡아 다스린다. 방위를 나누어 일을 맡음으로써 천황(天皇)을 보필하는 것이다."

| 9 | 행신(幸臣) | 1)행신(幸臣)은 친히 하고 사랑하는 신하에 해당하는 별이다. 별이 밝으면 사사롭게 총애받는 신하가 일을 주관하게 되고(정치가 문란하게 되고), 별이 미세해지면 길하다.

| 10 | 태자(太子) | 2)태자(太子)는 다음대를 이을 태자(儲貳 또는 儲君)를 말한다. 별이 밝으면서 윤택해지면 태자가 현명하고, 금성 또는 화성이 머무르고 들어오면 태자를 폐해야 하며, 폐하지 않으면 임금의 자리를 찬역하는 일이 벌어진다.

| 11 | 종관(從官) | 3)종관(從官)은 시종을 하는 신하를 말한다. 별이 보이지 않으면 임금이 불안해지고, 평상시와 같으면 길하게 된다.

| 12 | 낭장(郎將 : 武星) | 4)낭장(郎將)은 무운(武運)을 주관하

1] 主親愛臣 明則幸臣用事 微細吉 / 행신(幸臣)은 오제좌의 위에 있는데, 한 개의 짙은 검은색(烏色) 별로 이루어져 있다.

2] 儲貳也 明而潤則太子賢 金火守入太子不廢則爲篡逆之事 / 태자(太子)는 오제좌의 위에 있는데, 한 개의 짙은 검은색(烏色) 별로 이루어져 있다.

3] 侍臣也 不見則帝不安 如常則吉 / 종관(從官)은 오제좌의 위에 있는데, 한 개의 짙은 검은색(烏色) 별로 이루어져 있다.

4] 主閱具以爲武備 大明芒角將怒不可當 客犯守郎將誅 流星犯將軍憂 / 낭장(郎

는 별로, 무기를 점검하고 갖춤으로써 무력의 방비를 갖추는 것을 주관한다. 크게 밝으면서 별빛의 끝이 뿔같이 까끄라기가 일면 장군이 노하여 자신의 일을 잘 처리하지 못하고, 객성이 범하고 머무르면 낭장이 주살당하며, 유성이 범하면 장군에게 근심이 생긴다.

| 13 | 호분(虎賁 : 武星) | 1)호분(虎賁)은 무운(武運)을 주관하는 별로, 깃발을 앞세운(旄頭)2) 기사(騎士)이니, 시종하는 무신(武臣)의 일을 주관한다. 별이 밝으면 신하가 임금에게 순종하고, 거기(車騎) / 거기(車騎) : 동방창룡7수의 저수(氐宿)에 딸린 별자리로, 전차와 기마를 총지휘하는 장수(거기장군)의 뜻을 갖고 있와 별점(占)이 같다.

| 14 | 상진(常陳) | 3)상진(常陳)은 천자를 숙위하는 호분(虎賁)

將)은 낭위(郎位)의 위에 있는데, 한 개의 별로 이루어져 있다.
1) 旄頭之騎士也 主侍從之武臣 明則臣順 與車騎同占 / 호분(虎賁) : 주(周)나라 때의 근위병, 또는 용맹스러운 군사. / 호분(虎賁)은 우태미원의 제일 윗쪽에 있으며, 한 개의 별로 이루어져 있다.
2) 모두(旄頭) : 한(漢)나라 시대에 기사들의 총칭. 또는 북쪽 변방국가의 선봉을 맡은 기사를 뜻한다.
3) 天子宿衛虎賁之士 以設强禦也 搖動天子自出將 明則武兵用 微則弱 客犯王者行誅 / 상진(常陳)은 오제좌의 위에 있는데, 7개의 별로 이루어져 있다.

에 속한 병사이니, 상진을 베풂으로써 강하게 막는 뜻이 있다. 별이 요동하면 천자가 직접 전투를 지휘하게 되고, 별이 밝으면 강한 무력을 행사하게 되며, 미약하면 군대가 약해진다. 객성이 범하면 임금이 신하를 주살하게 된다.

| 15 | 낭위(郞位) | 1)낭위(郞位)는 지금의 상서랑(尙書郞)2)을 뜻한다. 크고 작은 별들이 서로 균일하게 밝고 윤택하면 좋고, 변화가 없으면 길하다. 또 일설에는 주로 호위하고 지키는 일을 하니, 별자리를 갖추고 있지 못하면 황후 또는 왕비에게 재앙이 있게 되고, 총애하던 신하(幸臣)를 주살하게 된다. 별이 밝고 커지거나 혹은 객성이 들어오면 대신이 난리를 일으키고, 혜성 또는 패성이 범하면 낭위가 세력을 잃게 된다. 혜성이니 왕시(枉矢)가 낭위의 밑으로 나가면(出) 부좌하는 사람이 모반을 일으키고, 화성이 머무르면 병사들이 많이 죽게 된다.

1] 今之尙書郞也 欲其大小相均光潤 有常吉 又云主衛守 不具后妃災幸臣誅 明大或客入大臣爲亂 彗孛犯郞官失勢 彗星枉矢出其次郞佐謀叛 火守兵喪 / 왕시(枉矢) : 왕시는 진성(辰星)의 기운이 흩어져서 만들어진 혜성이다. 오색의 혜성(五色之彗) 중에 (5) 진성(辰星)의 혜성 참조. / 낭위(郞位)는 상진의 왼쪽에 있는데, 15개의 붉은색(赤色) 별로 이루어져 있다.

2] 상서랑(尙書郞) : 상서성(尙書省)의 낭관(郞官)이다. 상서성은 천자와 조신(朝臣) 사이의 문서를 맡아 보는 관청이었으나, 후대에 육부를 관장하는 기구로 발전하였다.

| 16 | 명당(明堂) | 1]명당(明堂)은 천자가 정사를 베푸는 궁전이다. 따라서 별이 밝으면 길하고 어두우면 흉하다. 오성이나 객성 또는 혜성이 범하면 명당이 불안하게 된다.

| 17 | 영대(靈臺) | 2]영대(靈臺)는 천문기상 등을 관찰하고 서기로운 조짐과 재앙 등의 변괴를 살피는 일을 한다. 점은 사괴(司怪3])와 동일하게 본다.

| 18 | 소미(少微) | 4]소미(少微)는 사대부의 자리이니, 일명 처사(處士)라 한다. 또 남쪽(아랫쪽)의 첫번째 별이 처사이고, 두번째 별이 의사(議士)이며, 세번째 별이 박사(博士)이고, 네번째

1] 天子布政之宮 明吉 暗凶 五星客彗犯主不安其宮 / 명당(明堂)은 태미원의 아래에 있는데, 세 개의 별로 이루어져 있다.

2] 主觀雲物察符瑞候災變 占與司怪同영대(靈臺)는 명당의 오른쪽에 있는데, 세개의 검은색(黑色) 별로 이루어져 있다.

3] 사괴(司怪) : 사괴(司怪)는 서방7수 중에 자수(觜宿)에 딸린 별로, 하늘과 땅 및 일월성신(日月星辰) 그리고 새와 짐승 및 곤충·뱀·초목 등의 변화를 관찰하는 일을 한다. 또 자미원의 문창성(文昌星) 중에 다섯 번째 별을 이르기도 함.

4] 士大夫之位也 一名處士 一曰南第一星處士 第二星議士 第三星博士 第四星大夫 明大而黃則賢士擧 月五星犯守之處士女主憂宰相易 木犯小人用忠臣危 火犯賢德退 金犯大臣誅 客孛犯王者憂奸臣衆 彗犯功臣有罪 流星出賢良進道術用 / 소미(少微)는 네개의 붉은색 별로 이루어졌으며, 호분의 오른쪽에 있다.

별을 대부(大夫)라고도 한다.

별이 밝고 커지면서 누래지면 어진 선비가 등용되고, 달 또는 오성이 범해서 머무르면 처사와 황후 등에게 근심이 생기며, 재상을 바꾸게 된다.

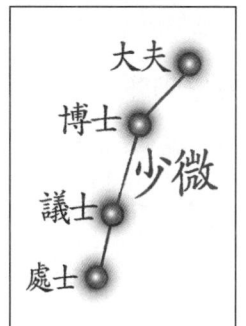

목성이 범하면 소인이 등용되고 충신은 위태로워지며, 화성이 범하면 어질고 덕있는 사람이 물러나며, 금성이 범하면 대신을 주살하게 되고, 객성 또는 패성이 범하면 임금에게 우환이 생기고 간신이 무리지며 많아진다. 혜성이 범하면 공신(功臣)에게 죄를 씌우고, 유성이 나가면 어질고 착한 사람이 등용되어 그 도술(道術)이 쓰이게 된다.

| 19 | 장원(長垣) | 1)장원(長垣)은 구경지역 및 북방을 맡는다. 화성이 머무르면 북쪽 사람이 중국으로 쳐들어 오고, 태백성이 들어오면 구경(九卿)이 모반을 하고 변방의 장수가 반란을 일으킨다. 혜성 또는 패성이 범하면 북쪽 지역이 불안해지고, 유성이 들어오면 북방에서 병란이 일어나 중국으로 쳐들어 오게 된다.

1] 主界域及北方 火守之北人入中國 太白入之九卿謀 邊將叛 彗孛犯北地不安 流星入北方兵起將入中國 / 장원(長垣)은 소미의 아랫쪽에 있는데, 네 개의 별로 이루어져 있다.

| 20 | 삼태(三台) | 1]삼태(三台)는 삼공(三公)의 지위이니, 주로 덕을 베풀고 임금의 뜻을 널리 펴는 일을 한다. 서쪽으로 문창성(文昌)에 가까운 두 별이 상태(上台)이니, 사명(司命)이 되고 수명을 주관한다. 그 다음의 두 별이 중태(中台)이니, 사중(司中)이 되고 종실(宗室)의 일을 맡는다. 동쪽의 두 별을 하태(下台)라고 하니, 사록(司祿)이 되고 국방에 관한 일을 맡는다. 삼태로써 덕을 밝게 하고, 어긋나는 것을 막는 일을 하는 것이다.

일설에는 삼태를 태계(泰階 또는 天階)라고도 하니, 상계(上階)의 윗별은 천자가 되고, 아랫별은 황후가 된다. 중계(中階)

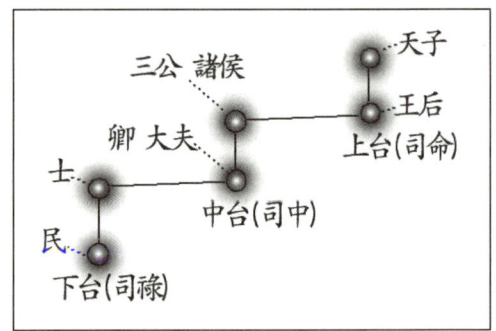

의 윗별은 제후와 삼공이 되고, 아랫별은 경과 대부가 된다. 하계(下階)의 윗별은 선비가 되고, 아랫별은 서민이 된다. 이것은 음양을 조화롭게 하고, 만물을 다스리는 것이니, 각 별에 변화

1] 三公之位也 主開德宣符 西近文昌二星曰上台 爲司命主壽 次二星曰中台 爲司中主宗室 東二星曰下台 爲司祿主兵 所以昭德塞違也 一曰泰階 上階上星 爲天子 下星爲女主 中階上星爲諸侯三公 下星爲卿大夫 下階上星爲士 下星爲庶人 所以和陰陽而理萬物也 其星有變 各以所主占之 / 삼태(三台)는 소미의 윗쪽에 있는데, 모두 여섯 개의 별이 둘씩 쌍을 지어 세무더기를 이루고 있다.

가 있으면 각기 별들이 맡은 바의 임무로써 점을 본다.

1) 임금이 병사 쓰기를 좋아하면 상계의 윗별이 멀어지면서 색깔이 붉게 된다. 궁궐을 고치고 정원을 넓게 만들며, 음악과 여색에 방자하게 하면 상계의 별이 붙으면서 동서로 비스듬해지고, 임금이 약하면 상계의 별이 좁혀지면서 어두워진다.

공과 후(公侯)가 배반하여서 자신에게 소속된 병사들을 동원하면 중계의 윗별이 붉어지고, 외적이 변방을 침범하여 중국을 요동시키면 중계의 아랫별이 멀어지면서 동서로 비스듬해지고 색깔은 흰색이 된다. 경과 대부가 바르지 못하고 사악한 쪽으로 기울어지면, 중계의 아랫별이 멀어지면서 색이 붉어진다.

백성이 명령을 따르지 않고 법을 범해서 도적이 되면 하계의 아랫별이 검은색으로 된다.2) 근본을 버리고 말초적인 것을 따르며 사치를 좋아하면, 하계의 윗별이 사이가 벌어지며

---

1) 人主好兵則上階上星疎而色赤 修宮廣囿肆聲色則上階合而橫 君弱則上階迫而色暗 公侯背叛率部動兵則中階上星赤 外夷來侵邊國騷動則中階下星疎而橫色白 卿大夫廢正向邪則中階下星疎而色赤 民不從令犯刑爲盜則下階下星色黑 去本就末奢侈尙則下階上星瀾而橫色白

2) "본문에는 상계의 아랫별이 검은색으로 된다(上階下星色黑)"고 되어 있지만, 문맥상 위와 같이 "하계의 아랫별이 검은색으로 된다"로 번역하고 원문도 고쳤다.

동서로 비스듬해지고 색깔이 희어진다.

1]임금과 신하의 사이에 도(道)가 있고 세금을 적게 하며 형벌을 공평하게 하면 상계의 두별이 가까워지고(戚), 제후가 공물을 바치고 공과 경이 충성을 다하면 중계가 서로 가까워지며(比), 서민이 교화되고 부역에 차례가 있으면 하계가 가까워진다(密).

만약에 임금이 사치하고 부역을 자주시켜 백성의 일하는 때를 빼앗으면 상계가 멀어지고(奢), 제후가 임금을 참칭하고 공과 경이 욕심대로 전횡하면 중계가 멀어지며(疏), 선비와 서민이 이익만을 쫓고 호걸이 서로 능멸하면 하계가 멀어진다(闊).

삼계가 평상의 형태를 지키면 음양이 조화롭고, 비와 바람이 때맞춰 오며, 곡식이 풍년이 들고 태평해지나, 평상을 지키지 못하면 이와 반대로 된다. 색깔이 고르게 밝으며 상·중·하계의 별자리 모습이 서로 비슷해지면 임금과 신하가 화목하며, 법과 명령이 평등해지며, 별자리가 가지런하지 못하면 도

1] 君臣有道賦省刑淸則上階爲之戚 諸侯貢聘公卿盡忠則中階爲之比 庶人奉化徭役有敍則下階爲之密 若主奢欲數奪民時則上階爲之奢 諸侯僭强公卿專貪則中階爲之疏 士庶逐末豪傑相凌則下階爲之闊 三階平則陰陽和 風雨時 穀農歲泰 不平則反是 色齊明而行列相類則君臣和 法令平 不齊爲乖度 金火守入兵起 月入而暈三公下獄 客入貴臣賜爵邑 出而色蒼臣奪爵 守大臣黜 或貴人多病 彗犯三公黜 流星入天下兵將憂 抵中台將相憂 人主惡之

리에 어긋나게 된다.

  금성 또는 화성이 머무르고 들어오면 병란이 일어나고, 달이 들어오거나 달무리가 지면 삼공이 옥에 갇히며, 객성이 들어오면 귀한 신하가 작위와 땅을 하사받는다. 객성이 나가면서 색깔이 창색(蒼色)으로 되면 신하가 작위를 뺏기고, 머무르면 대신이 쫓겨나게 되거나, 혹은 귀인(貴人)이 병이 나게된다. 혜성이 범하면 삼공(三公)이 쫓겨나게 되고, 유성이 들어오면 천하에 병란이 발생하고 장군에게 우환이 생기며, 유성이 중태(中台)에게 다가서면(抵) 장군과 정승에게 우환이 생기고 임금이 잔악한 행동을 한다.

※ 태미원의 개괄

별자리	별의 수	의미
태미원(太微垣)	좌태미원 5, 우태미원 5(총 10개, 붉은색 별)	천자가 직접 다스리는 궁정으로, 오제가 거처하고, 열두제후의 부서가 됨. 따라서 명령을 정비하고 집행
알자(謁者)	1(검은색)	빈객을 접대하는 일
삼공(三公內坐)	3(짙은 검은색)	궁중안에서 천자를 보필
구경(九卿)	3(검은색)	삼공을 도와 다스리는 일
오제후(五諸侯)	5(검은색)	도성안에서 천자를 보필
병(屛)	4(붉은색)	조정(朝廷)을 덮어서 보호하는 일
오제좌(五帝座, 五帝)	5	천자를 도와 오행을 다스림
행신(幸臣)	1(짙은 검은색)	총애받는 신하
태자(太子)	1(짙은 검은색)	천자의 사후를 이음
종관(從官)	1(짙은 검은색)	시종하는 신하
낭장(郞將)	1	무기를 점검하고 갖춤
호분(虎賁)	1	천자의 경호
상진(常陳)	7	천자의 숙위(宿衛)
낭위(郞位)	15(붉은색)	천자의 호위 및 문서를 출납
명당(明堂)	3	천자가 정사를 베푸는 궁전
영대(靈臺)	3(검은색)	천문기상 등을 관찰하고 서기로운 조짐과 재앙 등의 변괴를 살피는 일
소미(少微)	4(붉은색)	사대부
장원(長垣)	4	국경지역 및 북방의 경비
삼태(三台)	6	삼공(三公), 덕을 베풀고 천자의 뜻을 널리 펴는 일
19별자리	78	중앙정부에서의 천자와 보좌하는 신하로서의 역할

2) 중원 자미원(中元紫微垣)

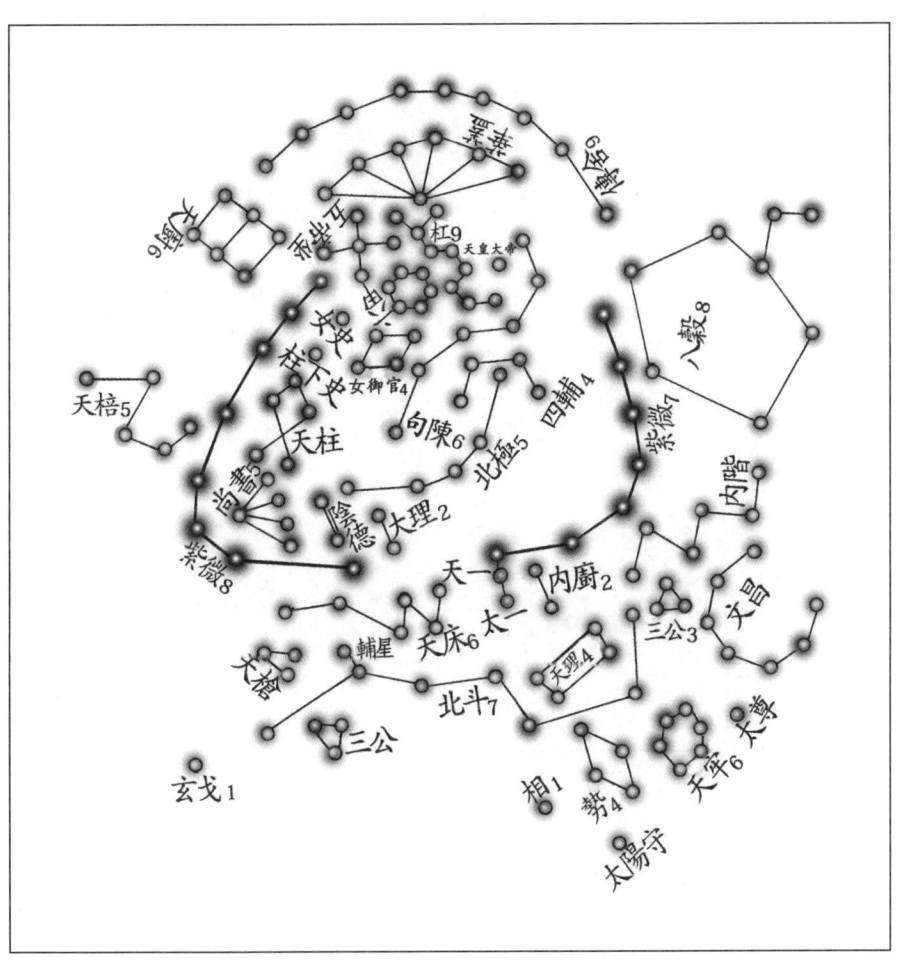

천문류초

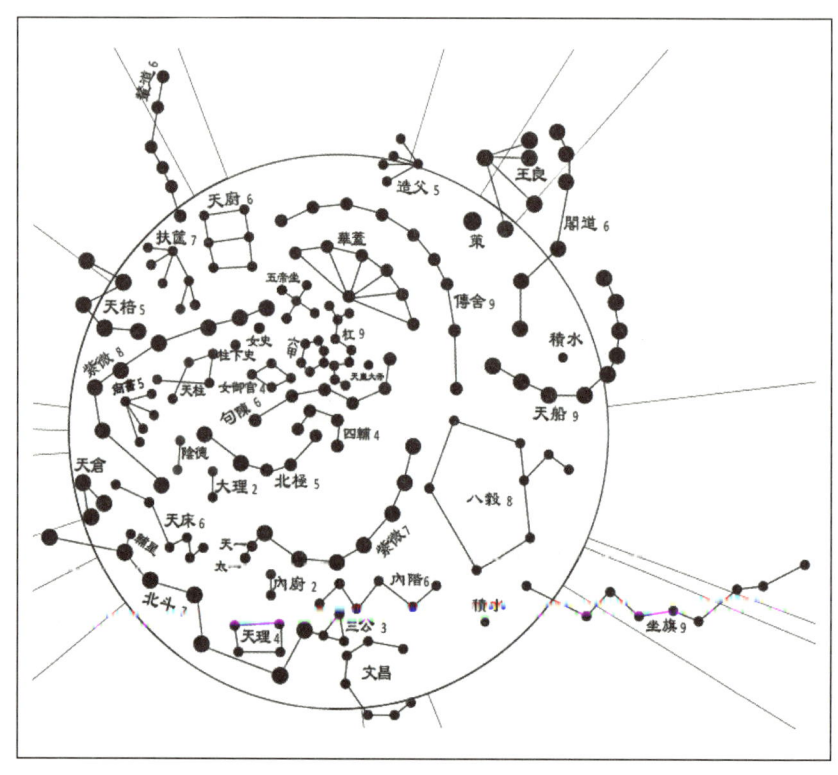

천상열차분야지도

자미원 영역의 『천문류초』와 「천상열차분야지도」의 다른 점

① 『천문류초』에서는 '각도, 책, 왕량'을 규수 영역에 배당하였고, '부광'을 여수에, '연도'를 '우수'에, '적수'를 정수에, '좌기'를 자수 영역에 각기 배당하였다.

② 「천상열차분야지도」에서는 '삼공'을 항수 영역에, '현과'를 저수 영역에, '상, 세, 태양수'를 태미원 영역에, '천뢰, 태존'을 장수 영역에 소속시켰다.

③ 자미원 영역을 자미원 울타리 안으로만 보는 시각도 있지만, 주극선 안을 모두 자미원 영역으로 보는 것이 일반적인 시각이다. 여기서도 주극선에 걸친 별자리(문창, 좌기, 천선, 각도, 왕량, 조보, 연도, 천봉, 북두)는 모두 자미원 영역으로 보았다.

④ '부광(扶筐)'을 『친문류초』 등 다른 천문도에서는 북방칠수의 여수 영역에 해당한다고 하였다.

⑤ 『천문류초』와 「천상열차분야지도」 모두 '문창' 위에 있는 '삼사'를 '삼공'으로 표기하였는데, 이는 북두의 자루 끝에 있는 '삼공'과 헷갈려서 잘못 표기한 것 같다. 『천문류초』의 설명문에는 둘 다 '삼공'으로 해설하였다.

⑥ 『천문류초』와 「천상열차분야지도」에는 '句陳六(구진은 여섯 개 별로 이루어졌다)'이라고 새기고 해설했는데, 여기서 '句(귀절 구)'는 '勾(굽을 구)' 자의 오자로 보인다.

⑦ 「천상열차분야지도」에는 '天槍(천창)'을 '天倉(천창)'으로 표기했다.

⑧ '주사'를 '주하사'로, '어녀'를 '여어관'으로 달리 표기하였으며, 자미원의 황제인 '천황'을 '천황대제'라고 좀 더 자세히 표기하였다. 그러나『천문류초』설명문에는 '여어, 천황'이라고 했다.

⑨ 『천문류초』와 「천상열차분야지도」에는 '문창'의 별 개수를『설부(說郛)』등과 같이 일곱 개로 보았고,『진서』,『당개원점』,『천원발미』등에서는 여섯 개라 하였다.

⑩ 「천상열차분야지도」에서는 '천일'과 '태일'을 자미원(우자미원)과 선으로 연결시켰고,『천문류초』에서는 '천일'과 '태일'만 연결시켰다.

⑪ 『천문류초』와 「천상열차분야지도」에는 둘다 '보성'이라 표기하고, 설명문에는 '성' 자를 빼고 '보'라는 이름으로 풀이하였다.

(1) 자미원의 보천가(步天歌)

1] 중원의 북극에 있는 것이 자미궁이고 / 북극(北極)의 다섯별이 자미궁의 중심에 있으니 / 대제(大帝)의 자리가 두번째 별이고 / 서자(庶子)는 세번째 별에 있으며 / 첫번째 별이 태자(太子)이고 / 네번째 별이 후궁이며 다섯번째 별이 천추(天樞)이니 / 천추의 좌우로 네 별이 사보(四輔)라네 /

2] 천일(天一)과 태일(太一)이 자미원의 문앞 길에 있고 / 좌추(左樞)와 우추(右樞)가 남문을 사이에 두고 있으면서 / 양쪽으로 열다섯개 별이 진영지어 호위하니 / 좌측의 아래로부터 상재(上宰)·소재(少宰)·상보(上輔)요 / 소보(少輔)·상위(上衛)·소위(少衛)·소승(少丞)이고 / 이와 상대해서 서쪽의 윗쪽에 상승(上丞)이 자리하고 / 소위(少衛)와 상위(上衛)가 그 밑으로 밝게 빛나며 / 소보(少輔)가 그 아래로 이어 있고 / 상보(上輔)와 소위(少尉)가 우추(右樞)와 접해 있네 /

3] 음덕(陰德)은 남문의 안에 있는 두개의 누런 별이고 / 상서

1] 中元北極紫微宮 / 北極五星在其中 / 大帝之坐第二珠 / 第三之星庶子居 / 第一却號爲太子 / 四爲後宮五天樞 / 左右四星是四輔 /

2] 天一太一當門路 / 左樞右樞夾南門 / 兩面營衛一十五 / 上宰少宰上輔星 / 少輔上衛少衛丞 / 相對垣西上丞位 / 少衛方當上衛明 / 次第相連於少輔 / 上輔少尉接樞戶 /

(尙書)는 그 바로 위에 있는 다섯개의 별이네 / 여사(女史)와 주사(柱史)는 각기 한개의 별이고 / 어녀(御女)는 네개의 누런색 별이고 천주(天柱)는 다섯개로 되어 있네 / 두개의 짙은 검은색(烏色) 별인 대리(大理)는 음덕의 옆에 있고 / 구진(句陳)의 꼬리는 북극의 정수리를 가리키니 / 구진1)은 여섯개의 별로 육갑(六甲)의 밑에 있고 / 천황(天皇)은 구진의 안쪽으로 홀로 앉아 있네 /

2)오제(五帝內坐)는 후문(後門 또는 北門)에 있고 / 화개(華蓋)와 강(杠)은 모두 열여섯 별인데 / 강(杠)은 자루의 상이고 화개는 일산(日傘)의 모습이며 / 화개 위에 아홉개의 검은 별이 연결지어 있는 것이 전사(傳舍)니 / 갈고리가 이어진 것 같은 모습이라네 /

3)자미원의 밖 좌우로 각기 여섯 별이 있으니 / 오른쪽의 여섯

3] 陰德門裏兩黃是 / 尙書以次其位五 / 女史柱史各一戶 / 御女四黃五天柱 / 大理兩烏陰德邊 / 句陳尾指北極顚 / 句陳六星六甲前 / 天皇獨坐句陳裡 /

1] 구진(句陳) : 천문류초의 글과 그림에는 拘陳으로 되어 있지만, 다른 천문도에 근거하고 본뜻을 살리기 위해 句陳으로 수정했다.

2] 五帝內坐後門是 / 華蓋幷杠十六星 / 杠作柄象蓋傘形 / 蓋上連連九黑星 / 名曰傳舍如連丁 /

3] 垣外左右各六星 / 右是內階左天廚 / 階前八星名八穀 / 廚下五赤天棓宿 /

별이 내계(內階)이고 왼쪽의 것이 천주(天廚)라네 / 내계의 윗쪽에 여덟별이 팔곡(八穀)이고 / 천주의 아래에 다섯개의 붉은색 별이 천봉(天棓)이네 / 여섯개의 짙은 검은색(烏色) 별인 천상(天床)은 좌추(左樞)의 곁에 있고 / 두개의 검은색(黑色) 별인 내주(內廚)는 우추(右樞)와 마주하고 있네 /

1) 문창(文昌)은 북두의 윗쪽에 반월(半月)의 모습으로 있으니 / 드물면서도 성기게 여섯별로 되어있네 / 문창의 위에 있는 것이 삼사(三師)이고 / 태존(太尊)은 삼사를 향해 있으면서 밝기만 하네 / 천뢰(天牢)의 여섯별은 태존의 옆에 있고 / 태양수(大陽守)는 네개의 별로 되어 있는 세(勢)의 밑에 있네 /

2) 한개로 되어 있는 상(相)은 대양수의 옆에 있고 / 삼공(三公)은 상의 서쪽 옆에 있네 / 북두의 자루끝에 있는 현과(玄戈 또는 天戈)는 한개의 주홍색 원이고 / 세개의 붉은색 별인 천창(天槍)은 현과의 위에 매달렸네 / 네개의 짙은 검은색(烏色) 별

天床六烏左樞在 / 內廚兩黑右樞對 /

1] 文昌斗上半月形 / 稀稀踈踈六箇星 / 文昌之上日三師 / 太尊只向三師明 /
   天牢六星太尊邊 / 大陽之守四勢前 /

2] 一位相星大陽側 / 更有三公相西邊 / 杓上玄戈一紅圓 / 天槍三赤戈上懸 /
   天理四烏斗裏暗 / 輔星近着闓陽淡 /

인 천리(天理)는 북두성 안쪽에서 어둡게 있고 / 보성(輔星)은 개양(闓陽)의 곁에서 희미하게 있네 /

1] 북두(北斗)는 일곱별이 밝히는데 / 첫번째 별은 임금(帝)을 주관하니 추정(樞精)이라 이름하고 / 두 번째는 선(璇)이고 세번째 별은 기(璣)라 하며 / 네번째 별은 권(權)이라 하고, 다섯번째 별은 형(衡)이라 하며 / 개양(闓陽)은 여섯번째이고 요광(搖光)은 일곱번째 별이라네 /

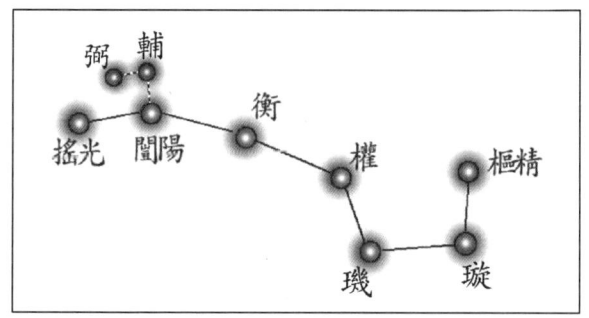

1] 北斗之宿七星明 / 第一主帝名樞精 / 第二第三璇璣星 / 第四名權第五衡 / 闓陽搖光六七星

(2) 자미원에 딸린 별

1 자미원(紫微垣)   1]자미원(紫微垣)은 태제(太帝 : 천황태제)의 자리이고, 천자가 항상 거주하는 곳이다. 명운(命運)과 도수(度數)를 관장한다.

자미원을 이루고 있는 열다섯 별이 균일하게 밝고 크고 작음에 항상함이 있으면, 안에서 보필하는 사람들이 잘한다. 그러나 자미원이 곧게 직선의 모습을 띠면 천자가 친히 출정해야 하고, 자미원의 문이 넓게 열려 있으면 병란이 일어난다.

유성이 문을 나가 사방으로 가는 것이 있으면 마땅히 어명을 띤 사신이 나가는 것이니, 그 가는 분야(分野)를 보아서 점을 친다.

달 또는 목성이 자미원을 범하면 죽는 사람이 생기고, 금성 또는 수성이 범하면 세상이 뒤바뀌며, 화성이 자미궁에 머무르면 임금이 지위를 잃게 되고, 객성이 머무르면 신하가 정권을 찬탈하며, 혜성이 범하면 이민족의 임금이 중국의 임금이 되고, 유성이 범하면 병란으로 인해 많은 사람이 죽으며, 홍수와 가뭄이 고르지 못하게 발생한다.

1] 太帝之坐 天子之常居也 主命主度 垣十五星均明大小有常則內輔盛 垣直天子自將出征 門開兵起 有流星自門出四野者 當有中使御命 視其所往分野論之 月木犯垣有喪 金水犯改世 火守宮 君失位 客守有不臣國易政 彗犯有異王立 流星犯爲兵喪 水旱不調 / 자미원(紫微垣)은 북극의 중심에 있는데, 좌자미원이 8개 별이고, 우자미원이 7개 별로 이루어져 있다.

2 북극(北極)

1) 북극(北極)은 일명 북신(北辰)이라고도 한다. 그 주성(主星:紐星,天樞)은 하늘의 지도리(樞)이니, 북극의 다섯별이 가장 존귀한 것이다. 첫번째 별은 달(月)을 주관하며, 태자(太子)라고 한다. 두번째 별은 해(日)를 주관하며, 제왕(帝王)이라고 하고, 또한 태일(太一)의 자리가 된다. 세번째 별은 오행을 주관하고, 서자(庶子)라고 한다. 가운데 별(서자)이 밝지 못하면 임금이 일을 주관하지 못하고, 오른쪽 별(후궁과 천추)이 밝지 못하면 태자에게 근심이 생기니, 네번째 별이 후궁(後宮)이고, 다섯번째 별이 천추(天樞)이다.

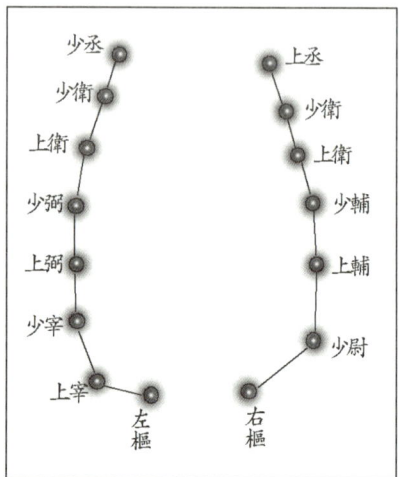

1] 一名北辰 其紐星天之樞也 北極五星最爲尊也 第一星主月太子也 第二星主日帝王也 亦爲太一之坐 第三星主五行庶子也 中星不明主不用事 右星不明太子憂 第四星爲後宮 第五星爲天樞 五星明大則吉 變動則憂 客入爲兵喪 彗入爲易位 流星入兵起地動 / 북극은 위의 다섯별을 모두 지칭한다. 이중에서도 가장 중심이 되는 다섯 번째별인 천추만을 북극성이라고 부르기도 한다. 실제로는 세차운동의 영향 때문에 다섯 별이 일정한 주기를 두고 번갈아 가며 북극성이 된다. / 북극(北極)은 자미원의 중심에 있는데, 다섯별로 이루어져 있다.

다섯 별이 밝고 크면 길하고, 변동하면 근심이 생기며, 객성이 들어오면 병란으로 많은 사람이 죽게 되고, 혜성이 들어오면 임금이 바뀌게 되며, 유성이 들어오면 병란이 일어나고 지진이 발생한다.

3 　사보(四輔)　　1)사보(四輔)는 보필하는 신하의 직위(職位)가 된다. 만가지 기틀을 도우니, 북극성을 보좌하여 법도를 내고 정령(政令)을 받아들인다. 별이 조금 밝으면 길하고, 크게 밝거나 별빛의 끝이 뿔처럼 까끄라기가 일면 신하가 임금을 핍박

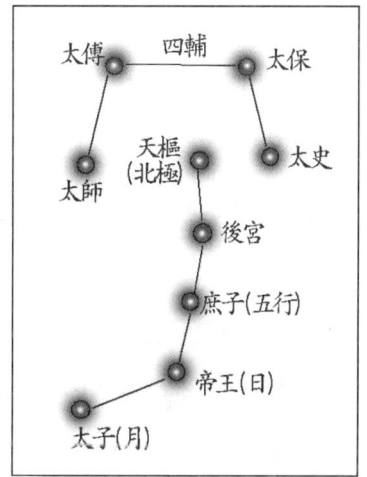

하며, 어두우면 관리가 잘 다스리지 못한다. 객성이 범하면 대신에게 근심이 생기고, 혜성 또는 패성이 범하면 권신(權臣)이 죽게 되며, 유성이 범하면 대신이 쫓겨나게 된다.

1] 爲輔臣之位 主贊萬機 所以輔佐北極而出度受政也 小而明吉 大明及芒角臣逼君 暗則官不理 客犯大臣憂 彗孛犯權臣死 流星犯大臣黜 / 사보(四輔) : 태사(太師)·태사(太史)·태부(太傅)·태보(太保)를 일컫는 말로, 각기 임금의 전·후·좌·우에서 보필하는 신하이다. / 사보(四輔)는 북극 중의 천추를 감싸듯이 있는데, 네 개의 별로 이루어져 있다. ★2 북극(北極)의 그림 참조.

4 천일(天一)　1)천일(天一)은 천제(天帝)의 신이다. 전투를 주관하고 길흉을 미리 안다. 별이 밝으면 음양이 조화롭고, 만물이 흥성하며, 임금이 길하게 된다. 별이 없어지면 천하에 난리가 나고, 객성이 범하면 오곡이 잘 자라지 않아 구하기 힘들게 되며, 혜성 또는 패성이 범하면 신하가 모반을 하고, 유성이 범하면 병란이 일어나고, 백성이 유랑하게 된다.

5 태일(太一)　2)태일(太一) 역시 천제(天帝)의 신이다. 열여섯 신을 부려서 바람과 비, 홍수와 가뭄, 병란과 혁명, 기근과 질병 등의 재해가 발생하는 국가를 아는 역할을 한다. 또 별이 밝으면서 빛이 있으면 음양이 화합을 하고, 민물이 잘 이루어지며, 임금이 길하게 되나, 이와 반대면 역시 반대의 결과가 된다고 한다.

　태일3)이 자리를 이탈하면 홍수와 가뭄이 들고, 객성이 범하

---

1) 天帝之神也 主戰鬪知吉凶 明則陰陽和 萬物盛 人君吉 亡則 天下亂 客犯五穀貴 彗孛犯臣叛 流星犯兵起民流 / 천일(天一) : 천을(天乙)이라고도 한다. 지황씨(地皇氏)의 정화가 하늘로 올라가 되었다고 한다. / 천일(天一)은 자미원의 남쪽 문 아래에 있는데, 한 개의 별로 이루어져 있다.

2) 亦天帝神也 主使十六神 知風雨水旱兵革飢饉疾疫灾害所生之國 又曰明而有光則陰陽和合 萬物成 人主吉 不然反是 離位有水旱 客犯兵起民流火灾水旱飢饉 彗孛犯兵喪 流星犯宰相史官黜 占與天一略同 / 태일(太一)은 자미원의 남쪽 문 아래에 있는데, 한 개의 별로 이루어져 있다.

3) 태일(太一 : 人皇氏) : 태을(太乙)이라고도 하며, 인황씨(人皇氏)의 정화가

면 병란이 일어나고, 백성이 유랑을 하며, 화재와 홍수·가뭄·기근 등이 든다. 혜성 또는 패성이 범하면 병란으로 많은 병사들이 죽고, 유성이 범하면 재상과 사관(史官)이 쫓겨나니, 천일1]과 대략 점치는 내용이 같다.

6 음덕(陰德) 2]음덕(陰德)은 덕을 베푸는 일을 주관하고, 곤경에 빠진 사람을 구제하고 어루만져주는 일을 주관하니, 별이 밝지 않은 것이 좋다. 별이 밝으면 새로운 임금이 등극을 하고, 객성이 범하면 가뭄과 기근이 들며, 객성이 머무르면 창고에서 곡식을 꺼내 급히 배급을 주어야 한다. 혜성 또는 패성이 범하면 후궁 중에 역모를 꾀하는 자가 있고, 유성이 범하면

하늘로 올리기 되었다고 한다. 천일(地皇氏)과 더불어 천제의 신으로, 좌추와 우추의 사이에 있다. 천일은 리궁(離宮)에서 시작하여 구궁을 시계방향으로 돌고, 태일은 감궁(坎宮)에서 시작하여 시계의 역방향으로 돌며 자미궁 밖의 일을 다스린다.

1] 천일은 신후(神后)·대길(大吉)·공조(功曹)·태충(太衝)·천강(天剛)·태일(太一)·승선(勝先)·소길(小吉)·전송(傳送)·종괴(從魁)·하괴(河魁)·미명(微明)의 12신을 다스리고, 태일은 지주(地主)·양덕(陽德)·(和德)·여신(呂申)·고총(高叢)·태양(太陽)·태호(太昊)·대신(大神)·대위(大威)·천도(天道)·대무(大武)·무덕(武德)·대족(大族)·음주(陰主)·음덕(陰德)·대의(大義)의 16신을 다스린다.

2] 主施德 主周急振恤 以不明爲宜 明則新君踐極 客犯爲旱饑 守發粟振給 彗孛犯後宮有逆謀 流星犯君令不行 / 음덕(陰德)은 남문의 왼쪽 위에 있는데, 두 개의 누런색 별로 이루어져 있다.

임금의 명령이 행해지지 않는다.

⑦ 상서(尚書)   1)상서(尚書)는 주로 임금과 신하 사이에서 말을 전달하는 일을 하니, 밤낮으로 임금과 꾀를 묻고 답하는 일을 한다. 일명 팔좌(八坐)2)라고도 하니, 대신의 상이다. 사보(四輔)와 더불어 비슷하게 점을 친다.

혜성 또는 패성이 범하면 관리 중에 모반하는 자가 생기거나, 혹은 태자에게 근심이 생긴다. 유성이 나가면 상서가 밖으로 사신으로 나갈 일이 생기고, 유성이 범하면 간하는 신하(諫官)가 쫓겨나고, 팔좌(八坐)에게 근심이 생긴다.

⑧ 주하사(柱下史 : 文星)   3)주하사(柱下史 : 柱史)는 문운(文運)을 주관하는 별로, 임금의 좌우에서 그 언행을 기록하는 역할을 한다. 별이 밝으면 사관이 올곧게 기록하고, 밝지 못하면

---

1) 主納言夙夜諮謀 一日八坐 大臣之象 占與四輔不殊 彗孛犯官有叛 或太子憂 流星出尚書出使 犯諫官黜 八坐憂 / 상서(尚書)는 음덕의 왼쪽 위에 있는데, 다섯개의 누런색 별로 이루어져 있다.

2) 팔좌(八坐) : 시대에 따라 다르나, 후한(後漢)과 진(晉)나라에서는 육조의 상서(尚書 : 장관) 및 일령(一令)·일복야(一僕射)를 이름.

3) 主左右記君之過 明則史直辭 不明反是 客犯史官有黜者 彗孛犯太子憂 若百官黜 流星犯君有咎 / 주하사(柱下史, 또는 柱史)는 오제좌(五帝座)의 아래에 있는데, 한 개의 별로 이루어져 있다.

이와 반대로 한다.

객성이 범하면 사관 중에 쫓겨나는 자가 생기고, 혜성 또는 패성이 범하면 태자에게 근심이 생기거나 백관이 다 쫓겨나며, 유성이 범하면 임금에게 허물이 생긴다.

| 9 | 여사(女史) | 1)여사(女史)는 부인네들(내명부) 중에 미천한 자로, 시각을 알리고 궁중의 일을 기록하는 일을 하기도 한다. 주사(柱史)와 더불어 점치는 내용이 같다.

| 10 | 여어(女御 : 晉志謂女御官) | 2)여어(女御 : 晉志에서는 여어관이라고 했다)는 임금을 모시는 여든한명의 후궁의 상이니, 별이 밝으면 총애를 받는 여자가 많게 된다.

객성이 범하면 후궁 중에 음모를 꾸미는 이가 있고, 혜성 또는 패성이 범하면 후궁 중에 주살당하는 자가 생긴다. 유성이 들어오면 후궁 중에 궁밖으로 나가게 되는 자가 생기는데, 일설에는 외국에서 미녀를 진상한다고도 한다.

1] 婦人之微者 主傳漏 主記宮中之事 占與柱史同 / 여사(女史)는 주하사의 왼쪽에 있는데, 한 개의 별로 이루어져 있다.

2] 八十一御妻之象 明則多內寵 客犯後宮有謀 彗孛後宮有誅 流星後宮有出者 一云外國進美女 / 여어(女御, 또는 女御官, 御女)는 주하사의 아래에 있는데, 네개의 누런색 별로 이루어져 있다.

| 11 | 천주(天柱) | 1]천주(天柱)는 오행의 법칙을 세우고, 초하루와 그믐 및 낮과 밤의 운행을 주관하는 직책이다. 일설에는 정치와 교육을 제대로 세우고 도면과 법도(法度)를 만드는 부서라고도 한다. 별이 밝고 바르면 길하니, 백성이 편안하고 음양이 조화롭게 되며, 그렇지 않으면 책력이 음양의 흐름과 차이가 있게 된다. 객성이 범하면 중국 안에 도적의 무리가 생기고, 혜성 또는 패성이 범하면 종묘가 불안하게 되고, 임금에게 근심이 생긴다. 일설에는 삼공(三公)에게 근심이 생긴다고도 한다.

| 12 | 대리(大理) | 2]대리(大理)는 옥을 판결하는 관리이니, 형벌을 평등하게 하고 형량을 판단하는 일을 한다. 별이 밝으면 형벌과 법이 평등하고, 밝지 못하면 원한과 잔혹함이 심해진다.

1] 法五行 主晦朔晝夜之職 一曰建政敎 立圖法之府也 明正則吉 人安陰陽調 不然則司曆過 客犯國中有賊 彗孛犯宗廟不安 君憂 一曰三公當之 / 천주(天柱)는 세상을 받치는 기둥이라는 뜻으로, 음양과 사시의 조화에 힘쓰는 삼공에 해당하는 벼슬이다. 그래서 태미원의 삼태성을 천주라고도 한다. / 천주(天柱)는 여사의 아래에 있는데, 다섯 개의 별로 이루어져 있다.

2] 決獄之官 主平刑斷獄 明則刑憲平 不明則冤酷深 客犯貴臣下獄 守刑獄冤滯 或刑官有黜 彗犯獄官憂 流星占同 / 대리(大理) : 춘·하·추·동관 중에 추관(秋官)에 해당하는 벼슬로, 형벌을 주관하는 관리이다. / 대리(大理)는 두 개의 짙은 검은색(烏色) 별로 이루어졌는데, 음덕의 오른쪽에 있다.

객성이 범하면 귀한 신하가 옥에 갇히고, 머무르면 형벌에 원통한 사람이 많게 되며 옥사의 판결이 지체된다. 혹 형벌을 주는 관리가 쫓겨나기도 한다. 혜성이 범하면 옥을 맡은 관리에게 근심이 생기고, 유성이 범해도 같은 조짐이다.

13 구진(勾陳)

1) 구진(勾陳)은 후궁이니, 태제(大帝: 천황태제)의 정비(正妃)이며, 태제가 거처하는 궁궐에 해당한다. 혹은 여섯장군을 주관하고, 혹은 삼공 또는 삼사(三師)를 맡으니, 만물의 어미가 된다. 여섯 별이 가까이 있는 것은 여섯 후궁이 조화로움을 상징한다. 그 끝의 큰 별이 원비(元妃)이고, 나머지 별들은 원비가 아닌 서첩(庶妾)이니, 북극에 있는 여섯 보필과 같은 역할이다.

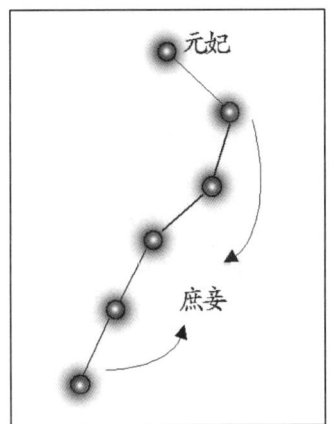

별의 색깔이 심히 밝아지지 않

1] 後宮也 大帝之正妃也 大帝所居之宮也 或曰主六將軍 或曰主三公三師爲萬物之母 六星比陳象六宮之化 其端大星元妃 餘星庶妾在北極配六輔 色不欲甚明 明卽女主惡之 盛則輔强 主不用諫 佞人在側則不見 客入色蒼白將有憂 白爲立將 赤黑將死 客出色赤 戰有功 守後宮有女使欲謀 彗犯後宮有謀 近臣憂 流星入爲迫主 / 구진(勾陳)은 사보의 위에 있는데, 여섯개의 별로 이루어져 있다.

으면 좋으니, 밝으면 황후의 행실이 잔악해진다. 별이 성해지면 보필하는 자가 강해지고, 임금이 충간을 듣지 않으며 아첨하는 사람이 측근으로 있으면 별이 보이지 않는다.

객성이 들어오고 색이 푸르면서 흰색을 띠면 장군에게 우환이 생기고, 희어지면 장군을 다시 세우게 되며, 붉으면서 검은 색을 띠면 장군이 죽게 된다. 객성이 나가고 색깔이 붉어지면 전쟁에서 공을 세우게 되고, 머무르면 후궁을 시켜 모반을 꾀한다.

혜성이 범하면 후궁 중에 모반하는 자가 생기고 가까운 신하에게 우환이 생긴다. 유성이 들어오면 임금을 핍박하게 된다.

| 14 | 육갑(六甲 : 文星) |

1]육갑(六甲)은 문운과 관련있는 별로 음과 양을 나누어 맡고, 사계절과 24절기를 기록함으로써, 정치와 교육을 베풀고 농사하는 때를 진작시키는 일을 한다. 별이 밝으면 음과 양이 조화롭고, 별이 밝지 않으면 추위와 더위의 절기가 바뀌며, 별이 없어지면 홍수와 가뭄이 때를 가리

1] 分掌陰陽 記時節 所以布政敎而振農時也 明則陰陽和 不明則寒暑易節 星亡水旱不時 客犯色赤爲旱 黑爲水 白人多疫 彗孛犯女主出政令 流星犯爲水旱 術士誅 / 육갑(六甲)은 오제좌의 아래에 있는데, 여섯 개의 별이 정육각형의 형태를 이루고 있다.

지 않고 든다.

객성이 범할 때 색깔이 붉어지면 가뭄이 들고, 검은 색이 되면 홍수가 나며, 흰색이 되면 사람에게 질병이 많이 든다. 혜성 또는 패성이 범하면 황후에게서 정령(政令)이 나가게 되고, 유성이 범하면 홍수 및 가뭄이 들고 술사(術士)들이 주살당한다.

| 15 | 천황(天皇) | 1]천황(天皇)을 태제(大帝)라고도 하니, 그 신(神)을 요백보(曜魄寶)라고 부른다. 주로 뭇 영혼들을 다스리고, 만가지 기틀이 되는 신을 다스려서 일을 도모한다. 평상시에는 그윽해서 잘 보이지 않는데, 천황별이 보이면 재앙이 생긴다.

객성이 범하면 옛 것을 없애고 새로운 제도를 베풀고, 혜성 또는 패성이 범하면 대신이 반란을 일으키며, 유성이 범하면 나라에 우환이 생긴다.

1] 亦曰大帝 其神曰曜魄寶 主御群靈 秉萬機神圖也 隱而不見 見則爲災 客犯爲除舊布新 彗孛犯大臣叛 流星犯國有憂 / 삼황(三皇) 중에 천황씨(天皇氏)는 천황태제(天皇)가 되었고, 지황씨(地皇氏)는 천일(天一)이 되었으며, 인황씨(人皇氏)는 태일(太一)이 되었다고 한다. 천일과 태일이 천황태제를 받들어서 일을 도모하되, 천일은 만물을 품어서 기르고, 태일은 바람·비·홍수·가뭄·전쟁·혁명·기아·역질 등 재해를 주관한다고 한다. / 천황(天皇, 또는 天皇太帝)은 구진과 화개의 사이에 있는데, 한 개의 별로 이루어져 있다.

| 16 | 오제내좌(五帝內座) |

1)오제내좌(五帝內座)는 부의(斧扆)2)의 상으로 대궐 안에 갖추어 놓고 쓰는 것이다. 별이 밝고 형상이 바르면 길하고, 변동하면 흉하게 된다.

객성이 중앙의 자리를 범하면 대신이 임금을 범하게 되고, 혜성 또는 패성이 범하면 백성이 기근을 겪으며, 대신이 근심하고 삼년 동안 병란이 일어난다. 유성이 범하면 병란이 일어나고 신하가 모반을 하며, 나가면 신하를 주살하여 죽이는 일이 생긴다.

| 17 | 화개(華蓋 : 文星) |

3)화개(華蓋)는 문운(文運)을 주관하는 별로, 태제(大帝 : 천황태제)의 자리를 덮고 가리는 데 쓰는 것이다. 별이 밝고 바르면 길하고, 기울어지고 움직이면 흉하다.

객성이 범하면 왕실에 근심이 생기고 병란이 일어나며, 혜

---

1) 斧扆之象 所以備宸居者 明正則吉 變動則凶 客星犯中坐大臣犯主 彗孛犯民饑 大臣憂三年有兵起 流星犯兵起臣叛 出有誅戮 / 오제내좌(五帝內坐, 또는 五帝, 五帝座)는 좌자미원의 제일 윗쪽(後門 또는 北門)의 위에 있는데, 다섯 개의 별로 이루어져 있다.

2) 부의(斧扆) : 붉은 비단에 자루가 없는 도끼 모양을 수놓아 만든 병풍으로, 천자가 제후를 만날 때 등 뒤에 치고 남쪽을 향해 앉았다.

3) 所以覆蔽大帝之坐也 明正則吉 傾動則凶 客犯王室有憂 兵起 彗孛犯兵起 國易政 流星犯兵起宮內 以赦解之 貫華蓋三公灾 / 화개(華蓋)는 천황태제의 위에 있는데, 7개의 별이 우산을 활짝 편 것처럼 벌려 있다.

성 또는 패성이 범하면 병란이 일어나고 나라에 정권이 바뀐다. 유성이 범하면 병란이 궁궐안에서 일어나나 사면해서 풀어주고, 유성이 화개를 관통하면 삼공에게 재앙이 있게 된다.

⎡18⎤ **전사(傳舍)** 1)전사(傳舍)는 사신의 숙소가 되니, 주로 북쪽 사신이 중국에 들어오는 일을 맡는다.

객성이 전사를 범하면 중국에 근심이 생기는데, 일설에는 간사한 사신을 막아야 한다고 하며, 또 일설에는 북쪽 땅에서 병란이 일어난다고 한다. 혜성 또는 패성이 범하여 머물러도 북쪽에서 병란이 일어난다고 한다.

⎡19⎤ **내계(內階)** 2)내계(內階)는 천황(천황태제)의 뜰이다. 일설에는 상제의 행문관(幸文館)의 안뜰이라고 한다. 밝으면 좋고, 기울어지거나 움직이면 흉하다. 혜성·패성·객성·유성 중의 하나가 범하면 임금이 피난하는 상이다.

1] 賓客之館 主北使入中國 客犯邦有憂 一日守之備姦使 亦曰北地兵起 彗孛犯守亦爲北兵 / 전사(傳舍)는 화개의 위에 화개를 감싸듯이 있는데, 아홉개의 검은색 별로 이루어져 있다.

2] 天皇之階也 一日上帝幸文館之內階也 明吉 傾動凶 彗孛客流犯人君遜避之象 / 내계(內階)는 우자미원의 밖 오른쪽으로, 여섯개의 별로 이루어져 있다.

| 20 | 천주(天廚) | 1)천주(天廚)는 성대한 음식을 주관하며, 천자와 백관(百官)의 주방이다. 천주가 보이면 길하고, 보이지 않으면 흉하며, 없어지면 기근이 든다.

객성 또는 유성이 범해도 기근이 든다.

| 21 | 팔곡(八穀) | 2)팔곡(八穀)은 그 해의 풍년 또는 흉년을 주관한다. 첫번째 별은 벼(稻)를, 두번째 별은 기장(黍)을, 세번째 별은 보리(大麥)를, 네번째 별은 밀(小麥)을, 다섯번째 별은 콩(大豆)을, 여섯번째 별은 팥(小豆)을, 일곱번째 별은 조(粟)를, 여덟번째 별은 삼(麻子)을 주관한다.

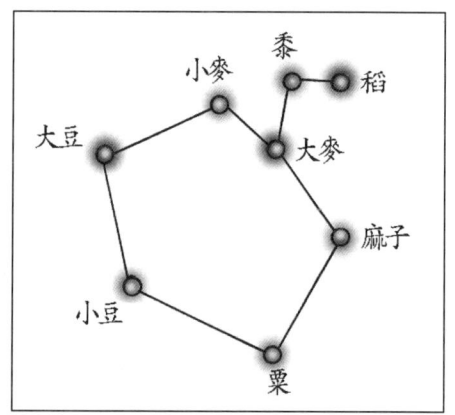

별이 밝으면 모든 곡식이 다 잘되고, 어두우면 여물지 않는다. 한개의 별이 없어지면 한가지 곡식이 흉년들고, 여덟개의

1] 主盛饌 天子百官之廚也 見吉 不見凶 亡則饑 客流犯亦爲饑 / 천주(天廚)는 좌자미원의 밖에 윗쪽으로 있는데, 여섯 개의 별로 이루어져 있다.

2] 主候歲豊儉 一主稻 二主黍 三主大麥 四主小麥 五主大豆 六主小豆 七主粟 八主麻子 明則八穀皆成 暗則不熟 一星亡則一穀不登 八星不見大饑 客入穀貴 彗入爲水 / 팔곡(八穀)은 내계의 윗쪽에 있는데, 여덟 개의 별로 이루어져 있다.

별이 보이지 않으면 크게 기근이 든다. 객성이 들어오면 곡식이 품귀하고, 혜성이 들어오면 홍수가 난다.

| 22 | 천봉(天棓 : 武星) | 1]천봉(天棓)은 무운(武運)을 주관하는 별로, 천자의 선봉장이다. 주로 분쟁 및 형벌과 병사들을 감추어 유사시를 대비하는 일을 맡고, 또한 어려움을 막음으로써 비상시에 대비하는 일을 한다.

한 별이 보이지 않으면 그 해당하는 나라에 병란이 일어난다. 별이 밝으면 근심이 생기고, 별이 미세하면 길하다. 객성이 들어오면 병란으로 인해 많은 병사들이 죽고, 혜성이 머무르면 전쟁이 일어나며, 유성이 범하면 제후들끼리 전쟁을 많이 하게된다.

| 23 | 천상(天床) | 2]천상(天床)은 잠을 자는 침소가 있는 집으

1] 天子先驅也 主分爭與刑罰藏兵 亦所以禦難備非常也 一星不具其國兵起 明有憂 微細吉 客入兵喪 彗守兵起 流星犯諸侯多爭 / 棓 : '북채 봉' 자로, 전고(戰鼓 : 전쟁터에서서 군사를 지휘할 때 쓰는 북)를 두드리는 북채를 말한다. / 천봉(天棓)은 천주의 아래에 있는데, 다섯개의 붉은색 별로 이루어져 있다.

2] 主寢舍解息燕休 正大吉 君有慶 傾則天王失位 客入有刺客 或內侍憂 彗孛犯主憂大臣失位 流星犯后妃叛 女主立 或人君易位 / 천상(天床)은 좌추(左樞)의 아래에 있는데, 여섯개의 짙은 검은색(烏色) 별로 이루어져 있다.

로 휴식을 취하는 곳이고, 또 잔치를 벌이며 쉬는 곳이다. 별자리가 바르고 크면 길하고, 임금에게 경사가 있으며, 별자리가 기울어지면 임금이 지위를 잃게 된다.

객성이 들어오면 자객이 발생하고, 혹은 내시에게 우환이 생긴다. 혜성 또는 패성이 범하면 임금에게 근심이 생기고, 대신이 지위를 잃으며, 유성이 범하면 황후 또는 왕비가 반역을 꾀하여 여자임금이 서게 되거나, 혹은 임금이 바뀌게 된다.

| 24 | 내주(內廚) | 1)내주(內廚)는 여섯 궁궐의 안에서 음식을 먹는 것, 또는 황후나 후궁 및 태자 등이 잔치를 벌이며 먹는 일을 맡는다. 혜성이나 패성 또는 유성이 범하면 음식에 독이 있게 된다.

| 25 | 문창(文昌) | 2)문창(文昌)은 하늘의 여섯 부서이니, 주로 하늘의 법도(天道)를 총체적으로 계획한다. 첫째 별(內階쪽으로

1] 主六宮之內飮食及后夫人與太子燕飮 彗孛或流星犯飮食有毒 / 내주(內廚)는 우추(右樞) 오른쪽에 있는데, 두개의 검은색(黑色) 별로 이루어져 있다.

2] 天之六府 主集計天道 一(近內階者)日上將大將軍建威武 二日次將尙書正左右 三日貴相太常理文緖 四日司祿司中司隷賞功進爵 五日司命司怪太史主滅咎 六日司寇大理佐理寶 / 문창(文昌)은 북두의 윗쪽에 반월(半月)의 모습으로 있는데, 여섯개로 이루어진 별자리이다. 『천문류초』에서는 일곱개로 그려져 있으나, 설명만은 여섯개의 별로 하였다.

가까운 별)은 상장(上將) 또는 대장(大將)이니, 군대를 잘 이끌고 무력으로 위엄을 보인다. 두번째 별은 차장(次將) 또는 상서(尚書)

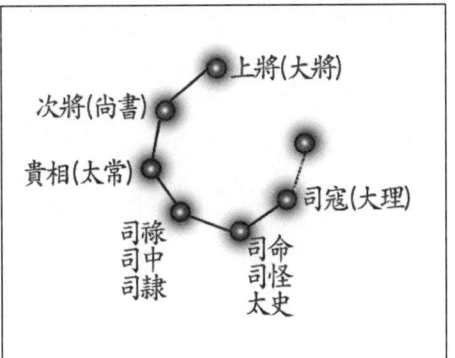

이니 좌우의 신하를 바르게 한다. 세번째 별은 귀상(貴相) 또는 태상(太常)이니 문서를 잘 다스린다. 네번째 별은 사록(司祿)·사중(司中)·사예(司隸)이니, 공있는 자에게 상을 주고 승진시키는 일을 한다. 다섯번째 별은 사명(司命)·사괴(司怪)·태사(太史)이니, 허물을 짓지 못하도록 한다. 여섯번째 별은 사구(司寇)·대리(大理)이니, 보물을 지키고 다스리는 일을 한다.

1]별이 밝고 윤택이 있으며 크고 작은 별들이 가지런하면, 상서로운 조짐이 모여들고, 온 세상이 평안해진다. 색깔이 푸르고 검으면서 미세하면 해로움이 많게 되고, 요동을 하면서 자리를 옮기면 대신에게 근심이 생긴다.

일설에는 별이 움직이면 삼공이 주살을 당하게 되고, 황후

1] 明潤色黃大小齊 天瑞臻 四海安 靑黑細微多所害 搖動移徙大臣憂 一日動則三公受誅 后崩 災福與三公同 金火守入兵興 客星守大臣叛 彗孛犯大亂 流星犯宮內亂

가 죽는다고 하니, 재앙과 복을 점치는 것이 삼공(三公)별과 같다.

　금성 또는 화성이 머무르거나 들어오면 병란이 크게 일어나고, 객성이 머무르면 대신이 반란을 일으키며, 혜성 또는 패성이 범하면 큰 난리가 나고, 유성이 범하면 궁궐안에서 난리가 일어난다.

　26 | 태존(太尊)　　1)태존(太尊)은 황제의 인척을 뜻하니, 별이 보이지 않으면 근심이 생긴다. 객성이나 혜성 또는 유성이 범하면 황제의 인척이 다치고 죽는 조짐이 된다.

　27 | 천뢰(天牢)　　2)천뢰(天牢)는 귀인(貴人)을 가두어 두는 감옥이니, 주로 허물을 짓거나 사나운 행동을 막는 일을 한다.
　달무리가 지면서 들어오면 도적이 많게 되고, 화성이 범하면 백성들이 먹을 것이 없어 서로를 잡아먹게 되며, 국가가 전쟁에서 패전한다. 금성 또는 목성이 머무르면 나라안에 범법자가 많게 되고, 객성 또는 혜성이 범하면 삼공(三公)이 옥에

1] 貴戚也 不見爲憂 客彗流星犯 並爲貴戚將敗之徵也 / 태존(太尊)은 문창의 아래에 있는데, 한 개의 별로 이루어져 있다.

2] 貴人之牢也 主繩愆禁暴 月暈入多盜 火犯民相食 國有敗兵 金木守國多犯法 客彗犯三公下獄 或將相憂 流星犯有赦宥之令 / 천뢰(天牢)는 태존의 왼쪽에 있는데, 여섯 개의 별로 이루어져 있다.

갇히게 되거나, 혹은 장군 또는 재상에게 우환이 생긴다. 유성이 범하면 사면령이 내린다.

| 28 | 태양수(太陽守) | ¹⁾태양수(太陽守)는 대장 또는 대신의 상이다. 주로 무력의 방비를 베풀고 준비하여 예상치 못한 일을 경계하니, 평상의 모습에서 벗어나면 병란이 일어난다.

별이 밝으면 길하고, 어두우면 흉하며, 자리를 옮기면 대신이 주살된다. 객성이나 혜성 또는 패성이 범하면 정권이 바뀌고, 장군 또는 재상에게 근심이 생기며, 병란이 일어난다.

| 29 | 세(勢) | ²⁾세(勢)는 거세(去勢)를 당한 사람으로, 임금의 명령을 널리펴는 일을 도우니, 안에서 항상 시종을 드는 내시(內侍)이다. 별이 밝지 않으면 길하고, 별이 밝으면 내시가 권력을 전단한다.

| 30 | 상(相) | ³⁾상(相 : 재상)은 백관을 총괄하여 여러 일을 다

1] 大將大臣之象 主設武備以戒不虞 非其常兵起 明吉 暗凶 移徙大臣誅 客彗孛犯爲易政 將相憂 兵亂 / 태양수(太陽守)는 세(勢)의 밑에 있는데, 한 개의 별로 되어 있다.

2] 腐刑人也 主助宣王命 內常侍官也 以不明爲吉 明則閽人擅權 / 세(勢)는 네 개의 별로 되어 있는데, 천뢰의 왼쪽에 있다.

3] 總百司集衆事 掌邦典以佐帝王 明吉 暗凶 亡則相黜 / 상(相)은 태양수의 옆

스리고, 나라안의 법도를 담당하여 임금을 보필하는 일을 한다. 별이 밝으면 길하고, 어두우면 흉하며, 별이 없어지면 재상이 쫓겨나게 된다.

[31] **삼공(三公)** 1)삼공(三公)은 자미원 안에 둘이 있는데, 북두칠성 자루의 왼쪽으로 있는 것이 태위(太尉)·사도(司徒)·사공(司空)의 상이고, 북두칠성 괴(魁)의 오른쪽으로 있는 것이 삼사(三師)이니, 이 모두가 임금의 덕을 널리 베풀고, 칠정(七政)을 조화롭게 하며, 음양을 조화롭게 하는 관직이다.

별이 자리를 옮기면 불길하고, 한 별이 없어지면 천하가 위태로우며, 두 별이 없어지면 천하에 난리가 나며, 세 별이 보이지 않으면 천하가 큰 혼란에 빠져든다. 객성이 범하면 삼공에게 근심이 생기고, 혜성이나 패성 또는 유성이 범하면 삼공이 죽게 된다.

에 있는데, 한 개의 별로 되어 있다.

1] 在斗柄東者 爲太尉司徒司空之象 在魁西者 名三師 皆主宣德化 調七政 和陰陽之官也 移徙不吉 一星亡天下危 二星亡天下亂 三星不見天下不治 客星犯三公憂 彗孛流星犯三公死 / 삼공(三公, 또는 三師) : 자미원에는 셋씩 이루어진 별이 두쌍이므로 여섯별이 되고, 태미원의 삼능성(三能星)은 둘씩 짝을 이루어 세쌍이므로 역시 여섯별이 된다. 문창의 위에 있는 것을 삼사(三師)라 하고, 북두의 아래에 상(相)의 왼쪽에 있는 것을 삼공(三公)이라고 한다.

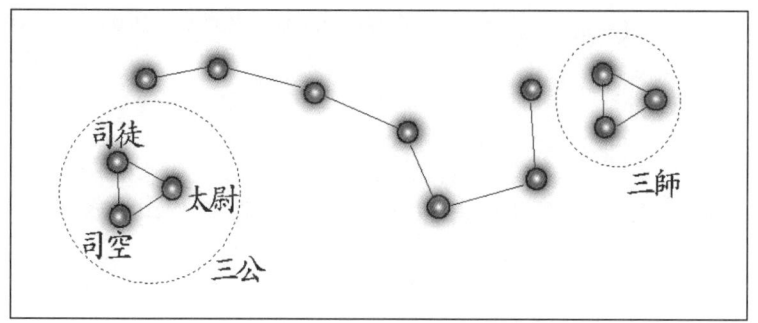

| 32 | 현과(玄戈 : 一曰天戈) | ¹⁾현과(玄戈)는 천과(天戈)라고도 부르는데, 주로 북방을 맡는다. 별빛의 끝이 뿔같이 까끄라기가 일거나 동요하면 북쪽에서 병란이 일어난다. 객성이 머무르거나, 혜성이나 패성 또는 유성이 범하면 북쪽나라의 병사(胡兵)들이 패배한다.

| 33 | 천리(天理) | ²⁾천리(天理)는 귀인(貴人)을 가두는 감옥이다. 별이 밝고 요동치거나, 천리의 별자리 안에 별이 들어가 있으면 귀인이 옥에 갇히게 된다. 객성이 범하면 옥에 갇힌 죄수들이 많아지고, 혜성 또는 패성이 범하면 나라가 위태롭다.

1] 主北方 芒角動搖北兵起 客星守之或彗孛流星犯 北兵敗 / 현과(玄戈 또는 天戈)는 한 개의 주홍색 큰 별인데, 북두의 자루끝에 있다.

2] 貴人之牢 明及搖動與其中有星則貴人下獄 客星犯多獄 彗孛犯國危 / 천뢰(天牢)는 주로 고관들의 감옥이고, 천리(天理)는 황족의 감옥이다. / 천리(天理)는 네개의 짙은 검은색(烏色) 별로 이루어졌는데, 북두성의 괴(魁)의 안에 있다.

| 34 | 천창(天槍 : 武星) ¹⁾천창(天槍)은 무운을 주관하는 별로, 일명 천월(天鉞)이라고도 하니, 하늘의 무력을 준비하는 것으로, 어려움을 막는 일을 한다.

별이 어둡고 작으면 병사들이 패배하고, 별빛의 끝이 뿔같이 까끄라기가 일면서 움직이면 병란이 일어난다. 객성이나 혜성 또는 유성이 범하면 병사들이 기근에 시달린다.

| 35 | 북두(北斗) ²⁾북두성(北斗)은 칠정(七政)의 축(樞機)이 되고³⁾ 음양의 본원(本元)이다. 그러므로 하늘의 한 가운데를

1] 一日天鉞 天之武備也 所以禦難 暗小兵敗 芒角動兵起 客彗流星犯皆爲兵饑 / 천창(天槍)은 현과의 위에 있는데, 세개의 붉은색 별로 이루어져 있다.

2] 七政之樞機 陰陽之本元也 故運乎天中而臨制四方 以建四時而均五行也 又曰 人君之象 號令之主也 又爲帝車 取乎運動之義也 / 『고중수필 : 菰中隨筆』에는 "모용소종이 머리를 풀어헤치고 북두를 향해서 맹서를 했다. 선인이 말하기를 '세간에 이러한 풍속이 있었으니, 살펴보면 남두는 사람의 태어남을 주관하고, 북두는 죽음을 관장한다. 그러므로 북두를 향해서 맹서를 하는 것이다'(慕容紹宗 被髮向北斗爲誓 先人云 必有俗如此 其按 南斗注生 北斗注死 故向北斗而誓之也)"고 하였다. / 또 『위서 : 魏書』의 최호전(崔浩傳)에 "최호가 북극을 향해서 기도를 함으로써 아버지의 생명을 연장했다(崔浩 鄕禱北極 以延父命)"고 했다.

3] 칠정(七政)의 축(樞機)이 되고 : 해와 달 및 오성을 칠정이라고 한다. 북두칠성이 가리킴에 따라 칠정이 움직이므로 '칠정의 축'이 된다고 하였다. 예를들어 북두칠성의 자루가 인방을 가리키면 인시가 된다. 또 북두성을 칠정이라고도 한다.

운행하여 사방을 제어함으로써, 사시를 바르게 세우고 오행을 균일하게 한다. 또 말하기를 임금의 상이니 호령하는 주체이다. 또 제왕의 수레가 된다 하니, 운동하는 뜻을 취한 것이다.

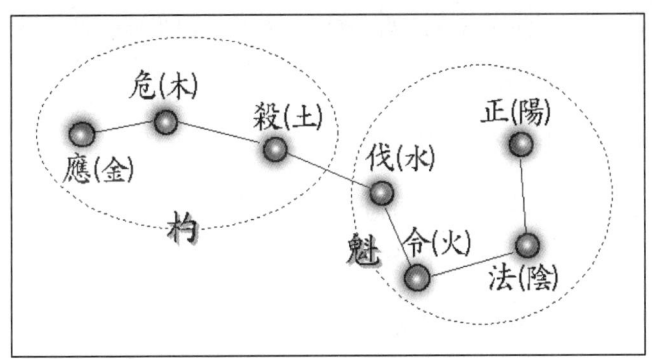

1)괴(魁)의 첫번째 별을 정성(正星)이라고 하니, 하늘이 된다. 주로 양의 덕(陽德)을 맡으니 천자의 상이고, 땅의 12분야로는 진(秦)나라에 해당한다.

두번째 별을 법성(法星)이라고 하니, 땅이 된다. 주로 음적(陰的)인 일과 형벌을 주관하니 황후의 상이고, 초(楚)나라에 해당한다.

세번째 별을 영성(令星)이라고 하니, 재난과 해침을 맡는다.

1] 魁第一星曰正星爲天 主陽德 天子象 其分爲秦 二曰法星爲地 主陰刑女主象 其分爲楚 三曰令星主禍害爲人 主火 其分爲梁 四曰伐星 主天理伐無道爲時 主水 其分爲吳 五曰殺星 主中央 助四方 殺有罪 爲陰 主土 其分爲燕 六曰危星 主天倉五穀 爲律 主木 其分爲趙 七曰部星 亦曰應星 主兵 爲星 主金 其分爲齊

사람이 되고, 오행으로는 화(火)를 맡으며, 양(梁)나라에 해당한다.

네번째 별을 벌성(伐星)이라고 하니, 하늘의 이법으로 무도한 것을 치는 일을 한다. 때(時)가 되고, 수(水)를 맡으며, 오(吳)나라에 해당한다.

다섯번째 별을 살성(殺星)이라고 하니, 중앙을 맡아서 사방을 도우며, 죄있는 자를 죽이는 일을 한다. 음(陰)이 되고, 토(土)를 주관하며, 연(燕)나라에 해당한다.

여섯번째 별을 위성(危星)이라고 하니, 하늘의 오곡을 저장하는 창고이다. 율(律)이 되고, 목(木)을 주관하며, 조(趙)나라에 해당한다.

일곱번째 별을 응성(應星)이라고 하니, 병사에 관한 일을 맡는다. 성(星)이 되고, 금(金)을 주관하며, 제(齊)나라에 해당한다.

선기와 옥형	북두칠성						
	괴(魁:선기)				표(杓,또는 柄:옥형)		
순서	1째	2째	3째	4째	5째	6째	7째
이름	正星	法星	令星	伐星	殺星	危星	應星
형상	천자 하늘(陽)	황후 땅(陰)	사람 火	때(時) 水	음(陰) 土 중앙	율(律) 木	성(星) 金
주관하는 일	陽의 덕	陰의 덕 형벌	재난 해침	무도한 일을 침	죄 있는 자를 죽임	곡식창고	병사에 관한 일
해당 분야	진(秦) :옹주	초(楚): 기주	양(梁):청주,연주	오(吳:서주,양주)	연(燕) :형주	조(趙) :梁州	제(齊) :예주

1]첫번째 부터 네번째 별을 괴(魁)라고 하니, 괴는 선기(璇璣)가 된다. 다섯번째 부터 일곱번째 별을 표(杓)라고 하니, 표는 옥형(玉衡)이 된다. 이 일곱 별을 칠정(七政)이라고 하니, 별이 밝으면 그 해당하는 나라가 번창하고, 밝지 못하면 해당하는 나라에 재앙이 있다.

만약에 천자가 종묘에 공손하지 않아서 귀신을 공경하지 않으면, 괴의 첫번째 별이 밝지 않거나 색깔이 변한다. 만약에

1] 一至四爲魁 魁爲璇璣 五至七爲杓 杓爲玉衡 是爲七政 星明其國昌 不明國殃 若天子不恭宗廟 不敬鬼神 則魁第一星不明 或變色 若廣營宮室 妄鑿山陵 則第二星不明 或變色 若不愛百姓 驟興征役 則第三星不明 或變色 若號令不順 四時 不明天道 則第四星不明 或變色 若廢正樂 務淫聲 則第五星不明 或變色 若不勸農桑 不務稼穡 峻法濫刑 退賢傷政 則第六星不明 或變色 若不撫四方 不安夷夏 則第七星不明 或變色

궁궐을 넓게 짓기위해 망령되이 산이나 구릉을 개척하면, 두 번째 별이 밝지 않거나 색깔이 변한다. 만약에 백성을 사랑하지 않아서 정벌에 백성을 자주 동원하면, 세번째 별이 밝지 않거나 색깔이 변한다. 만약에 호령하는 것이 사시에 어긋나서 천도(天道)를 밝히지 못하면, 네번째 별이 밝지 않거나 색깔이 변한다.

만약에 바른 음악(正樂)을 폐하고 음탕한 소리 듣기에 힘쓴다면, 다섯번째 별이 밝지 않거나 색깔이 변한다. 만약에 농사짓고 누에치는 것을 권하지 않아서 농사나 길쌈에 힘쓰지 않으며, 법을 어렵게 하고 형벌을 남용하고, 어진 사람을 관직에서 물러나게 하여 정치를 잘못하면, 여섯번째 별이 밝지 않거나 색깔이 변한다. 만약에 사빈을 어루만지지 않아서 변방의 가들과 중국이 불안해지면, 일곱번째 별이 밝지 않거나 색깔이 변한다.

1)북두성의 곁에 별이 많으면 평안해지고, 북두성에 별이 적으

---

1) 斗旁欲多星則安 斗中星少則人怨 月犯爲兵喪大赦 星孛于斗 主危 彗犯爲易主 流星犯主客兵 客星犯爲兵 五星犯國亂易主 凡日月暈連環及斗 月暈及搖動兵起 / 북두(北斗)는 태일의 아래에 있는데, 7개의 별로 이루어져 있다. 도교나 기문학 등에서는 보성(輔星)과 여섯 번째 별에 붙어 있는 작은 별을 합하여 9개의 별로 이루어져 있다고도 한다. / 또 아랍인이나 인디안은 보성과 북두칠성을 합해 여덟 개로 보았으며, 현대 서양천문에서는 보

면 사람들이 윗사람을 원망하게 되며, 달이 범하면 병란이 일어나 많은 사람이 죽게 되고 대사면령이 내리며, 별이 북두성을 거스르면 임금이 위태하게 된다. 혜성이 범하면 임금이 바뀌게 되고, 유성이 범하면 외적의 침입이 있으며, 객성이 범하면 병란이 일어난다. 오성이 범하면 중국에 난리가 일어나 임금이 바뀌게 되고, 햇무리 또는 달무리가 고리처럼 북두성을 둘러싸거나, 달무리가 지고 북두성이 흔들리며 움직이면 병란이 일어난다.

| 36 | 보(輔) | 1]보(輔)는 북두성이 공을 이룰 수 있도록 돕는 일을 하니, 승상의 상이다. 보성(輔)은 밝은데 북두성이 밝지 못하면, 신하는 강하고 임금은 약하게 된다. 북두성이 밝은데 보성이 밝지 못하면, 임금은 강하고 신하는 약하게 된다.

| 37 | 강(杠) | 강(杠)은 화개의 아래에 있는데, 9개의 별로 이루어져 있다.2]

성과 여섯 번째 별 사이에 한 개의 작은 별을 더 찾아서 9개로 본다.

1] 所以佐斗成功 丞相之象也 輔明而斗不明 則臣强主弱 斗明輔不明 則主强臣弱 / 보성(輔星)은 한 개의 별로 이루어졌고, 북두칠성의 제 6성인 개양(闓陽)의 옆에 있다.

2] 『천문류초』에는 강(杠)에 대한 설명이 빠져 있다. 화개(華蓋)가 일산(日傘)의 덮개에 해당한다면, 강은 그 자루에 해당한다고 한다.

※ 자미원의 개괄

별자리	별의 수	의미
자미원 (紫微垣)	좌자미원 8, 우자미원 7 (총15개)	천자가 직접 다스리는 궁정으로, 명운(命運)과 도수(度數)를 관장
북극(北極)	5	하늘의 지도리로써, 해와 달 및 오행을 주관
사보(四輔)	4	북극성을 도와 법도를 내고 정령을 받든다
천일(天一)	1	전투, 길흉의 예측, 음양의 조화
태일(太一)	1	바람과 비, 홍수와 가뭄, 병란과 혁명, 기근과 질병을 주관.
음덕(陰德)	2(누런색)	덕을 베풀고, 백성을 다독거림
상서(尙書)	5(누런색)	임금에게 충간, 임금의 자문역할
주하사 (柱下史)	1	임금의 언행을 기록
여사(女史)	1	시각을 알리고, 궁중의 일을 기록
여어(女御)	4(누런색)	후궁
천주(天柱)	5	오행의 법칙을 세우고, 정치와 교육을 기획
대리(大理)	2(짙은 검은색)	형벌 및 옥(獄)을 평결
구진(勾陳)	6	후궁 및 궁궐의 일, 혹은 삼공의 역할
육갑(六甲)	6	음양 및 24절기 등 때를 다스림
천황(天皇)	1	영혼 및 모든 신을 다스림, 자미원 최고의 신
오제내좌 (五帝內座)	5	천자가 제후를 접견할 때 위엄을 상징하는 병풍
화개(華蓋)	7	천황의 자리를 덮고 가리는 일산
전사(傳舍)	9(검은색)	사신의 숙소(주로 북쪽 사신을 맡음)
내계(內階)	6	천황의 정사를 베푸는 뜰

별자리	별의 수	의미
천주(天廚)	6	천자와 백관의 주방
팔곡(八穀)	8	곡식의 풍년 또는 흉년을 주관
천봉(天棓)	5(붉은색)	천자의 선봉장, 또는 비상시에 대비
천상(天床)	6(짙은 검은색)	휴식장소(침소 또는 잔치를 벌이는 등)
내주(內廚)	2(검은색)	궁궐의 평상시 또는 잔치음식을 주관
문창(文昌)	6	하늘의 법도를 총체적으로 기획
태존(太尊)	1	황제의 인척
천뢰(天牢)	6	귀인을 가두는 감옥
태양수(太陽守)	1	대장 또는 대신으로, 무력의 방비를 주관
세(勢)	4	시종을 드는 내시(內侍)
상(相)	1	백관을 총괄
삼공(三公)	6	천자의 덕을 베풀고, 음양과 칠정을 조화롭게 함
현과(玄戈)	1(주홍색)	북방의 경비
천리(天理)	4(짙은 검은색)	귀인의 감옥
천창(天槍)	3(붉은색)	무력의 방비
북두(北斗)	7(또는 +보성1+1=9)	칠정의 축, 음양의 본원으로 사방에 음양과 오행이 균일하게 되도록 다스림
보(輔)	1	북두성을 도움
강(杠)	9	화개의 자루
37별자리	163(+1)	우주의 주재자로서의 천황과, 하늘의 지도리로서의 북극, 그리고 사람의 우두머리인 천자를 돕고 보좌하는 역할

3) 하원 천시원(下元天市垣)

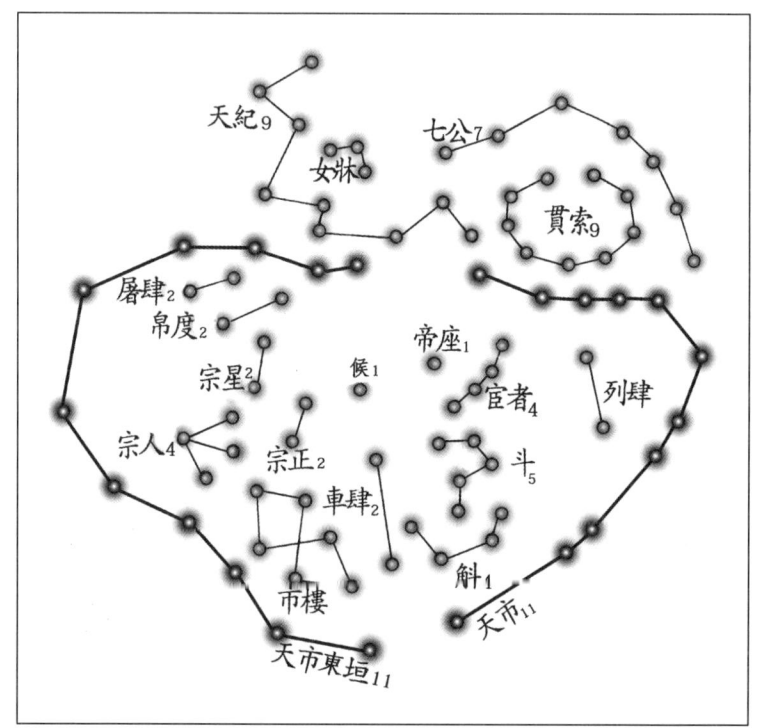

천문류초

천시원 영역의 『천문류초』와 「천상열차분야지도」의 다른 점

① 『천문류초』에서는 '종대부'가 그림에도 없고 설명문에도 없다. 다른 천문도에서도 언급이 없는 별자리이므로(종정 2성을 종대부라고 하지만, 종대부는 4성이다) 「천상열차분야지도

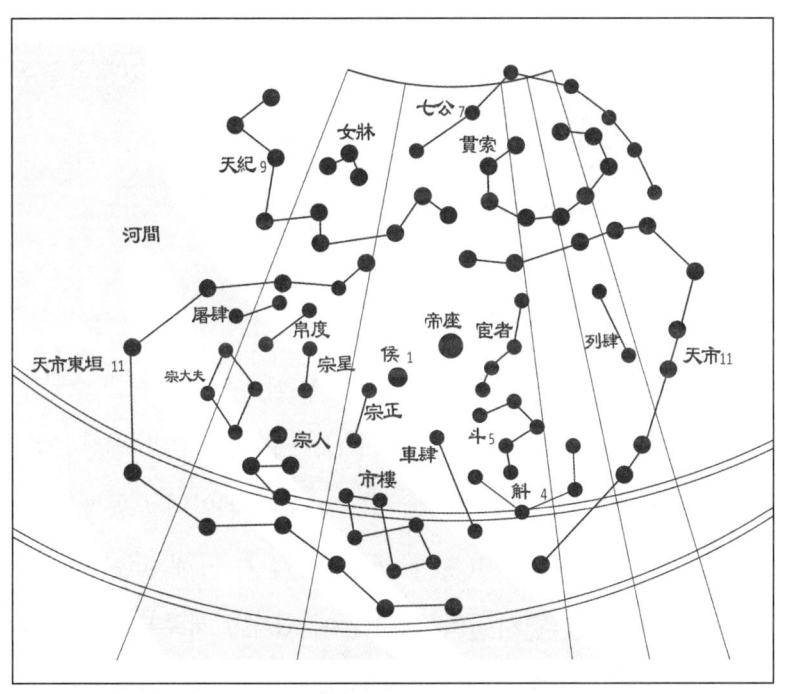

천상열차분야지도

」의 독창성의 증거로 언급되곤 한다.

② 「천상열차분야지도」에는 '侯(제후 후)'로 표기되어 있는데, '물을 후(候)' 자의 오기로 보인다.

③ 「천상열차분야지도」에서는 '천시동원, 천시'라고만 표기했는데, 『천문류초』에서도 같이 표기했다. 다른 천문도에서는 '천시좌원, 천시우원'이라 표기했다.

④ '칠공(7개)'은 자미원에도 한 개의 별이 들어가 있으나,

대부분(6개)의 별이 천시원에 있고, 자미원과 천시원은 누가 높은 영역인가도 불확실하므로, 『천문류초』와 「천상열차분야지도」에서 모두 천시원에 그대로 배당하였다.

(1) 천시원의 보천가(步天歌)
1)하원(下元)의 한 궁을 천시원이라 이름하니 / 좌우로 스물두개의 별이 담을 둘렀네 / 위(魏)·조(趙)·구하(九河)와 중산(中山)이고 / 제(齊)와 오·월(吳越)과 서(徐 : 노나라)이며 / 동해(東海)를 따라 유주(幽州)의 연(燕)에 이르고 / 점차 남해(南海)로 돌아오니 송(宋)이 문(천시원의 남문)앞에 있네 / 서쪽문으로 마주보며 한(韓)과 초(楚)가 있고 / 양(梁)과 파(巴) 및 촉(蜀)을 거쳐 진(秦)에 이르르며 / 동주(東周)와 정(鄭)과 진(晉)이 서로 이어있고 / 하간(河間)에서 곧바로 가서 하중(河中)에 이르러 그치네 /

2)문앞에 검은색 별 여섯개가 각을 이루며 있는 것이 시루(市

1] 下元一宮名天市 / 左右垣墻二十二 / 魏趙九河及中山 / 齊幷吳越徐星是 / 却從東海至幽燕 / 漸歸南海宋門前 / 西門相對韓而楚 / 梁幷巴蜀至秦躔 / 東周鄭晉連相繼 / 河間直至河中止 / 천시원을 왼쪽문의 위에서 부터 아래로 내려오며 각기 해당하는 별(지역)을 설명했고, 다시 오른쪽 문을 위로 올라가면서 설명한 칠언절구의 시이다.

樓)이고 / 문의 왼쪽에 두개의 누런색 별이 거사(車肆)이며 / 네 개의 붉은 색 별이 종인(宗人)이고, 두개의 별은 종정(宗正)이며 / 두개의 별로 된 종성(宗星)도 같이 붙어 있으며 / 두개의 누런 색 별인 백도(帛度)는 도사(屠肆)의 앞에 있네 /

1]후(候)는 다시 제좌(帝坐)의 곁에 있는데 / 한개의 별로 된 제 좌는 항상 밝게 빛나며 / 네개의 붉은 색 별이 희미하게 보이 는 것이 환자(宦者)라네 / 환자의 뒤에 두개의 별이 열사(列肆) 이고 / 곡(斛)과 두(斗)는 제좌의 앞에 차례로 있으니 / 두(斗)는 다섯 별이고 곡(斛)은 네개의 별로 이루어졌네 /

2]천시원의 북쪽에 아홉개의 붉은색 별이 관삭(貫索)이고 / 관 삭의 입쏙에 가로로 누운 일곱개의 별이 칠공(七公)이며 / 천기

2] 當門六角黑市樓 / 門左兩黃是車肆 / 四赤宗人兩宗正 / 宗星一雙亦依此 / 帛度兩黃屠肆前 / 천시원 안의 별자리 중에 왼쪽에 있는 것을, 밑(남쪽)에 서부터 차례로 위치와 색깔을 칠언절구로 설명하였다.

1] 候星還在帝坐邊 / 帝坐一星常光明 / 四赤微茫宦者星 / 以次兩星名列肆 / 斛斗帝前依其次 / 斗是五星斛是四 / 천시원 안의 별자리 중에 오른쪽에 있는 것을, 제좌(帝坐)를 중심으로 하여 위치와 색깔을 설명하였다.

2] 垣北九赤貫索星 / 索口橫者七公星 / 天紀恰似七公形 / 數著分明多兩星 / 紀北三紅名女床 / 此坐還依織女旁 / 三元之象無相侵 / 二十八宿隨其陰 / 七政絡繹詳推尋 / 천시원 위에 있는 별자리를 오른쪽부터 차례로 위치와 색깔을 설명하고, 삼원과 28수 및 칠정의 관계를 칠언절구로 풀이하였다.

(天紀)는 칠공처럼 생겼는데 / 별자리가 더 분명하고도 별수가 둘이 더 많다네 / 천기의 북쪽에 세개의 주홍색 별이 여상(女牀)인데 / 이 별자리는 직녀(織女)의 곁에서 찾는 것이 쉽다네 / 삼원(태미원,자미원,천시원)의 형상이 서로 침범하지 않고 / 28수가 그 뒤를 따르며 / 칠정(七政)이 서로 연결하니 자세히 미루어 찾게나 /

(2) 천시원에 딸린 별

1 천시원(天市垣 : 民星)   1]천시원(天市垣)은 백성의 운을 주관하는 별로, 주로 저울(權衡)을 맡으며, 사람들을 모으는 일을 한다. 일명 천기정(天旗庭)이라고도 하니, 사람을 죽이고 형벌주는 일을 하기도 한다. 천시원 안에 별들이 많고 윤택하면 풍년이 들고, 별이 드물면 흉년이 든다.

화성(형혹성)이 머무르면 불충한 신하를 죽이게 되고, 만약

1] 主權衡 主聚衆 一曰天旗庭 主斬戮之事 市中星衆潤澤則歲實 星希則歲虛 熒惑守戮不忠之臣 若怒角守之者 臣殺主 彗星守穀貴 出豪傑起 徙市易都 客星入兵大起 守度量不平 出有貴喪 又曰天子之市 天下所會也 星明大則市吏急 商人無利 忽然不明則糴貴 月入易政 更幣近臣有抵罪 兵起 守其中女主憂 大臣災 五星入將相憂 兵大起 流星入色蒼白物貴 赤火災民疫 / 천시원(天市垣)은 좌천시원과 우천시원으로 구성되는데, 각기 11개의 붉은색 별(총 22개)로 이루어져 있다.

360

에 노해서 뿔같은 빛이 일며 머무르면 신하가 임금을 죽이게 된다. 혜성이 머무르면 곡식이 귀하게 되고, 나가면 호걸이 병사를 일으키며 시장을 옮기고 도읍을 옮기게 된다. 객성이 들어오면 병란이 크게 일어나고, 머무르면 길이를 재고 무게를 재는 기준이 공평치 못하게 되며, 나가면 귀인이 죽게 된다.

일설에 천시원은 천자의 시장이 되니, 천하가 모여드는 곳이라고도 한다. 따라서 별이 밝고 커지면 시장을 관리하는 사람이 각박하게 해서 상인들에게 잇속이 없게 되고, 홀연히 어두워지면 쌀값이 폭등하게 된다.

달이 들어오면 정령(政令)을 바꾸고, 화폐를 바꾸게 되며, 가까운 신하가 명을 거스르는 죄가 발생하며, 병란이 일어난다. 한가운데에 달이 머무르면 황후에게 근심이 생기고, 대신에게 재앙이 발생한다. 오성이 들어오면 장군과 재상에게 근심이 생기고, 병란이 크게 일어난다. 유성이 들어와서 색깔이 푸르면서 희어지면 물건값이 오르고, 붉어지면 화재가 발생하고 질병이 돈다.

| 2 | 시루(市樓) | 1]시루(市樓)는 시장을 맡은 부서이다. 주로

1] 市府也 主闤闠 度律制令 明則吉 暗則市吏不理 彗客守市門多閉 / 시루(市樓)는 천시원의 남쪽 문 안에 있는데, 여섯 개의 검은색 별로 이루어져 있다.

시장을 여닫는 일을 맡고, 도량형 등 율령을 헤아려 만드는 일을 한다. 별이 밝으면 길하고, 어두우면 시장을 맡은 관리가 이치에 어긋난 일을 한다. 혜성 또는 객성이 머무르면 시장의 문이 많이 닫히게 된다.

3 **거사(車肆)** 1)거사(車肆)는 주로 수레와 가마를 맡으니, 별이 밝지 못하면 나라안의 수레가 다 징발된다. 또 거사는 장사하는 사람들의 구역이 되기도 한다. 객성 또는 혜성이 머무르면 천하에 전차가 다 발동한다.

4 **종정(宗正)** 2)종정(宗正)은 황실 종친의 대부(大夫)이니, 주로 종실의 잘잘못을 다스리는 관리이다.

혜성이 머무를 때 별빛을 잃으면 종정에게 좋지 않은 일이 있게 된다. 객성이 머무르면 정령(政令)을 바꾸게 된다. 일설에는 천자의 친척에게 변괴가 생긴다고도 한다. 별이 밝으면 종실사람들의 질서가 잡히고, 어두우면 국가가 흉하게 된다. 거스르는 별이 종정에 해당하는 분야에 있으면 종정이 쫓겨나

---

1) 主車駕 不明則國車盡行 又主衆賈之區 客彗守天下兵車盡發 / 거사(車肆)는 시루의 오른쪽에 있는데, 두개의 누런색 별로 이루어져 있다.

2) 宗大夫也 主宗室得失之官 彗守若失色宗正有事 客守更號令 又曰天子親屬有變 明則宗室有秩 暗則國家凶 星孛其分宗正黜 / 종정(宗正)은 시루의 위에 있는데, 두 개의 붉은 색 별로 이루어져 있다.

게 된다.

☐5☐ **종인(宗人)** 1)종인(宗人)은 가깝고 먼 종친의 제사를 주관하는 일을 한다. 만약에 별에 아름다운 무늬가 있으면서 밝고 바른 모습이면 종친들의 위계질서가 지켜지고, 움직이면 천자의 친척에게 변괴가 생기며, 객성이 머무르면 귀인(貴人)이 죽게된다.

☐6☐ **종성(宗星)** 2)종성(宗星)은 종실의 형상으로, 임금을 보필하는 임금과 같은 혈통의 신하이다. 객성이 머무르면 종친들이 불화하고, 별이 어두우면 종친들의 세력이 약하게 된다.

☐7☐ **백도(帛度)** 3)백도(帛度)는 물건의 양을 헤아리고, 매매를 공평하게 해서 재물을 바꾸는 일을 맡는다. 별이 밝고 커지면 도량형이 공평하게 되고, 상인이 속이지를 않는다. 객성 또는 혜성이 머무르면 실이나 옷감 등이 크게 귀하게 된다.

1] 主錄親疎享祀 如綺文而明正族人有序 動則天子親屬有變 客守貴人死 / 종인(宗人)은 네 개의 붉은색 별로, 종정의 왼쪽에 있다.
2] 宗室之象 帝輔血脈之臣 客守宗支不和 暗則宗支弱 / 종성(宗星)은 종인의 위에 두 개의 붉은색 별로 이루어져 있다.
3] 主度量 賣買平貨易 明大尺量平 商人不欺 客彗守絲綿大貴 / 백도(帛度)는 종성의 위에 두개의 누런색 별로 되어 있다.

8 | 도사(屠肆)   1)도사(屠肆)는 육축(六畜)을 도살하는 일을 주관하니, 삶고 죽이는 일을 맡는다. 별이 밝고 커지면 도살하는 일이 많아진다.

9 | 후(候)   2)후(候)는 음과 양을 관찰하는 일을 한다. 별이 밝고 커지면 보필하는 신하의 세력이 강해지고, 중국 변방국가들의 세력이 커져 길이 열려지며, 작고 미미해지면 중국이 편안해지고, 별이 없어지면 임금이 지위를 잃게 되며, 자리를 옮기면 임금이 불안해진다.

달이 범하면 보필하는 신하에게 근심이 생기고, 객성 또는 혜성이 머무르면 보필하는 신하가 쫓겨나며, 패성이 범하면 신하가 모반을 도모한다.

10 | 제좌(帝坐)   3)제좌(帝坐)는 하늘의 정사를 베푸는 곳으

---

1) 主屠宰烹殺 明大肆中多宰殺 / 도사(屠肆)는 백도의 위에 있으며, 두 개의 별로 이루어져 있다.

2) 主伺陰陽 明大輔臣强四夷開 細微國安 亡則主失位 移則主不安 月犯輔臣憂 客彗守輔臣黜 孛犯臣謀叛 / 후(候)는 종정의 오른쪽에 있는데, 한 개의 별로 이루어져 있다.

3) 天庭也 天皇大帝外坐也 光而潤澤天子吉 威令行 微細大人憂 月犯人主憂 五星犯臣謀王 下有叛 客入色赤有兵 守之大臣爲亂 彗孛犯人民亂 宮廟徙 流星犯諸侯兵起 臣謀主 貴人更令 / 제좌(帝坐)는 천시원의 한가운데에 있는데,

로, 자미원의 천황태제(天皇大帝)가 외궁으로 나갈 때 있는 자리이다. 별이 빛나면서 윤택이 있으면 천자가 길하고, 명령이 위엄있게 행해진다. 별이 미세하면 대인(임금)에게 근심이 생기고, 달이 범해도 임금에게 근심이 생긴다.

오성이 범하면 신하가 임금이 될 것을 도모하고, 아랫사람이 반역을 일으킨다. 객성이 들어와 색깔이 붉은색으로 변하면 병란이 발생하고, 머무르면 대신이 난리를 일으킨다. 혜성 또는 패성이 범하면 백성들이 난리를 일으키고, 종묘의 자리를 옮겨야 한다. 유성이 범하면 제후들이 병란을 일으키고, 신하가 임금이 될 것을 꾀하며, 귀인(貴人)이 정령(政令)을 바꾼다.

| 11 | 환자(宦者) | 1]환자(宦者)는 임금의 곁에서 보필하는 내시이다. 별이 미미하면 길하나, 평상의 모습을 잃으면 내시에게 우환이 생긴다. 점치는 내용은 자미원의 세(勢)성과 동일하다.

| 12 | 열사(列肆) | 2]열사(列肆)는 보옥(寶玉)과 같은 재물을

한개의 밝은 별로 이루어져 있다.

1] 帝傍之閹人也 微則吉 失常宦者有憂 占與勢星同 / 환자(宦者)는 제좌의 오른쪽에 있는데, 네개의 희미한 붉은 색 별로 이루어져 있다.

주관한다. 별자리를 옮기면 보물 등 재물이 안정을 얻지 못한다. 화성이 머무르거나 들어오면 병란이 크게 일어난다.

| 13 | 두(斗 : 民星) | 1)두(斗)는 백성의 운을 주관하는 별로, 곡식의 양을 공평하게 하는 일을 맡는다. 엎어져 있으면(남쪽으로 입구를 벌리고 있으면) 곡식이 잘익고, 하늘을 향해 있으면(북쪽으로 입구를 벌리고 있으면) 수확이 황폐해진다. 객성 또는 혜성이 범하면 기근이 든다.

| 14 | 곡(斛) | 2)곡(斛)을 천곡(天斛)이라고도 부르니, 곡식의 양을 재는 일을 맡는다. 별이 밝지 못하면 흉하고, 없어지면 1년동안 기근이 든다. 점치는 내용은 두(斗)와 동일하다.

| 15 | 관삭(貫索) | 3)관삭(貫索)은 천한 사람들(賤人)의 감옥이

2] 主寶玉之貨 移徙則列肆不安 火守入兵大起 / 열사(列肆)는 환자의 오른쪽에 있는데, 두 개의 별로 이루어져 있다.

1] 主平量 覆則歲熟 仰則荒 客彗犯爲饑 / 두(斗)는 제좌의 아래에 있는데, 다섯개의 별로 이루어져 있다.

2] 亦曰天斛 主量者也 不明凶 亡則年饑 占與斗同 / 곡(斛)은 두(斗)의 아래에 있는데, 네개의 별로 이루어져 있다.

3] 賤人之牢也 一曰連索 一曰連營 一曰天牢 主法律 禁強暴 牢口一星爲門 欲其開也 九星皆明天下獄煩 七星見小赦 五星六星大赦 動則斧鑕用 中空則改元

다. 일명 연삭(連索) 또는 연영(連營) 또는 천뢰(天牢)라고도 하니, 법률을 담당하여 강포한 행동을 금지시키는 일을 한다. 감옥의 입에 해당하는 별(牢口)이 감옥의 문이 되는데, 간격이 벌어져 열려 있으면 좋다.

아홉개의 별이 다 밝으면 천하의 옥마다 사람들이 가득차고, 일곱별만 보이면 작은 사면령이 있으며, 다섯별 또는 여섯별만 보이면 대사면령이 있게 된다. 별이 움직이면 부질(斧鑕: 사람을 죽이는 형틀)을 사용하게 되고, 별자리의 가운데가 비면 년호(年號)를 고치는 경사가 있게 된다.

일설에 의하면 관삭이 열려 있으면 사면령이 있고, 별이 보이지 않으면 옥사(獄事)도 간단해서 감옥이 비게 된다고 하며, 만약에 입구를 닫고 있거나 별이 관삭의 안으로 들어오면 많은 사람이 연루되어 죽는 일이 생긴다. 관삭이 은하수 안으로 들어가면 기근이 생기며, 관삭의 가운데에 별이 무리지어 있으면 죄수가 많게 된다.

한 별이 없어지면 기쁜 일이 생기고, 두 별이 없어지면 작위와 녹봉을 상으로 주게 되며, 세 별이 없어지면 사면령이 내린

又云貫索開有赦 不見刑獄簡 若閉口及星入牢中有繫死者 入河中爲饑 中星衆則囚多 一星亡有喜事 二星亡賜爵祿 三星亡有赦 若客星出大有大赦 小有小赦 水犯災 火犯米貴 彗星出其分中外豪傑起 客星入有枉死者 流星入女主憂 或赦 出則貴女死 / 관삭(貫索)은 우천시원의 위에 있는데, 아홉개의 붉은색 별로 이루어져 있다.

다. 만약에 큰 객성이 나가면 대사면령이 있고, 작은 객성이 나가면 작은 사면령이 있게 된다.

수성이 범하면 재앙이 발생하고, 화성이 범하면 쌀이 귀하게 되며, 혜성이 나가면 그 해당하는 분야의 외부에 있는 호걸이 병사를 일으키며, 객성이 들어오면 억울하게 죽는 사람이 있게 되고, 유성이 들어오면 황후에게 근심이 생기거나 혹은 사면령이 있게 된다. 객성이 나가면 귀한 여인(貴女)이 죽게 된다.

| 16 | 칠공(七公) | 1]칠공(七公)은 하늘의 재상이니, 삼공(三公)과 같은 것으로, 칠정(七政)을 맡아 다스린다. 별이 밝으면 보좌하는 신하가 강대해지고, 별이 크면서도 움직이면 병란이 일어난다. 별자리가 가지런하고 바르면 법이 평등히 시행되고, 자리를 어기고 있으면 감옥 안에 원망하는 사람이 많게 된다. 관삭(貫索)과 이어져 있으면 난리가 일어나고, 은하수 안으로 들어가면 쌀 등의 곡식이 귀하여 백성들이 기근에 시달린다.

금성 또는 화성이 머무르면서 범하면 병란이 일어나고, 객

1] 天之相也 三公之象 主七政 明則輔佐强 大而動爲兵 齊正則國法平 差戾則獄多寃 連貫索則世亂 入河中糴貴 民饑 金火守犯兵起 客守世饑 主危 流星出其分主將黜 / 칠공(七公)은 관삭의 위에 감싸듯이 있는데, 일곱개의 별로 이루어져 있다.

성이 머무르면 기근이 심해지며, 임금이 위태롭게 된다. 유성이 나가면 해당하는 분야의 장군이 쫓겨난다.

| 17 | 천기(天紀) | 1)천기(天紀)는 구경(九卿)에 해당한다. 만가지 일의 기강을 맡으니, 원통한 송사가 없도록 다스린다. 별이 밝으면 천하에 송사가 많게 되고, 별이 없어지면2) 정사가 잘못되고 나라의 기강이 어지러워진다. 별이 흩어지고 끊어지면 지진이 일어나고 산이 붕괴되며, 여상(女牀 또는 女床)과 가까워지면 임금이 예절을 잃게 되고, 여인네의 참소를 믿게 된다.

객성이 머무르면 임금이 위태하게 되고 백성에게는 기근이 들며, 객성이 범하면 제후들이 병란을 일으킨다. 혜성 또는 패성이 범하면 지진이 일어나고, 객성 또는 혜성이 가까이 와서 머무르면 천하의 옥사(獄事)와 송사(訟事)가 잘못 처리되게 된다.

| 18 | 여상(女床 또는 女牀) | 3)여상(女床)은 후궁 또는 궁궐

1] 九卿也 主萬事之紀 理冤訟也 明則天下多詞訟 亡則政理壞 國紀亂 散絶則地震山崩 與女床合則君失禮 女謁行 客守主危 民饑 犯諸侯擧兵 彗孛犯地震 客彗合守天下獄訟不理 / 천기(天紀)는 칠공의 왼쪽에 있는데, 칠공보다 더 밝은 아홉 개의 별로 이루어져 있다.

2]『삼재도회 : 三才圖會』등에는 "별빛의 끝에 뿔같은 까끄라기가 일면(芒則)"으로 되어 있다.

안에서 일을 보는 여관리(女官)이다. 주로 여자에 관한 일을 맡는다. 별이 밝으면 궁인(宮人)들이 방자하게 행동하고, 별이 흩어져 있으면(舒) 밑에 있는 첩이 황후를 대신하며, 별이 보이지 않으면 여자들에게 질병이 돈다.

객성 또는 혜성이 머무르면 궁인들이 윗사람을 도모하며, 객성이 들어오면 여자에게 우환이 생기며 후궁이 방자하게 행동한다. 별이 움직이면 참소하는 여인네의 말을 믿게 된다.

3] 爲後宮御女 主女事 明則宮人恣意 舒則妾代女主 不見女子多疾 客彗守宮人謀上 客入女子憂 後宮恣 動女謁行 / 여상(女牀)은 천기의 윗쪽에 있는데, 세개의 주홍색 별로 이루어져 있다.

※ 천시원의 개괄

별자리	별의 수	의미
천시원(天市垣)	좌천시원11, 우천시원11 (총22, 붉은색)	형벌 및 도량형을 공평하게 하고, 사람을 모으는 일(시장 등)
시루(市樓)	6(검은색)	시장을 여닫고, 도량형 등을 헤아림
거사(車肆)	2(누런색)	수레와 가마(운송수단)
종정(宗正)	2(붉은색)	황실 종친의 잘잘못을 주관
종인(宗人)	4(붉은색)	종친의 제사, 종친의 위계질서
종성(宗星)	2(붉은색)	천자를 보필하는 천자의 인척
백도(帛度)	2(누런색)	물건의 양을 헤아리고, 매매를 공평하게 함
도사(屠肆)	2	육축을 도살하는 일
후(候)	1	음양을 관찰하는 일
제좌(帝坐)	1	천황이 외궁으로 나갈 때 정사를 보는 곳
환자(宦者)	4(희미한 붉은색)	천자의 곁에서 보필하는 내시
열사(列肆)	2	보옥 등 재물을 주관
두(斗)	5	곡식의 양을 공평하게 함
곡(斛)	4	곡식의 양을 재는 일
관삭(貫索)	9(붉은색)	일반인들의 감옥
칠공(七公)	7	삼공, 칠정을 맡아 다스림
천기(天紀)	9	구경(九卿), 모든 일의 기강을 맡아 원통함이 없게 함
여상(女牀)	3(주홍색)	후궁, 궁궐에서 일을 보는 여자관리
18별자리	87	천황의 별궁, 천황을 돕고 보좌하는 역할

4장 삼원 천시원

5장. 은하수와 천지일월성신

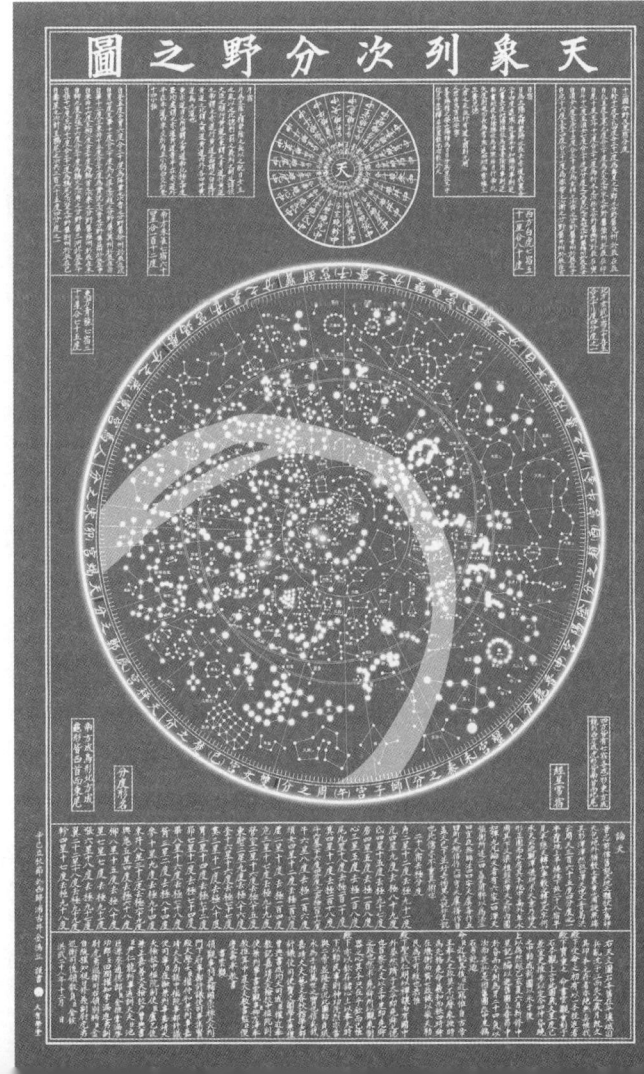

5장. 은하수와 천지일월성신

1) 은하수

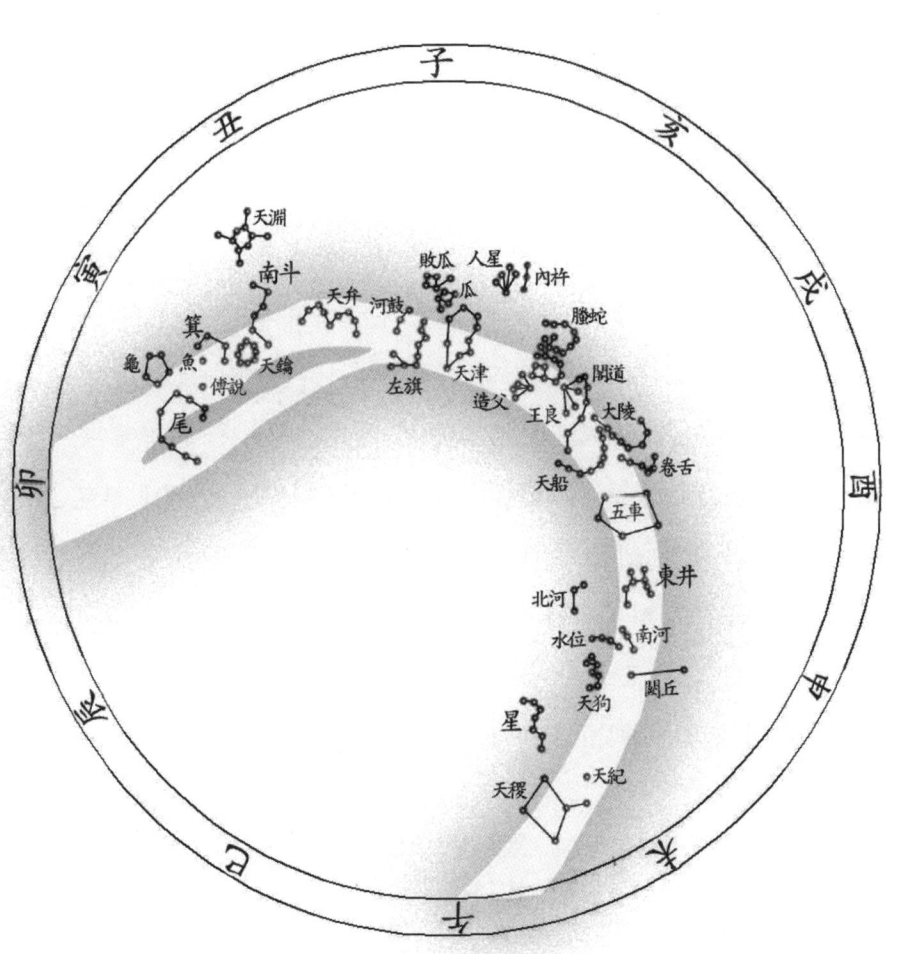

(1) 은하수의 보천가(步天歌)

은하수(天河)의 뜨고 짐(天河起没)

1] 은하수(銀河水 : 天河)를 또한 천한(天漢)이라고도 하니 / 동방의 기수(箕宿)와 미수(尾宿)사이에서 시작해서 / 남과 북의 두 길로 나뉘네 /

남쪽 길은 부열(傅說)에서 어(魚)와 천연(天淵)에 갔다가 / 천약(天鑰)으로 열어서 천변(天弁)을 이고 하고(河鼓)에서 두드리며 / 북쪽 길은 귀(龜)로부터 기수(箕宿)를 관통해서 / 남두(南斗)의 머릿쪽(魁)으로 연결해 좌기(左旗)로 덮으니 / 오른쪽으로 남쪽길의 천진(天津) 물가에서 합하네 /

두 길이 서로 합한후 서남방으로 행하니 / 패과(敗瓜)와 과(瓜)를 끼고 인성(人星)으로 이어지네 / 내저(內杵)의 곁에 조보(造父)를 거쳐 등사(螣蛇)가 정미롭고 / 왕량(王良)에겐 부로(附路)와 각도(閣道)가 평이하니 / 대릉(大陵)을 오르고 천선(天船)을 띄워서 / 곧바로 권설(卷舌)에 이르러 남쪽으로 나서네 /

오거(五車)를 타고 북하(北河)의 남쪽을 향하니 / 동정(東井)

1] 天河亦以名天漢 起自東方箕尾間 遂乃分爲南北道 南經傅說到魚淵 開鑰戴弁鳴河鼓 北經龜宿貫箕邊 次絡斗魁冒左旗 右合南道天津湄 二道相合西南行 分夾匏瓜絡人星 杵畔造父螣蛇精 王良附路閣道平 登此大陵泛天舡 直到卷舌又南征 五車駕向北河南 東井水位入吾驂 水位過了東南游 經次南河向闕丘 天狗天紀與天稷 七星南畔天河没

의 수위(水位)에 내 말(驂)을 들여 먹이네 / 수위(水位)를 지나쳐 동남으로 노닐며 / 남하(南河)를 지나 궐구(闕丘)로 향하니 / 천구(天狗)와 천기(天紀) 및 천직(天稷)을 지나 / 성수(星宿: 七星)의 남쪽가에서 은하수(天河)가 지네

(2) 은하수의 개괄

1]은하수는 일명 천한(天漢)이라고도 하니, 하늘의 일(一)이 생한 것으로2), 엉기고 커져서 이루어진 것이다. 하늘이 이 때문에 동남과 서북으로 나뉘니, 사람의 옷깃과 허리띠같은 경계이다.

지상의 하수(河水)와 한수(漢水)의 근원도 다 여기서 나온 것이다. 그러므로 지상에 있어서도 하수와 한수가 또한 땅을 동남과 서북으로 나누는 경계가 되는 것이다.

또 일설에는 진수(津水)와 한수(漢水)는 모두 금(金)의 기운

1] 一名天漢 蓋天一所生凝毓而成者 天所以爲東南西北 襟帶之限也 天下河漢之源 蓋出於此 故河漢者 亦地所以爲東南西北之限也 又云津漢者金之氣也 漢中星多則水 少則旱

2] "하늘이 하나로 물을 낳으니, 땅이 여섯으로 이를 이룬다(天以一生水而地以六成之)"고 하듯이, 하늘이 첫번째로 물을 생한 것이다. 또는 자미원에 있으면서 음양을 다스리는 신인 '천일(天一)'이 생한 것이라고도 볼 수 있다.

이니, 은하수 안에 별이 많으면 홍수가 나고, 별이 적으면 가뭄이 든다고 한다. 1)

1] 『천하후점 : 天河候占』에는 "칠석(七夕) 이전에 은하수의 그림자로 점을 치는데, 은하수가 진후에 3일만에 다시 보이면 풍년이 들고, 7일 이후에 다시 보이면 흉년이 들어 곡식이 귀해진다"고 하였다.

2) 하늘과 땅(天地)

(1) 하늘과 땅의 개괄

1] 원기(元氣)가 처음으로 나뉠 때에, 맑고 가벼운 양은 하늘이 되었고, 무겁고 탁한 음은 땅이 되었다.

2] 하늘은 둥글고 움직이며, 땅은 모나고 고요하게 그쳐있다. 하늘의 형상은 새의 알과 비슷하고, 땅은 하늘의 안에 있는데, 하늘이 땅의 겉을 둘러싸고 있는 것이 마치 알 속에 있는 노른자와 같다.

3] 하늘은 크고 땅은 작으며, 거죽과 속에 물이 있으니, 하늘과 땅이 각기 기운을 타고 있으면서 물을 싣고 운행한다.

1] 元氣初分 輕淸陽爲天 重濁陰爲地
2] 天圓而動 地方而靜 天之形狀似鳥卵 地居其中 天包地外 猶卵之裏黃
3] 天大地小 表裡有水 天地各乘氣而立 載水而行

(2) 하늘(天)

1)맑으면서도 밝은 것이 하늘의 본체이니, 하늘이 홀연히 색을 변하는 것을 항상함을 바꾼다고 한다. 하늘이 갈라져 양이 부족하게 된 것을 신하가 강해졌다고 하니, 하늘이 갈라지는 것은 사람들에게 병란이 일어나고 나라가 망하게 될 것을 미리 보여주는 것이다. 하늘이 울어서 소리를 내는 것은 임금에게 근심을 하게 하고 또 놀라게 하는 것이니, 이러한 조짐들은 모두 나라가 어지러워지는 까닭이 되는 것이다.

(3) 땅(地)

2)땅은 음이므로 마땅히 직분에 만족하며 그쳐있어야(安靜) 한다. 그런데 음의 직분을 넘어서 양의 정령(政令)을 전횡하려 하면, 지진이나 땅이 움직이는 응보가 온다. 일설에는 땅이 움직이는 것은 음에게 움직이고 남은 것이 있기 때문으로 움직였다가 그치게 되는 것이나, 지진은 오래가고 멀리 움직이는 것이다. 그러므로 지진은 셀 수 없이 많으나 땅의 움직임은 몇번

1] 淸而明者天之體也 天忽變色 是謂易常 天裂陽不足 是謂臣强 天裂見人兵起國亡 天鳴有聲至尊憂且驚 皆亂國之所由生也

2] 地陰也 法當安靜 越陰之職專陽之政 應以震動 又曰地動陰有餘動者 動而止者也 震久而動遠也 震無數而動有數也 又曰陽伏而不能出 陰迫而不能升(陰迫陽使不能升也) 於是有地震

안된다고 한다.

또 일설에는 양이 엎드려서 밖으로 나오지 못하는 것은, 음이 핍박해서 위로 오르지 못하게 하는 것이다(음이 양을 핍박해서 양이 위로 오르지 못하게 하는 것이다). 그러므로 지진이 발생하게 되는 것이라고 한다.

1) 음이 성해져서 항상함에 반하게 되면 지진이 발생한다. 그러므로 점을 침에, 신하가 강한 것으로 보고, 황후 또는 왕비 등이 방자하게 전횡하는 것이 되며, 사방의 변방국가 들이 중국을 범하는 것이 되고, 소인의 도가 커지는 것(소인의 세상이 되는 것)으로 보며, 도적떼가 이르는 것이고, 신하가 반역을 하는 것으로 본다. 『경방역전:京房易傳→京氏易傳』에 말하길 "신하가 일을 처리함에, 비록 바르게 하더라도 전횡을 하면 반드시 지진이 발생한다"고 하였으며, 유향(劉向)이 말하길 "신하가 강성해지면 장차 해로운 행동을 하게 되니, 지진은 이에 대한 조짐이다"고 하였다.

2) 『경방역전』에 말하길 "땅이 갈라지고 찢어지는 것은 신하가

---

1) 陰盛而反常則地震 故其占爲臣强 爲后妃專恣 爲夷狄犯華 爲小人道長 爲寇至 爲叛臣 京房易傳曰 臣事雖正 專必震 劉向云 臣下强盛將動而爲害之應也
2) 京房易傳曰 地坼裂者 臣下分離 不肯相從也 地自陷其君亡

분열되어 서로 따르기를 좋아하지 않기 때문이다. 그래서 땅이 스스로 함몰되면, 그 임금이 망하는 것이다"고 하였다.

3) 해와 달(日月)

(1) 해(日)

1)해는 태양의 정수(精髓)이다. 생겨나게 하고 기르며 은덕을 베푸니, 임금의 상이다. 따라서 임금에게 허물이 있으면 반드시 그 잘못함을 노출시킴으로써 알려준다. 그러므로 왕도(王道)를 행하는 나라에는 해가 밝게 빛나니, 임금은 길하고 번창하며 백성은 편안해진다.2)

① 해의 길한 조짐 3)그 정치가 태평해지면 해가 오색으로 빛이 난다. 임금과 신하에게 도가 있으면 해에 '임금 왕(王)' 자

---

1) 日爲大陽之精 主生養恩德 人君之象也 人君有瑕必露其愿以告示焉 故行有道之國則光明 人君吉昌 百姓安寧

2) 「천상열차분야지도」에는 "해는 태양의 정수(精髓)이고 모든 양(陽)의 어른이다. 적도를 중심으로 안과 밖으로 각기 24도의 차이를(남쪽에서는 안으로 24도, 북쪽에서는 밖으로 24도) 두고 행한다. 멀어지면 춥고 가까와지면 더워지며, 중간일 때는 온화하다. 양이 활동을 하게 되면 북쪽으로 나아가 낮이 길어지고 밤이 짧아지며, 양이 이기는 까닭에 따뜻해진다. 음이 활동을 하게 되면 남쪽으로 물러나서 낮이 짧아지고 밤이 길어지며, 음이 이기는 까닭에 추워진다. 만약에 해가 남북으로 오가는 길을 잃게 되면, 나아가 낮이 길어지더라도 항상 추우며, 물러나 낮이 줄어들더라도 항상 춥게 된다. 생겨나게 하고 기르며 은덕을 베푸는 일을 한다. 임금(人君)의 상이 있으니, 그 일을 행하면 나라가 빛나고 밝게 된다"고 하였다.

3) 其政大平則日五色 君臣有道則日含王字 有聖人起則日再中 日有黃芒君福昌 多黃輝王政太平

가 쓰여지고, 성인(聖人)이 일어나면 해가 하루에도 두번 중천에 뜨며, 해에 누런색 까끄라기가 일면 임금의 복이 창성해지고, 누런색 광채가 많아지면 임금의 정치가 태평해진다.

② 해(日)의 흉한 조짐   1]해에 빛이 없으면 병사가 많이 죽게 되고, 또 신하가 음모를 꾸미게 된다. 해가 둘이 뜨면 제후가 모반을 일으키고, 무도하게 병사를 일으킨 자가 망하게 된다. 또 두 해가 서로 붙었다가 떨어지고 떨어졌다가 붙으면(鬪) 병란과 도적이 일어나며, 해가 아래로 떨어지면 정치가 잘못된다. 해의 한가운데로 제비가 날다 떨어지는 것이 보이면 임금을 폐하게 되고, 해에 흑점이 생기면 신하가 임금의 밝음을 가리게 된다. 해가 낮에 어두워지면 신하가 임금의 밝음을 가리는 것이니, 왕위를 찬탈하고 임금을 죽이는 것이며, 또한 해에 피빛이 비치면 신하가 모반을 하여 임금을 잃게 된다. 해가 밤에 뜨면 병란이 일어나고, 아랫사람이 윗사람을 능멸하며, 큰 홍수가 일어난다. 해의 빛이 사방으로 흩어지면 임금이 밝음을 잃고, 해의 윗부분에 반점(牙)이 생기면 아랫사람 중에 도

1] 日無光爲兵喪 又爲臣有陰謀 日並出諸侯有謀 無道用兵者亡 日鬪爲兵寇 日隕下失政 日中見飛燕下有廢主 日中有黑子臣蔽主明 日晝昏臣蔽君之明有簒弑 亦如血君喪臣叛 日夜出兵起 下凌上 大水 日光四散君失明 日生牙下有賊臣

적이 되는 신하가 생긴다.

1)해의 색이 변하면, 전투중이라면 패전하고 전투가 없었다면 제후나 임금을 잃게 된다. 임금이 덕이 없고 신하가 나라를 어지럽히면 해가 붉은색이 되고 빛이 없어진다. 해가 색을 잃으면 해당하는 나라가 번창하지 못한다.

2)해가 낮에도 어두워져서 지나가는 사람의 그림자가 나타나지 않게 되고, 이러한 현상이 해가 질 때까지 연속되면 임금의 형벌이 가혹해서 아랫사람이 생명을 부지할 수 없게 되고, 1년이 못되어서 큰 홍수가 발생한다.

해가 낮에도 어두워져서 까마귀가 떼로 몰려다니며 울면 정치를 잘 못한 것이고, 해의 중심에 까미귀가 보이면 임금이 밝지 못한 것이니, 정치가 어지러워지며 나라에 국상이 발생한다.

해의 중심에 흑점이 있고, 그 검은 기운이 셋 또는 다섯씩 무리를 지으면 신하가 임금을 폐하게 된다.3)

---

1) 日變色有軍 軍破 無軍喪侯王 其君無德 其臣亂國則日赤無光 日失色所臨之國不昌

2) 日晝昏行人無影到暮不止者 上刑急下不聊生 不出一年有大水 日晝昏烏鳥群鳴國失政 日中烏見主不明 爲政亂 國有白衣會 日中有黑子 黑氣乍三乍五 臣廢其主

③ 일식(日食)　1)일식은 음이 양을 침범하는 것이니, 신하가 임금을 가리는 상으로, 나라가 망하게 되고, 임금이 죽게 되며, 큰 홍수가 발생한다. 이미 일식이 발생했으면, 대신에게는 근심이 생기고, 신하는 임금을 배반하며, 병란이 일어난다. 일식으로 심히 어두워져서 낮인데도 별이 보이면 임금을 죽이고, 천하가 분열되는 조짐이니, 임금은 덕을 닦음으로써 하늘에 기도를 하여야 한다.

3] 해에는 다리가 셋이고 머리가 하나인 검은 까마귀가 있어서, 평소에는 보이지 않다가 임금의 허물을 보일 때만 나타난다고 한다.

1] 日食陰侵陽 臣掩君之象 有亡國有死君有大水 食旣則大臣憂臣叛主 兵起 日食見星有殺君 天下分裂 王者修德以禳之

(2) 달(月)

1]달은 태음의 정수로 해와 짝이 되니, 황후의 상이다. 덕으로써 비유하면 형벌의 뜻이 있고, 조정으로 비유하면 제후 및 대신의 부류이다. 그러므로 임금이 밝으면 도수를 지켜 운행하지만, 신하가 전횡을 하면 상도(常道)를 잃게 된다. 즉 대신이 정치를 하고 병사를 다루며 형벌을 씀에 이치를 잃으면, 달이 평소의 길로 가지 못하고, 남쪽으로 치우치거나 북쪽으로 치우쳐서 다닌다. 또 황후의 외척이 권력을 휘두르면 혹 빨리 갔다가 혹 늦어졌다가 한다.

| ① 달의 조짐 | 2]달의 색이 변하면 재앙이 있게 되는데, 푸른색으로 변하면 기근이 들고, 붉은색이면 병란 또는 가뭄이 들

1] 月爲大陰之精 以之配日 女主之象 以之比德刑罰之義 列之朝廷諸侯大臣之類 故君明則依度 臣專則失道 大臣用事兵刑失理 則乍南乍北 女主外戚擅權 則或進 或退 / 「천상열차분야지도」에는 "달은 태음(太陰)의 정수이자 모든 음의 어른이므로 해에 짝하고, 여왕의 상이므로 덕을 도우며, 형벌의 뜻이 있으므로 조정의 대신 또는 제후로 본다. 달이 황도의 동쪽을 운행하는 길을 청도(靑道)라 하고, 황도의 남쪽을 운행하는 길을 적도(赤道)라 하며, 황도의 서쪽을 운행하는 길을 백도(白道)라 하고, 황도의 북쪽을 운행하는 길을 흑도(黑道)라 한다. 황도의 안과 밖으로 이러한 길이 넷씩 있어서 모두 여덟 길이 되고, 여기에 태양의 길인 황도를 합해서 9도(九道)라고 하는 것이다.

2] 月變色爲殃 靑饑 赤兵旱 黃喜 黑水 月晝明姦邪並作 君臣爭明 女主失行 陰國兵强 中國饑 天下謀僭

며, 누런색이면 기쁜 일이 있고, 검은색이면 홍수가 난다. 달이 대낮에 밝게 빛나면 간사한 무리들이 일어나고, 임금과 신하가 세력을 다투게 되며, 황후의 행실이 좋

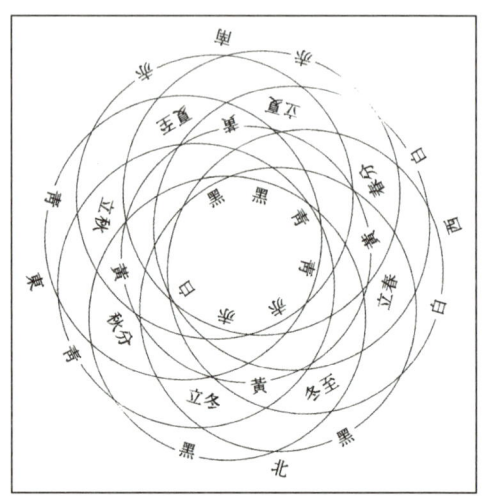

지 않고, 음(陰)에 속한 나라의 병사가 강해지며, 중국에 기근이 들고, 천하에 모반과 참람함이 일어난다.

1] 그믐인데도 서쪽으로 밝게 비추는 것을 굴(朒)이라 하고, 초하루인데도 동쪽에서 밝게 빛나는 것을 측닉(仄匿)이라고 한다. 굴의 현상이 있으면 정치가 이완되고, 측닉의 현상이 있으면 정치가 각박해진다.

초엿새만에 반달이 되면 신하가 정권을 전횡하고, 칠일만에 반달이 되면 주인이 객을 이기며, 팔일만에 반달이 되면 천하

1] 晦而明見西方曰朒 朔而明見東方曰仄匿 朒則政緩 仄匿則政急 六日而弦臣專政 七日而弦主勝客 八日而弦天下安 十日不弦將死戰不勝 兩月並見兵起 國亂 水溢 星入月中亡國 破將 / 그믐에는 달이 새벽에만 동쪽 하늘에 낮게 떠 있다가 곧 사라지게 된다. 또 초승에는 초저녁에만 서쪽 하늘에 잠시 떠 있다가 곧 지게 된다.

가 안정이 되고, 열흘이 되었는데도 반달이 되지 못하면 장군이 죽고 전쟁에서 승리하지 못하게 된다.[1]

두 개의 달이 동시에 뜨면 병란이 일어나고, 나라가 어지러워지며, 물이 범람하는 피해가 있게 된다.

별이 달속으로 들어오면 나라가 망하고, 장군이 패하게 된다.

② 월식(月食) [2]월식이 달의 위로부터 발생하면 임금이 도(道)를 잃고, 옆으로부터 월식이 들면 재상이 정령(政令)을 잃으며, 아래로부터 들어오면 장군이 법도를 잃게 된다. 완전한 월식이 있게 되면 대인(임금)에게 우환이 있고, 일설에 의하면 그 나라의 귀인(貴人)이 죽는다고도 한다. 달의 윗부분에 까끄라기가(齒) 생기면 아랫사람 중에 모반하는 신하가 생기고, 아랫부분에 긴 꼬리(足)가 생기면 제후 등 일가붙이가 정권을 전횡한다.

1] 달이 차기 시작해서 완전히 이지러질 때까지 약 29.5일이 걸린다. 따라서 초승에서 보름까지는 그 절반인 14.75일이 걸리고, 상현(반달)까지는 또 그의 절반인 약 7.38일이 걸린다. 여기서는 8일 걸리는 것을 정상적인 현상으로 본 것이다.

2] 月食從上始則君失道 從旁始爲相失令 從下始爲將失法 月食盡大人憂 又曰其國貴人死 月生齒則下有叛臣 生足則侯族專政

| ③ 달과 오성 | 1]㉠ 달과 세성 : 세성(목성)이 달에 들어오면 재상을 축출하고, 세성이 달을 범하면 병란이 일어나 백성이 유랑하게 된다.

㉡ 달과 태백성 : 태백성(금성)이 범해서 들어오면 임금이 죽게 되고, 또 병란이 일어난다.

㉢ 달과 형혹성 : 형혹성(화성)이 들어오면 난리를 일으킨 신하가 서로 죽이고 죽게 된다. 일설에는 태후 등이 수렴첨정을 해서 천하가 어지러워진다고도 한다. 형혹성이 범하면 대장이 죽게 되고, 반역을 꾀하는 신하가 생기며, 백성이 기근을 겪는다.

㉣ 달과 진성(수성) : 진성(辰星:수성)이 들어오면 도적같은 신하가 임금을 죽이려 하고, 3년 안에 반드시 안에서 내란을 일으킨다. 진성이 범하면 천하에 홍수가 든다.

㉤ 달과 진성(塡星) : 진성(塡星:토성)이 범하거나 들어오면 신하가 임금을 시해하고, 가까와져 진성이 달과 합하면 나라에 기근이 든다.

㉥ 달과 혜성: 혜성이 들어오거나 혹 범하면 병란이 12년 동안 일어나고, 큰 기근이 든다.

1] 歲星入月國有逐相 犯兵起民流 太白犯入人君死 又爲兵 熒惑入有亂臣死 若有相戮者 一日女親爲政天下亂 犯大將死 有叛臣 民飢 辰星入賊臣欲殺主 不出三年必有內惡 犯天下水 塡星犯入臣弑主 合國饑 彗入或犯兵期十二年 大饑

(3) 일식과 월식의 이치

① 일식의 이치　1)달의 운행이 29일과 53분을 지나면 해와 서로 만나게 되니, 이것을 합삭(合朔)이라고 한다. 초하루에 (朔) 달이 황도(黃道:태양이 다니는 길)를 지나면서, 해가 달에게 가리게 되는 것을 일식(日食)이라고 한다. 일식은 음이 양을 이긴 것이 되므로, 그 변괴를 중대하게 여기니, 예로부터 성인 (聖人)들이 두려워하였다.

만약에 초하루에 해와 달이 같은 도수(度數)에 있었으나, 달이 황도에 들어오지 않았다면, 비록 해와 달이 만나더라도 일식이 없게 되는 것이다.

1] 凡月之行 歷二十有九日五十三分而與日相會 是謂合朔 當朔日之交 月行黃道 而日爲月所揜則日食 是爲陰勝陽 其變重 自古聖人畏之 若日月同度于朔 月行不入黃道 則雖會而不食

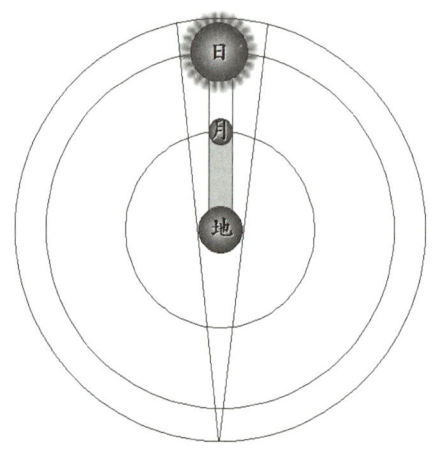

　달은 초승과 그믐에는 해와 같은 방향에서 뜨고 지게 된다. 그래서 일식이 되기 쉬우나, 달이 태양이 다니는 길인 황도상에 있어야만 위의 그림과 같이 지구·달·해가 일직선이 되어 일식이 발생한다.

　태양이 12개월의 궤도를 돌면, 달은 매월 초하루에 태양의 아래에서 합삭(달이 해와 지구의 중간에 들어가 일직선이 되어 전혀 안 보일 때)이 되었다가 태양의 빛을 받아 아래로 내려가서, 15일에는 지구의 왼쪽으로 물러가 태양과 마주보다가 그 음기(陰氣)를 받아 올라간다. 만약 합삭이 되어 달이 태양을 가리우면 일식(日食)이 되고, 물러가 태양과 마주보다가 지구의 그림자에 가리게 되면 월식(月食)이 된다.

② 월식의 이치   1]달의 운행이 보름일 때는 해와 서로 상대가 되어 충(衝)을 하게 된다. 달이 어둡고 빈 속으로 들어오면(태양의 밝은 빛이 지구에 가려서, 즉 지구의 그림자에 의해 생긴 어두움) 먹히게 되는데(月食), 이것은 양이 음을 이긴 것이 되므로, 그 변괴를 가볍게 여긴다. 옛적에 주자(朱子:朱熹)가 이르기를 "월식도 또한 재앙이 된다. 만약에 음이 물러나 피한다면 서로 적대가 되어 먹히지 않을 것이다"고 하였다. 어둡고 비었다는 것은, 해의 불은 밖이 밝으나 그 상대에는 반드시 어두운 곳이 있어서, 기운의 크고 작음이 해와 더불어 한 몸같이 된 상태를 말한다.

이것이 해와 달이 만나서 희미해지고 식(食)이 되는 것의 개략이다. 일식이 있으면 덕을 닦고, 월식이 있으면 형벌을 잘 다스려야 하니, 예로부터 임금이 재앙을 만나면 두려워해서 겸손하게 처신하고 행실을 닦는 것이 이런 까닭이다.

1] 月之行在望 與日對衝 月入于闇虛之內則月爲之食 是爲陽勝陰 其變輕 昔朱熹謂月食終亦爲災 陰若退避則不至相敵而食 所謂闇虛 盖日火外明 其對必有闇 氣大小與日體同 此日月交會薄食之大略也 日食修德 月食修刑 自昔人主遇災而懼側身修行者此也

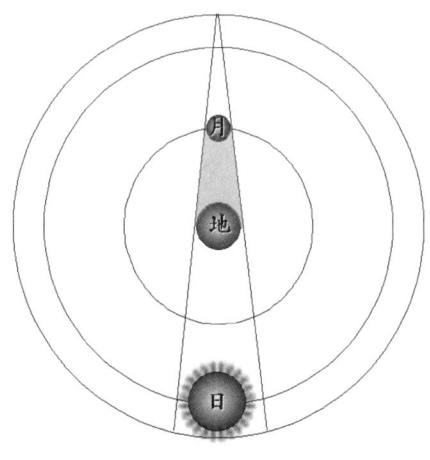

지구가 태양과 달 사이에 있으면서 달이 보이지 않게 되는 현상이 월식이다.

4) 별과 신(星辰)

(1) 별(星)

1)만물의 정수(精髓)가 위로 올라가면 하늘에 펼쳐진 별(星)이 되니, 별(星)을 정수(精)라고 하는 것으로, 양(陽)의 꽃(榮)이다. 양의 정수는 해이고, 해가 나뉘어 별(星)이 되는 까닭에, 그 글자에 '해 일(日)' 자 밑에 '날 생(生)' 자를 써서 '성(星=日+生)'이라고 하였다.2)

(2) 신(辰)

① 별(星)의 상대적 개념으로써의 신   3)'신(辰:빈 공간)'은 별이 없는 장소이다.

② 해와 달이 만나는 곳으로써의 신   4)또 신(辰)은 해와 달이

1] 萬物之精 上爲列星 星之爲言精也 陽之榮也 陽精爲日 日分爲星 故其字日生 爲星

2] 「천상열차분야지도」에는 "별은 양의 정수(陽精髓)의 꽃이다. 양의 정수는 해(日)이고, 해를 나눈 것이 별인 까닭에, 그 글자도 '일(日)' 아래에 '생(生)'을 썼다.『석명:釋名』에 '별은 양의 정수가 나뉘어 흩어진 것이니, 하늘에 퍼져 있는 것'이라 했다"라 하였다.

3] 辰者 便是無星處也

만나는 지점으로, 주천도수를 나누어 모두 12곳(12次)이 있게 된다. 10월은 석목(析木 또는 桥木)이라 하며 인(寅)의 방위에서 만나고, 9월은 대화(大火)라 하고 묘(卯)에서 만나며, 8월은 수성(壽星)이며 진(辰)에서 만나고, 7월은 순미(鶉尾)이고 사(巳)에서 만나며, 6월은 순화(鶉火)이며 오(午)에서 만나고, 5월은 순수(鶉首)이고 미(未)에서 만나며, 4월은 실침(實沈)이며 신(申)에서 만나고, 3월은 대량(大梁)이고 유(酉)에서 만나며, 2월은 강루(降婁)이며 술(戌)에서 만나고, 정월은 추자(娵訾)이고 해(亥)에서 만나며, 12월은 현효(玄枵)이며 자(子)에서 만나고, 11월은 성기(星紀)이고 축(丑)에서 만난다.

12차의 이름	娵訾	降婁	大梁	實沈	鶉首	鶉火	鶉尾	壽星	大火	析木	星紀	玄枵
해와 달이 만나는 방위	亥	戌	酉	申	未	午	巳	辰	卯	寅	丑	子
만나는 달(陰)	정월	2월	3월	4월	5월	6월	7월	8월	9월	10월	11월	12월

- 이 때문에 술수가들이 寅과 亥가 合이 되고, 戌가 卯가 合, 酉와 辰이 合, 申과 巳가 合, 未와 午가 合, 子와 丑이 合이 된다고 하는 것이다.

③ 하늘의 지도리(북신)라는 뜻의 신 　　1]또 북신(北辰)은 대

4] 又辰以日月所會 分周天之度爲十二次 十月析木寅 九月大火卯 八月壽星辰 七月鶉尾巳 六月鶉火午 五月鶉首未 四月實沈申 三月大梁酉 二月降婁戌 正月娵訾亥 十二月玄枵子 十一月星紀丑

1] 又北辰曰大辰 天之樞也 常居其所 諸星則與二十八宿同一運行 蓋天形運轉

신(大辰)이라고도 하는데, 하늘의 지도리로써 항상 제자리에 있고, 다른 모든 별들은 28수와 더불어 동일한 운행을 한다. 하늘의 운행은 낮과 밤으로 쉬지 않고, 북신은 지도리가 되니, 마치 수레의 축과 같고 맷돌의 축과 같아서, 비록 움직이고자 하나 움직이지 못하는 것이다.

④ 북극성이라는 뜻의 신   1]북신의 곁에 작은 별을 극성(極星)이라고 한다. 극성의 곁에 움직이지 않는 작은 곳을 북신이라고 한다.

晝夜不息而此爲之樞 如輪之轂 如磑之臍 雖欲動而不可得
1] 北辰傍小星曰極星 極星傍些子不動處 偏是北辰

6장. 오성(五星)

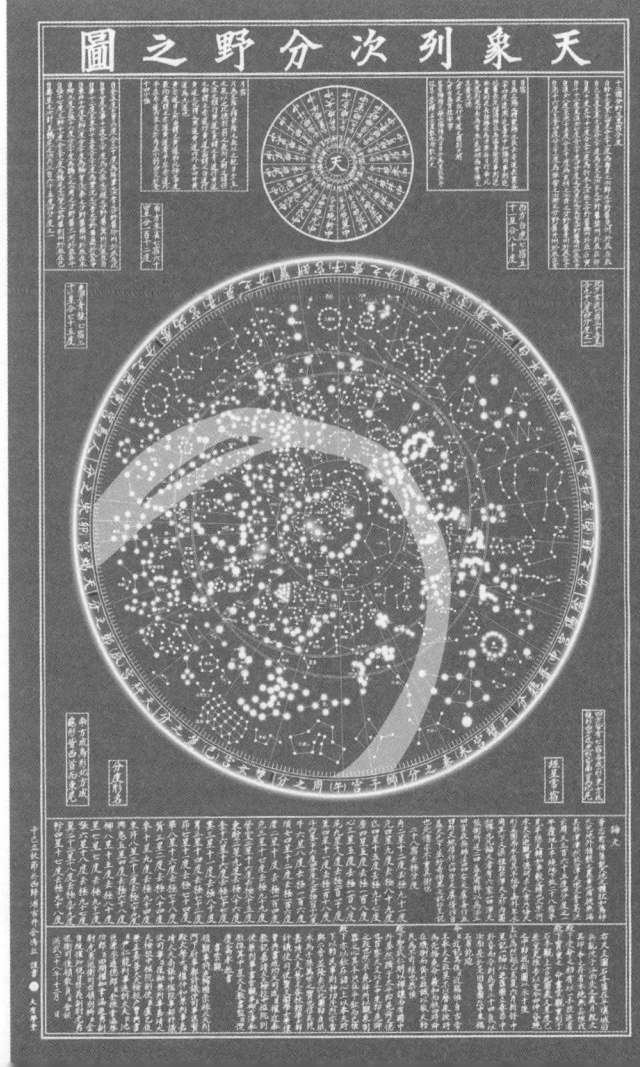

6장. 오성(五星)

1) 오성의 개괄

(1) 세성(歲星:목성)

- 色靑小於太白 : 세성의 색은 푸르고 태백성(금성) 보다 작다.
- 凡靑比參左肩 赤比心大星 黃比參右肩 白比狼星 黑比奎大星 : 일반적으로 푸른색(靑)은 삼수(參宿)의 왼쪽 어깨에 해당하는 별(左肩)의 색 같은 것이고, 붉은색(赤)은 심수(心宿)의 중간에 있는 큰 별(大星)과 비교되며, 누런색(黃)은 삼수(參宿)의 오른쪽 어깨에 해당하는 별(右肩)의 색과 같은 것이며, 흰색(白)은 낭성(狼星)과 같은 색이고, 검은색(黑)은 규수(奎宿)의 큰 별(大星)과 같은 색을 말한다.

1]세성(歲星)은 방위로는 동방이고, 계절로는 봄(春)이며, 오행으로는 목(木)이고, 오상(五常)으로는 인(仁)이며, 오사(五事)로는 모습(貌)에 해당한다. 인(仁)이 어그러지고, 모습(貌)을 잃으며, 봄의 정령(政令)을 거스르고, 목(木)의 기운을 상하면, 그 잘못에 대한 벌이 세성에 나타난다.

① 세성의 운행에 의한 조짐

2]세성은 차고 이지러짐(盈縮)과 머무는 것으로써 나라의 명운

1] 東方春木仁也貌也 仁虧貌失逆春令傷木氣則罰見歲星

을 조짐한다. 한 자리에 오래 머물러 있으면, 해당하는 나라의 덕이 두텁고, 오곡에 풍년이 들며 번창하게 되니 공격할 수가 없다. 일설에는 세성이 머물고 있는 나라는 정벌할 수 없으며, 세성이 떠나는 나라는 흉하고, 찾아가는 나라는 길하다. 반대쪽의 상대되는 나라는 충이 되니, 농사에 재앙이 든다고 하였다.

 세성이 안정되고 도수(度數)를 지키면 길하고, 차고 이지러지면서 궤도를 잃으면 해당하는 나라에 변괴가 생기니, 거사를 일으켜 병사를 쓰면 안된다. 일설에는 "임금의 상이니, 색이 밝게 빛나고 윤택해야 임금과 신하의 덕이 합하게 되고, 임금의 명령이 순조롭지 못하면 세성이 물러난다"고 했다. 또 말하기를 "진퇴에 도수가 맞으면, 간사한 것이 그치게 되고, 색이 변하고 운행이 어지러우면 임금에게 복이 없는 것이다"고 했다. 또한 복(福)을 주관하고 대사농(大司農)을 주관하며, 천하의 제후 및 임금의 허물을 맡아 다스린다고 한다.

2] 歲星盈縮以其舍命國 其所居久 其國有德厚 五穀豐昌 不可伐 又曰歲星所在國不可伐 所去國凶 所之國吉 其對爲衝 歲乃有殃 歲星安靜中度吉 盈縮失次 其國有變 不可擧事用兵 又曰人主之象也 色慾明光潤澤 德合同君 令不順則歲星退行 又曰進退如度姦邪息 變色亂行主無福 又主福 主大司農 主司天下諸侯人君之過

② 세성의 빛깔에 의한 조짐

1)세성은 오곡의 농사를 맡는데, 검은색이 되면 많은 사람이 죽고, 누런색이 되면 풍년이 들며, 흰색이 되면 병란이 일어나고, 푸른색이 되면 옥사(獄事)가 많으며, 임금이 포악하면 붉은색으로 된다. 붉으면서도 뿔같은 빛이 있으면 그 나라가 번창하고, 빛이 붉고 누러면서 가라앉으면 해당하는 지역에 대풍이 든다. 별이 크면 기쁘고, 작아지면 소나 말에 질병이 많고 많이 죽는다. 처음 볼때 작았다가 날로 커지면 해당하는 나라에 이익이 있고, 처음에는 컸다가 날로 작아지면 해당하는 나라에 점차 손실이 있게 된다.

③ 다른 별과 관련한 조짐

2)형혹성(화성)과 서로 범하면 큰 전쟁이 있게 된다.

진성(塡星:토성)과 서로 범했다 물러나고 다시 진성을 범하면 태자가 반역을 꾀한다.

태백성(금성)과 서로 범하면 대신이 쫓겨나고, 황후가 죽게

1] 主歲五穀 色黑爲喪 黃歲豊 白爲兵 靑多獄 君暴色赤 赤而角其國昌 赤黃而沈其野大穰 星大則喜 小則牛馬多死 疾疫 初見小而日大國利 初出大而日小國耗

2] 熒惑相犯爲大戰 塡星相犯退犯塡太子叛 太白相犯大臣黜 女主喪 辰星相犯太子憂 晝見臣强 他星犯主不安 客星犯守主憂 流星犯色蒼黑大農死

된다.

진성(辰星:수성)과 서로 범하면 태자에게 근심이 생긴다.

세성이 낮에 보이면 신하의 권세가 강해지고, 다른 별이 세성을 범하면 임금이 불안하게 되니, 객성이 범하면서 머무르면 임금에게 근심이 생기고, 유성이 범하여 색이 푸르면서 검어지면 농사를 책임진 관리(大司農)가 죽게 된다.

(2) 형혹성(熒惑:화성)

- 色赤大小類塡 : 형혹성(화성)은 붉은색이고, 크기가 진성(토성)과 비슷하다.

1]형혹성(熒惑)은 방위로는 남방이고, 계절로는 여름이며, 오행으로는 화(火)이고, 오상(五常)으로는 예(禮)이며, 오사(五事)로는 시(視)에 해당한다. 예절이 어그러지고, 시(視)를 잃으며, 여름에 합당한 정치를 거스르고 화기(火氣)를 상하면, 그 잘못에 대한 벌이 형혹에 나타난다.

① 형혹성의 운행에 의한 조짐

2]형혹은 집법(執法:법을 집행하는 관리)을 맡는다. 항상 10월에 태미원에 들어가서 지침을 받고 나와 28수를 운행한다. 무도하게 행동하는 사람을 맡아서 처리해서 출입이 일정치 않으니, 나가면 병란이 일어나고, 들어오면 병란이 흩어진다. 거슬려서 행하기를 1사(舍:한 별자리) 또는 2사(舍)를 가면 좋지 않은 조짐이니, 역행해 가서 사(舍)한 별자리에 해당하는 나라에 난리가 나고, 도적이 발생하며, 질병이 돌고, 죽음과 기근으로

1] 南方夏火禮也視也 禮虧視失逆夏令傷火氣 罰見熒惑
2] 熒惑主執法 常以十月入太微 受制而出行列宿 司無道出入無常 出則有兵 入則兵散 逆行一舍二舍爲不祥 所舍國爲亂賊疾喪饑兵

인한 병란이 일어난다.

② 형혹성의 빛깔에 의한 조짐

1)별빛의 끝이 까끄라기가 일거나, 동요하고 색깔이 변하며, 제 궤도로 가지 않고 앞이나 뒤 또는 좌우로 가면 재앙이 더욱 심해진다.

또 천하의 모든 신하의 허물을 살피며, 교만하고 사치하며 어지럽히고 요사스러운 일을 살핀다. 또 농사의 잘되고 못됨을 맡는다. 별빛의 끝이 까끄라기가 일어서 마치 칼끝같으면, 복병이 있으니 임금이 궁궐을 나서면 봉변을 만난다. 까끄라기가 커지면 백성이 분노하게 되니, 나라를 어지럽히는 신하가 없다면 큰 초상(大喪)이 있게 된다.

③ 다른 별과 관련한 조짐

2)세성(목성)과 서로 범하면 임금이 태자를 책봉하고 사면령을

1] 芒角 動搖變色 乍前乍後乍左乍右爲殃愈甚 又司天下群臣之過 司驕奢亡亂妖孼 主歲成敗 芒角如鋒刃人主無出宮下有伏兵 芒大則人民怒 不有亂臣則有大喪

2] 歲星相犯主冊太子有赦 塡星相犯兵大起 太白相犯主亡兵起 辰星相犯兵敗 他星相犯兵起 祅星犯之爲兵爲火

내린다.

진성(토성)과 서로 범하면 병란이 크게 일어난다.

태백성(금성)과 서로 범하면 임금이 죽고, 병란이 일어난다.

진성(수성)과 서로 범하면 병사들이 패전한다.

다른 별과 서로 범하면 병란이 일어나며, 요성(祅星:妖星)이 범하면 병란이 일어나고, 화재가 일어난다.

(3) 진성(塡星:토성)

- 色黃小於辰 : 색깔은 누런색이고 진성(수성)보다 작다.

1)진성(塡星)은 방위로는 중앙이고, 계절로는 계하(季夏:여름과 겨울의 경계)이며, 오행으로는 토(土)이고, 오상(五常)으로는 신(信)이며, 오사(五事)로는 사(思)에 해당한다. 오상의 인·의·예·지(仁義禮智)는 신(信)으로써 주인을 삼고, 오사의 모·언·시·청(貌言視聽)은 심(心:思)으로써 다스리는 까닭에, 네 별(목·화·금·수성)이 모두 도수를 잃으면 진성이 움직이는 것이다.

① 진성의 운행에 의한 조짐

2)진성이 움직이면서 둥글게 차면(盈) 제후와 임금이 편안치 못하고, 이지러지면 병란이 일어나서 회복하지 못한다. 진성이 머무는 나라는 길하게 되고, 영토를 확장하게 되며, 여인에게 복이 있게 되니, 정벌할 수 없다. 진성이 떠나가면 영토를 잃게

1] 中央季夏土信也思也 仁義禮智以信爲主 貌言視聽以心爲政 故四星皆失 塡乃爲之動

2] 動而盈侯王不寧 縮有軍不復 所居宿之國吉 得地及女子有福 不可伐 去之失地 若有女憂 居宿久國福厚 易(輕速也)則薄 女主之象 司天下女主之過 又曰天子之星也 天子失信則大動 行中道則陰陽和調 退行一舍爲水 二舍海溢 河決 經天退行天下更政地動

되고, 여인에게 근심이 생긴다. 진성이 머물러서 오래되면, 해당하는 나라의 복이 두터워지고, 빨리 떠나면 복이 박하게 된다.

  진성은 황후의 상이니, 천하의 황후 및 왕비 등의 허물을 살핀다. 일설에는 천자의 별이라고 하니, 천자가 신의를 잃으면 크게 움직인다. 진성이 중도를 행하면 음양이 조화를 이루고, 뒤로 행해서 한 별자리(舍)를 물러나면 홍수가 발생하고, 두 별자리를 물러나게 되면 해일이 일어나며, 하천의 둑이 무너진다. 낮에 진성이 떠 해와 맞서면서 역행하면, 천하에 정권이 바뀌고 지진이 일어난다.

② 진성의 빛깔에 의한 조짐

1)빛이 나고 밝으면 풍년이 들고, 별이 커지면서 밝으면 임금이 번창하고, 작으면서 어두워지면 임금에게 우환이 생긴다. 일설에는 진성이 떨어지면 바닷물이 범람한다고 한다.

③ 다른 별과 관련한 조짐

2)세성(목성)과 서로 범하면서 서로 다투면 내란이 일어난다.

1] 光明歲熟 大明主昌 小暗主憂 又曰塡星墜海水溢

형혹성(화성)과 서로 범하면 병사들이 많이 죽게된다.

태백성(금성)과 서로 범하면 궁궐안에서 병란이 일어나고, 큰 전쟁이 벌어지며, 임금이 영토를 잃게 된다. 태미원에서 이러한 일이 발생하면 큰 병란이 일어나고 나라가 망한다.

진성(辰星:수성)이 범하면 병란이 일어나고 가뭄이 든다.

요성(妖星)이 범하면 아래에 있는 신하가 모반을 꾀하고, 유성이 범하면 백성들에게 일이 많아지며, 달(月)하고 서로 범하면 병란이 발생한다.

2] 歲星相犯相鬪爲內亂 熒惑相犯爲兵喪 太白相犯爲內兵 有大戰 王者失地 合於太微有大兵 國亡 辰星犯爲兵 爲旱 妖星犯下臣謀上 流星犯民多事 與月相犯有兵

(4) 태백(太白:금성)

- 色白比狼星而大 又大於歲星 : 흰색으로 낭성(狼星)의 색과 비슷하고, 크기는 낭성보다 크다. 또 세성(歲星:목성) 보다 크다.

1]태백(太白)은 방위로는 서방이고, 계절로는 가을(秋)이며, 오행으로는 금(金)이고, 오상(五常)으로는 의(義)이며, 오사(五事)로는 언(言)에 해당한다. 의(義)가 어그러지고, 말(言)이 도를 잃으며, 가을에 합당한 정치를 거스르고, 금기(金氣)를 상하게 하면, 그 잘못에 대한 벌이 태백성에 나타난다.

① 태백성의 운행에 의한 조짐

2]태백성은 군대의 상이니, 나아가고 물러남으로써 군대의 조짐을 보인다. 태백성의 운행에 있어서 높고 낮음, 늦고 빠름, 고요하고 조급함, 나타나고 숨음 등은 병사를 쓰는데 있어 그대로 본따면 모두 길하게 된다.

서방에서 떠서 궤도를 잃으면 변방국가 들이 패하고, 동방에서 떠서 궤도를 잃으면 중국이 패한다.

1] 西方秋金義也言也 義虧言失逆秋令傷金氣 罰見太白
2] 兵象也 進退以候兵 高卑遲速靜躁見伏 用兵皆象之吉 出西方失行夷狄敗 出東方失行中國敗

② 태백성의 빛깔에 의한 조짐

1)한낮에 태백성이 보여 해와 맞서는 것 같으면 천하에 혁명이 일어나 백성이 임금을 바꾸니, 이를 기강을 어지럽힌다고 말하고, 백성들이 유랑하게 된다. 태백성이 낮에 나타나 해와 밝음을 다투면, 강한 나라는 약해지고 작은 나라는 강해지며, 황후가 번창하게 된다.

③ 다른 별과 관련한 조짐

2)세성(목성)과 서로 범하면 병사들이 패해서 영토를 잃게 된다.

형혹성(화성)을 범하면 객이 패하고 주인이 이긴다.

진성(토성)을 범하면 태자가 불안하게 되고 영토를 잃게 된다.

진성(辰星:수성)을 범하면 병란이 있게 된다.

달에게 들어가면 휘하의 병사들에게 임금이 죽으며, 달을 범해서 빛이 뿔같이 나면 병란이 일어난다. 단 달의 왼쪽을 범

1] 經天天下革民更主 是謂亂紀 人衆流亡 晝見與日爭明 强國弱 小國强 女主昌
2] 歲星相犯兵敗失地 犯熒惑客敗主勝 犯塡星太子不安失地 犯辰星主兵 入月主死其下兵 犯月角兵起 在左中國勝 在右外國勝 當見不見失地破軍 祅星犯邊城有戰 客星犯主兵將死

하면 중국이 이기고, 오른쪽을 범하면 다른 나라가 이기게 된다.

마땅히 보여야 하는데 보이지 않으면 영토를 잃고 군대가 패하며, 요성이 범하면 변방의 성에서 전투가 발생하며, 객성이 범하면 병란이 일어나 장군이 죽게된다.

④ 태백성과 관련된 용어

1]태백성이 한낮에 보이면(經天) 자주 차고(盈) 이지러지는(縮) 변괴가 있게 된다. 차고 이지러진다 함은,

㉠ 영(盈:贏) 해가 남쪽에 있을 때 태백성도 남쪽에 있거나, 해가 북쪽에 있을 때 태백성도 북쪽에 있는 것을 '영(贏)'이라 하는데, 영이 되었을 때는 제후와 임금이 편안치 못하고, 병사를 씀에 진격하면 길하고 물러나면 흉하게 된다.

㉡ 축(縮) 해가 남쪽에 있을 때 태백성이 북쪽에 있거나, 해가 북쪽에 있을 때 태백성이 남쪽에 있는 것을 '축(縮)'

1] 太白經天數有盈縮之變 盈縮者日方南太白居南 日方北太白居北爲贏 侯王不寧 用兵進吉退凶 日方南太白居北 日方北太白居南爲縮 侯王有憂 用兵退吉進凶 太白在南歲星在北名曰牝牡 年穀大熟 當出不出 當入不入 不破國 必亡國 經天者日陽也 日出則星亡 晝見午上爲經天

이라고 한다. 축이 되었을 때는 제후와 임금에게 근심이 있고, 병사를 씀에 물러나면 길하고 진군하면 흉하게 된다.

ⓒ 빈모(牝牡) 태백성이 남쪽에 있을 때 세성이 북쪽에 있는 것을 '빈모(牝牡)'라고 하니, 곡식이 잘익어 대풍이 든다.

ⓔ 경천(經天) 마땅히 나가야 할 때 나가지 않고, 마땅히 들어와야 할 때 들어오지 않으면, 나라가 패전하지 않으면 반드시 망하게 된다. 경천(經天)이라는 것은, 해는 볕나는 것이므로 해가 뜨면 별이 없어져야 하는데, 대낮에 하늘 한가운데 별이 나타나는 것을 경천이라고 한다.

- 一曰 太白陰星 出東當伏東 出西當伏西 過午爲經天 又曰太白至午位 避日而伏 若行至未 卽爲經天 其災異重也 : 일설에는 태백은 음한 별(陰星)이므로, 해가 동쪽에서 뜰 때는 동쪽에서 져야 하고, 서쪽에서 뜰 때는 서쪽에서 져야 하는데, 오(午)의 방을 넘게 되는 것을 경천(經天)이라고 한다. 또 한편으로는 태백이 오(午)의 방에 이르면 해를 피해서 져야 하는데, 만약에 미(未)의 방까지 이르게 되면 이를 '경천'이라고 하니, 그 재앙이 특별히 중대해진다고 한다.

(5) 진성(辰星:수성)

- 色黑 小於歲星 : 검은색이고 세성(歲星:목성)보다 작다.

1]진성(辰星)은 방위로는 북방이고, 계절로는 겨울(冬)이며, 오행으로는 수(水)이고, 오상(五常)으로는 지(智)이며, 오사(五事)로는 청(聽)에 해당한다. 지혜(智)가 어그러지고, 듣는 것(聽)이 도를 잃으며, 겨울에 합당한 정치를 거스르고, 수기(水氣)를 상하게 하면, 그 벌이 진성에 나타난다. 살벌(殺伐)한 기운이 되니, 전투하는 상이다.

① 진성의 운행에 의한 조짐

2]한계절 동안 보이지 않으면 그 계절이 조화롭지 못하고, 사계절 동안 보이지 않으면 천하에 대기근이 든다. 그 뜰 시기를

1] 北方冬水智也聽也 智虧聽失逆冬令傷水氣 罰見辰星 爲殺伐之氣 戰鬪之象

2] 一時不出 其時不和 四時不出 天下大饑 出失其時 寒暑失其節 邦當大饑 當出不出 是謂擊卒兵大起 在於房心間地動 出入躁疾 常主夷狄 亦主刑法之得失 / 진성은 태백과 함께 태양을 따라서 1년에 하늘을 한바퀴 돌며, 춘분에는 규수(奎宿)와 루수(婁宿)의 사이에서 보이고, 하지에는 동정수(東井宿)에서 보이며, 추분에는 각수(角宿)와 항수(亢宿)의 사이에서, 동지에는 우수(牛宿)에서 나타난다. 또 진(辰)과 술(戌)방 사이에서 뜨고, 축(丑)방과 미(未)방 사이에서 진다.

놓치면 추위와 더위가 절기를 잃고, 해당하는 나라에 대기근이 들며, 나가야 할 때 나가지 못하는 것을 격졸(擊卒)이라고 하니, 병란이 크게 일어난다. 방수(房宿)와 심수(心宿) 사이에 진성이 있게 되면 지진이 일어나거, 뜨고 짐에 조급하면 질병이 돈다. 평상시에는 변방의 국가들을 주관하고, 또한 형법(刑法)의 잘잘못을 주관한다.

② 진성의 빛깔에 의한 조짐

1)누런색을 띠면서 작아지면 지진이 크게 일어나고, 밝게 빛나면서 달과 서로 어울리면 해당하는 나라에 큰 홍수가 일어난다. 누런색이 되면 오곡이 잘 익고, 검은색이 되면 수해가 발생하며, 푸르고 희어지면(蒼白) 사람들이 많이 죽게된다.

③ 다른 별과 관련한 조짐

2)세성(목성)과 서로 범하면 황후가 음모를 꾸민다.

　　형혹성(화성)이 범하면 태자가 잘못된다.

1] 色黃而小地大動 光明與月相逮 其國大水 色黃五穀熟 黑爲水 蒼白爲喪
2] 歲星相犯皇后有謀 熒惑犯妨太子 塡星太白犯兵敗 與他星遇而鬪天下大亂 月客流星相犯主內惡

진성(塡星:토성) 또는 태백성이 범하면 병사들이 패배한다. 다른 별과 서로 만나 다투면 천하에 큰 난리가 일어나며, 달이나 객성 또는 유성이 서로 범하면 주로 안사람이 악한 짓을 하게 된다.

- 오성과 방위·계절·오행·오상·오사

	방위	계절	오행	五常	五事
목성	동	봄	목	仁	모습(貌)
화성	남	여름	화	禮	봄(視)
토성	중앙	季夏	토	信	생각(思)
금성	서	가을	금	義	말(言)
수성	북	겨울	수	智	들음(聽)

2) 오성의 취합

(1) 오성이 다 모였을 때

① 성인(聖人)을 탄생시킴

1] 정자(程子)가 말씀하길 "하늘과 땅의(天原發微에서는 天地가 天氣로 되어 있음) 참 근본(眞元)이 되는 기운이 역수(曆數)가운데서 모여 합해지게 되면, 해와 달이 구슬을 합해 놓은 것(合璧) 같고 오성이 구슬을 이어놓은 것(連珠)처럼 되니, 이렇게 기운을 모음으로써 성인(聖人)을 탄생시키는 것이다"고 했다.

② 책력의 기준이 됨

2] 상고에 해(歲)의 이름이 갑인(甲寅 : 閼逢 攝提格)일 때, 갑자(甲子)월 초하루 아침인 동짓날 한밤중에 해와 달 및 오성이 자(子)방에 합하였다. 그래서 일월과 오성이 주옥처럼 모여 이어진 상서로움이 있게 되었고, 그 상서로움에 응해서 전욱 고양씨(顓頊高陽氏)가 책력을 세우는 기원으로 삼았다.

1] 程子曰 天地眞元之氣 湊合在曆數中 則日月如合璧 五星如連珠 所以生聖人也

2] 上古歲名甲寅 甲子朔旦 夜半冬至 日月五星 皆合在子 故 有合璧連珠之瑞 以應顓帝建曆之元

③ 새로운 국가가 서는 조짐

1]한(漢)나라 원년2] 10월에 오성이 동정수(東井宿)에 취합하니, 한 고제(漢高帝)가 천명을 받는 조짐으로 삼았다.

- 凡五星所聚 其國王天下 從歲以義 從熒惑以禮 從塡以重 從太白以兵 從辰以法 各以其事致天下也(아래에 나오는 「(4) 오성과 다른 오성의 모임」 중에 「④ 수성과 다른 오성의 모임」의 다음에 나오는 내용을 편의에 따라 옮겨 놓았다)

  오성이 모이면 그 해당하는 나라가 천하의 임금이 된다. 오성이 세성(歲星)을 좇아가면 천하를 의롭게 하고, 형혹성(熒惑星)을 좇아가면 예절을 지키며, 진성(塡星)을 좇아가면 신중하게 하고, 태백성(太白星)을 좇아가면 병사를 쓰게 되며, 진성(辰星)을 좇아가면 법령으로 다스리니, 각기 오성에 해당하는 일로써 천하를 다스려 왕이 되는 것이다.

④ 천하가 문명해지는 조짐

3]송(宋)나리 건덕(乾德)4] 5년 3월에 오성이 구슬을 꿴 것처럼 연이어서 강루(降婁)5]에 모이니, 천하가 문명해지는 상이 되었

1] 漢元年十月 五星聚于東井 爲高帝受命之符
2] 한(漢)나라 원년 : 서기전 206년 을미(乙未)년이다.
3] 宋乾德五年三月 五星如連珠分在降婁 爲天下文明之象
4] 건덕(乾德) : 송나라 태조(太祖)의 두번째 연호로, 서기 963년이 건덕 원년이다. 건덕 5년은 서기 967년 정묘(丁卯)년으로, 이듬해인 968년 무진(戊辰)에 개보(開寶)로 연호를 바꾸었다.
5] 강루(降婁) : 규수(奎宿)와 루수(婁宿)의 사이, 좀더 엄밀히 말하면 규수 5도에서부터 위수(胃宿)의 6도까지이다. '규(奎)'에는 도랑(溝瀆)의 뜻이 있

다.

으므로, '강(降)'이라고 한다.
동주 최석기(東州 崔碩基) 선생은 1,171과 3 / 4년을 주기로, 각수(角宿)
→정수(井宿)→규수(奎宿)→두수(斗宿)의 순서로 오성이 모인다고 하였다.

(2) 오성의 변화 유형

1]오성의 변화에는 합(合)·산(散)·범(犯)·수(守)·능(陵)·역(歷)·투(鬪)·영(贏)·축(縮)·식(食) 등이 있다.

2] ① 합(合) | 같은 자리에 있는 것을 '합'이라 하고,

② 산(散) | 변하고 흩어져서 요성(妖星)이 되는 것을 '산(散)'이라고 하며,

③ 범(犯) | 1촌 이내로 별빛의 끝이 서로 미치는 것을 '범(犯)'이라 하는데, 아래로부터 가서 촉(觸)하는 것도 역시 '범'이라고 한다(두 별이 함께 가서 일직선을 이루는 것을 觸이라고 한다).

④ 수(守) | 그 별자리에 함께 있는 것을 '수(守)'라 하고,

⑤ 능(陵) | 서로 덮어씌우면서 지나치는 깃을 '능(陵)'이라고 하는데, 갑자기 가리는 것도 '능'이라고 한다.

⑥ 역(歷) | 지나가는 것(經)을 '역(歷)'이라 하고,

⑦ 투(鬪) | 서로 치는 것을 '투(鬪)'라고 하는데, 일설에

1] 按五星之變 有合 有散 有犯 有守 有陵 有歷 有鬪 有贏 有縮 有食

2] 同舍曰合 變爲妖星曰散 寸以內光芒相及曰犯 又曰自下往觸之爲犯也(兩體俱動而直曰觸) 居其宿曰守 相冒而過曰陵 又曰突掩爲陵也 經之曰歷 相擊曰鬪 又曰離復合合復離爲鬪 早出曰贏 晚出曰縮 又失次上二三宿曰贏 失次下二三宿曰縮 又超舍而前爲盈 退舍爲縮(當東反西曰退) 星月相陵曰食

는 떨어졌다 다시 합하고 합했다가 다시 떨어지는 것도 '투'라고 한다.

⑧ 영(贏)·축(縮) │ 일찍 뜨는 것을 '영(贏)'이라 하고, 늦게 뜨는 것을 '축(縮)'이라 하는데, 또한 자리를 잃되 위로 2~3별자리 차이가 나는 것을 '영(贏)'이라 하고, 아래로 2~3별자리 차이가 나는 것을 '축(縮)'이라 한다. 또 제자리를 넘어서 앞으로 가는 것을 '영(盈)'이라 하고, 물러나 뒤에 있는 것을 '축(縮)'이라 한다(마땅히 동으로 가야 하는데, 반대로 서에 있는 것을 '退'라고 한다).

⑨ 식(食) │ 별 또는 달이 서로 능(陵)하는 것을 '식(食)'이라고 한다.

(3) 오성의 변화에 대한 점은 그 정도에 따라 다르다

1]묻기를 "길하고 흉한 것이 각기 종류별로 응하는 것은 틀림이 없겠으나, 일반적으로 알고 있는 점(占)의 내용에 못미칠 때가 있는 것은 어째서입니까?" 답하기를 "해와 달 및 오성이 함께 황도의 위를 다니므로, 서로 침범하지 않을 수가 없다. 단지 가깝게 다가오면 재앙이 크고, 멀면 해로움이 없는 것이니, 별자리 안에 머무르면서 별빛의 끝이 서로 미칠 때에 비로소 그러한 조짐들이 맞는 것이다."

1] 吉凶各以類應 不可誣已 然有或不盡 如所占何也 日日月五星俱行黃道 不能無侵犯 惟迫近則殃大 遠則毋傷 守以內光芒相及 則其占始應

(4) 오성과 다른 오성의 모임

① 목성과 다른 오성의 모임

1]오성에 있어서, 목성이 토성과 합하면 내란이 발생하고, 기근이 든다.

수성과 합하면 변란을 모의하고 기존의 일을 변경한다.

화성과 합하면 기근이 들고 가뭄이 든다.

금성과 합하면 많은 사람이 죽어서 상복을 입는 사람이 많게 되고, 합했다가 다투면(鬪) 나라안에 내란이 일어나고, 야전에서는 군사들이 패배하며, 홍수가 발생한다.

② 화성과 다른 오성의 모임

2]화성이 금성과 합하면 나라가 멸망하고, 많은 사람들이 죽게 되며, 일을 일으켜 병사를 쓰면 안된다.

토성과 합하면 근심이 생기고, 재앙이 있게 된다.

수성과 합하면 북쪽나라에서 병사들을 쓰고, 거사를 일으키나 크게 패한다.

1] 凡五星 木與土合爲內亂 爲饑 與水合爲變謀更事 與火合爲饑 爲旱 與金合爲白衣之會 合鬪國有內亂 野有破軍 爲水

2] 火與金合爲鑠 爲喪 不可擧事用兵 與土合爲憂 主孼 與水合爲北軍用兵 擧事大敗

③ 토성과 다른 오성의 모임

1)토성이 수성과 합하면 물이 넘쳐 둑이 터지며, 거사를 일으켜 병사를 쓰면 안된다. 패전하여 군사들이 많이 죽고 퇴각하게 된다. 일설에는 수성과 합하면 변란을 모의하고 기존의 일을 변경한다고 한다. 반드시 가뭄이 든다.

금성과 합하면 질병이 돌고, 많은 사람들이 상복을 입게 되며, 내란이 발생하여 국토를 잃게 된다.

목성과 합하면 나라 전체에 기근이 든다.

④ 수성과 다른 오성의 모임

2)수성이 금성과 합하면 변란을 음모하고, 병란의 근심이 생긴다. 목·화·토·금성이 수성과 다투면(鬪) 모두 전란이 발생하는데, 이러한 전란은 모두 내란이다.

일반적으로 오성이 모이면 그 아래에 있는 나라가 천하를 다스리게 되는데, 목성(歲星)을 중심으로 모이면 의리로써 다스리고, 화성(熒惑星)을 중심으로 모이면 예절로써 다스리며,

---

1] 土與水合爲壅沮 不可擧事用兵 有覆軍下師 一曰與水合爲變謀更事 必爲旱 與金合爲疾 爲白衣會 爲內兵國亡地 與木合國饑

2] 水與金合爲變謀 爲兵憂 木火土金與水鬪 皆爲戰 兵不在外皆爲內亂 凡五星 所聚 其國王天下 從歲以義 從熒惑以禮 從塡以重 從太白以兵 從辰以法 各以 其事 致天下也

토성(塡星)을 중심으로 모이면 위엄으로써 다스리고, 금성(太白星)을 중심으로 모이면 군사력으로써 다스리며, 수성(辰星)을 중심으로 모이면 법으로써 다스리니, 각기 해당하는 별이 의미하는 일로써 천하를 다스리게 되는 것이다.

(5) 오성의 일부가 모였을 때

① 경립(驚立)

1)세 별이 합하는 것을 '경립(驚立:놀랍게 섬)'이라고 하니, 그 나라를 끊고 지나가면, 내란 또는 외란으로 인해 많은 병사들이 죽으며, 백성들이 굶주리고 가난하게 되고, 임금과 제후를 바꾸어 세운다.

② 대탕(大湯)

2)네 별이 합하는 것을 '대탕(大湯:크게 흔들림)'이라고 하니, 그 나라는 병란과 국상이 함께 일어나며, 군자는 근심하고 소인은 유랑하게 된다.

③ 역행(易行)

3)다섯 별이 합하는 것을 '역행(易行)'4)이라고 한다. 덕이 있는 자는 경사가 있게 되니, 임금이 되어 사방을 포용하며 자손이

1] 三星合 是謂驚立 絶行其國 內外有兵與喪 百姓饑乏 改立侯王

2] 四星合 是謂大湯 其國兵喪並起 君子憂小人流

3] 五星若合 是謂易行 有德受慶 改立王者 掩有四方 子孫蕃昌 亡德受殃 離其國家 滅其宗廟 百姓離去 被滿四方

4] 역행(易行) : 바꾸어 행함. 즉 덕 있는 자와 덕 없는 자의 역할(지위 등)이 바뀌게 된다는 뜻이다. '경립, 대탕, 역행'의 점으로 볼 때, 오성이 셋 이상 모이면 그 강해진 기운으로 인해 기존의 것을 바꾸게 되는 것이다.

번창한다. 덕을 잃은 자는 재앙을 받으니, 그 나라를 잃고 종묘를 보존하지 못하며, 백성들이 유리되어 사방으로 떠돈다.

(6) 달과 오성
① 달이 오성을 먹을 때(五星蝕)
1)달이 오성을 먹으면(蝕) 그 해당하는 나라가 망하게 되는데, 세성(목성)이 먹히면 기근이 들고, 형혹성(화성)이 먹히면 난리가 나며, 진성(塡星:토성)이 먹히면 살인이 많이 생기며, 태백성(금성)이 먹히면 강성한 나라와 전투를 하게 되고, 진성(辰星:수성)이 먹히면 여인으로 인한 난리가 발생하여 망한다.

② 오성이 달에 들어갈 때
2)오성이 달에 들어가면, 그 해당하는 지역에서 정승을 쫓아내고, 태백성이 달에 들어갔다면 대장군을 욕보여 죽인다.

1] 凡月蝕五星 其國亡 歲以饑 熒惑以亂 塡以殺 太白以强國戰 辰以女亂
2] 凡五星入月 其野有逐相 太白將僇

(7) 오성의 취합에 대한 상이한 해석

1]별이 모이면 중대한 변란이 일어나니, 수성·목성·화성의 세 별이 동정수(東井宿)에 모였을 때, 판단해서 말하기를 "나라 밖에 병란이 일어나 많이 죽게 될 것이다"고 하였다.

오성이 여귀수(輿鬼宿:鬼宿)에 들어간 것과, 목성·화성·금성이 허수(虛宿)에서 합해서 구슬을 이어놓은 것과 같았을 때를, 모두 "많은 사람이 죽고 다치는 것"으로 보았다.

목성·화성·금성의 세 별이 두수(斗宿)에 있을 때는 "장군이 죽임을 당하고 정승이 죽는다"고 보았다.

화성·금성·수성의 세 별이 진수(軫宿)에 합했을 때와, 금성과 수성이 동정수(東井宿)에 합해졌을 때를, 모두 "상복을 입은 사람들이 많게 되는 것"으로 보았는데, 한나라 문제(文帝) 때 천자가 네번이나 상복을 입고 저택에 임했던 것이 이것이다.

2]당나라 천보(天寶:玄宗 30년부터 43년, 서기 742~755) 때에 오성

1] 星聚爲崇之變 水木火三星合東井 占日外有兵與喪 五星入輿鬼 木火金合虛如連珠 皆爲死喪 三星在斗戮將死相 火金水三星合軫 金水合於東井 皆爲白衣之會 漢文帝時天子四衣 白衣臨邸第者此也

2] 唐天寶中五星聚箕尾 占日有德慶 無德殃 至德中木火金水聚鶉首 從歲星也 木火陽主中邦 金水陰主外邦 陰與陽合中外相連以兵 以此見五星之聚 有吉有凶不可拘一 晉永寧元年 自正月至三月 五星互經天 縱橫無常 自是以後王室

이 기수(箕宿)와 미수(尾宿)의 사이에 취합했는데, 판단해서 말하기를 "덕이 있으면 경사가 있고, 덕이 없으면 재앙이 있을 것"이라 하였다.

지덕(至德:玄宗 44~肅宗 1년, 서기 756~757)의 때에 목성·화성·금성·수성이 순수(鶉首)에 취합해서 세성(목성)을 따랐는데, "목성과 화성은 양에 해당하니 주로 중국(中邦)을 맡고, 금성과 수성은 음에 해당하니 주로 중국외의 주변국가(外邦)를 맡는다. 음과 양이 합해서 중국과 주변국가들이 서로 전투로 연결되니 병란이 있게 된다"고 하였다.

이로써 살피면, 오성이 모이는 것에는 길함도 있고 흉함도 있어서 한가지로 해석할 것이 아닌 것이다. 진(晉)나라 영녕 원년(永寧:惠帝 11년, 서기 301년)에 정월부터 3월에 이르기까지 오성이 서로 경천(經天:대낮에 보임)하고 일정한 법칙 없이 종횡으로 오가더니, 이때로부터 왕실이 서로 도륙을 하고 천하에 큰 난리가 일어나며, 효회황제 효민황제가 쫓기어 유랑했고 중국이 문명국가라 할 수 없을 정도로 미미해졌으니, 이것이 오성의 모임에 대응하는 조짐인 것이다.

相屠 天下大亂 懷愍播蕩 神州陸沈 此其應也

7장. 오성 이외의 떠돌이 별

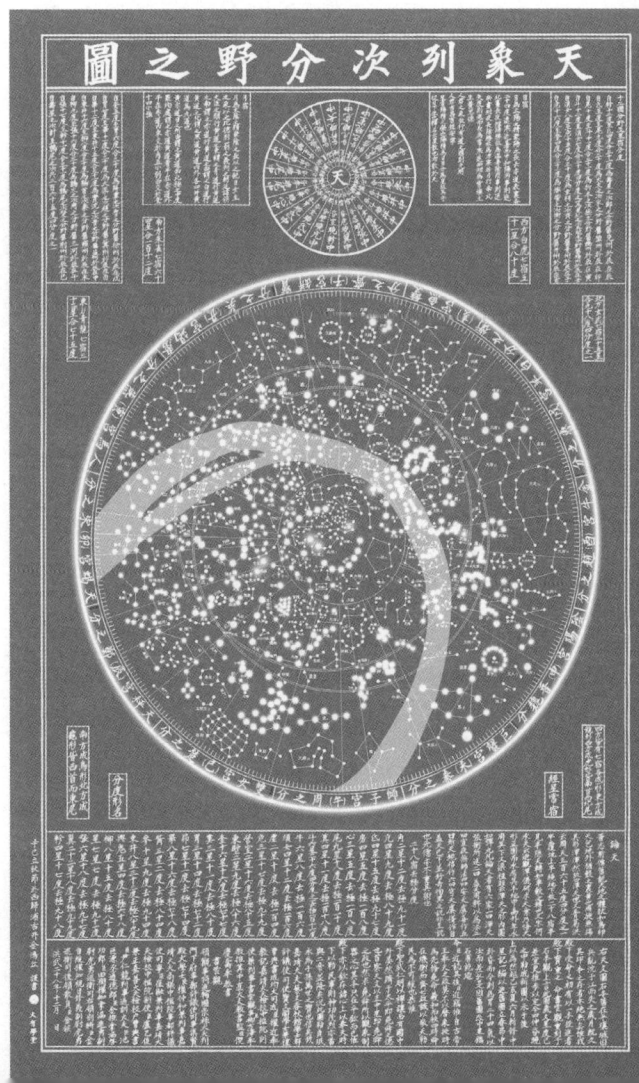

7장. 오성 이외의 떠돌이 별

1) 서성(瑞星:상서로운 별)
 (1) 서성의 개괄
1)서성은 오행이 섞여서 조화된 기운으로, 오행이 순조롭게 어울려 왕성해지고 서로 도우며 기뻐하고 화합해서 생겨난 것이다.

 (2) 서성의 종류
 ① 경성(景星)   2)첫번째는 백성을 주관하는 별의 하나인 '경성(景星)'이다. 생김새가 반달과 같으며, 어두울 때(그믐과 초하루) 생겨나 달을 도와 밝게 비추게 한다.

 일설에는 별은 크지만 그 속은 비어있는 것을 말하며, 혹은 남

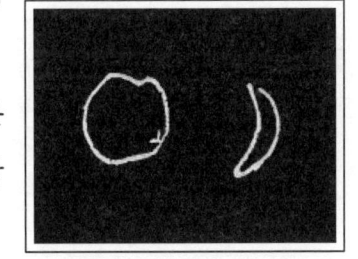

1] 瑞星五行之冲和氣也 五行順樂 旺相喜合之所生也

2] 一日 景星(民星) 如半月 生於晦朔助月爲明 或日星大而中空 或日赤方氣與靑方氣相連 赤方中有兩黃星 靑方中有一黃星 三星合爲景星 亦名德星 常出有道之國

방의 붉은 기운과 동방의 푸른 기운이 서로 연결된 것이니, 남방에 있는 두개의 누런색 별과 동방에 있는 한개의 누런색 별의 세 별이 합해져서 경성(景星)을 만든다고 한다. 그래서 또한 '덕성(德星)'이라고도 하니, 도(道)가 있는 나라에 출현한다고 한다.

② 주패성(周伯星)   1)두번째는 '주패성(周伯星)'이라고 하는데, 누런색이 황황하게 빛나는 별이다. 주패성이 나타나는 나라는 크게 번창한다.

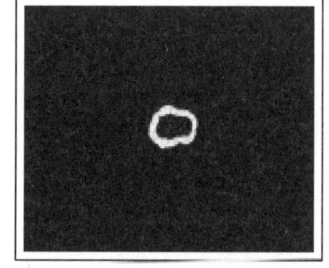

③ 함예(含譽)   2)세번째는 '함예(含譽)'라고 하는데, 별빛의 빛남이 혜성과 비슷하며, 기쁜 일이 있으면 함예가 빛난다고 한다.3)

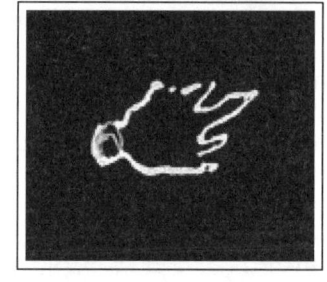

1] 二曰 周伯星 黃色煌煌然 所見之國大昌
2] 三曰 含譽 光耀似彗 喜則含譽射
  3] 임금이 덕을 베풀고 효와 예의를 갖추며, 백성들이 화합하면 함예가 뜬다고 한다.

④ **격택(格澤)** 1)네번째는 역시 백성을 주관하는 별의 하나로 '격택(格澤)'이라고 하는데, 불꽃처럼 타오르는 모습이 아래는 크고 위는 뾰족히며, 색은 누
렇고 희다. 지상으로부터 점차 위로 올라가는데, 격택이 보이면 농사를 짓지 않아도 수확이 잘되고, 토목공사가 활발히 이루어지며, 나라에 큰 손님이 오게 된다고 한다.

1] 四日 格澤(民星) 如炎火下大上銳 色黃白 起地上 見則不種以穫 有土功有大客

2) 유성(流星)

- 自上而降曰流 又曰光迹相連也 東西橫行亦曰流 大者曰奔 亦流星也 : 위로부터 아래로 내려오는 것을 '유(流)'라고 한다. 일설에는 빛의 자취가 서로 이어져서 동서로 횡행하는 것을 '유(流)'라고 하고, 그 중에 큰 것을 '분(奔)'이라고 하니, 또한 유성의 일종이다.

(1) 유성의 개괄

1)유성은 하늘의 사신이다. 별이 크면 큰 사신이고, 별이 작으면 작은 사신이며, 급하게 움직이는 것은 기일이 촉박한 사신이고, 느리게 움직이는 것은 기일이 급하지 않은 사신이다.

별이 크면서도 빛이 없으면 일반인들에 대한 일이고, 작으면서 빛이 있는 것은 귀인(貴人)에 대한 일이며, 크면서도 빛이 있는 것은 귀인이면서도 대중에 관한 일이다.

빛이 잠깐 밝았다가 어두워지면 적군이 패해서 일을 이루게 된다. 앞은 크고 뒤는 작으면 크게 근심스럽고, 앞은 작고 뒤는 크면 기쁜 일이 있게 된다. 뱀처럼 이리저리 가는 것은 간사한 일이고, 급하게 달아나는 것은 가서 오지 못하는 사신이다. 꼬리가 긴 것은 오래 걸리는 일이고, 짧은 것은 빨리 끝나

1] 流星天使也 星大者 使大 星小者 使小 行疾者 期速 行遲者 期遲 大而無光者 衆人之事 小而有光者 貴人之事 大而光者 其人貴且衆也 乍明乍滅者 賊敗成也 前大後小者 恐憂 前小後大者 喜事也 蛇行者 姦事也 往疾者 往而不返也 長者 其事長久也 短者 事疾也

는 일이다.

(2) 유성의 종류

① 분성(奔星:큰 유성)　1)분성(奔星:큰 유성)이 떨어지는 지역은 병란이 생긴다. 비바람이 없는데 유성이 한참동안 보였다가 없어지면, 큰 바람이 불어와 집을 들어내고 나무를 뽑는다.

② 소유성(小流星)　2)작은 유성 백여개가 사방으로 움직이는 것은 일반 백성들의 무리가 유랑하며 떠도는 상이다.
　유성의 꼬리가 2~3장이나 길고, 휘황하게 빛나서 하늘끝에 닿으며, 색이 흰 것은 임금의 사신이고, 색이 붉은 것은 장군의 사신이다.

③ 천보(天保)　3)유성 중에 빛이 있으면서 색이 누렇고 흰 것이, 하늘에서부터 떨어지면서 소리를 내되, 불똥이 튀듯이(불

1] 奔星所墜　其下有兵　無風雲　有流星見良久間乃入爲大風　發屋折木
2] 小流星百數　四面行者　衆庶流移之象　流星之尾　長二三丈　暉然有光竟天　色白者主使也　色赤者將軍使也
3] 流星有光色黃白者　從天墜有音如炬熛(火飛貌) 火下地　野雉盡鳴　斯天保也　所墜國安　有喜若水

이 타올라 하늘로 날아가는 모습) 땅으로 떨어져서, 들의 꿩들이 다 놀래 울면, 이를 '천보(天保)'라고 한다. 천보가 떨어지는 나라는 평안하고, 기쁨이 물같이 흐르게 된다고 하였다.[1]

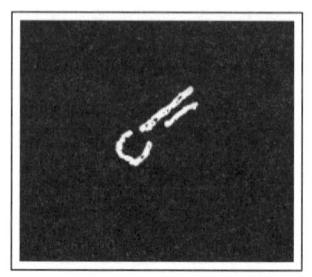

④ 지안(地雁) [2]유성의 색이 푸르면서 붉은 것을 '지안(地雁)'이라고 한다. 지안이 떨어지는 곳에 병란이 일어난다.[3]

⑤ 천안(天雁) [4]유성에 빛이 있으면서 푸르고 붉으며, 길이가 2~3장이 되는 것을 '천안(天雁)'이라고 하니, 군대의 정화(精華)이다. 천안이 떨어지는 곳에 병사를 동원한 거사가 일어나고, 장군은 그 별이 행하는 대로 가게 된다.

유성이 휘황하게 빛나고 흰색이면서 하늘끝까지 맞닿은 것

1] 『형주점:荊州占』에 나오는 내용이다(807-700 참조). 다만 『형주점』에서는 '野雉'가 '野鷄(들의 닭)'로 되어 있다.

2] 流星色靑赤 名曰地雁 其所墜者起兵

3] 『형주점:荊州占』에 나오는 내용이다. 다만 『형주점』에서는 '靑赤'이 '靑(푸른 색)'으로 되어 있다.

4] 流星有光 靑赤 長二三丈 名曰天雁 軍之精華也 其國起兵 將軍當從星所之 流星暉然有光色白 長竟天者 人主之星也 主相將軍 從星所之

을 임금의 별이라고 하니, 임금과 정승 및 장군이 별을 따라 움직여 성공하는 것이다.

⑥ 양성(梁星) 1)별이 옹기그릇과 같으면 모반을 꾀하는 일이 크게 발생하고, 복숭아와 같으면 사신에 관한 일이다. 유성이 커서 장군(缶:술병의 일종)과 같으면서, 그 빛이 붉고 검어 부리(喙)가 있는 것을 양성(梁星)이라고 하는데, 양성이 떨어지는 곳에는 병란이 일어나 임금이 영토를 잃게 된다.

⑦ 천구(天狗) 2)천구(天狗)는 개(犬)와 비슷하고 분성(奔星)과 같아서 색이 누렇고 소리가 있는데, 땅에 떨어진 모습이 개(狗)와 비슷하고, 떨어질 때 바라보면 불빛이 하늘을 찌를듯이 타오르는 것 같으며, 위는 뾰족하고 아래는 둥글어 몇 경(頃)이나

1] 凡星如甕者 爲發謀起事大 如桃者 爲使事 流星大如缶 其光赤黑有喙者 名曰梁星 其所墜之鄕 有兵君失地

2] 天狗狀如犬奔星 色黃 有聲 其止地類狗 所墜望之如火光炎炎衝天 上銳下圓 如數頃田處 或曰星有毛 旁有短彗 下有狗形者 或曰星出 其狀赤白有光下 卽爲天狗 一曰流星有光見人面 墜無音 若有足者 名曰天狗 其色白其中黃黃如遺火狀 主候兵討賊 見則四方相射千里 破軍殺將 或曰兵將鬪人相食 所往之鄕 有流血 其君失地 兵大起 國易政 戒守禦

되는 밭과 같다.

혹은 별에 터럭이 있고 곁에 짧은 빗자루와 같은 것이 있으며, 아래가 개(狗)의 형상과 같은 별이라 하고, 혹은 별이 나올 때에 그 형상이 붉으면서도 희며, 아래로 빛이 있으면 천구(天狗)라고도 한다.

일설에는 유성의 빛이 밝아 사람의 얼굴을 볼 수 있고 떨어질 때 소리가 없는 것인데, 이 때에 발(足)이 있는 것을 천구(天狗)라 한다고도 한다. 그 색이 희고, 그 가운데가 누리끼리(黃黃)해서 꺼져가는 불꽃과 같은 상이면, 병사가 적당을 토벌하는 조짐이며, 천구가 나타나서 사방으로 천리를 비추면, 군대가 패배하고 장군이 죽게 된다.

일설에는 병사와 장군이 싸우고, 사람들이 시교를 짊어미을 조짐이라고도 한다. 천구가 가는 지역에는 피가 물흐르듯이 하고, 해당하는 나라의 임금은 영토를 잃으며, 병란이 크게 일어나고, 나라에 정권이 바뀌니, 막고 방어해야 한다는 경계인 것이다.

⑧ 영두(營頭) 1)영두(營頭)는 주변에 구름이 있고, 산이 무너지듯이 떨어

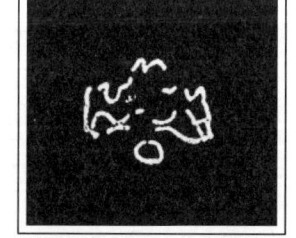

1] 營頭有雲 如壞山墜 所謂營頭之星所墜 其下覆軍 流血千里 亦曰流星晝隕名 營頭

진다. 이른바 영두라는 별이 떨어지는 곳에는, 그 일대의 군사가 전멸하게 되고, 피가 천리를 흐르게 된다. 일설에는 유성이 낮에 떨어지는 것을 영두라고도 한다.

7장 오성 이외의 떠돌이별

3) 비성(飛星)

- 自下而升曰飛 又曰絶迹而去也 : 아래로부터 위로 올라가는 것을 '비(飛)'라고 한다. 일설에는 자취없이 가는 것을 이르기도 한다.

(1) 비성의 종류

① 돈완(頓頑) 1)비성(飛星) 중에 크기가 장군(缶) 또는 옹기 그릇(甕)만하고, 뒷부분이 달빛같이 희며, 앞은 낮고 뒤는 높은 것을 돈완(頓頑)이라고 하는데, 돈완이 가는 곳에 죽는 사람이 많이 생기고 마을을 침탈하기는 하나, 전쟁까지는 가지 않는다.

② 강석(降石) 2)크기가 장군(缶) 또는 옹기(甕)만하고, 뒷부분이 달빛같이 희며, 앞은 낮고 뒤는 높으며, 머리부분이 상하로 흔들리는 것을 강석(降石)이라고 하는데, 강석이 떨어지는 곳의 백성들은 식량이 부족하게 된다.

③ 해어(解御) 3)크기가 장군(缶) 또는 옹기(甕)만하고, 뒷부

---

1) 飛星大如缶若甕 後皎然白 前卑後高 此謂頓頑 其所從者 多死亡削邑而不戰
2) 大如缶若甕 後皎然白 前卑後高 搖頭乍上乍下 此謂降石 所下民食不足
3) 大如缶若甕 後皎然白 星滅後白者曲環如車輪 此謂解御 其國人相斬爲爵祿 此謂自相齮食

분이 달빛같이 희며, 별이 없어진 후에 흰빛이 구부러진 고리같아 차바퀴같이 된 것을 해어(解御)라고 하는데, 해당하는 나라의 사람들이 서로 죽이는 것으로 작록(爵祿)을 받는 공으로 삼게 되니, 이를 서로 물어뜯고 먹는다고 하는 것이다.

④ 대활(大滑) 1)크기가 장군(缶) 또는 옹기(甕)만하고, 뒷부분이 달빛같이 희며, 길이가 서너 장(丈)에 이르며, 별이 없어진 후에 흰빛이 변해서 구름이 흘러내려오 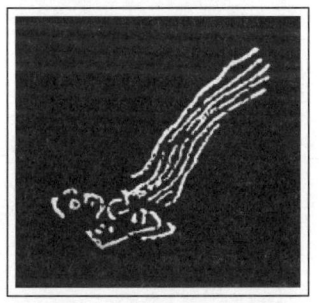는 것 같은 것을 대활(大滑)이라고 하는데, 그 해당하는 지역에 피가 물같이 흐르고 백골이 산처럼 쌓이게 된다.

⑤ 천희(天餙) 2)크기가 장군(缶) 또는 옹기(甕)만하고, 뒷부분이 달빛같이 흰 것이 길게 뻗어서, 길이가 10여장이나 구불구불한 것을 천형(天刑) 또는 천희(天餙)라고 하니, 장군이 그 지역을 진압하게 된다.

---

1) 大如缶若甕 其後皎然白 長數丈星 滅後白者 化爲雲流下 名曰大滑 所下有流血積骨

2) 大如缶若甕 後皎白縵縵然 長可十餘丈而委曲 名曰天刑 一曰天餙 將軍均封彊

4) 요성(妖星)

(1) 요성의 개괄

1]요성(妖星)은 오행의 어긋난 기운이니, 오행이 가리고 합하며, 능멸하고 침범하며, 노하고 거스르며, 섞이고 어지러우며, 흐르고 흩어지며 섞여 변하는 작용 등을 통해 생겨난 것이다.

오행의 정화(精華)가 흩어져서 요사스러움이 된 것이니, 형상은 같지 않지만 재앙은 한가지로, 각기 그 나타나는 현상으로 재앙이 발생하는 날짜와 시간, 분야, 형체 색깔을 살펴서 병란·기근·홍수·가뭄·난리·멸망 등을 판단한다.

2]일반적으로 요성이 출현함에 있어서, 요성이 길고 크면 재앙이 심하고 기간이 멀리 가며, 작고 짧으면 재앙이 사납고 기간이 멀리가지 않는다. 3척(尺)에서 5척까지는 100일이 기한이고, 5척에서 1장(丈)까지는 1년이 기한이며, 1장부터 3장까지는 3년이 기한이며, 3장부터 5장까지는 5년이 기한이고, 5장부터 10장까지는 7년이 기한이며, 10장이상부터는 9년이 기한이니,

---

1] 妖星 五行乖戾之氣也 五行掩合陵犯怒逆錯亂流散雜變之所生也 五行之精 散而爲妖 形狀不同爲殃則一 各以其所見 日期分野形色 占爲兵饑水旱亂亡

2] 凡妖星出見 長大災深期遠 短小災淺期近 三尺至五尺期百日 五尺至一丈期一年 一丈至三丈期三年 三丈至五丈期五年 五丈至十丈期七年 十丈以上期九年 審以察之 其災必應 京房風角書集星章云 妖星皆見於月傍 互有五色方雲以五寅日見 各有五星所生

잘 살펴서 보면 그 재앙이 반드시 상응해서 올 것이다.

경방(京房)의 『풍각서(風角書)』 집성장(集星章)에 "요성은 모두 달의 근처에 나타나고, 각기 오색의 방소에 따른 구름이 있어서, 다섯 인일(五寅日:갑인일,병인일,무인일,경인일,임인일)에 나타나니, 각기 생해주는 오성이 있다"고 하였다.

(2) 요성의 종류

① 세성(목성)이 생한 요성   [1]천창(天槍)·천근(天根)·천형(天荊)·진약(眞若)·천원(天楱)·천루(天樓)·천원(天垣) 등의 요성은 모두 세성(歲星)이 생한 것이다. 갑인(甲寅)일에 나타나고,[2] 그 별들이 모두 푸른색을 띠고 동방의 근처에 나타난다.

② 형혹성(화성)이 생한 요성   [3]천음(天陰)·진약(晉若)·관장(官張)·천혹(天惑)·천최(天崔)·적약(赤若)·치우(蚩尤) 등의 요성은 모두 형혹성(熒惑星)이 생한 것이다. 병인(丙寅)일에 나타나

1] 天槍 天根 天荊 眞若 天楱 天樓 天垣 皆歲星所生也 見以甲寅 其星咸有兩靑方在其旁

2] 목의 기운과 관련이 있으므로 갑인(甲寅)일에 나타난다.

3] 天陰 晉若 官張 天惑 天崔 赤若 蚩尤 皆熒惑所生也 出在丙寅日 有兩赤方在其旁

고[1] 붉은색을 띠고 남방의 근처에 나타난다.

③ 진성(塡星:토성)이 생한 요성   [2]천상(天上)·천벌(天伐)·종성(從星)·천추(天樞)·천적(天翟)·천비(天沸)·형혜(荊彗) 등의 요성은 진성(塡星)이 생한 별이다. 무인(戊寅)일에 나타나고[3] 누런색을 띠고 중앙의 근처에 나타난다.

④ 태백성(금성)이 생한 요성   [4]약성(若星)·추성(帚星)·약혜(若彗)·죽혜(竹彗)·장성(牆星)·원성(榞星)·백관(白雚) 등의 요성은 태백성(太白星)이 생한 별이다. 경인(庚寅)일에 나타나고[5] 흰색을 띠고 서방의 근처에 나타난다.

⑤ 진성(辰星:수성)이 생한 요성   [6]천미(天美)·천참(天毚)·천사

1] 화의 기운과 관련이 있으므로 병인(丙寅)일에 나타난다.

2] 天上 天伐 從星 天樞 天翟 天沸 荊彗 皆塡星所生也 出在戊寅日 有兩 黃方在其旁

3] 토의 기운과 관련이 있으므로 무인(戊寅)일에 나타난다.

4] 若星 帚星 若彗 竹彗 牆星 榞星 白雚 皆太白所生也 出在庚寅日 有兩 白方在其旁

5] 금의 기운과 관련이 있으므로 경인(庚寅)일에 나타난다. 약성(若星) 약혜(若彗) 등의 '若' 자는 '점(苫:이엉 점)' 자의 오기 같다.

6] 天美 天毚 天社 天麻 天林 天蒿 端下 皆辰星所生也 出以壬寅日 有兩 黑方

(天社)·천마(天麻)·천림(天林)·천호(天蒿)·단하(端下) 등의 요성은 진성(辰星)이 생한 별이다. 임인(壬寅)일에 나타나고[1] 검은색을 띠고 북방의 근처에 나타난다.

(3) 요성의 형태 및 점

① 요성점의 개괄 [2]이상의 35개의 별은 오행의 기운이 낳은 것이다. 모두 달의 좌측 또는 우측의 기운 속에서 나온 것으로, 각기 생해준 별(生星)이 있다. 나오고 나오지 못한 날짜수와 시기로 그 조짐의 기한을 판단한다. 아직 나오지 않아야 할 때 나타나면, 홍수·가뭄· 병란많은 사상자·기근·난리가 발생하고, 별이 가리키는 나라는 망하고 영토를 잃으며, 임금이 죽고, 군대가 패배하며, 장군을 죽이게 된다.

7장 오성 이외의 떠돌이별

在其旁

1] 수의 기운과 관련이 있으므로 임인(壬寅)일에 나타난다.
2] 已前三十五星 卽五行氣所生 皆出於月左右方氣之中 各以其所生星 將出不出 日數期候之 當其未出之前而見 見則有水旱兵喪飢亂 所指亡國失地王死破軍殺將 / 『영대비원』의 요성편에는 "當其未出之前而見 見則有水…"에서 '見' 자가 하나밖에 없다.

447

- 오성과 요성

	목성이 생한 요성	화성이 생한 요성	토성이 생한 요성	금성이 생한 요성	수성이 생한 요성
요성의 이름	천창(天槍)천근(天根)천형(天荊)진약(眞若)천원(天橷)천루(天樓)천원(天垣)	천음(天陰)진약(晉若)관장(官張)천혹(天惑)천최(天崔)적약(赤若)치우(蚩尤)	천상(天上)천벌(天伐)종성(從星)천추(天樞)천적(天翟)천비(天沸)형혜(荊彗)	약성(若星)추성(帚星)약혜(若彗)죽혜(竹彗)장성(牆星)원성(橷星)백관(白雚)	천미(天美)천참(天毚)천사(天社)천마(天麻)천림(天林)천호(天蒿)단하(端下)
나오는 방위	동방	남방	중앙	서방	북방
출현하는 날	갑인	병인	무인	경인	임인

- 요성의 생김새

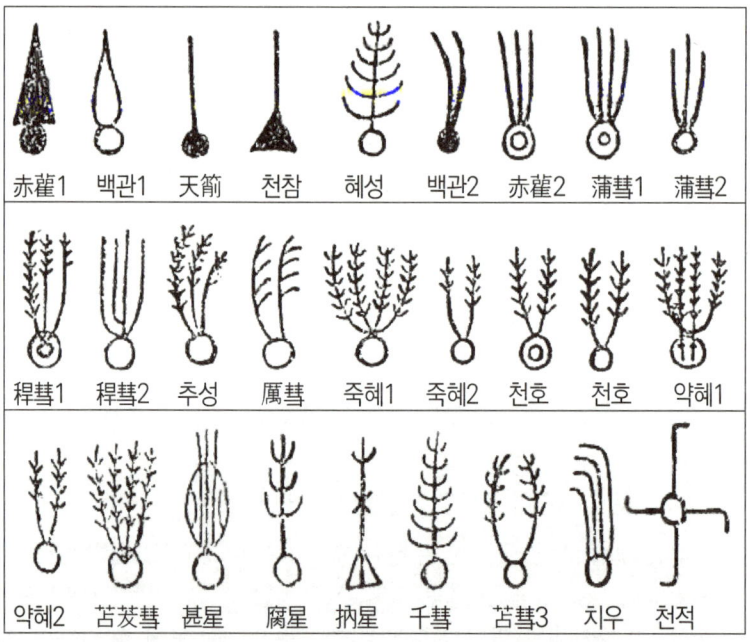

② 혜성(彗星)   1]첫번째는 혜성(彗星:한쪽 방향을 가리키며 가는 별을 혜성이라고 한다)이라 하는데, 소성(掃星:빗자루 별)이라고도 하는 별로, 본 몸체는 별과 비슷하고 끝부분은 빗자루와 비슷하다. 작은 것은 몇 촌(寸)에 지나지 않으나, 하늘에 닿는 큰 것도 있다. 나타나면 병란이 일어나고 큰 홍수가 발생한다. 소제하는 일을 맡으니, 옛것을 제거하고 새것을 펴는 일을 한다.

다섯 색깔이 있는데, 각기 오행의 본 정기(精氣)에 의존해서 색깔을 낸다. 그 본체는 빛이 없으나, 햇빛을 받아 빛나기 때문에, 저녁에 나타날 때는 동쪽을 가리키고, 새벽에 나타날 때는 서쪽을 가리킨다. 또 해가 남쪽 또는 북쪽에 있을 때는, 햇빛을 따라서 가리키던 기세가 꺾인다. 그 꼬리가 길기도 하고 짧기도 한데, 꼬리의 빛이 비치는 곳은 재앙이 따른다.

1] 一曰彗星(偏指曰彗) 所謂掃星 本類星 末類彗 小者數寸長 或竟天 見則兵起 大水 主掃除 除舊布新 有五色 各依五行本精 所主其體無光 傳日而爲光 故夕見則東指 晨見則西指 在日南北皆隨日光而指頓挫 其芒 或長或短 光芒所及 則爲災 / 혜성은 커다란 타원형의 궤도를 그리며 태양을 중심으로 공전한다. 혜성의 꼬리는 해로부터 날아오는 전자나 양성자 등으로 구성된 태양풍과 빛에 의해 만들어지므로, 언제나 해의 반대방향을 향하게 된다. 즉 해가 동쪽에서 뜰때는 서쪽을 가리키고, 서쪽으로 질 때는 동쪽을 가리킨다.

1)일설에는 달의 정화(精華)가 변해서 혜성이 되었는데, 푸른색이면 왕과 제후가 패망하고 천자가 병란에 고달프게 되며, 붉은색이면 도적떼가 일어나고 강성한 국가가 방자하게 행동하며, 누런색이면 여자로 인한 해가 있고 임금

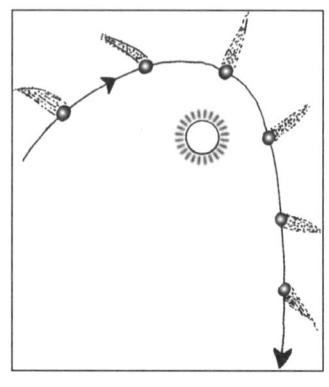

의 권력을 황후와 왕비에게 빼앗기게 된다. 흰색이면 장군이 반역을 꾀해 2년 동안 병란을 크게 일으킨다. 검은 색이면 강과 하천의 둑이 터져 범람하고 도적(水賊)이 곳곳에서 일어나며 또 화재가 발생한다고 한다.

③ 패성(孛星)　2)두번째는 패성(孛星: 별빛의 까끄라기가 사방으로 나오는 것을 패성이라고 한다)이라고 하니, 혜성의 종류이다. '패(孛:살별)'는 빛이 사방

1] 又曰月之精變爲彗 蒼則王侯破天子苦兵 赤則賊起强國恣 黃則女害色權奪於后妃 白則將軍逆二年兵大作 黑則江河決賊處處起又火灾

2] 二曰孛星(芒氣四出曰孛) 彗之屬也 孛者孛孛然 非常惡氣之所生也 內不有大亂則外有大兵 天下合謀 闇蔽不明 有所傷害 又曰日之精變爲孛 灾甚於彗 又日光芒短 其光四出蓬蓬孛孛然 除舊布新火灾

으로 쏘면서 펼쳐지니, 보통의 악한 기운에 의해 만들어진 별이 아니다. 안으로 큰 난리가 발생하지 않으면, 밖으로 큰 병란이 발생한다. 천하가 다 음모를 꾸며 임금을 어둡게 가려서 밝지 못하게 하고, 해롭게 하며 다치게 한다.

일설에는 해의 정기가 변해서 패성이 된 것이므로, 혜성 보다 재앙이 심하다고도 한다. 또 일설에는 빛의 꼬리가 짧고, 그 빛이 사방으로 왕성하게 쏘아 비추니, 옛것을 제거하고 새 것을 편다하며, 화재가 발생한다고 한다.

④ 천봉(天棓)　1]세번째는 천봉(天棓)이라고 하니, 일명 '각성(覺星)'이라고도 한다. 본체는 별과 비슷하고 꼬리는 뾰족하다. 실이는 4장(丈)이고, 혹 동북방이나 서방에 출현하면 격렬한 전쟁이 있게 된다.

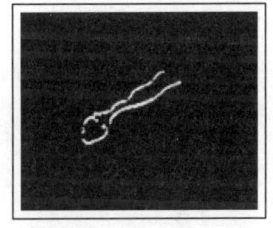

⑤ 천창(天槍)　2]네번째는 '천창(天槍)'이라고 하니, 천창이 나온지 석달이 지나지 않아 반드시 전쟁에서 패하고, 나라가 어지러우며, 임금이 죽임을 당

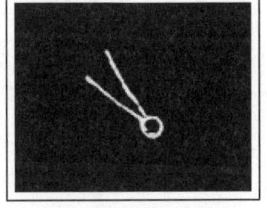

1] 三日天棓 一名覺星 本類星末銳 長四丈 或出東北方西方 主奮爭
2] 四日天槍 其出不過三月 必有破國亂君伏死 其辜殃之不盡 當爲旱飢暴疾

하게 되고, 재앙이 그치지 않아서 가뭄·기근 또는 급격한 전염병이 돈다.

⑥ 천참(天欃)   1)다섯번째는 '천참(天欃)'이라고 하니, 혹은 구름이 소(또는 牛宿)의 형상으로 되어있는 것이라 하고, 혹은 본체는 별과 비슷하고 끝부분(꼬리)은 뾰족하다고 하며, 혹은 혜성이 서방에 출현

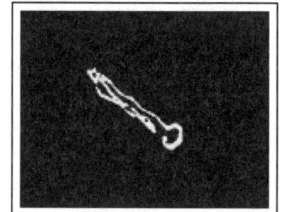

한 것이라고도 한다. 길이는 2~3장이고, 주로 도적이나 범죄자를 붙잡고 제어하는 일을 맡는다.

⑦ 치우기(蚩尤旗)   2)여섯번째는 '치우기(蚩尤旗)'라고 하니,

1] 五曰天欃 或曰雲如牛狀 或曰本類星末銳 或曰彗星出西方 長可二三丈 主捕制

2] 六曰蚩尤旗 類彗而後曲象旗 或曰赤雲獨見 或曰其色黃上白下 或曰若植藋(蓲也)而長 名曰蚩尤之旗 或曰如箕 長可二丈 末有星 主伐枉逆 主惑亂 所見之方下有兵 兵大起 不然有喪 / 치우(蚩尤) : 고조선의 삼황(三皇) 중의 한 사람으로, 치우(蚩尤 또는 治尤)는 자오지환웅(慈烏支桓雄)이라고도 한다. 중국의 황제씨(黃帝氏) 및 신농씨(神農氏)와 많은 전쟁을 하여 복속시켰다고 한다. 중국에서는 이와는 달리 '청동의 머리에 철로된 이마(銅頭鐵額)를 가진 사람'으로, 전설속의 악귀라 평하고 황제씨와의 전쟁에서 격퇴시켰다고 주장한다. 중국의 설에 따르더라도 이미 철제 갑옷과 무기를 사용한 문명민족임을 알 수 있다.

혜성하고 비슷하게 생겼으면서 뒷부분이 구부러진 것이 깃발의 형상이다. 혹은 붉은 구름이 (비바람 없이) 홀로 나타난 것이라 하고, 혹은 그 색깔이 위 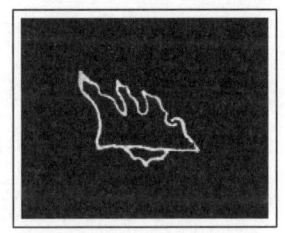 는 누렇고 아래는 흰색이라고 하며, 혹은 왕골(물억새)같이 생겨서 길기 때문에 이름을 치우(蚩尤)의 깃발이라 한다고 한다. 혹은 곡식을 까부는 키(또는 箕宿)같이 생겼으니, 길이가 2장이고 끝부분에 별(구름같은 것)이 있다고 한다.

주로 사악하고 반역하는 사람을 치고, 미혹시켜 난리를 부리는 사람을 맡는다. 치우기가 나타나는 지역에 병란이 일어나고, 병란이 크게 일어나지 않으면 많은 사람이 죽게 된다.

⑧ 천충(天衝)　1)일곱번째는 '천충(天衝)'이라고 하니, 사람이 푸른 옷을 입고 붉은 머리를 해서 움직이지 않는 형상이다. 천충이 보이면 신하가 임금이 될 것을 꾀하고, 무장한 군졸이 발동하여 천자가 죽게 된다.

⑨ 국황(國皇)　2)여덟번째는 '국황(國皇)'이라고 하니, 별이

1] 七日天衝 狀如人蒼衣赤頭不動 見則臣謀主 武卒發天子亡
2] 八日國皇 大而赤 類南極老人星 或曰去地三丈如炬火 主內寇內亂 或曰其下

크면서도 붉어서 남극노인성(南極老人星)하고 비슷하게 생겼다. 혹은 땅에서부터 3장의 거리가 떨어져 나타나는데, 횃불과 비슷하게 생겼다고 한다. 안에서 발생하는 도적 또는 내란을 맡으며, 혹은 국황이 뜨는 곳에 병란이 일어나는데, 그 병사들이 강하다고도 한다. 혹은 안과 밖으로 병란이 일어나 많은 사람이 죽게된다고도 한다.

⑩ 소명(昭明)   1)아홉번째는 '소명(昭明)'이라고 하니, 태백성과 비슷한 형상으로 빛의 끝머리가 움직이지 않는다고 한다. 혹은 크면서도 희고 빛이 없으 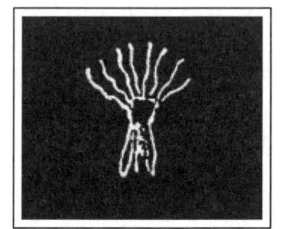 며, 위로 갔다가 아래로 갔다가 한다고 한다. 일실에는 붉은 혜성이 나뉘어서 '소명'이 되었다고 하니, 소명에 빛이 없으면 패업(霸業)을 일으키고 덕을 일으키는 징후가 된다. 따라서 소명이 비추는 나라는 병사들의 변란이 많게 된다. 일설에는 대인(임금 등)은 흉하고, 병란이 크게 일어난다고 한다.

⑪ 사위(司危)   2)열번째는 '사위(司危)'라고 하니, 태백성과

起兵兵强 或曰外內有兵喪
1] 九曰昭明 象如太白 光芒不行 或曰大而白無光 乍上乍下 一曰赤彗分爲昭明 昭明滅光以爲起霸 起德之徵 所起國兵多變 一曰大人凶兵大起

같고 눈(目)이 있다. 혹은 정서방에서 뜨니 서방 지역의 별에 해당한다고 한다. 땅에서 6장 정도 떨어져 빛나고, 크면서도 흰색이다. 혹은 크면서도 터럭같은 것이 양쪽 뿔에 있다고 한다. 혹은 태백성과 비슷하고, 자주 움직이며, 붉은색 기운이 관찰되면 변괴 또는 전쟁의 징후라고 한다. 주로 강한 병사들을 치는 일을 맡는다.

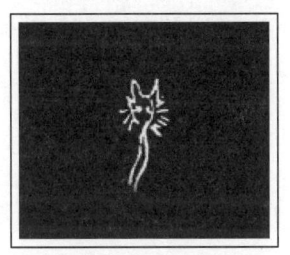

사위가 보이면 임금이 법도를 잃게 되고, 호걸들이 봉기를 하며, 천자는 의롭지 못한 일을 함으로써 나라를 잃게 되며, 명망이 높은 신하가 임금의 덕을 행하게 된다.

⑫ 천참(天欃)   1)열한번째는 '천참(天欃)'이라고 하니, 혜성이 서북쪽에 출현하여 칼(劍)같은 형상을 하고, 길이가 4·5장이 되는 것이다. 혹은 갈고리(또는 鉤鈐) 모양으로 길이가 4장이 된다고 하며, 혹은 희고 작으며 자주 움직인다 하니, 주로 죽이고 벌주는 일을 맡는다. 천참이 출현하면 해당하는 나라에 내란이 일어나고, 아랫사람이 서로 참소를 하며, 기근 및 병

---

2) 十日司危 如太白有目 或日出正西 西方之野星 去地可六丈 大而白 或日大而有毛兩角 或日類太白 數動 察之而赤爲怪爭之徵 主擊强兵 見則主失法 豪傑起 天子以不義失國 有聲之臣行主德

1) 十一日天欃 彗出西北 狀如劍 長四五丈 或日如鉤 長四丈 或日狀白小數動 主殺罰 出則其國內亂 其下相讒 爲飢兵 赤地千里 枯骨籍籍

란이 발생한다. 또 가뭄으로 불모지가 되는 것이 천리나 되고, 마른 해골이 곳곳에 널리게 된다.

⑬ 오잔(五殘)   1]열두번째는 '오잔(五殘)'이라고 하니, 일명 '오봉(五鋒)'이라고도 한다. 정동쪽에 출현하니, 동방의 별 중에 하나이며, '수성(辰星)'과 비슷한 형상으로, 땅에서 6~7장이 떨어져 있다.

혹은 푸른색 혜성이 흩어지면 오잔이 되니, 수성(辰星)에서 뿔이 나온 것과 같다(陽이 덕을 잃으면 뿔이 생긴다). 혹은 별의 표면에 기운이 있어서
별무리에 털이 있는 것 같이 생겼다고 한다. 혹은 크면서도 붉으며 자주 움직인다고 한다. 푸른색 기운이 관찰되면 주로 어그러지고 망하는 일이 생기니, 다섯으로 분열되고(오잔의 본체는 하나인데 가지가 다섯이다) 훼손되며 망하는 징조가 된다. 또한 급한 병란에 대비해야 한다. 오잔이 나타나면 임금이 주살되고, 정치가 패자(伯)에게 있게 된다. 벌판에서 난리가 일어나고, 급박한 병란이 일어나며, 사람이 많이 죽게 되고,

---

1] 十二日五殘 一名五鋒 出正東 東方之星 狀類辰 可去地六七丈 或曰蒼彗散爲五殘 如辰星出角 或曰星表有氣 如暈有毛 或曰大而赤 數動 察之而靑 主乖亡 爲五分毁敗之徵 亦爲備急兵 見則主誅 政在伯 野亂成 有急兵 有喪不利衝

충돌을 하면 이롭지 못하다.

⑭ 육적(六賊)   1)세번째는 '육적(六賊)'이라고 하니, 정남쪽에 출현하므로 남방에 속한 별이다. 땅에서 6장 정도 떨어져 있으며, 크면서도 붉은 것이 움직이고 빛이 있다. 혹은 혜성 또는 오잔과 비슷한 형태로 되어 있다고 한다. 육적이 출현하면 천하에 화가 미치게 된다. 육적이 관문과 요충지를 역으로 침입하면, 그 아래에 병란이 있게 되고 전투하면 좋지 않다.

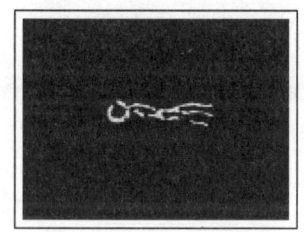

⑮ 옥한(獄漢)   2)열네번째는 '옥한(獄漢)'이라고 하니, 일명 '함한(咸漢)'이라고도 한다. 정북쪽에 출현하니, 북방의 분야에 속한 별이다. 땅에서 6장 정도 떨어져 있으며, 크면서도 붉고 자주 움직이며 가운데에 푸른색 기운이 관찰된다. 혹은 붉은색 표면이고, 아랫쪽으

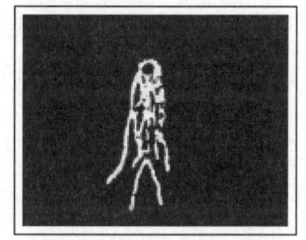

1] 十三日六賊 見出正南 南方之星 去地可六丈 大而赤動 有光 或曰形如彗五殘 六賊出禍合天下 逆侵關樞 其下有兵衡不利

2] 十四日獄漢 一名咸漢 出正北 北方之野星 去地可六丈 大而赤 數動 察之中靑 或曰赤表 下有三彗縱橫 主逐王 主刺王 出則陰精橫 兵起 其下又爲喪動則諸侯驚

로는 세개의 혜성이 종횡으로 있다고 한다. 주로 임금을 쫓아 내고, 임금을 암살하는 일을 맡는다. 옥한이 출현하면 음의 정 기가 횡행하므로, 병란이 일어나고, 해당하는 지역에 많은 사 람이 죽게 된다. 별이 움직이면 제후가 놀랄 일이 생긴다.

⑯ 순시(旬始)   1]열다섯번째 는 '순시(旬始)'라고 하니, 북두칠 성의 근처에 출현하고, 수탉과 같은 형상이다. 별이 노하면 푸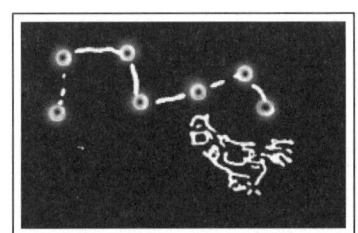
르고 검은색이 나타나고, 자라가 엎드린 형상을 한다. 혹은 화 난 암탉과 같은 형상이 된다고 하니, 주로 전쟁과 병란을 맡는 다. 일설에는 누런색 혜성이 나뉘면 '순시'가 된다고 하니, 임 금을 세우는 조짐이고, 난리를 주관하며, 도적의 떼를 부르는 일을 한다.

순시가 나타나면 신하가 난리를 일으키고 병란이 일어나며, 제후가 학정(虐政)을 하나, 10년 안에 성인(聖人)이 일어나서 여러 교활하고 방자하게 횡행하는 무리들을 다스리게 된다.

1] 十五日旬始 出北斗旁 如雄鷄 其怒有靑黑 象伏鼈 或曰怒雌也 主爭兵 又曰黃 彗分爲旬始 爲立主之題 主亂 主招橫 見則臣亂兵 作諸侯虐 期十年聖人起 伐 群猾橫恣 或曰出則諸侯雄鳴 / 순시(旬始)의 '순(旬)'에는 10일 또는 10년 의 뜻이 있다. 그래서 10년 안에 성인이 나타나서 잘못된 것을 고치고 다시 시작한다는 것이다.

혹은 순시가 나타나면 제후가 서로 난립한다고 한다.

⑰ 천봉(天鋒) 1)열여섯번째는 '천봉(天鋒)'이라고 하는데 혜성의 모양이다. 창과 칼이 천하를 종횡으로 어지럽게 하면 천봉이 출현한다.

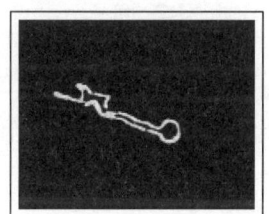

⑱ 촉성(燭星) 2)열일곱번째는 '촉성(燭星)'이라고 하니, 태백성과 비슷하면서 출현은 하되 운행하지는 않고, 나타나더라도 오래지 않아 소멸된다. 일설에는 촉성의 주성(主星) 위로 세 개의 혜성이 떠오른다고도 한다. 촉성이 뜨는 도시에는 난리 또는 큰 도적의 떼가 발생하나, 성공하지는 못한다. 또한 오색으로써 섬을 치는 법이 있다.3)

⑲ 봉성(蓬星) 4)열여덟번째는 '봉성(蓬星)'이라 하니, 큰 것

---

1) 十六日天鋒 彗象 矛鋒天下縱橫則見

2) 十七日燭星 如太白 其出也不行 見則不久而滅 或曰主星上有三彗上出 所出城邑亂有大盜不成 又以五色占

3) 촉성의 오색점:『형주점:荊州占』에는 "촉성이 푸른색이면 근심스러운 일이 생기고 불길하며, 붉은색이면 좋은 일(華事)이 생기고, 누런색이면 땅이 손상되며(蓋地), 흰색이면 기뻐할 일이 생긴다"고 하였다.

4) 十八日蓬星 大如二斗器 色白 一名王星 狀如夜火之光 多至四五 少一二 一日

은 두말들이 그릇만하고 흰색이다. 일명 '왕성(王星)'이라고도 하는데, 밤에 타오르는 불빛과 같은 상으로, 많을 때는 4~5개 이고 적을 때는 1~2개가 뜬다. 일설에는 봉성은 서남쪽에서 뜨고, 길이가 서너장이 되며, 좌우는 예리하게 각이 져있다. 나타나면 좌우의 자리를 바꾸는데, 별이 나타난지 3년이 안되어서 난리를 일으키는 신하가 있고 이를 죽이게 된다. 또 일설에는 봉성이 뜨는 곳에 큰 홍수 또는 큰 가뭄이 들고, 오곡을 수확하지 못하며, 사람들이 먹을 것이 없어 서로를 잡아먹게 된다고 한다.

⑳ 장경(長庚)   1]열아홉번째는 '장경(長庚)'이라고 하니, 한필이 베(布)를 하늘에 넌 것과 같은 모습으로, 장경이 나타나면 병란이 일어난다. 또 일설에는 빛의 끝이 일직선을 그리는 것이 있고, 혹은 하늘까지 맞닿은 것이 있으며, 혹은 10장 또는 30장인 것도 있으니, 병란과 혁명이 일어난다고 한다.

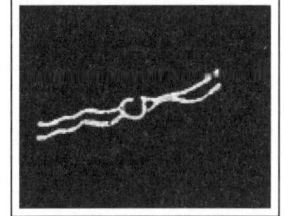

蓬星 在西南 長數丈 左右兌 出而易處 星見不出三年 有亂臣戮死 又曰所出大水 大旱 五穀不收 人相食

1] 十九日長庚 如一匹布着天 見則兵起 又曰光芒有一直 或竟天 或十丈 或三十丈 爲兵革事

㉑ **사진성(四塡星)**　1]스무번째는 '사진성(四塡星)'이라고 하니, 네 사잇방2]에서 나타나되, 땅에서 6장여 떨어져 출현한다. 일설에는 4장 떨어졌다고도 한다. 혹은 별이 크면서도 붉고, 땅에서 2장이 떨어진다고 한다. 항상 한밤중에 뜨고, 출현하면 10달만에 병란이 일어난다.

㉒ **지유장광(地維藏光)**　3]스물한번째는 '지유장광(地維藏光)'이라고 하니, 네 사잇방에서 나타난다. 혹은 별이 크면서도 붉고, 땅에서 2~3장 떨어져 나타나며, 달이 처음 뜰때의 모습이라고 한다. 지유장광이 나타나는 지역에서는 난리가 발생하는데, 난리를 일으킨 사람은 망하고, 덕이 있는 사람은 번창한다고 한다.

1] 二十日四塡星 出四隅 去地六丈餘 或曰可四丈 或曰星大而赤 去地二丈 常以夜半時出 見十月而兵起

2] 네 사잇방 : 정방향인 동서남북의 사이에 있는 방위, 즉 동북·동남·서북·서남을 이른다.

3] 二十一日地維藏光 出四隅 或曰大而赤 去地二三丈 如月始出 見則下有亂 亂者亡 有德者昌

5) 오색의 혜성(五色之彗)

(1) 세성(목성)의 혜성

1)세성(歲星)의 정기가 흘러 흩어져서 천봉(天棓)·천창(天槍)·천활(天猾)·천충(天衝)·국황(國皇)·급등(及登) 등의 푸른색 혜성(蒼彗)이 된다.

(2) 형혹성(화성)의 혜성

2)형혹성(熒惑)의 정기가 흩어져서 소단(昭旦)·치우지기(蚩尤之旗)·소명(昭明)·사위(司危)·천참(天讒) 등의 붉은색 혜성(赤彗)이 된다.

(3) 진성(塡星·토성)의 혜성

3)진성(塡星)의 정기가 흩어져서 오잔(五殘)·옥한(獄漢)·대분(大賁)·소성(昭星)·출류(絀流)·순시(旬始)·치우(蚩尤)·홍예(虹蜺)·격구(擊咎) 등의 누런색 혜성(黃彗)이 된다.

(4) 태백성(금성)의 혜성

4)태백성(太白)의 정기가 흩어져서 천저(天杵)·천부(天柎)·

---

1) 歲星之精流爲 天棓 天槍 天猾 天衝 國皇 及登 蒼彗
2) 熒惑散爲 昭旦 蚩尤之旗 昭明 司危 天讒 赤彗
3) 塡星散爲 五殘 獄漢 大賁 昭星 絀流 旬始 蚩尤 虹蜺 擊咎 黃彗

복령(伏靈)·대패(大敗)·사간(司姦)·천구(天狗)·천잔(天殘)·졸기(卒起) 등의 흰색 혜성(白彗)이 된다.

(5) 진성(辰星:수성)의 혜성

1]진성(辰星)의 정기가 흩어져서 왕시(枉矢)·파녀(破女)·불추(拂樞)·멸보(滅寶)·요정(繞綖)·경리(驚理)·대분사(大奮祀) 등의 검은색 혜성(黑彗)이 된다.

모체가 되는 오성	색깔	만들어진 혜성
목성	푸른색	천봉(天棓)·천창(天槍)·천활(天猾)·천충(天衝)·국황(國皇)·급등(及登)
화성	붉은색	소단(昭旦)·치우지기(蚩尤之旗)·소명(昭明)·사위(司危)·천참(天讒)
토성	누런색	오잔(五殘)·옥한(獄漢)·대분(大賁)·소성(昭星)·출류(紬流)·순시(旬始)·치우(蚩尤)·홍예(虹蜺)·격구(擊咎)
금성	흰색	천저(天杵)·천부(天柎)·복령(伏靈)·대패(大敗)·사간(司姦)·천구(天狗)·천잔(天殘)·졸기(卒起)
수성	검은색	왕시(枉矢)·파녀(破女)·불추(拂樞)·멸보(滅寶)·요정(繞綖)·경리(驚理)·대분사(大奮祀)

4] 太白散爲 天杵 天柎 伏靈 大敗 司姦 天狗 天殘 卒起 白彗
1] 辰星散爲 枉矢 破女 拂樞 滅寶 繞綖 驚理 大奮祀 黑彗

6) 별이 서로 섞임(星雜變)

(1) 별이 낮에 나타남(星晝見)

1)첫번째는 별이 낮에 나타나는 것이다. 별이 해와 동시에 뜨는 것을 '가녀(嫁女:시집을 보냄)'라고 하는데, 별이 낮에 떠서 해와 더불어 밝기를 다투면, 무인은 약해지고 문인은 강해지며, 여자가 임금을 한다. 낮에 뜨는 별이 도시에 뜨면 많은 사람이 죽으며, 들판에 나타나면 병란이 일어난다.

일설에는 신하에게 간사한 마음이 생기며, 임금은 현명치 못하고 신하는 마음대로 전횡하려는 뜻이 있게 되며, 큰 홍수가 발생해 바다와 같이 된다고 한다.

또 일설에는 별이 해의 빛을 빼앗으면, 천하에 새로운 임금을 세우게 된다고 한다.2)

(2) 항성(恒星)이 보이지 않음(恒星不見)

3)두번째는 항성(恒星)4)이 보이지 않는 것이다. 항성은 지위로

---

1) 一曰星晝見 若星與日並出 名曰嫁女 星與日爭光 武且弱 文且强 女子爲王 在邑爲喪 在野爲兵 又曰臣有姦心 上不明臣下縱橫 大水浩洋 又曰星奪日光 天下有立王

2) 주(周)나라의 무왕(武王)이 승전한 후에 포로로 잡힌 은(殷)나라의 두 장수에게 묻기를 "나라에 무슨 요사스러운 일이 있는가?"하니, "요성(妖星)이 대낮에 떴습니다"고 답했다고 한다.

3) 二曰 恒星(謂有名之經星)不見 恒星者在位人君之類 不見者象諸侯之背畔 不

말하면 제후(人君)와 같은 것인데, 보이지 않는다는 것은 제후가 배반하는 상으로, 임금을 보좌하지 않고 법도를 순히 받들지 않는 것이니, 임금이 없는 형상이다. 항성이 보이지 않으면, 임금이 엄하지 않아서 법도가 사라지는 것을 의미한다.

일설에는 천자가 실정(失政)하고 제후가 포악하게 전횡하게 된다 하고, 또 항상 열을 짓고 있어야 하는 별자리가 보이지 않는 것은, 중국의 제후국들이 미약해져서 멸망하는 형상이라고도 한다.

(3) 별이 다툼(星鬪)

1)세번째는 별이 다투는 것이다. 별이 다투면 천하에 큰 난리가 발생한다.

佐王者 奉順法度 無君之象 恒星不見 主不嚴 法度消 又曰天子失政 諸侯橫暴 又曰常星列宿不見 象中國諸侯微滅也

4] 항성(恒星) : 항성은 이름이 있는 경성(經星)을 이른다(떠돌이 별이 아니라, 항상 보이는 별이라는 뜻이다). / 양천(楊泉)의 『물리론 : 物理論』에 "이름이 없는 별은 한번은 보였다가 한번은 보이지 않았다가 하는 것인데, 오직 28수만은 도수에 항상함이 있기 때문에 항성(恒星)이라고 한다"고 하였다.

1] 三日星鬪 星鬪天下大亂 / 반고(班固)의 『천문지:天文志』에는 "진성(辰星)과 다른 별이 서로 만나서 다투면 천하에 큰 난리가 발생한다"고 했다. / 다툰다는 것은, 두 별이 떨어졌다 붙고 붙었다가 떨어지는 현상을 말한다.

(4) 별이 흔들림(星搖)

1]네번째는 별이 흔들리는 것이다. 별이 흔들리면 많은 사람들이 장차 피로하게 된다.

(5) 별이 떨어짐(星隕)

2]다섯번째는 별이 떨어지는 것이다. 큰 별이 떨어지는 것은,3] 양(陽)이 그 자리를 잃는 것이니, 재해의 조짐이다. 일설에는 여러별이 떨어지면 사람이 있을 곳을 잃는다고 하니, 별이 떨어지는 곳에서는 나라의 정권이 바뀐다. 또 일설에는 별이 떨어지면 그 지역에서 전쟁이 일어나고, 천하의 큰 난리가 3년 안에 일어난다고 한다.

4]또 일설에는 별이 비와 같이 떨어지면,5] 천자가 미약해지고

1] 四日星搖 星搖人衆將勞 / 『홍범천문성변점 : 洪範天文星變占』에 말하기를 "한나라 무제 원광(元光)에 하늘 한가운데의 별이 다 요동하였다. 임금이 별을 관측하는 사람(候星)에게 하문하자, '별이 요동하면 백성이 피로하게 됩니다. 피로해졌는데도 사이(四夷)를 정벌하려 하면, 백성들이 다 병란에 피로해질 것입니다'고 답하였다"고 한다.

2] 五日星隕(隕自天而隕 沒於半空而不至地) 大星隕下 陽失其位 災害之萌也 又日衆星墜 人失其所也 凡星所墜 國易政 又日星墜 當其下有戰場 天下亂期三年

3] 떨어진다는 뜻은 하늘로부터 떨어진다는 것이다. 떨어지다가 공중의 반쯤에서 다 없어지고, 땅에까지 이르지는 않는다.

제후는 강력해지며, 오패(五伯)가 대신 일어나 정권을 잡아서 다시 맹주를 세우며, 다수가 소수에게 포악하게 행동하고, 큰 나라가 작은 나라를 병합한다.

일설에는 별과 신(辰)이 하늘에 붙고 떨어지는 것은, 사람이 임금에게 붙고 이반하는 것과 같으니, 임금이 도를 잃으면 기강이 무너지고 아랫사람이 배반하고 떠나갈 것을 생각한다. 그러므로 별이 하늘을 배반해서 땅으로 떨어짐으로써 그 현상을 나타내는 것이라 한다.

1)나라에 병란이 있어 흉하게 되려면 별이 떨어져 새와 짐승이 되고, 천하가 장차 망하려고 하면 별이 떨어져 날개가 있는 짐승(蟲)이 되며, 천하에 큰 병란이 발생하려 하면 별이 떨어져 쇠붙이기 되고, 천하에 홍수가 발생하려면 별이 떨어져 흙이 된다.2)

---

4) 又曰星隕如雨(如雨衆多 不可爲數) 天子微 諸侯力 政五伯代興 更爲盟主 衆暴寡 大幷小 又曰星辰附離天 猶庶人附離王者也 王者失道 綱紀廢 下將畔去 故星畔天而隕以見其象

5) 별이 비와 같이 떨어지면 : 비와 같이 많아서 수를 셀 수 없는 것을 말한다.

1) 國有兵凶則星墜爲鳥獸 天下將亡則星墜爲飛蟲 天下大兵則星墜爲金鐵 天下有水則星墜爲土 國主有兵則星墜爲草木 兵起國主亡則星墜爲沙 星墜爲人而言者善惡如其言 又曰國有大喪則星墜爲龍

나라의 임금이 죽고 병란이 있으려면 별이 떨어져 초목(草木)이 된다.1]

병란이 일어나서 임금이 죽을 때면 별이 떨어져 모래가 된다. 별이 떨어져 사람이 되어 말을 하면, 선과 악이 그 말과 같이 된다. 또 말하기를 나라에 큰 초상이 있을 때는 별이 떨어져 용이 된다고 하였다.

2] 『천경:天鏡』에는 "천하에 홍수가 발생하려 하면 별이 떨어져 물이 된다. 또 나라에 큰 기근이 있고 병란으로 피가 물흐르듯이 될 때면 별이 떨어져 흙이 된다"고 하였다.

1] 『천경:天鏡』에 "國主有兵則星墜爲草木"이 "國主亡有兵則星墜爲草木"로 되어 있어서, 여기서도 번역만은 '亡' 자를 더 넣어 풀이하였다.

7) 객성(客星)

(1) 객성의 개괄

1]주패(周伯)·노자(老子)·왕봉서(王蓬絮)·국황(國皇)·온성(溫星)은 모두 객성(客星)이다. 이 다섯 별은 오위(五緯:목·화·토·금·수성)가 운행하는 사이에 섞여가며 출현한다. 출현함에 특별한 기일이 없고, 그 운행에 도수가 정해진 것이 없다. 따라서 각기 그 출현하는 지역에 따라 점을 한다.

(2) 객성의 종류

① 주패(周伯)   2]주패(周伯)는 크면서도 누렇고 황황히 빛난다. 주패가 나타나는 국가는 병란으로 많이 죽게 되고, 기근이 늘며, 백성들이 유랑하며 떠돌게 된다.3]

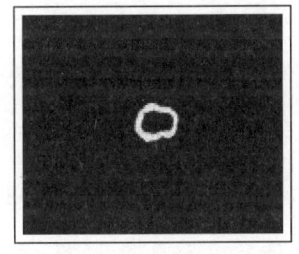

② 노자(老子)   4]노자(老子)는 밝고 크며 흰색으로 순순(淳

1] 周伯 老子 王蓬絮 國皇 溫星 皆客星也 此五星錯出乎五緯之間 其見無期 其行無度 各以其所在分野而占之
2] 周伯 大而黃 煌煌然 所見之國兵喪 饑饉 民庶流亡(瑞星中名狀與此同而占異)
3] 서성(瑞星:상서로운 별) 중에 이름과 형상이 객성의 주패와 똑같은 별이 있으나, 그 점의 내용은 다르다. 「1)서성(瑞星)의 ②주패성」 참조.
4] 老子 明大色白 淳淳然 所出之國爲飢 爲凶 爲善 爲惡 爲喜 爲怒 常出見則兵

淳)히 빛난다. 노자가 나타나는 국가
는 기근이 들고, 흉하기도 하며, 선하
기도 악하기도 하며, 기쁘게도 성내
게도 된다. 출현하면 항상 병란이 크
게 발생하고, 임금에게 근심이 생긴

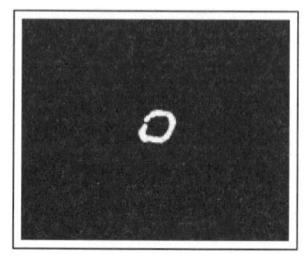

다. 임금이 사면을 함으로써 허물을 없애주면 재앙이 소멸된
다.

③ 왕봉서(王蓬絮)   1]왕봉서(王
蓬絮)는 가루나 솜이 헝클어져 떨
어지는 모습과 같은 형상이다. 왕
봉서가 나타나는 나라에 병란이
일어나고, 국상이 발생하여 백성

들이 초상을 치르게 되며, 기근으로 인해 망하게 된다. 일설(荊
州占의 설)에는 "왕봉서는 별의 색이 푸르면서 등불처럼 형형
하다. 별이 출현하는 나라는 바람불고 비오는 것에 절도가 없
어서, 극심한 가뭄으로 만물이 생겨나지 못하고 오곡이 자라
지 못하며, 메뚜기 등 곡식에 해로운 곤충(蝗蟲)이 많게 된다"

　　大起 人主有憂 王者以赦除咎則灾消
1] 王蓬絮 狀如粉絮拂拂然 見則其國兵起 有白衣之會 其邦饑亡 又曰王蓬絮 星
　　色靑而熒熒然 所見之國風雨不如節 焦旱物不生 五穀不成登 蝗蟲多

고 한다.

④ 국황(國皇)   1]국황(國皇)은 별이 크면서도 누렇고 희며, 별빛의 끝에 뿔같은 까끄라기가 있다. 국황이 출현하면 병란이 일어나고, 국가에 변괴가 많다. 홍수가 발생하여 기근을 겪던지, 임금이 악정을 펼치고, 일반백성들에게 돌림병이 돌게 된다.

⑤ 온성(溫星)   2]온성(溫星)은 색이 희면서도 크며, 바람이 동요하는 것과 같은 형상이다. 항상 네 사잇방에서 출현하는데, 동남쪽에서 출현 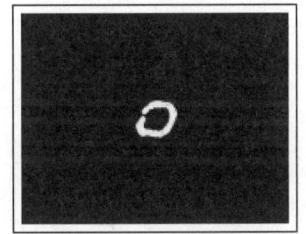 하면 천하에 병란이 있게 되고 장군이 벌판으로 출동하게 되며, 동북쪽에 출현하면 천리에 걸쳐 폭도들의 병란이 펼쳐지게 된다. 서북쪽 또는 서남쪽에 출현하면 해당하는 나라에 병란과 국상이 함께 발생하며, 만약 큰 홍수가 발생하면 사람들이 기근에 시달리게 된다.

1] 國皇 星大而黃白 有芒角 見則兵起 國多變 若有水飢 人主惡之 衆庶多疾
2] 溫星 色白而大 狀如風動搖 常出四隅 出東南天下有兵 將軍出於野 出東北當有千里暴兵 出西北亦如之出西南 其國兵喪並起 若有大水人饑

8장. 기운(氣運)

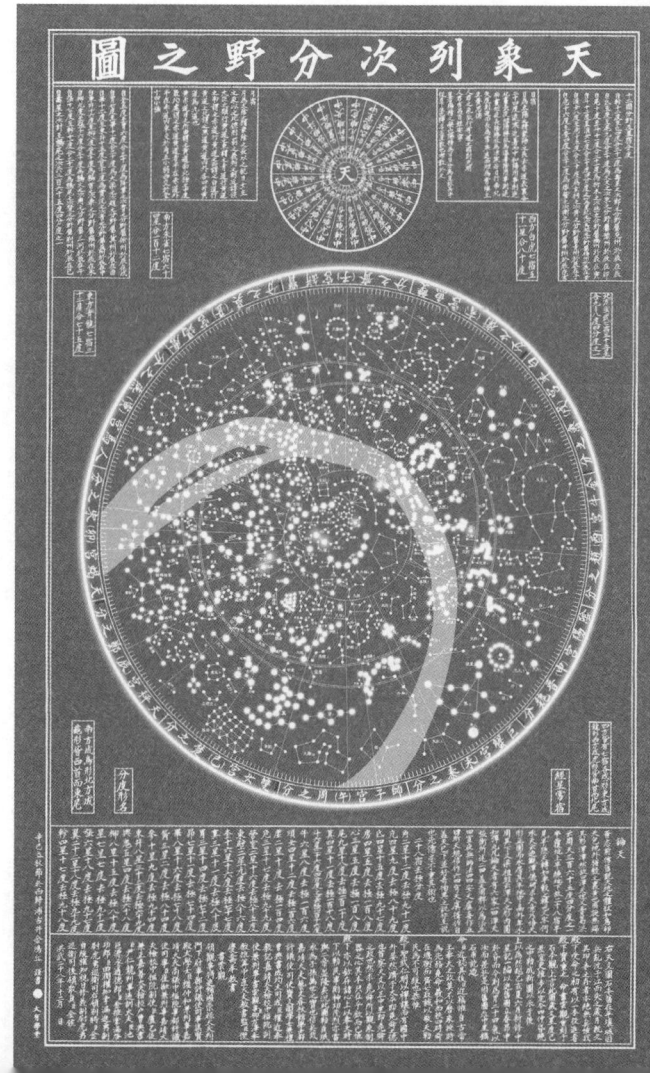

8장. 기운(氣運)

1) 서기(瑞氣:상서로운 기운)
 (1) 서기의 종류

① 경운(慶雲)   1)첫번째는 '경운(慶雲)'이라 하니, 연기같으면서도 연기가 아니고, 구름같으면서도 구름이 아니며, 흥성하고 어지러운 듯하면서도 간결하고 굴곡지어진 것을 '경운'이라고 한다. 또한 '경운(景雲)'이라고도 부르니, 기뻐하는 기운으로 태평하게 될 조짐이다.

② 귀사(歸邪)   2)두번째는 '귀사(歸邪)'라고 하니, 별같으면시도 별이 아니고, 구름같으면서도 구름이 아니다. 혹자는 별에 두 붉은 혜성(赤彗)

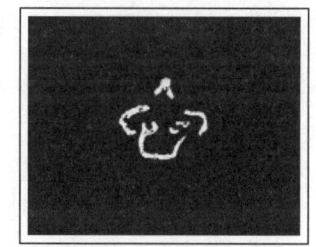

이 있어서, 위로는 덮개가 있는 것 같고 아래로는 별에 이어져 있다고도 한다. '귀사'가 출현하면 귀국(歸國)하는 사람이 생긴

1] 一曰 慶雲 若烟非烟 若雲非雲 郁郁紛紛 蕭索輪囷 是謂慶雲 亦曰景雲 此喜氣也 太平之應

2] 二曰歸邪 如星非星 如雲非雲 或曰星有兩赤彗 上向有蓋 下連星 見必有歸國者

다.

③ 창(昌)　1)세번째는 '창(昌)'이라고 하니, 빛은 붉고 용(龍)의 형상과 비슷하다. 성인(聖人)이 일어나고 임금이 천명을 받게 되면 출현한다.

2) 요기(妖氣:요사스러운 기운)
 (1) 요기의 종류

① 무지개(虹蜺)　2)첫번째는 무지개(虹蜺)이다. 해의 옆에 기운이 있는 것이니, 북두의 정기가 어지러워진 것이다. 사람들이 의심하는 마음을 갖고, 여자들이 음탕하며, 신하가 임금을 해치려 하고, 태자를 내치게 되며, 황후나 왕비가 정치를 전단하고, 임금이 첩을 많이 두게 된다.

② 장운(牂雲)　3)두번째는 장운(牂雲)이라 하니, 개(狗)와 같이 생겼고, 붉은 색이며 꼬리가 길다. 임금이 환난을 일으키고 병란이 일어나는 조짐이 된다.

1] 三日昌 光赤如龍狀 聖人起帝受終則見
2] 一日虹蜺 日旁氣也 斗之亂精 主惑心 主內淫 主臣謀君 太子詘 后妃顓 妻不一
3] 二日牂雲 如狗赤色長尾 爲亂君 爲兵亂

3) 십운(十煇:10종류의 햇무리)

(1) 십운의 종류

① 침(祲)   1]첫번째는 '침(祲)'이라 하니, 음양과 오색의 기운이 은밀하게 젖어 들어와서 서로 침범하는 것이다. 혹은 '포이(抱珥)'라고도 하니, 햇무리나 달무리 같은 뒷배경의 종류로, 무지개 같으면서도 짧은 것을 말한다.

② 상(象)   2]두번째는 '상(象)'이라 하니, 구름의 기운이 형체를 이룬 것을 말한다. 붉은 까마귀와 비슷한 형상으로, 해를 사이에 끼고 위로 올라가는 종류(햇무리와 비슷함)이다.

③ 전(鑴)   3]세번째는 '전(鑴)'이라 하니, 해의 곁에 있는 기운으로 해를 찌르는 형태를 취한다. 어린 아이가 차고 다니는 옥고리의 형상이다.

④ 감(監)   4]네번째는 '감(監)'이라 하니, 구름의 기운이 해의

1] 一曰祲 謂陰陽五色之氣浸淫相侵 或曰抱珥背璚之屬 如虹而短是也
2] 二曰象 雲氣成形 象如赤烏 夾日以飛之類
3] 三曰鑴 日旁氣刺日 形如童子所佩之鑴(鑴或日鐍 形如玉鐍) / '전(鑴)'을 휼(鐍)이라고도 하는데, 옥고리(玉鐍)의 형상이다.
4] 四曰監 雲氣臨在日上也

바로 위에 있는 것이다.

⑤ 암(闇)   1]다섯번째는 '암(闇)'이라 하니, 일식 또는 월식을 말한다. 혹은 빛을 뺏긴 것이라고도 한다.2]

⑥ 몽(瞢)   3]여섯번째는 '몽(瞢)'이라 하니, 어둡고 희미해서 광명하지 못한 것을 말한다.

⑦ 미(彌)   4]일곱번째는 '미(彌)'라 하니, 흰무지개가 하늘을 두루 엮으면서 해를 꿰뚫고 지나가는 것을 말한다.5]

1] 五日闇 日月蝕 或曰光脫也(日月無光曰薄 京房易傳曰 日月赤黃爲薄 或曰不交而食曰薄 韋昭 氣往迫之爲薄 虧毀曰食)

2] 해와 달에 빛이 없는 것을 '박(薄:여리다)'이라고 한다. 『경방역전:京房易傳』에 말하기를 "해 또는 달이 붉고 누렇게 되는 것을 '박'이라고 하는데, 일설에는 '서로 사귀지 않으면서 먹는 것(食)을 박이라 한다"고 하였다. 위소(韋昭)가 말하기를 "기운이 가서 핍박하는 것이 '박'이다"라고 했으니, 이지러지게 하고 훼상시키는 것을 '식(食)'이라 하는 것이다.

3] 六日瞢 瞢瞢不光明也

4] 七日彌 白虹彌天而貫日也(白虹貫日 近臣爲亂 不則諸侯有反者)

5] 흰 무지개가 해를 꿰뚫으면, 가까운 측신이 난리를 일으키고, 그렇지 않으면 제후 중에 반역을 꾀하는 자가 생긴다.

⑧ 서(序)　1)여덟번째는 '서(序)'라 하니, 산과 같은 기운이 해의 위에 있는 것을 말한다. 일설에는 관이(冠珥) 배경(背璚)과 같은 것이 차례로 중첩하면서 해의 곁에 있는 것이라고 했다.2)

⑨ 제(隮)　3)아홉번째는 '제(隮)'라 하니, 햇무리 같은 기운(暈氣)으로, 혹은 무지개(虹)라고도 한다.

⑩ 상(想)　4)열번째는 '상(想)'이라 하니, 기운이 오색으로 형체를 이루고 있는 것이 상이다. 푸른색이면 기근이 들고, 붉은색이면 병란이 일고, 흰색이면 사람이 많이 죽고, 검은 색이면 근심이 생기며, 누런색이면 곡식이 잘 성숙한다.

1] 八日序 氣若山而在日上 或曰冠珥背璚 重疊次序 在于日旁(凡氣在日上 爲冠 爲戴 在日下 爲履 在旁直對爲珥 珥形點黑也 在旁如半環向日爲抱 向外爲背)

2] 기운이 해의 위에 있는 것을 '관(冠)을 쓴다' 또는 '머리에 인다(戴)'고 하고, 해의 아래에 있는 것을 '밟는다(履)'고 한다. 곁에 있어서 바로보고 있는 것을 '햇무리(珥)'라고 하니, 햇무리의 형태는 검은색 점과 같다. 곁에 있어서 반쪽 가락지 같은 형상을 하고 해를 향해 있는 것을 '안는다(抱)'고 하며, 바깥쪽을 향해 있는 것을 '등진다(背)'라고 한다.

3] 九日隮 暈氣也 或曰虹也

4] 十日想 氣五色有形想也 靑飢 赤兵 白喪 黑憂 黃熟

4) 떠도는 기운(遊氣)

(1) 떠도는 기운의 개괄

1)떠도는 기운(유기:遊氣)은 하늘을 가리고 해와 달의 색깔을 잃게 하니, 이는 모두 비와 바람의 조짐을 말한다. 꾸물럭대고 음습해서 해와 달이 모두 빛을 잃는다. 낮에도 해가 나타나지 않고 밤에도 별을 볼 수 없으며, 구름이 가리고 있으면 대적하던 두 상대방이 은밀히 서로를 도모할 것을 의논하게 된다.

(2) 떠도는 기운의 종류

① 해를 이음(日戴) 2)'해를 이었다(日戴)'는 것은, 직선 형태로 된 기운의 위가 미미하게 일어나 해의 위에 있는 것을 '이었다(戴)'고 한다. '이었다'는 것은 덕(德)의 뜻이니, 나라에 기쁨이 있게 된다.3)

석씨(石氏)의 설에 의하면 "해의 위에 있는 것을 '이었다'"라고 한다.

1] 凡遊氣 蔽天日月失色 皆是風雨之候也 沈陰日月俱無光 晝不見日 夜不見星 有雲障之兩敵相當陰相圖議也
2] 日戴者 形如直狀 其上微起在日上爲戴 戴者德也 國有喜也 一云立日上爲戴
3] 이상은 왕삭(王朔)의 설이다.

480

② 벼슬(冠)   1]푸르고 붉은 기운이 해를 안되(抱), 해의 위에 있는 기운이 적은 것을 '벼슬(冠)'이라고 하니, 나라에 기쁜 일이 있게 된다.

③ 갓끈(纓) 끈(紐) 질머짐(負) 갈라지면서 굽음(戟)   2]푸르고 붉은 기운이 적으면서 해의 아래에서 사귀는 것을 '갓끈(纓)'이라고 하고, 푸르고 붉은 기운이 적으면서 둥근 것 한 둘이 해의 아래에 있는 것을 '끈(紐)'이라 하며, 푸르고 붉은 기운이 적으면서 반 정도 햇무리를 짓고 해의 위에 있는 것을 '질머진다(負)'고 하는데, '질머진다(負)'는 것은 땅을 얻었다는 것이니, 기쁘게 되는 것이다. 또 말하기를 푸르고 붉은 기운이 크면서 기울어지고, 해의 곁에 의지하고 있는 것을 '갈라지면서 굽었다(戟)'고 힌다.

④ 고리짐(珥)   3]푸르고 붉은 기운이 둥글면서 작고, 해의 좌우에 있는 것을 '고리졌다(珥)'고 하니, 누렇고 희면 기쁨이 있

1] 靑赤氣抱 在日上小者爲冠 國有喜事

2] 靑赤氣小而交於日下爲纓 靑赤氣小而員 一二在日下者爲紐 靑赤氣如小 半暈狀在日上爲負 負者得地爲喜 又曰靑赤氣長而斜 倚日傍爲戟

3] 靑赤氣員而小 在日左右爲珥 黃白者有喜 又曰有軍日有一珥爲喜 在日西 西軍戰勝 在日東 東軍戰勝 南北亦如之 無軍而珥爲拜將

게 된다.

또 말하기를 전투가 있을 때에 해에 고리진 기운이 한개 있으면 기쁘게 된다. 해가 서쪽에 있으면 서쪽 군대가 승리하고, 해가 동쪽에 있으면 동쪽 군대가 승리하며, 남쪽이나 북쪽도 또한 마찬가지이다. 전쟁이 없을 때에 고리가 지면 장군을 임명하게 된다.1]

⑤ 안음(抱) 2]또 말하기를 곁에 반고리같은 것이 해를 향해 있는 것이 '안는 것(抱)'이라고 한다.3]

⑥ 등짐(背) 배반함(叛) 4]푸르고 붉은 기운이 달의 초생달과 같으면서 해를 등진 것을 '등진다(背)'라고 한다.

또 말하기를 등진 기운이 푸르고 붉으면서 바깥쪽으로 굽어 있는 것을 '배반한다(叛)'고 하니, 나뉘어져서 자신의 터(城)를 배반하는 형상이 되는 것이다.

⑦ 경(璚) 5]'경(璚)'이라는 것은 허리띠의 장식 구슬 같은 것

1] 석씨의 설이다.

2] 抱又日旁如半環向日爲抱

3] 여순(如淳)이 『한서:漢書』에 주석을 한 내용이다.

4] 靑赤氣如月初生 背日者爲背 又曰背氣靑赤而曲外向爲叛 象分爲反城

으로, 해의 네 모퉁이에 있다.

⑧ 곧음(直) 1)푸르고 붉은 기운이 길면서 해의 곁에 세워진 상태로 있는 것이 '곧음(直)'이다. 해의 곁에 한개의 곧음이 있고, 해의 한쪽을 가리면, 해당지역의 신하가 자립하고자 한다. 곧은 것을 따라서 치는 사람이 승리한다.

　해의 곁에 두개의 곧음이 있고 세개의 안음(抱)이 있으면, 자립하고자 하던 신하가 성공하지 못하고, 안음의 방향을 따라서 치는 사람이 이기고, 장군을 죽인다. 2)

⑨ 걸어놓음(提) 3)기운이 삼각형을 이루며, 해의 네 곁에 있는 것을 '건다(提)'고 한다.

⑩ 가로막대(格) 4)푸르고 붉은 기운이 가로로 해의 위와 아

5] 璚者如帶璚　在日四旁

1] 靑赤氣長而立旁爲直　日旁有一直　蔽在一旁　欲自立從直　所擊者勝　日旁有二直三抱　欲自立者不成　順抱擊者勝　殺將 / 蔽在一旁 : 본문에는 "敵在一旁"으로 되어 있는 것을 『효경내기:孝經內記』에 의해 '가릴 폐(蔽)' 자로 고쳤다.

2] 곧음이 있는 지역의 신하는, 임금으로부터 독립하고자 하여 반란을 일으킨다.

3] 氣形三角　在日四旁爲提

래에 있는 것을 '가로막대(格)'라고 한다.

⑪ 이음(承) 1]기운이 반정도의 둥근테를 그리며 해의 아래에 있는 것을 '잇는다(承)'2]라 하니, '잇는 것'은 신하가 임금을 잇는 것이다. 일설에는3] 해의 아래에 누런 기운이 세겹으로 있어서 안는 것(抱)처럼 있는 것을 '복을 잇는다'라고 한다. 임금에게 길하고 기쁨이 있으며 또한 영토를 얻는다.

⑫ 밟음(履) 4]푸르고 흰 기운이 신발같이 해의 아래에 있는 것을 '밟는다(履)'라고 한다.

4] 靑赤氣橫 在日上下爲格

1] 氣如半暈在日下爲承 承者臣承君也 又曰日下有黃氣三重 若抱名曰承福 人主有吉喜 且得地

2] '승'은 임금과 신하가 서로 잇는다는 뜻이 있으므로, 길한 조짐이다.

3] 일설에는 :『고종일방기도:高宗日傍氣圖』에 출전하는 내용이다.

4] 靑白氣 如履在日下者 爲履

(3) 떠도는 기운의 점(占)

① 안음과 등짐(抱背)   1]해의 곁에 안음(抱)이 다섯겹으로 있으면, 안는 방향을 따라 전투하는 사람이 승리한다.

해가 한번은 안고(抱) 한번은 등지는 것(背)을 파주(破走)라고 한다. 안는 것은 순한 기운이고, 등지는 것은 거역하는 기운이다. 양쪽 군대가 서로 마주칠 때에 안는 방향을 따라서 반대방향의 적을 치면 승리한다. 그러므로 파주(패배해서 도망감)라고 하는 것이다(京氏의 설).

② 안음과 고리짐과 무지개와 경(抱珥虹瓗)   2]해를 안고 또 두개의 고리지음이 있으며, 하나의 무지개(虹)가 안음(抱)을 꿰뚫으며, 안음이 해에 이르르면, 무지개에 순해서 치는 쪽이 승리하고, 장수를 죽인다.

해를 안고 두개의 고리지음이 있으며, 또 경(瓗)이 있을 때 두개의 무지개가 꿰뚫으며, 안음이 해에 이르르면 무지개에 순해서 치는 쪽이 승리한다.

1] 日旁抱五重 戰順抱者勝 日一抱一背爲破走 抱者順氣也 背者逆氣也 兩軍相當 順抱擊逆者勝 故日破走

2] 日抱且兩珥 一虹貫抱 抱至日 順虹擊者勝 殺將 日抱兩珥 且瓗二虹貫 抱至日 順虹擊者勝

③ 안음과 경과 고리집(抱璚珥) 1)해에 두개의 안음이 있고 그 안에 경(璚)이 있으면, 안음에 순해서 치는 쪽이 승리하고, 일설에는 군대 안에 반란을 꾀하는 자가 있다고도 한다.

해에 두개의 안음이 있고 좌우로 한개씩 두개의 고리지음(珥)이 있으며, 흰무지개가 안음을 꿰뚫으면, 안음에 순해서 치는 쪽이 승리하여 두 장수를 얻는다. 세개의 무지개가 있을 때는 세 장수를 얻게 된다(魏氏의 설).

④ 안음과 색 2)해의 안음이 누렇고 희면서 윤택하고, 안은 붉은색이고 밖은 푸른색이면 천자에게 기쁨이 있게 된다. 즉 화친을 청하면서 항복해 오는 자가 생기고, 군대가 전투하지 않고도 적군이 항복해서 물리칠 수 있다. 색이 푸르고 누런색이면 장군에게 기쁨이 있게 된다. 붉은 색이면 장군과 병사가 다투고, 흰색이면 장군에게 초상(喪)이 있게 되며, 검은 색이면 장군이 죽게 된다.

⑤ 안음과 등짐(抱背) 3)해에 두겹으로 안음이 있고 또 등짐

1] 日重抱內有璚 順抱擊者勝 亦日軍內有欲叛者 / 日重抱左右二珥 有白虹貫抱 順抱擊勝 得二將 有三虹 得三將

2] 日抱黃白潤澤 內赤外靑 天子有喜 有和親來降者 軍不戰敵降軍罷 色靑黃將喜 赤將兵爭 白將有喪 黑將死

이 있으면, 안음에 순해서 치는 쪽이 승리하고 영토를 얻는다. 아울러 군대를 철수하게 된다.

| ⑥ 안음과 경 및 고리짐(抱璚珥) | 1)해에 두겹으로 안음이 있고, 안음의 안과 밖에 경(璚)과 두개의 고리지음(珥)이 있으면, 안음에 순해서 치는 쪽이 승리한다. 패배한 군대는 내부가 화합하지 못하고, 서로 믿지 못하게 된다.

| ⑦ 훈(暈:무리짐) |

㉠ 해와 훈 2)해의 곁에 기운이 있어서 둥글면서 주변을 두루 감고 있으며, 안은 붉고 밖은 푸른색이 되는 것을 '훈(暈)'이라 한다.

해에 훈이 있는 것은 군영(軍營)의 형상이다. 해를 고리처럼 두루감고 있어서 특별히 두텁고 얇은 기운이 없으면, 적군과 군대의 세력이 서로 대등한 것이다. 만약에 군대가 외지에 대치해 있지 않다면, 천자가 호위하는 군사를 잃고 많은 백성들

3] 日重抱且背 順抱擊者 勝得地 幷有罷師 /『천문류초』에는 "若有罷師"로 되어 있으나, 하씨(夏氏)의 글에는 "幷有罷師"로 되어 있으므로, 하씨의 설을 따라 원문을 고쳤다.

1] 日重抱 抱內外有璚兩珥 順抱擊者勝 破軍 軍中不和 不相信

2] 日旁有氣 員而周匝 內赤外靑名爲暈 日暈者軍營之象 周環匝日無厚薄 敵與軍勢齊等 若無軍在外 天子失御 民多叛 日暈有五色有喜 不得五色者有憂

이 모반할 생각을 하게 된다(石氏의 설).

해에 오색으로 물든 훈이 있으면 기쁨이 있게 되고, 오색의 훈이 아닐 경우에는 근심이 있게 된다.

1)해에 훈이 있은지 7일 이내에 바람과 비가 없었다면 병란이 크게 일어난다. 갑·을일에는 불이 날 것을 근심하고, 병·정일에는 신하가 충성을 하지 않으며, 무·기일에는 황후의 씨족이 흥성해지고, 경·신일에는 장군이 이롭게 되며, 임·계일에는 신하가 정권을 전횡하게 되고, 반 정도 훈이 있으면 정승이 모반을 하게 된다.

누런색이면 길하게 되고, 검은 색이면 재앙이 있게 되며, 검은색이지만 훈이 두번 거듭하게 되면 풍년이 든다. 푸른색이면 병란이 일어나고 곡식이 귀하게 되며, 붉은 색이면 황충(蝗蟲)으로 인한 재앙이 있게 된다.

훈이 세번 거듭하면 병란이 일어나고, 네번 거듭하면 신하가 모반을 하며, 다섯번 거듭하면 병사들이 기근에 시달리고, 여섯번 거듭하면 병사들이 많이 죽게 되며, 일곱번 거듭하면 천하가 망하게 된다.

1] 日暈七日內無風雨 兵大作 甲乙憂火 丙丁臣不忠 戊己后族盛 庚辛將利 壬癸臣專政 半暈相有謀 黃則吉 黑爲灾 暈再重歲豊 色靑爲兵穀貴 赤蝗爲灾 三重兵起 四重臣叛 五重兵饑 六重兵喪 七重天下亡

ⓒ 달과 기운 1)달에 흰색의 훈이 꿰뚫으면, 아랫사람이 임금을 폐하게 된다. 흰무지개가 꿰뚫으면 큰 병란이 일어난다. 달에 고리지음(珥) 등짐(背) 경(璚) 훈(暈)이 있는데, 고리지음이 있으면 60일 안에 병란이 일어난다. 고리지음이 푸른색이면 근심이 있고, 붉은 색이면 병란이 일어나며, 흰색이면 많이 죽게 되고, 검은색이면 나라가 망하며, 누런색이면 기쁘게 된다.

달에 등짐과 경(璚)이 있으면, 신하의 기강이 해이해져서 제멋대로 적당을 잔학하게 해치려 하게 된다.

달에 훈이 세번 거듭하면 병란이 일어나고, 네번 거듭하면 나라가 망하며, 다섯번 거듭하면 황후에게 근심이 생기고, 여섯번 거듭하면 나라에 정치를 잃게 되며, 일곱번 거듭하면 아랫사람이 임금을 바꾸게 되고, 여덟번 거듭하면 나라가 망하며, 아홉번 거듭하면 병란이 일어나고 영토를 잃으며, 열번 거듭하면 천하가 망했다가 다시 시작한다.

1] 月有白暈貫之 下有廢主 白虹貫之 爲大兵起 月珥背璚暈而珥 六十日兵起 珥靑憂 赤兵 白喪 黑亡國 黃喜 有背璚臣下弛縱欲相殘賊 暈三重兵起 四重國亡 五重女主憂 六重國失政 七重下易主 八重亡國 九重兵起 亡地 十重天下更始

5) 음습함(陰)

(1) 몽(蒙)

1]10일 동안을 연속적으로 음습해서 낮인데도 해를 보지 못하고, 밤인데도 달을 보지 못하며, 어지러운 바람이 사방에서 일어나고, 비가 오려다가도 오지 않는 것을 '몽(蒙)'이라 하니, 신하가 모반을 획책한다. 안개의 기운이 낮같기도 하고 밤같기도 하며, 그 색이 푸르고 누러면서 다시 또 덮어서 감추며, 잠깐동안 모였다가 잠깐동안 흩어졌다가 해도 역시 같은 조짐이다.

『홍범오행전:洪範五行傳』에 말하기를 "황제가 극(極)을 세우지 못하면, 그 벌이 항상 음침해지니, 그런때는 아랫사람이 윗사람을 칠 것을 생각한다"고 하였다. 유향(劉向)이 말하기를 "임금이 중도를 잃고 신하가 임금의 밝음을 가리면, 오랫동안 날이 음침해지고 비가 오지 않는다"고 하였다.

(2) 오색구름

2]사방에 항상 큰 구름이 있어서 오색을 갖추고 있으면, 그 아

1] 凡連陰十日 晝不見日 夜不見月 亂風四起 欲雨而無雨 名曰蒙 臣有謀 霧氣若晝若夜 其色靑黃 更相奄冒 乍合乍散亦然 洪範五行傳曰 皇之不極 厥罰常陰 時則下人有伐上者 劉向曰 王者 失中 臣下蔽君明 則久陰不雨

래에 현인이 은거한다. 푸른 구름이 윤택해서 해를 가리면서 서북쪽에 있으면, 어질고 선량한 사람을 천거하게 된다.

(3) 기타 습기찬 기운

1) 기운의 운행이 볏대가 어지럽게 흔들리는 것 같으면, 큰 바람이 장차 이르게 된다.

다가오는 구름을 볼 때에 심히 윤택하고 두터우면 반드시 큰 폭우가 내리게 된다.

사계절의 시작하는 날(사계절의 맹월의 첫날)에 검은 기운이 마치 진을 치듯이 두텁고 큰 것이 오면 비의 기운이 많게 된다.

2) 안개같으면서도 안개가 아닌 것이 의관(衣冠)을 적시지 못할 정도로 나타나면 그 성(城)이 군인들로 가득차서 사태가 긴박

2] 視四方 常有大雲五色具者 其下賢人隱也 靑雲潤澤 蔽日在西北爲擧賢良

1] 運氣如亂穰 大風將至 視所從來雲甚潤 而厚大雨必暴至 四始之日(四孟月 一日也) 有黑運氣 如陣厚大重者 多雨氣

2] 若霧非霧 衣冠不濡見 則其城帶甲而趣 日出沒時 有霧雲橫截之 白者喪 烏者驚 三日內雨者各解 有雲如蛟龍 所見處將軍失魄 有雲如鵠 尾來蔭國上三日亡 有雲赤黃色四塞 終日竟夜照地者 大臣縱恣 有雲如氣昧而濁 賢人去小人在位

하게 된다.

해가 뜨고 질 때에 안개와 구름이 가로질러 끊는 것이 있을 때, 흰색이면 초상이 있게 되고, 검은색(烏色)이면 놀랄일이 생기며, 3일내에 비가 오면 모든 것이 풀리게 된다.

구름이 교룡(蛟龍)과 같이 생긴 것이 있으면, 그 구름이 나타나는 곳의 장군이 넋(魄)을 잃게 된다. 구름이 고니(鵠)와 같이 생긴 것이 있으면, 그 꼬리에 해당하는 나라가 3일안에 망하게 된다. 붉고 누런색의 구름이 있으면 사방이 막히게 되고, 해가 졌는데 밤에도 땅을 비추는 구름이 있으면 대신이 방자하게 행동을 한다. 구름의 기운이 어둡고 탁한 것이 있으면, 현인이 떠나가고 소인이 현직에 있게 된다.

(4) 흰무지개(白虹)

| ① 개괄 | 1)흰무지개는 백가지 재앙의 근본이고, 여러 어지러움이 일어나는 기틀이 된다. 또 안개는 여러 사악한 기운이고, 음이 와서 양을 가리는 상이다(晉天文志의 설).

| ② 흰무지개와 안개 | 2)흰무지개와 안개가 끼면 간신이 임금

1] 凡白虹者 百殃之本 衆亂所基 霧者 衆邪之氣 陰來冒陽
2] 凡白虹霧 姦臣謀君 擅權立威 晝霧夜明 臣志得申

을 도모하고, 권력을 멋대로 해서 위엄을 세운다. 낮엔 안개가 끼고 밤은 청명하면, 신하가 뜻을 얻어서 펴나간다.

③ 흰무지개와 밤안개 낮안개 1]일반적으로 밤에 안개가 끼고 흰무지개가 뜨면 신하에게 근심이 생기고, 낮에 안개가 끼고 흰무지개가 뜨면 임금에게 근심이 생긴다. 무지개의 머리와 꼬리가 이르는 지역에는 유혈사태가 발생하게 된다.

(5) 안개(霧氣)

2]일반적으로 안개(霧)의 기운은, 사계절이 순조롭지 않아서 서로 거역하며 엇갈리고 섞여서 미미한 바람에 비가 적게 오는 것이니, 음양의 기운이 어지러운 형상이다. 몇일 동안 계속 하다가 풀리거나 낮과 밤으로 희미하고 어두우면, 천하가 서로 나뉘어 이반하려고 하게 된다(東方朔의 의견).

1] 凡夜霧白虹見 臣有憂 晝霧白虹見 君有憂 虹頭尾至地 流血之象
2] 凡霧氣 不順四時 逆相交錯 微風小雨爲陰陽氣亂之象 積日解 晝夜昏闇 天下欲分離 / 동방삭의 원문에는 "積日解"가 "不成積日 不解"로 되어 있다. / 『천문류초』에는 "十日五日"이 치맹(郗萌)의 글에는 "十五日"로, "添"이 "霑"으로 되어 있어서, 원문을 치맹의 의견대로 고쳤다.

(6) 매(霾)

1)일반적으로 천지와 사방이 혼몽(昏蒙)하여, 마치 먼지와 같이 자욱하기를 15일 이상, 혹은 1개월, 혹은 한 계절 동안 진행하면서, 비가 옷을 적시지 않고 흙만 쌓이는 것을 '매(霾)'라고 한다. 그러므로 세상에 흙비가 내리면 임금과 신하가 어긋난다고 한다.

(7) 바람(風)

2)바람은 지구의 하품 또는 트림하는 기운이다. 만물이 바람으로 인해 움직이고, 바람으로 인해 조화롭게 된다. 태평한 때에 서기로운 조짐이 일때는, 5일에 한번 바람이 불고, 바람이 불어도 나뭇가지가 울지 않으며, 1년에 72번의 바람이 불게 된다.

3)팔풍은 동은 명서풍(朋庶)이고, 동남은 청명풍(淸明)이며, 남은 경풍(景)이고, 서남은 양풍(凉)이며, 서는 창합풍(閶闔)이고,

---

1] 凡天地四方昏蒙 若下塵十五日巳上 或一月 或一時 雨不霑衣而 有土名曰霾 故曰天地霾 君臣乖

2] 風 大塊之噫氣也 萬物以風動 以風化 大平瑞應 五日一風 風不鳴條 一歲七十二風

3] 八風 東朋庶 東南淸明 南景 西南凉 西閶闔 西北不周 北廣莫 東北條

서북은 부주풍(不周)이며, 북은 광막풍(廣莫)이고, 동북은 조풍(條)이다.[1]

괘명		감	간	진	손	리	곤	태	건
① 방위		북	동북	동	동남	남	서남	서	서북
② 바람	회남자	廣莫風	條風	明庶風	淸明風	景風	凉風	閶闔風	不周風
	여씨춘추	寒風	炎風	滔風	動風	巨風	凄風	飄風	厲風
	태공병서	大剛風	凶風	嬰兒風	小弱風	大弱風	謀風	小剛風	折風
	양천	哀風	·	喜風	·	樂風	·	怒風	·
③ 문(회남자)		寒門	蒼門	開明門	陽門	暑門	白門	閶闔門	幽都門
④ 일수		45일	45일	45일	45일	45일	45일	45일	45일

2]손(☴)은 바람이다. 손(巽)을 거듭함으로써 명령을 펼쳐서 만물에 영향을 주는 것이니, 임금이 명령을 고하는 것과 같은 상으로, 천지 사이를 고동시킨다. 때때로 모래와 먼지를 날리는 것은 성난 것이고, 집을 파손시키고 나무를 뿌리채 뽑는 것은 성남이 심한 것이다. 대신(大臣)이 정권을 전횡하고 방자하게

1] 『회남자:淮南子』의 설이다. 참고로 주역의 팔괘와 관련하여 살펴보면 다음과 같다.

2] 巽爲風 重巽以申命 其及物也 象人君誥命 其鼓動於天地間 有時飛沙揚塵 怒也 發屋拔木者 怒甚也 其占大臣專恣而氣盛 衆逆同志 君行蒙暗 施於事則皆傷害 故常風

하며, 기운이 성대해져서 반역하는 동지들을 규합하고, 임금이 어리석어 어두운 정치를 하게 되면 하는 일이 모두 잘못되고 해가 될 것이니, 이런 까닭에 항상 바람이 부는 것이다.

(8) 구름(雲)과 비(雨)

1) 구름은 산천(山川)의 기운이다. 땅의 기운이 올라간 것이 구름이고, 하늘의 기운이 내려온 것이 비이니, 비는 하늘의 기운에서 나온 것이고, 구름은 땅의 기운에서 나온 것이다.

2) 음과 양이 모인 것이 구름이 된다. 오색구름이 경운(慶雲)이고, 삼색구름이 율운(矞雲)이며, 비(雨)는 물이 구름을 따라 내려온 것으로, 음양이 화합하면 비와 이슬이 내리게 된다. 태평한 때에는 10일에 한번 비가 오게 되므로, 1년에는 36번 비가 오게 된다.

3) 양의 덕이 쇠하고 음의 덕이 이기면 계속해서 비가 오게된다.

1] 雲山川氣也 地氣上爲雲 天氣下爲雨 雨出天氣 雲出地氣
2] 陰陽聚爲雲 五色爲慶雲 三色爲矞雲 雨水從雲下也 陰陽和則雨澤作 大平之時 十日一雨 一歲三十六雨
3] 陽德衰 陰德勝 常雨

(9) 눈(雪)

1)눈은 비가 응결된 것으로 만물을 기쁘게 하는 것이다. 물이 하늘에서 내려오다가 찬 기운을 만나 응결된 것이다.

2)눈은 오곡(五穀)의 정화(精華)이다.

3)천지에 음이 쌓였을 때, 따뜻하면 비가 되고 차가우면 눈이 된다. 눈꽃(雪花)이 꼭 여섯개로 나오는 것은, 싸라기눈(霰)이 내려오다가 맹렬한 바람의 타격을 받아 열리기 때문에 여섯개를 이루어 나오는 것이고, 또 6은 음수이기 때문이다. 태음의 현묘한 정기가 뭉친 돌(石)의 모서리 또한 6이 되니, 모두 천지자연의 수이다.

4)태평한 시대에는 눈이 나뭇가지를 덮지 않으니, 눈이 너무 와서 덮히게 되면 해독이 있을 뿐이다.

5)큰 눈은 풍년의 조짐이다. 대개 응결되어 양의 기운을 얻으니, 땅에 있다가 다음해에 만물을 발달시키고 생장하게 하는

1] 雪 凝雨 說物者也 水下遇寒而凝也

2] 雪爲五穀之精

3] 天地積陰 溫則爲雨 寒則爲雪 雪花必六出者 只是霰下被猛風拍開 故成六出 又六者陰數 太陰玄精石 亦六稜 蓋天地自然之數

4] 大平之代 雪不封條 凌弭毒害而已 / 董仲舒의 설에는 "弭"가 "彌"로 되어있다.

5] 大雪爲豊年之兆 蓋爲凝結得陽氣 在地來年發達生長萬物 管子曰 臣乘君威 則陰侵陽 盛冬無雪無氷 京房易傳曰 夏雪戒臣爲亂

것이다. 관자(管子)가 말하기를 "신하가 임금의 위엄을 타넘으면, 음이 양을 침범하는 것으로, 깊은 겨울에도 눈이 오지 않고 얼음이 없게 된다"고 했으며,『경방역전』에 말하기를 "여름에 눈이 오는 것은, 신하가 난리를 일으키는 것에 대한 경계" 라고 했다.

(10) 이슬(露)

1)이슬은 음의 진액이고 서리가 되려고 하는 시작이다. 조화로운 기운의 진액이 응결된 것이 이슬인데, 양기가 이기면 흩어져서 비와 이슬이 된다.2)

3)감로(甘露:단이슬)가 내릴 때, 나이많은 늙은이(耆老)가 존경을 받으면 소나무와 잣나무에 감로가 내리고, 현인을 존경하고 백성들을 포용하면 대나무와 갈대에 감로가 내린다.4)

1] 露陰之液 霜之始也 和氣津凝爲露 陽氣勝則散爲雨露

2]『오경통의:五經通義』에는 "조화로운 진액이 응결된 것이 이슬인데, 땅을 좇아 나온다(和氣津凝爲露從地出)"고 하였다. / 증자(曾子)는 "양기가 이기면 흩어져서 이슬이 된다(陽氣勝則散爲露)"고 하였다.

3] 甘露降 耆老得敬 則松栢受之 尊賢容衆 則竹葦受之 甘露者仁澤也 其凝如脂 其美如飴 一名天酒

4]『서응도:瑞應圖』에는 "耆老得敬 則栢受甘露 尊賢愛老不失細微 則竹葦受甘

감로는 자애롭고 좋은 이슬(仁澤)이다. 그 응결된 것이 기름과 같고, 그 맛있음이 엿(飴)과 같으니, 일명 천주(天酒:하늘의 술)라고도 한다.

(11) 서리(霜)

1)서리는 이슬이 엉긴 것으로, 음기가 이기면 엉겨서 서리가 된다. 그 기운이 참혹하도록 독해서 만물이 다 상하게 된다. 임금의 정치가 가혹하면 여름에도 서리가 내리고, 주살하고 정벌해야 할 것을 하지 않으면 겨울에 서리가 내려도 풀을 죽이지 못한다.

서리는 음이 엉긴 것이다. 순수한 양이 일을 시작하는 달(음 4월)에는 서리가 있는 것이 마땅치 않고, 양이 미미하여 음이 양을 타오르게 되면 서리가 내리기 시작한다.

2)『경방역전』에 말하기를 "병사를 일으켜 망령되이 사람을 주

露(나이 많은 늙은이가 존경을 받으면 잣나무에 감로가 내리고, 현인을 존경하고 늙은이를 사랑해서 작고 미천한 것도 다 포용하면 대나무와 갈대에 감로가 내린다)"고 하였다.

1] 霜凝露也 陰氣勝則凝而爲霜 其氣慘毒 物皆喪也 王者政令苛 則夏下霜 誅伐不行 則冬霜 不殺草 霜者陰之凝也 純陽用事之月 不宜有霜 陽微爲陰所乘 則霜爲之降

살하는 것을 '법도를 망쳤다(亡法)'고 하니, 그 재앙으로 서리가 내려서, 여름에는 오곡을 죽이고 겨울에는 보리를 죽인다.

백성을 주살하기를 인정과 용서없이 하는 것을 '어질지 못하다(不仁)'고 하니, 그 재앙으로 서리가 내리되, 여름에는 먼저 큰 우레와 바람이 불고, 겨울에는 먼저 비가 내리다가 서리가 내리는데, 서릿발에 까끄라기가 일게 되면 현인 또는 성인이 해로움을 입게 되고, 서리가 나무에 붙어서 땅으로 떨어지지 않게 된다.

아첨하는 사람이 사사로운 감정으로 형벌을 주게 되는 것을 '사사로움에 의한 도적(私賊)'이라하니, 서리가 풀의 뿌리와 흙의 틈새에 내린다.

교화시키지 않고 주살하는 것을 '포학하다(虐)'고 하니, 위에 있어야 할 서리가 도리어 풀뿌리의 밑에 있게 된다"고 하였다.

(12) 싸라기눈(霰)

1)싸라기눈은 기장과 같은 눈(稷雪)이다. 눈이 처음 만들어질

2] 京房易傳曰 興兵妄誅茲謂亡法 厥災霜夏殺五穀 冬殺麥 誅不原情茲謂不仁 其霜夏先大雷風 冬先雨乃隕霜有芒角 賢聖遭害 其霜附木不下地 佞人依刑茲謂私賊 其霜在草根土隙間 不敎而誅茲謂虐 其霜反在草下

때에, 꽃과 같이 둥글게 되지 못하고 기장의 낟알같이 되어서, 아래로 흩뿌려진 것이니, 속된 말로 쌀눈(米雪)이라고 한다. 음이 성해져서 비와 눈이 응결되고 뭉쳐져서 얼음같이 차졌을 때, 양기가 다그쳐서 서로 뭉쳐지지 못하면 흩어져서 싸라기눈이 된다.

1)양이 음을 흩뜨리면 싸라기눈이 된다.

2)장차 큰 비와 눈이 내리려면 반드시 조금 따뜻한 온기가 위로부터 내려오니, 따뜻한 기운을 만나서 뭉쳐진 것을 싸라기눈이라고 한다. 뭉쳐진지가 오래되어 찬것이 이기면 큰 눈이 내린다.

(13) 우박(雹)

3)우박은 비가 얼은 것이다. 음기가 양기를 을러대면 우박이 된다. 일반적으로 겨울에 내리는 우박은 양의 잘못을 허물하는 것이고, 여름에 내리는 것은 음을 엎드려 숨게 하는 깃이

1] 霰稷雪也 雪初作未成花圓如稷粒 撒而下俗謂之米雪 盛陰雨雪凝滯而氷寒 陽氣薄之不相入 則散而爲霰

1] 陽散陰爲霰

2] 將大雨雪 必微溫 自上下 遇溫氣而搏謂之霰 久而寒勝則大雪

3] 雹雨氷也 陰氣脇陽爲雹 凡雹皆冬之愆陽 夏之伏陰

다.[1]

[2]양이 성해지면 비와 물이 따뜻해지나, 양이 열이 날 때에 음기가 을러대어서 서로 열기가 들어가지 못하면, 비와 물이 바뀌어서 우박이 된다.

[3]음이 양을 감싸면 우박이 된다.

[4]우박은 음과 양이 서로 치고 때리는 기운이니, 다 해(害)를 부르는 기운이다. 성인이 윗자리에 있으면 우박이 없게 되고, 비록 우박이 내리더라도 재앙이 되지 않는다.

여름에 우박이 내리는 것은, 백성을 다스리는 정치가 번잡하고 가혹하며, 부역이 많고 자주있으며, 교화시키는 명령이 자주 바뀌며, 항상한 법도가 없고, 백성을 구원하지 않아 병란이 일어나며, 권력이 센 신하가 반역을 꾀하고, 황충(蝗蟲)이 곡식을 훼상시키기 때문이다.

그러나 백성을 구원하고, 어질고 선량한 사람을 벼슬길에 천거하며, 공이 있는 사람에게 작위를 주고, 관대한 행동에 힘

1] 『예기』의 월령(月令)에 "한 여름에 겨울의 정령을 행하면, 우박이 동해를 입혀서 곡식을 상하게 한다(仲夏行冬令 則雹凍傷穀)"고 했다.

2] 盛陽雨水溫暖 而陽熱陰氣脇之不相入 則轉而爲雹

3] 陰包陽爲雹

4] 雹者陰陽相搏之氣 蓋沴氣也 聖人在上 無雹 雖有不爲灾 夏雹者 治道煩苛 繇役急促 教令數變 無有常法 不救爲兵 强臣謀逆 蝗虫傷穀 救之擧賢良 爵有功 務寬大 無誅伐 則灾除

쓰며, 주살하거나 침벌하는 일이 없으면 재앙이 제거된다.

1)임금이 자신에게 허물이 있다는 말을 듣기를 싫어하고, 어진 사람을 누르고 사악한 사람을 등용하면 우박과 비가 함께 내린다. 참소하는 말을 믿어 죄없는 사람을 죽이면, 우박이 내려서 기왓장을 훼상시키고, 수레를 파손시키며, 소와 말을 죽인다.

(14) 우레(雷)

2)우레는 음과 양이 부딪치며 움직여서 만물을 생하게 하는 것이다.
3)음과 양이 서로 부드럽게 부딪치면 우레(電)가 되고, 격렬하게 부딪치면 천둥(霆)이 된다. 천둥과 우레의 뒷소리가 영영하게 울리면 만물이 빼어나게 된다.
4)음기가 엉겨서 모일 때, 양이 그 안에 있으면서 밖으로 나가지 못하면, 떨치며 부딪쳐서 우레와 천둥이 된다.

1] 人君惡聞其過 抑賢用邪 則雹與雨俱 信讒殺無罪 則雹下毀瓦 破車 殺牛馬
2] 陰陽薄動生物者也
3] 陰陽薄而爲雷 激而爲霆 霆雷餘聲鈴鈴 所以挺出萬物
4] 陰氣凝聚 陽在內而不得出 則奮擊而爲雷霆

1)우레가 2월달에 땅에서 나와 180일 동안 있다가 8월달에 땅으로 들어가서 180일 동안 있게 된다. 우레가 땅에 들어가면 뿌리와 씨를 잉태해 기르고, 칩거해 있는 벌레들을 보호해 감추어 주는 등 극성해진 음의 침해를 피하게 한다.

또 땅에서 나오면 양육하고 길러 꽃피고 열매맺게 하며, 숨고 엎드려 있던 것을 발양시키는 등, 성대해진 양의 덕을 잘 선양한다. 들어가면 해로움을 제거하고, 나오면 이로움을 일으키니 임금의 상이다.

우레는 양의 소리이니, 때가 아닐 때 나오면, 신하가 임금의 권력을 훔치는 상이다. 또 우레가 소리를 내지 못하는 것은 정치를 너무 관대하게 하는 것에 대한 경계의 조짐이다.

2)구름이 없으면서 우레만 있는 것을 '요사스러운 북소리(鼓妖)'라고 한다. 유향(劉向)이 말하기를 "우레와 천둥은 구름에 의탁하니, 마치 임금이 신하에게 의탁하는 것과 같다. 따라서 구름이 없이 우레만 있는 것은 임금이 아랫사람을 긍휼히 여기지 않는 것으로, 아랫사람이 장차 배반하는 형상이 된다"고

1] 雷二月出地 百八十日 八月入地 百八十日 入地則孕毓根荄 保藏蟄虫 避盛陰之害 出地則養長華實 發揚隱伏 宣盛陽之德 入能除害 出能興利 人君之象也 雷者陽聲 出非其時 臣竊君柄之象也 雷不發聲者 寬政之應也

2] 無雲而雷謂之鼓妖 劉向云 雷霆託於雲 猶君託於臣 無雲而雷 君不恤下 下人將叛之象也 京房易傳日 國將易君 下人不靜 國凶有兵甲

하였다.

『경방역전』에 말하기를 "나라에 장차 임금이 바뀌려면 아랫사람이 고요히 있지를 않고, 나라가 흥하려면 병란이 있게 된다"고 하였다.

(15) 벽력(霹靂)

1]벽력(霹靂:벼락)은 우레 중에 급격하게 치는 것이다.

2]우레와 천둥은 하늘과 땅 사이의 의로운 기운이니, 사람이 착하지 않은 일을 하고, 또 감정끼리 충돌을 하게 되면 우레와 천둥이 치게 된다.

불이라는 것은, 기운이 치고 때리게 되면 저절로 불을 생하는 것이고, 하늘에 돌도끼(石斧)가 있다고 하는 것은 기운이 추락해서 돌이 되는 것이니, 별똥(星隕) 또한 그와 같은 것이나, 이른바 글자(書字)에는 이러한 이치가 없다.

3]『경방역전』에 말하기를 "우레·비·벼락이 언덕(丘陵)에 치는

1] 霹靂 雷之急激者也

2] 雷霆 是天地間義氣 人爲不善 又適與之感會 則雷霆之有 所謂火者 氣之擊搏 自有火生也 有所謂石斧者 氣之墜則爲石 星隕亦然 所謂書字則無是理

3] 京房易傳日 雷雨霹靂丘陵 逆先人令爲火 殺人者 人君用讒言殺正人 又日 雹及貴臣門及屋者 不出三年佞臣誅

것은 선인(先人)의 정령(政令)을 어긴 것에 대한 경계로 불을 내는 것이고, 우레·비·벼락이 쳐서 사람을 죽이는 것은 임금이 참소하는 말을 듣고 올바른 사람을 죽이기 때문이다"고 했다.

또 이르기를 "우박이 존귀한 신하의 대문이나 실내(室內)에 미치면, 3년안에 아첨하는 신하를 주살하게 된다"고 하였다.

(16) 번개(電)

1] 번개는 음과 양이 격렬하게 부딪쳐서 빛나는 것이니, 우레와 같은 기운으로 발동하여 빛이 된 것이다.

2] 음과 양이 돌면서 부딪치면 우레가 되고, 펴지듯이 흘러나오면 번개가 된다. 그러므로 우레는 돌면서 모이게 되고, 번개는 펼쳐지게 된다.

3] 우레는 하늘의 기운이 나온 것이고, 번개는 땅의 기운이 나온 것이다.

4] 번개는 양이 빛나는 것이니, 양이 미미하면 빛이 나타나지

1] 電陰陽激曜 與雷同氣 發而爲光
2] 陰陽以回薄成雷 以申洩爲電 故雷從回 電從申
3] 雷出天氣 電出地氣
4] 電陽光 陽微則光不見

않는다.

1) 번개가 느리고 작으면 천둥소리(震)도 느리고 작으며, 번개가 빠르고 크면 천둥소리(震)도 빠르고 크다. 천둥소리(震)와 번개가 번갈아 오면 반드시 비가 내리는데, 천둥소리(震)만 있고 번개가 없거나, 번개만 있고 천둥소리(震)가 없으면 비가 오지 않는다. 이것은 음의 기운이 엉기고 모임에 따라, 성기고 느리며, 빠르고 주밀함이 생기기 때문이다.

2) 번개의 번쩍하고 빛남이 격렬하고 빨라서, 마치 금사(金蛇)가 비등하는 형상과 같은 것은 빛이 발동하는 것인데, 빛이 구름의 가장자리로 가서 비추면 번개가 있게 되고, 구름의 속으로 들어가면 그렇지 않다.

(17) 무지개(虹蜺)

3) 『석명:釋名』에 "'홍(虹)'은 공격하는 것이니, 순수한 양이 음

---

1) 電緩小則震亦緩小 電迅大則震亦迅大 震電交至則必有雨 震而不電 電而不震 則無雨 由陰氣凝聚之 有疎緩迅密也
2) 電之閃爍激疾 如金蛇飛騰之狀者 光之發也 適映雲際則如是 在同雲之中則無是
3) 釋名虹攻也 純陽攻陰之氣

의 기운을 공격하는 것이다"라고 했다.

1) 음방의 기운이 양에게로 나아가 사귀는 것으로, 혹은 체동(蝃蝀:무지개)이라고도 한다. 기운이 사귐이 해에 비추어져서 빛나므로, 아침에는 서쪽에 뜨고 저녁에는 동쪽에 뜬다.

 체동은 음기에 의한 것이다. 즉 양기가 내려옴에 음기가 응하면 구름이 되고 비가 되나, 음기가 일어났는데도 양기가 응하지 않으면 무지개가 되는 것이다.

2) 해와 비가 사귀게 되면 무늬가 발생하여 무지개가 되니, 정당하지 않은데도 사귄 것으로 천지(天地)의 음탕한 기운이 된다. 무지개가 나타나면 비가 그치나, 무지개가 비를 그치게 할 수 있는 것이 아니다. 비오는 기운이 이때가 되면 이미 엷어지고, 또한 해의 빛이 비의 기운을 쏴서 흩뜨린 것이다.

3) 무지개가 쌍으로 떴을 때에, 색깔이 선명하고 성한 것은 수

---

1) 陰方之氣 就交於陽也 或曰蝃蝀 氣之交 映日而光 故朝西暮東 蝃蝀陰氣所爲也 陽氣下而陰氣應則爲雲而雨 陰氣起而陽不應則爲虹

2) 日與雨交條然成質 乃不當交而交 天地之淫氣也 虹見則雨止 虹非能止雨也 雨氣至是已薄 亦是日色射散雨氣

3) 虹雙出色鮮盛者爲雄曰虹 暗者爲雌曰蜺 是陰陽交會之氣 或曰赤白色謂之虹 靑白色謂之蜺

컷이 되니 '홍(虹)'이라 하고, 어두운 것은 암컷이 되니 '예(蜺)'라고 한다. 이는 음과 양이 사귀어 모인 기운이다.

혹은 붉으면서도 흰색을 '홍(虹)'이라 하고, 푸르면서 흰색을 '예(蜺)'라고 한다.

(18) 안개(霧)

1]안개는 땅의 기운이 발동했으나 하늘의 기운이 응하지 않은 것이다. 『석명』에 "덮는 것이다(冒)"고 했으니, 음과 양이 어지럽게 된 것이 안개로, 기운이 덮어씌워서 땅을 덮는 것이다. 두터운 안개가 3일동안 끼면 반드시 큰비가 내린다. 비가 내리지 못하면, 그 안개가 덮는 일을 할 수 없다. 누런 안개가 사방을 막으면, 천하에 어진 사람을 덮어 가리고 도가 끊어진다.

- 기운(氣運)의 요약

1] 霧地氣發天不應也 釋名云冒也 陰陽亂爲霧 氣蒙冒覆地 重霧三日 必大雨 雨未降其霧不可冒行也 黃霧四塞 天下蔽賢絶道

서기(瑞氣)	경운(慶雲), 귀사(歸邪), 창(昌)
요기(妖氣:요사스러운 기운)	무지개(虹蜺), 장운(牂雲)
십운(十煇:10종류의 햇무리)	침(祲), 상(象), 전(鑴), 감(監), 암(闇), 몽(瞢), 미(彌), 서(序), 제(隮), 상(想)
떠도는 기운 (遊氣)	해를 이음(日戴), 벼슬(冠), 갓끈(纓), 끈(紐), 짊어짐(負), 갈라지면서 굽음(戟), 고리짐(珥), 안음(抱), 등짐(背), 배반함(叛), 경(璚), 곧음(直), 걸어놓음(提), 가로막대(格), 이음(承), 밟음(履)
음습함(陰)	몽(蒙), 오색구름, 기타 습기찬 기운, 희무지개(白虹), 안개(霧氣), 매(霾), 바람(風), 구름(雲), 비(雨), 눈(雪), 이슬(露), 서리(霜), 싸라기눈(霰), 우박(雹), 우레(雷), 벽력(霹靂), 번개(電), 무지개(虹蜺), 안개(霧)

9장. 부록

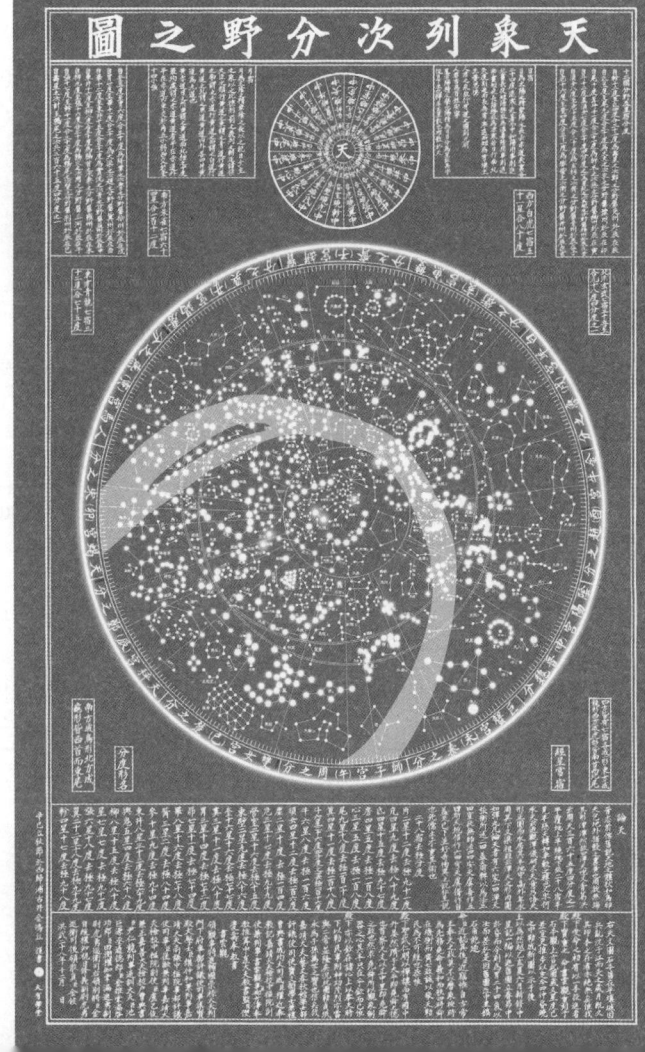

조선시대(태조6년~영조23년)의 천문기록

년	월	일	년호	내용
1397	12	22	太祖 6年 12月 辛巳일 밤	東쪽과 西쪽에 붉은 기운이 있었다(赤氣).
1400	7	23	定宗 2年 7月 乙丑일 새벽	北方에 붉은 기운이 있었다(赤氣).
1401	2	5	太宗 元年 正月 壬午일 밤	西方에 붉은 기운이 있었다(赤氣).
		7	元年 正月 甲申일 밤	東南쪽에 붉은 기운이 있었다(赤氣).
1402	1	7	元年 12月 戊午일 밤	東쪽에 붉은 기운이 하늘을 가로질렀다.
1403	2	16	3年 正月 癸卯일 밤	艮방과 巽방에 붉은 기운(赤氣), 兌방에 흰 기운(白氣)이 있었다.
	3	8	3年 2月 癸亥일 밤	東方에 붉은 기운(赤氣)이 있었다.
1405	1	10	4年 12月 丁丑일 밤	南方에 붉은 기운(赤氣)이 있었다.
		21	4年 12月 戊子일 밤	寅방과 卯방에 붉은 기운(赤氣)이 있었다.
		22	4年 12月 己丑일 밤	巽방 및 서북방에 붉은 기운이 있었다.
		23	庚寅일 밤	巽방 및 서북방에 붉은 기운이 있었다.
		26	4년 12월 계사일 밤	艮방에 붉은 기운(赤氣)이 있었다.
	3	11	5년 2월 정축일 밤	艮방에 붉은 기운(赤氣)이 있었다.
1406	1	11	5년 12월 계미일 밤	寅방과 卯방에 붉은 기운(赤氣)이 있었다.
		16	5년 12월 무자일 밤	艮방에 붉은 기운(赤氣)이 있었다.
1409	8	15	9년 7월 을축일	東方에 검붉고도 흰기운이 하늘로 뻗쳤다(紅黑白氣射天)
1411	3	3	11년 2월 경자일 밤	乾방에 흰 기운(白氣)이 있었다. 또 乾방과 巽방에 옅은 붉은색 기운(淡赤氣)이 있었다.
1431	3	10	세종 15년 정월 壬辰일	함예성(含譽星)이 중국에 나타났다.

1467	8	19~21	세조 13년 7월 계미일 저녁무렵(昏)	큰 별이 동방에서 떨어졌는데, 별빛의 끝이 땅으로 드리웠다. 또 별같이 생긴 붉은 빛이 나타나서 큰 별을 거의 다 먹어 들어갔고, 삼경에 이르러서는 큰 별이 완전히 보이지 않았다. 이와 같은 현상이 3일 밤을 계속되었다.
1507	1	24	중종 2년 정월 병술일 밤	붉은 기운(赤氣)이 있었다.
1508	4	5	3년 3월 계묘일 밤	일경에서 사경에 이르도록 사방의 지평선이 희미하게 밝았다. 불(火)같은 기운이 있어 혹 나타났다가 혹 사라졌다.
1512	1	17	6년 12월 을사일 밤	坤방에 붉은 기운(赤氣)이 있었는데, 그 위로 흰 기운(白氣)이 가지처럼 있었다. 붉은 기운은 횃불 같은 형상이었고, 백기는 십자(十字)같은 형상이었는데 1장(丈) 정도 되었다.
	3	21	7년 3월 기유일 초저녁	북방에 붉은 기운(赤氣)이 불처럼 있었다.
1515	3	15	중종 10년 3월 무오일 초하루(朔) 밤	일경(一更)에 북방에 불같은 기운이 있었고, 사경(四更)에는 동방에도 또한 그러했다.
불같은 기운에 대한 기록 11건 생략				
1519	7	2	중종 14년 6월 무진일	경상도 경주부의 서쪽에 해가 질무렵 달의 빛이 매우 밝았는데, 서방에는 구름의 기운이 있었다. 빛이 있었는네 번개같으면서도 번개가 아니고, 불같으면서도 불이 아니어서, 여러 화살이 하늘을 나는 것 같기도 하고, 유성의 가지가 많은 것 같기도 하며, 붉은 뱀이 하늘로 도약하는 것 같기도 하며, 불꽃이 하늘로 날아 흩어지는 것 같기도 하며, 잔뜩 잡아당긴 활같이 휘기도 하였고, 가늘기도 하고 굵기도 하며, 보였다가 보이지 않았다가 하며, 끊임없이 빛이 폭사되니, 포화가 어지러이 번쩍이는 형상으로 빛의 끝이 섬광치는 것 같다가 어두운 방에 촛불이 비추는 것 같기도 하였다. 서쪽으로부터 시작하여 점차 동북쪽으로 가더니, 이경에 이르러 소멸되었다.
1520	4	10	중종 15년 3월 신해일 밤	남방의 지평선에 불과 같은 기운이 있었다. 공중에 뜬 것이 횃불같이 빛났고, 없어지듯이 하다가는 치솟아 오르며 치솟다가는 없어졌으며, 혹은 남쪽에 혹은 동쪽에 있으며, 나아가는듯 하다가

				물러나서 일정함이 없었다. 다음날 초경에서 5경에 이르기까지 소멸되지 않았다.
		12	중종 15년 3월 계축일 밤	東北南의 세 방향에 불같은 기운이 있었다.
1522	3	25	중종 17년 2월 을사일 밤	곤방과 남방에 불같은 기운이 있었다가 새벽에 이르러 소멸되었다(모두가 좋지않은 변괴라 하여 두려워하였다).
불같은 기운에 대한 기록 39건 생략					
1529	3	8	24년 정월 을축일 밤	북방에 불같은 기운이 있었다.
불같은 기운에 대한 기록 13건 생략					
1533	2	2	중종 28년 정월 임자일 밤	남방에 불같은 기운이 있었고, 곤방과 간방에 백기(白氣)가 하늘에 두루 펼쳐졌다.
불같은 기운에 대한 기록 9건 생략					
1533	10	24	28년 10월 병자일	삼경에 푸르고 누르며 흰기운이 문창성으로부터 나왔다. 그 기운의 꼬리가 왕량성(王良星)을 가리키고, 1필 정도의 베가 펼쳐져 있는 것 같았으며, 용(龍)의 형상을 하고 오랫동안 있다가 사라졌다.
불같은 기운에 대한 기록 46건 생략					
1539	1	10	33년 12월 경신일 밤	남방에 붉은빛이 있었는데 불기운과 같았다. 흰기운이 진방(震方)으로부터 坤방에 이르기까지 하늘을 덮었다. 여명무렵에 검은 기운으로 바뀌면서 坤방으로부터 소멸되었다.
불같은 기운에 대한 기록 24건 생략					
1544	7	18	39년 6월 병신일 밤	푸르고 흰기운이 있었는데, 중천에서 떠올라 가로로 펼친 것이 한필의 베와 같았다. 점차 남쪽으로 이동해서 오랫동안 있다가 사라졌다.
불같은 기운에 대한 기록 5건 생략					
1546	7	14	명종 원년 6월 임인일 밤	초저녁에 건방에 무지개(虹)같은 기운이 있었는데, 굴곡의 길이가 베 한필 정도 되고, 안은 푸른색이고 밖은 황색이었다.

불같은 기운에 대한 기록 9건 생략				
1551	7	1	명종 6년 5월 을묘일	간방과 간방 및 손방의 하늘에 황적색의 빛이 비추다가 오래지 않아 없어졌다.
불같은 기운에 대한 기록 5건 생략				
1552	10	29	7년 10월 신유일 밤	새벽 날이 샐무렵에 붉은 기운(赤氣)이 하늘에 가득 차서 빛이 땅을 비추었다.
	11	19	7년 11월 임오일	해가 진 후 위는 황색이고 아래는 자색(紫色)인 기운이 있었는데, 태방과 곤방의 사이에 두루 가득차서 빛이 땅을 비추다가 일경(一更)에 이르러 없어졌다.
1553	1	15	8년 정월 기묘일 밤	불같은 기운이 하늘을 찌를듯이 치솟았다. 붉은 빛이 사방을 비추었는데, 오랫동안 있다가 사라졌다.
불같은 기운에 대한 기록 82건 생략				
1563	6	26	명종 18년 6월 계축일 밤	누렇고 흰색의 기운이 한줄기 도로와 같이 나왔는데, 巽방에서 일어나 북쪽까지 이르렀다. 베필을 펼쳐놓은 것 같았는데, 잠시 있다가 사라졌다.
	7	24	18년 7월 신사일	초저녁에 푸르고 검은 기운이 震방으로부터 乾방에 이르렀는데, 잠시 있다가 사라졌다.
불같은 기운에 대한 기록 5건 생략				
1566	3	26	21년 3월 정유일 밤	남방에 붉은 기운(赤氣)이 있었다. 타오르던 중에 한줄기 기운이 횃불의 불똥같이 똑바로 선 것이 2척이나 되었는데, 잠깐씩 명멸하기를 오랫동안 하다가 그쳤다.
불같은 기운에 대한 기록 4건 생략				
1588	7	24	선조 21년 윤6월 을사일	북병사(北兵使)가 장계를 올리기를 "온성(穩城)의 미전진(美錢鎭)의 길에 음력 6월 2일의 밤 2경 하늘에 불덩어리가 있었는데, 사람이 둥근 좌석에 앉아있는 것 같기도 하고, 또 사람이 활과 화

9장 부록

515

1591	8		선조 24년 7월	살을 메고 있는 것 같기도 하였습니다. 공중에 떠서 북쪽을 향해 나는데, 얼음이 깨지는 듯한 소리가 들리고, 바람이 사람의 얼굴을 매섭게 때리는 것 같기도 하였으니, 변괴가 보통의 일이 아니옵니다"고 하였다.
				붉은 기운(赤氣)이 동방에서 일어나 세갈래로 나누어졌다. 한갈래는 북쪽을 향하고 길이가 하늘 끝까지 이르렀으며, 한갈래는 서쪽을 향하고 길이가 하늘의 반에 달했고, 한갈래는 남쪽을 향하고 길이가 또한 하늘의 반에 달했으며, 그 빛이 땅에까지 미쳤다.
		3	20	27년 정월 무신일 밤	일경(一更)에 동방·건방에 불같은 기운이 있었다.
1593	11	27	선조 26년 11월 을묘일	일경(一更)에 동방에 화기가 있었다.
1594	1	5	26년 윤11월 갑오일	일경(一更)에 서방에 붉은 기운(赤氣)이 있었다.
		13	26년 윤11월 임인일	일경(一更)에 서방에 붉은 기운(赤氣)이 있었다.
	2	11	26년 12월 신미일 밤	사방에 붉은 요사스러운 기운(赤祲)이 있었다.
1595	3	20	선조 28년 2월 계축일 밤	
	4	30	28년 3월 갑오일 밤	일경(一更)에 간방의 구름 가운데가 화기(火氣) 같았다.
1596	7	16	선조 29년 6월 정사일	해와 같은 자색 기운(紫氣)이 하늘의 남북방에 보였다.
	10	31	29년 9월 갑진일	어둑어둑할 때 푸르고 붉은 기운이 △방과 乾방의 지평선에서 일어나 중천(中天)을 가리키니, 그 넓이를 알 수 있으며, 길이는 5~6장을 넘었는데 오랫동안 있다가 사라졌다.
	12	26	29년 11월 경자일 밤	일경(一更)에 손방에 불같은 기운이 있다가 시간이 지나자 없어졌다.
1597	2	5	선조 29년 12월 계미일	사헌부에서 장계를 올리기를 "이 달 19일 밤 2경에 사방에 모두 불기운이 있었고, 그 꼬리가 혜성과 같고 베필을 펼쳐놓은 것과 같았습니다. 휘황

				하게 밝게 빛났고 중천을 향해 가지런했으니, 놀라고 참혹한 일이 발생할 것 같습니다"
		17	선조 30년 정월 계사일 밤	1경부터 2경에 손방에 붉은 기운이 잇엇는데, 넓이가 2척이 넘었고 길이가 10장이 넘었다. 지평선에서 일어나 중천을 가리키니, 그 빛이 크게 밝았다. 離방과 坤방도 그와 같았다.
		18	30년 정월 갑오일 밤	일경(一更)과 이경(二更)에 붉은 기운(赤氣)이 있었다.
		20	30년 정월 병신일 밤	일경(一更)에 동방과 남방에 붉은 기운(赤氣)이 있었다.
		22	30년 정월 무술일 밤	일경과 이경에 남방과 곤방에 붉은 기운(赤氣)이 있었다.
1599	3	23	선조 32년 2월 정축일 밤	자색 기운이 화살같기도 하고 창같기도 하였는데, 동남방에 넷이 있었고, 서방에는 하나가 있었는데, 서로를 향해 나아가다가 시간이 지나자 곧 사라졌다.
		27	32년 3월 신사일 밤	이경(二更)에 동방과 서방과 남방의 세 방향에 화광(火光) 같은 붉은 기운(赤氣)이 있었다.
1601	1	28	선조 33년 12월 갑자일	충청회(忠淸滙) 충주목(忠州牧)에 진방(辰方)에서 붉은 기운(赤氣)이 일어나기 시작하고, 이어서 해방(亥方)에서 일어나서, 시간이 지나자 하늘을 덮었다. 사방을 빛나게 비추어서 사람의 그림자를 볼 수 있었는데, 오랜 동안 있다가 소멸했다.
	4	4	34년 3월 경자일	일경에 간방과 곤방이 화기(火氣) 같았고, 오경에는 간방과 곤방과 손방이 화기 같았다.
1602	12	17	선조 35년 11월 임신일 밤	일경(一更)에서 삼경(三更)에 이르도록 간방에 불 같은 기운이 있었다.
1603	2	1	선조 35년 12월 무신일 밤	일경(一更)에 巽방에 빽빽한 구름 가운데에 불과 같은 기운이 있었다. 길이가 1장이 조금 넘고 넓이가 1척 정도 되었다.

9장 부록

517

		5	35년 12월 임자일 밤	간방에 기운이 있었는데 색이 붉었고, 오랜 시간이 지나서 사라졌다.
	7	3	36년 5월 경진일 밤	일경(一更)과 이경(二更)에 남방에 화기가 있었다.
1604	2	27	37년 정월 기묘일 밤	초경(初更)에 동방과 손방이 화기(火氣) 같았다.
	12	15	37년 10월 신미일 밤	일경(一更)에 동방에 불같은 기운이 있었다.
1605	1	1	37년 11월 무자일 새벽	날이 샐 무렵 붉은색 구름이 불같은 빛이 났는데, 동방으로부터 일어나서 남쪽으로 가로지르며 있었다.
		17	37년 11월 갑진일	초경에 사방에 안개가 꼈고, 구름 가운데에 붉은 기운이 있었다. 巽방으로부터 시작하여 솟아서 타오르는 불빛과 같았다. 그 가운데 한줄기 불빛은 횃불과 같았는데, 똑바로 하늘로 올라가서 길이가 2~3장이었다. 또 다음에는 남방에서 시작하고, 坤방 서방 乾방 북방 동방의 순서로 차례로 나타났는데, 대개 형체가 비슷했으며, 서로가 밝았다가 사라졌다가 하였다. 사경에 이르러 빽빽한 구름이 껴서 그 밑의 눈(雪)이 보이지 않게 되었다.
	2	10	37년 12월 무진일 밤	일경(一更)에, 간방과 동방과 남방에 불같은 기운이 있었는데, 서로간에 밝았다가 사라졌다가 하였다.
	3	8	38년 정월 갑오일 밤	일경(一更)과 이경(二更)에, 사방에 모두 화색(火色)같은 붉은 기운(赤氣)이 있었다.
		11	38년 정월 정유일 밤	일경에는 남방에 붉은 기운이 치솟는 것이 불빛과 같았다. 그 가운데에 한줄기는 횃불과 같아서 하늘로 똑바로 올라갔는데, 길이가 2척이 넘고 혹 밝았다가 사라졌다가 하기를, 오랫동안 하다가 그쳤다. 이경에는 흰 기운의 한줄기가 세워놓은 빗자루 같았는데, 구진성(勾陳星)의 세번째 별을 뚫고 지나갔다. 길이가 1척 정도 되었고, 이경이 끝날무렵 사라졌다.
1605	3	21	38년 2월 정미일 밤	일경(一更)에 乾방과 동방과 남방에 화광(火光) 같은 붉은 기운(赤氣)이 있었다.

1606	1	30	선조 38년 12월 기사일	경기감사 이연구(李延龜)가 급히 상소를 올리기를 "수원부사 이경운(李慶澐)의 보고에 이달 22일 초경에 남쪽 하늘 끝에 붉은 기운 한줄기가 있었는데, 빛이 화염과 같았습니다. 그 형상이 베필을 펼쳐놓은 것 같고, 혹은 하늘끝까지 닿고 혹은 반쯤 닿았습니다. 갑자기 또 한줄기 길이 이어서 일어났는데, 그 형상이 먼저 것과 같았고, 삼경에야 소멸되었습니다. 치솟는 빛의 근처는 밝기가 희미한 달과 같았으니, 변괴가 보통일이 아닙니다"고 하였다.
	4	7	39년 3월 기사일 밤	일경에서 이경에 이르도록 붉은 기운이 있었다.
1611	3	10	광해군 3년 정월 정묘일	일경에 동서북의 세 방향에서 붉은 기운이 있었는데, 횃불과 같은 것이 다섯이나 있었다. 오랫동안 있다가 사라졌다.
1613	4	16	5년 2월 을묘일 밤	일경에 붉은 기운이 크게 한두바퀴 둘렸는데, 길이가 3~4장이나 되고 홰불과 같은 형상이었다. 북두성의 아래에 줄선 것이 셋이었고, 남방에 있는 것이 둘이었으며, 동방과 손방에 있는 것이 각기 하나였다.
1618	11	18	광해군 10년 10월 병진 밤	일경에 건·간방에 火光 같은 기운이 있었다.
	12	14	10년 10월 계미일 밤	동방에 화광(火光) 같은 기운이 있었다.
1619	1	4	10년 11월 갑진일 밤	창백기(蒼白氣)가 한줄로 뻗어나갔는데 건방에서 일어나 동방으로 가로 질렀다. 길이는 하늘에 달했고, 넓이는 2~3척 정도 되었다.
		5	10년 11월 을사일 밤	남방에 화광(火光) 같은 기운이 있었고, 또 붉은 기운(赤氣)이 바로 서 있었다. 길이는 3~4척에 달했고, 넓이는 1척이 넘었는데, 오랜 시간이 지나서 사라졌다.
		7	10년 11월 정미일 밤	동방에 화광(火光) 같은 기운이 있었다.
1623	3	28	15년 2월 무자일 밤	푸른 기운과 붉은 기운이 坤방으로부터 일어나 하늘의 한가운데로 향해가며 서로 치고받았다. 4경에 동남방에서 또 같은 현상이 일어났다.
1624	2	1	인조 2년 정월	1경에 사방에 붉은 기운이 있었는데, 형상이 매우 수상했다. 일반인들이 모두 보고 놀라고 두려

9장 부록

				워했다.
	21		2년 정월 임술일 밤	1경에 동방 손방 서방에 불빛과 같은 기운이 있었고, 4경에는 남방에 불빛과 같은 기운이 있었다.
	26		2년 정월 계해일 밤	삼경에 손방에 불빛같은 기운이 있었다. 사경 오경에 간방과 곤방에 불빛같은 기운이 있었다.
불같은 기운에 대한 기록 4건 생략				
1624	6	9	인조 2년 4월 정미일 밤	푸르고 붉은 기운이 서쪽으로부터 艮방을 가리켰다. 남방에 월광(月光)같은 기운이 있었다.
불같은 기운에 대한 기록 14건 생략				
1625	8	13	3년 7월 정사일 밤	푸르고 흰 기운이 한줄로 뻗어나갔는데, 간방의 하늘가에서 일어나 하늘 가운데로 가로 질렀고, 길이가 십여장(丈)에 달했다.
불같은 기운에 대한 기록 26건 생략				
1626	6	7	4년 5월 을묘일 밤	1경에 푸르고 흰기운이 하늘에 길을 냈는데, 坤방으로부터 일어나 중천을 가리켰다. 길이가 3~4장이었고, 넓이가 1척이었으며, 오랫동안 있다가 소멸되었다.
불같은 기운에 대한 기록 9건 생략				
1627	1	24	4년 12월 병오일 밤	1~2경에 푸르고 흰기운이 한줄기 있었는데, 艮방으로부터 일어나서 곧바로 乾방을 가리켰다. 길이가 3~4장이었다.
	2	4	4년 12월 정사일 밤	곤방과 동방과 손방에 불빛 같은 기운이 있었다.
		9	4년 12월 임술일 밤	남방과 간방에 불빛 같은 기운이 있었다.
1628	4	4	인조 6년 3월 임술일 밤	이경에 사방(四方)에 불빛 같은 기운이 있었다.
1629	9	4	7년 7월 경자일 동틀 무렵	푸르고 주홍색 불같은 기운이 있었다. 허깨비도 아니고 햇무리도 아닌 것이, 坤방에서 떠올라 곧바로 중천을 가리켰다. 넓이가 10척이었다.
1633	2	9	11년 정월 갑오일	붉은 기운(赤氣)이 높이 솟아 하늘을 찔렀다.
1634	3	16	인조 12년 2월 갑술일	달이 처음 떠오를 때, 횃불같은 형상의 붉은 기운

				(赤氣)이 있었다.
1635	12	15	13년 10월 무신일	동방에 불빛 같은 기운이 있었다.
1639	4	8	17년 3월 계해일	손방에 붉은 기운이 촛불같이 하늘을 밝혔다.
1648	11	16	26년 10월 계사일 밤	동방에 용사(龍蛇)같은 붉은 기운(赤氣)이 있었다.
1650	8	1	효종 원년 7월 병진일	해가 진 후 붉은 기운(赤氣) 두 갈래가 서쪽에서 동쪽을 가리켰다. 아래는 크고 위는 뾰족했으며, 길이는 각각 하늘에 이르렀고 넓이는 모두 수척(尺)에 달했다. 오랫동안 있다가 사라졌다.
불같은 기운에 대한 기록 4건 생략				
1675	1	31	숙종 원년 정월 을축일 밤	푸르고 붉은 기운(蒼赤氣)이 무지개 같았다.
불같은 기운에 대한 기록 33건 생략				
1747	4	10	영조 23년 초하루 신묘일 밤	사방(四方)에 불빛 같은 기운이 있었다.

북 두 성

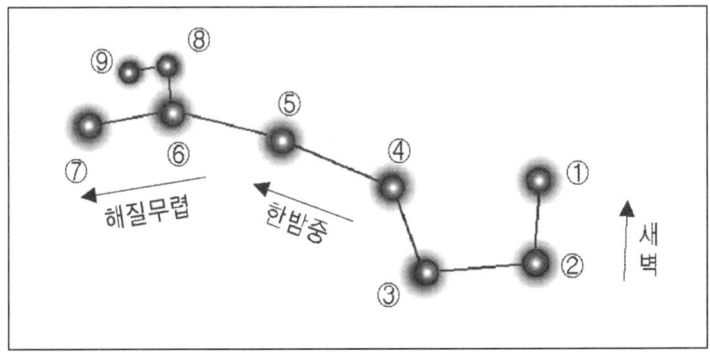

- 북두성이 가리키는 방향에 따라 월이 정해진다. 새벽에는 두번째 별에서 첫번째 별쪽으로 가리키는 방향이 해당월이고, 한밤중에는 세번째 별에서 네번째 별쪽으로 가리키는 방향이 해당월이며, 해질무렵에는 여섯번째 별에서 일곱번째 별쪽으로 가리키는 방향이 해당월이다. 예를 들어 해질무렵에 여섯번째 별에서 일곱번째 별쪽으로 가리킨 방향이 인방(寅方)이라면, 그 달은 인월(寅月:정월)이 된다. 또 축방(丑方)을 가리켰다면, 그 달은 축월(2월)이 된다.
- 북두성의 여덟번째 별은 보성(輔星)을 말하고, 아홉번째 별은 보성과 여섯번째 별의 사이에 있는 별이다. 보성은 동서양을 막론하고 널리 알려진 별이나, 아홉번째 별은 서양에서도 망원경이 고도로 발달한 요즈음에 와서야 비로소 알려지기 시작하였다. 그러나 동양에서는 도교(道教) 또는 기문학(奇門學) 등을 통해 일찍부터 알려진 별이다. 북두구성이라고 할 때는 이 두 별을 포함한 개념이다.

(1) 북두성의 진군(眞君)이름

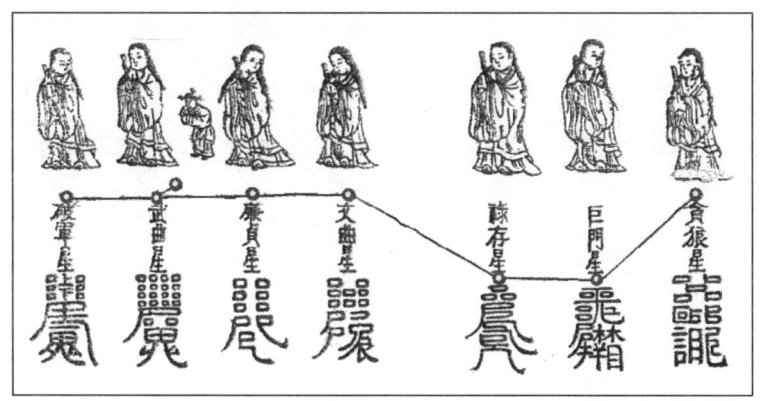

북두성의 첫번째 별은 양명 탐랑 태성군(陽明貪狼太星君)이니 자(子)년에 태어난 사람이 이에 속하고,

북두성의 두번째 별은 음정 거문 원성군(陰精巨門元星君)이니 축(丑)년과 해(亥)년에 태어난 사람이 이에 속하며,

북두성의 세번째 별은 진인 녹존 정성군(眞人祿存貞星君)이니 인(寅)년과 술(戌)년에 태어난 사람이 이에 속하고,

북두성의 네번째 별은 현명 문곡 뉴성군(玄冥文曲紐星君)이니 묘(卯)년과 유(酉)년에 태어난 사람이 이에 속하며,

북두성의 다섯번째 별은 단원 염정 강성군(丹元廉貞罡星君)이니 진(辰)년과 신(申)년에 태어난 사람이 이에 속하고,

북두성의 여섯번째 별은 북극 무곡 기성군(北極武曲紀星君)이니 사(巳)년과 미(未)년에 태어난 사람이 이에 속하며,

북두성의 일곱번째 별은 천충 파군 관성군(天衝破軍關星君)

이니 오(午)년에 태어난 사람이 이에 속하고,

북두성의 여덟번째 별은 통명 외보성군(洞明外輔星君)이며,

북두성의 아홉번째 별은 은광 내필성군(隱光內弼星君)이다.

- 외보성군은 밖에서 보필하는 것이고, 내필성군은 안에서 보필한다는 뜻이다.

(2) 북두칠성의 각별에 속한 태어난 해

북두칠성	괴성(선기)				표성(옥형)		
	1성	2성	3성	4성	5성	6성	7성
태어난 해	자	축·해	인·술	묘·유	진·신	사·미	오

- 예를들어 경자생은 1성인 탐랑성과 인연을 맺고 태어났다고 본다.

(3) 북두성과 오행

북두성	1성	2성	3성	4성	5성	6성	7성	8성	9성
둔갑경의 신이름	천영 天英	천임 天任	천주 天柱	천심 天心	천금 天禽	천보 天輔	천충 天衝	천내 天內	천봉 天逢
별명	자살 子殺	자금 子金	자위 子違	자양 子襄	자공 子公	자문 子文	자교 子翹	자성 子成	자경 子經
북두	탐랑성	거문성	녹존성	문곡성	염정성	무곡성	파군성	외보성	내필성
오행	토	금	수	목	화	토	금	수	목

(4) 북두성(9성)과 해당 28수(회남자의 설)

북두성	1성	2성	3성	4성	5성	6성	7성	8성	9성
28수	귀·류·성	기·두·우	위·묘·필	벽·규·루	각·항·저	장·익·진	방·심·미	자·삼·정	여·허·위·실
9천	炎天	變天	昊天	幽天	鈞天	陽天	蒼天	朱天	玄天
구궁	離宮	艮宮	兌宮	乾宮	中宮	巽宮	震宮	坤宮	坎宮
방위	남	동북	서	서북	중앙	동남	동	서남	북

(5) 북두성(7성)과 해당 28수(둔갑경의 설)

북두칠성	괴성(선기)				표성(옥형)		
	1성	2성	3성	4성	5성	6성	7성
28수	실·벽 귀·루	위·묘 필·자	삼·정 귀·류	성·장 익·진	각·항 저·방	심·미 기·두	우·여 허·위

(6) 북두칠성 각각의 네 이름

	1성	2성	3성	4성	5성	6성	7성
춘추합성도	추성 樞星	선성 璇星	기성 璣星	권성 權星	형성 衡星	개양성 開陽星	표광성 標光星
황제두도	탐랑성 貪狼星	거문성 巨門星	녹존성 祿存星	문곡성 文曲星	염정성 廉貞星	무곡성 武曲星	파군성 破軍星
공자원진경	양명성 陽明星	음정성 陰精星	진인성 眞人星	현명성 玄冥星	단원성 丹元星	북극성 北極星	천개성 天開星
둔갑경	괴진성 魁眞星	괴원성 魁元星	권구극성 權九極星	괴세성 魁細星	필강성 韠剛星	보기성 韛紀星	표현양성 飄玄陽星

(7) 북두주와 삼관보호경

북두성에 생명을 연장시키는 방술과 주문이 있어서, 중국의 삼국시대에 이미 제갈공명이 북두성에 생명을 빌었다는 기록이 있다. 생명과 복덕을 주며 재난을 멸한다는 주문 중에 대표적인 것 둘을 소개하면 다음과 같다.

- 경을 외는 자는 재계하고 의관을 엄정하게 하며 성심으로 기운을 안정시키며, 이를 세 번 부딪쳐 침이 고이게 한후(叩齒), 낭랑하고 삼가는 음성으로 아래의 주문을 외우면 자연히 감응이 올 것이다.

① 북두주(北斗呪)

北斗九辰	中有七神[1]	上朝金闕	下覆崑崙
북두구신	중유칠신	상조금궐	하부곤륜
調理綱紀	統制乾坤	大魁貪狼	巨門祿存
조리강기	통제건곤	대괴탐랑	거문녹존
文曲廉貞	武曲破軍	高上玉皇	紫微帝君
문곡염정	무곡파군	고상옥황	자미제군
大周法界[2]	細入微塵	何災不滅	何福不臻[3]
대주법계	세입미진	하재불멸	하복부진
元皇正氣	來合我身	天罡所指	晝夜常輪
원황정기	내합아신	천강소지	주야상륜
俗居小人	好道求靈	願見尊儀	永保長生
속거소인	호도구령	원현존의	영보장생
三台虛精	六淳曲生	生我養我	護我身形
삼태허정	육순곡생	생아양아	호아신형

魁㪍䰡魳䰤魸鬼㒵尊帝　急急如律令娑婆訶
괴 작 관 행 필 보 표 존 제　　급 급 여 율 령 사 바 하

북두의 아홉별 가운데는 / 하늘의 일곱신이 있으니(북두의 아홉별은 중천의 대신이니) / 위로는 자미원의 금궐에 조회하고 / 아래로는 곤륜산을 덮었네

기강을 다스리고 / 건·곤을 통제하시니 / 으뜸은 탐랑이고 / 거문과 녹존이며 / 문곡과 염정 / 무곡과 파군이 차례하니 / 높고도 높은 옥황상제로 / 자미원의 임금이시네

크게는 세상(하늘세상)의 법을 세우고 / 작게는 미세한 티끌 안에도 들어가니 / 어떤 재앙인들 없애지 못하며 / 어떤 복인들 이루지 못하랴

위대하신 하늘 황제의 바른 정기가 / 내몸에 와서 합하고 / 북두의 가리키는 바는 / 낮과 밤으로 멈추지 않네 / 속세에 있는 소인이 / 도를 좋아하여 신령스러움을 구하오니 / 원컨대 존귀한 모습을 알현하여서 / 영원토록 오래 살기를 기원합니다

삼태성의 상태 허정개덕성군(上台虛精開德星君)과 / 중태 육순사공성군(中台六淳司空星君)과 하태 곡생사록성군(下台曲生司祿星君)이시여 / 나를 낳아주시고 길러주시며 / 나의 몸을 지켜주십시오

괴(魁眞星)·작(魁元星)·관(欋九極星)·행(魁細星)·필(鬼羼剛星)·

보(魑䳾紀星)·표(飄玄陽星)의 존귀한 상제시여! 율령과 같이 급하고도 급하게 보살피십시오. 사바하.

- 1) "大周法界"가 "대주천계(大周天界)"로 되어있는 판본도 있다.
- 2) "中有七神"이 "중천대신(中天大神)"으로 되어있는 판본도 있다.
- 3) "何福不臻"이 "하복불성(何福不成)"으로 되어있는 판본도 있다.

② **삼관보호경**(三官寶號經)

北極玄穹	紫微帝庭	泰山岱嶽	水國清冷
북극현궁	자미제정	태산대악	수국청냉
綱維三界	統御萬靈	三元較籍	善惡攸分
강유삼계	통어만령	삼원교적	선악유분
齋戒禮誦	無願不成	消灾赦罪	請福延生
재계예송	무원불성	소재사죄	청복연생
至眞妙道	功德無邊	大悲大願	大聖大慈
지진묘도	공덕무변	대비대원	대성대자
上元一品	賜福天官	紫微大帝	中元二品
상원일품	사복천관	자미대제	중원이품
赦罪地官	青虛大帝	下元三品	解厄水官
사죄지관	청허대제	하원삼품	해액수관
洞陰大帝	三元主宰	三百六十	感應天尊
통음대제	삼원주재	삼백육십	감응천존
女青眞人	考較曹官		
여청진인	고교조관		

북극의 현묘한 하늘은 / 자미원 상제의 뜰이고(천관) / 태산과 대악이며(지관) / 수국의 맑고 참이니(수관) / 삼계를 벼리하고 / 만가지 신령을 통어하네

삼원의 명부에는 / 선악을 나누었으나 / 재계하여 예로써 외우면 / 원하는 바를 이루지 못함이 없고 / 재앙을 없애고 죄를 사해주며 / 복을 부르고 생명을 연장하네

지극히 참되고 현묘한 도이며 / 공용과 덕이 끝이 없으며 / 크게 가엾이 여겨 크게 서원(誓願)하시며 / 크게 성(聖)스러워 크게 자비로우시네

상원은 일품으로 / 복을 주는 천관(天官)이니 / 자미대제이시고 / 중원은 이품으로 / 죄를 사해주는 지관(地官)이니 / 청허대제이시며 / 하원은 삼품으로 / 액운을 풀어주는 수관(水官)이니 / 동음내제이시네 / 삼원을 주재하여 / 삼백육십가시일이니 / 천존이 감응하신 / 이 세 관리는 / 하늘의 판결관일세[1]

1] 상원의 천관(天官)을 원양대제 자미제군(元陽大帝 紫微帝君)이라 부르고, 중원의 지관(地官)을 청허대제 청령제군(靑虛大帝 靑靈帝君)이라 부르며, 하원의 수관(水官)을 통음대제 양곡제군(洞陰大帝 暘谷帝君)이라 부른다. 여기서 '천존'은 이 세분의 관리에게 세상일을 통어하도록 맡기신 원시천존을 이른다.

전적(典籍)에 나타난 28수의 이름

	堯典	洪範	夏小正	詩經	좌전·국어	이아	월령	회남자	사기
각					辰角	角	角	角	角
항					天根·本	亢	亢	亢	亢
저						氏	氏	氏	氏
방	火		大火	火		房	房	房	旁
심					農祥·天駟	心	心	心	心
미					龍·火	尾	尾	尾	尾
기		好風		箕		箕		箕	箕
두						斗	斗·建星	斗	建星
우				牽牛		牽牛	牽牛	牽牛	牽牛
녀			織女	織女			織女	須女	婺女
허	虛					虛	虛	虛	虛
위							危	危	危
실						定營室	營室	營室	營室
벽				定	天廟·營室	東壁	東壁	東壁	東壁
규						奎	奎	奎	奎
루						婁	婁	婁	婁
위							胃	胃	胃
묘	昴		昴	昴		昴		昴	留
필		好雨		畢		畢	畢	畢	濁
자						觜雟	觜雟		
삼			參	參		參	參		參罰
정							東井	東井	狼
귀							弧	輿鬼	弧
류					柳昧	柳	柳		注
성	鳥				주·鶉火		七星	七星	張
장								張	星
익							翼	翼	翼
진							軫	軫	軫

불가(佛家)에서의 28수 명칭

방위	28수	舍頭諫經			摩登迦經		宿曜經	
		譯名	별명	星數	梵別名	성수	범별명	성수
동방칠수	묘	名稱	居火	6	毗舍延	6	其尼裒若	6
	필	長育	俱縣	5	婆羅婆	5	瞿曇	5
	자	鹿首	長育	3	鹿氏	3	婆羅墮闍	3
	삼	生養	最取	1	安氏	1	盧醯底耶	1
	정	增財	伐出	3	安氏	2	婆私瑟咤	2
	귀	熾盛	烏和苦	3	烏波若	3	謨闍邪那	3
	류	不觀	慈氏	5	龍氏	1	曼陀羅邪	6
남방칠수	성	土地	邊垂	5	賓伽羅	7	瞿必毗耶那	6
	장	前德	俱縣	3	善氏	2	瞿那律耶	2
	익	北德	十里	2	憍尸迦	2	遏咥黎	2
	진	象	迦葉	5	奢摩延	5	跋蹉耶那	5
	각	彩畵	伊羅所乘	1	質多延	1	僧伽羅耶那	2
	항	善元	善所乘	1	赤氏	1	蘇那	1
	저	善格	巳彼	2	桑遮延	2	邐但利	4
서방칠수	방	悅可			阿藍婆	4	多羅毗耶	4
	심	尊長	長所乘	3	迦栴延	3	僧訖利底耶那	3
	미	根元	號所乘	3	迦栴延	7	迦低那	2
	기	前魚	財所乘	4	迦栴延	4	刺波耶尼	4
	두	北魚	向所作	4	迦羅延	4	毗耶羅那	4
	우	無容	梵所乘	3	梵氏	3	奢拿耶那	3
	녀	耳聰		3	迦栴延	3	目揭連耶那	3
북방칠수	허	貪財	造眼	4	憍陳如	4	波私迦耶	4
	위	百毒	垂魅	1	單茶延	1	丹茶耶	1
	실	前賢迹	生耳	2	闍罻那	2	闍耶尼	2
	벽	北賢迹	不	2	陀闍延	2	瞿摩多羅	2
	규	流灌	妙畢	1	八姝氏	1	曼陀鼻耶	32
	루	馬師	馬師	3		2	河說耶尼	3
	위	長息	佳	5	拔伽	3	婆栗笈	3

9장 부록

531

윷판도

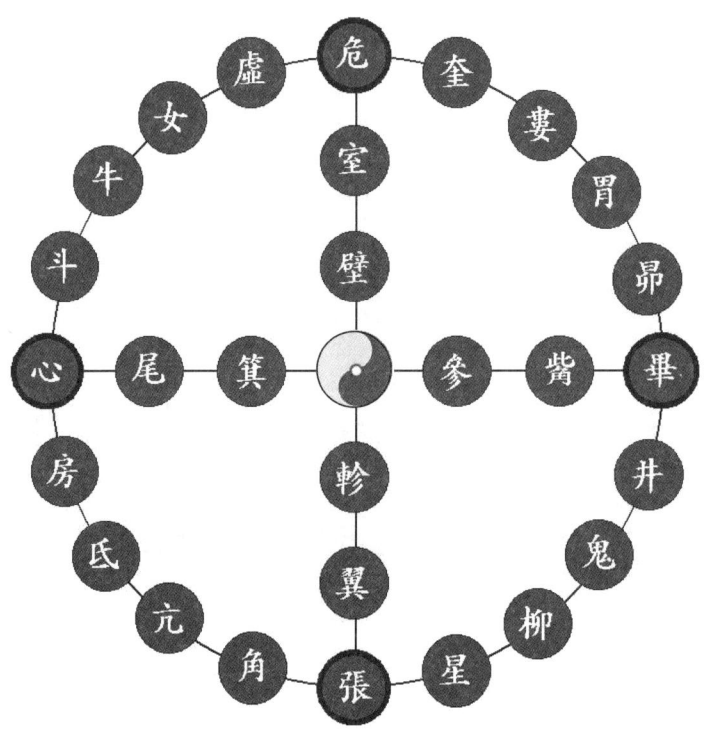

- 삼국시대 이전부터 전해 내려오는 윷판은 천문관측기구를 겸했다는 설이 유력하다. 김문표(金文豹:조선 선조)에 의하면 "윷판의 바깥이 둥근 것은 하늘을 본뜬 것이고, 안의 모난 것은 땅을 본뜬 것이니, 하늘이 땅을 둘러싼 형상이다. 가운데의 한 점은 북두의 추성(樞星)이고, 주변의 28점은 28수를 형상한 것이다.…"고 하였다.

오천오운도(五天五運圖)

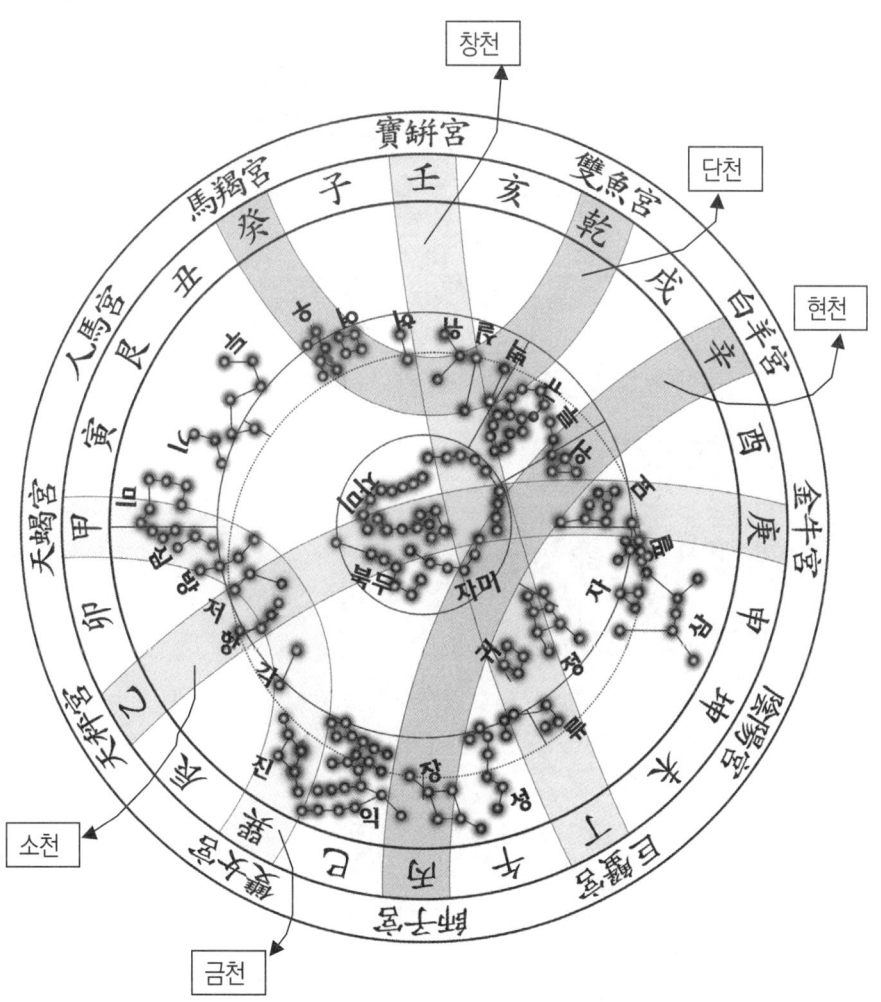

- 오행기운(五行氣運)의 흐름이 하늘에 나타난 것이 오천(五天)이다. 이 그림은 오천을 28수를 중심으로 방위와 더불어 표시한 것이다.「천문학 개략」의 '오천과 오운' 참조.

28수의 배당(우리나라)

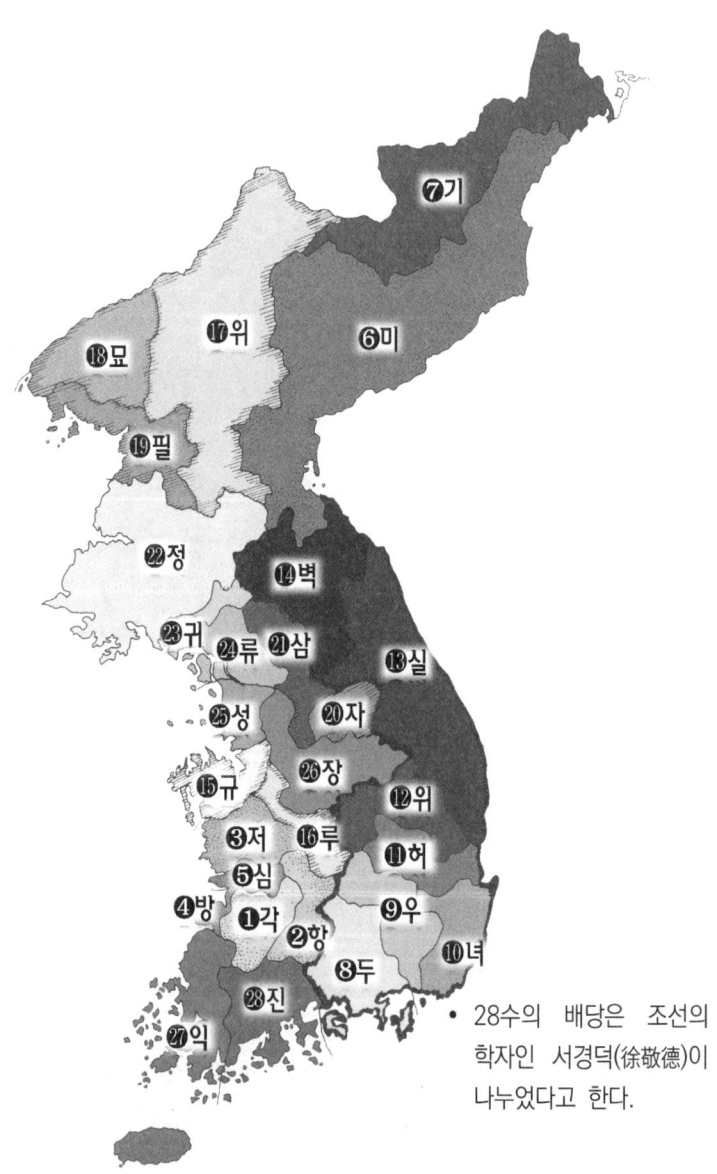

- 28수의 배당은 조선의 학자인 서경덕(徐敬德)이 나누었다고 한다.

28수의 배당(중국)

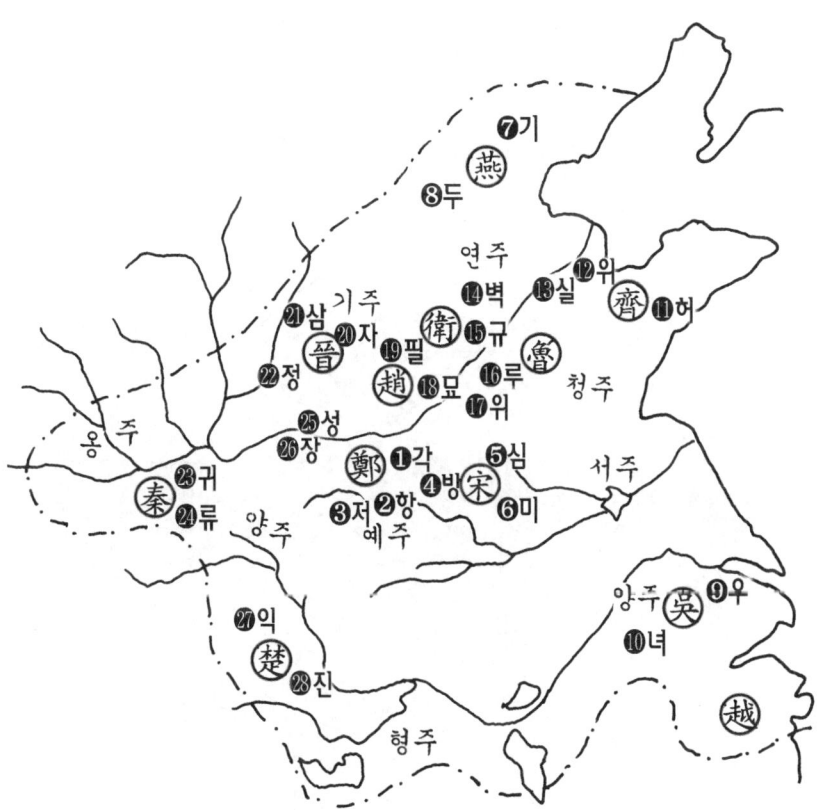

- 중국을 구주로 나누고, 여기에 28수가 관할하는 영역을 배당한 것이다.

24절기

24기 斗綱圖

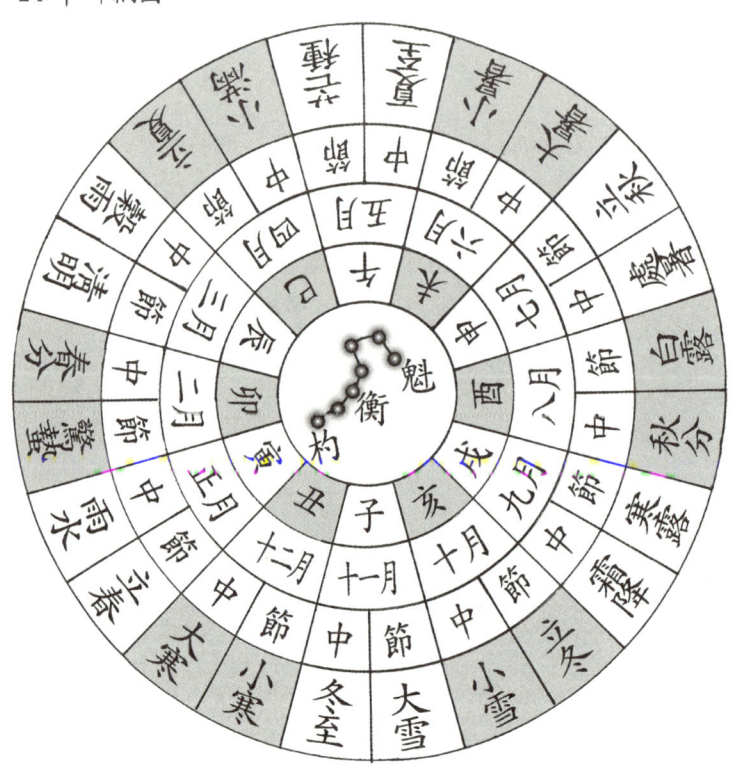

- 5일이 1후(候)가 되니, 3후는 15일이 된다. 15일이 1기(氣)가 되니, 1년에는 24기가 있게 된다. 6기는 90일이 되므로 1계절이 되고, 4계절이 쌓인 365일 25각(刻)이 1년이 된다.
- 「천상열차분야지도」에 의하면 24절기는 각기 아래의 별자리에서 태양이 만나는 점을 그 기점으로 하고 있다.

24절기	만나는 지점	
	저물 때	새벽
동지(冬至)	실수(室宿)	진수(軫宿)
소한(小寒)	벽수(壁宿)	항수(亢宿)
대한(大寒)	규수(奎宿)	저수(氐宿)
입춘(立春)	위수(胃宿)	저수(氐宿)
우수(雨水)	필수(畢宿)	심수(心宿)
경칩(驚蟄)	삼수(參宿)	미수(尾宿)
춘분(春分)	정수(井宿)	미수(尾宿)
청명(淸明)	정수(井宿)	기수(箕宿)
곡우(穀雨)	성수(星宿)	두수(斗宿)
입하(立夏)	장수(張宿)	두수(斗宿)
소만(小滿)	익수(翼宿)	우수(牛宿)
망종(芒種)	진수(軫宿)	여수(女宿)
하지(夏至)	항수(亢宿)	위수(危宿)
소서(小暑)	저수(氐宿)	실수(室宿)
대서(大暑)	방수(房宿)	벽수(壁宿)
입추(立秋)	미수(尾宿)	규수(奎宿)
처서(處暑)	미수(尾宿)	위수(胃宿)
백로(白露)	기수(箕宿)	묘수(昴宿)
추분(秋分)	두수(斗宿)	삼수(參宿)
한로(寒露)	두수(斗宿)	정수(井宿)
상강(霜降)	두수(斗宿)	정수(井宿)
입동(立冬)	여수(女宿)	성수(星宿)
소설(小雪)	허수(虛宿)	장수(張宿)
대설(大雪)	위수(危宿)	익수(翼宿)

여기서 '저물 때'란 해가 질 때를 말하며, '새벽'이란 해가 뜰 때를 말한다.

세월이 흘러 우주의 운행도수와 책력간에 차이가 생길 때 책력을 고치는 것이 원칙이지만, 왕조가 바뀔 때마다 혹은 정권이 바뀔 때 왕권을 합리화하고 강화하기 위한 수단으로 책력을 수정하기도 하였다. 「천상열차분야지도」는 조선 초기(1390년대)를 기준으로 한 것이다. 현재는 추분점이 오방(午方)에, 춘분점이 자방(子方)에 가깝다.

12차와 12분야

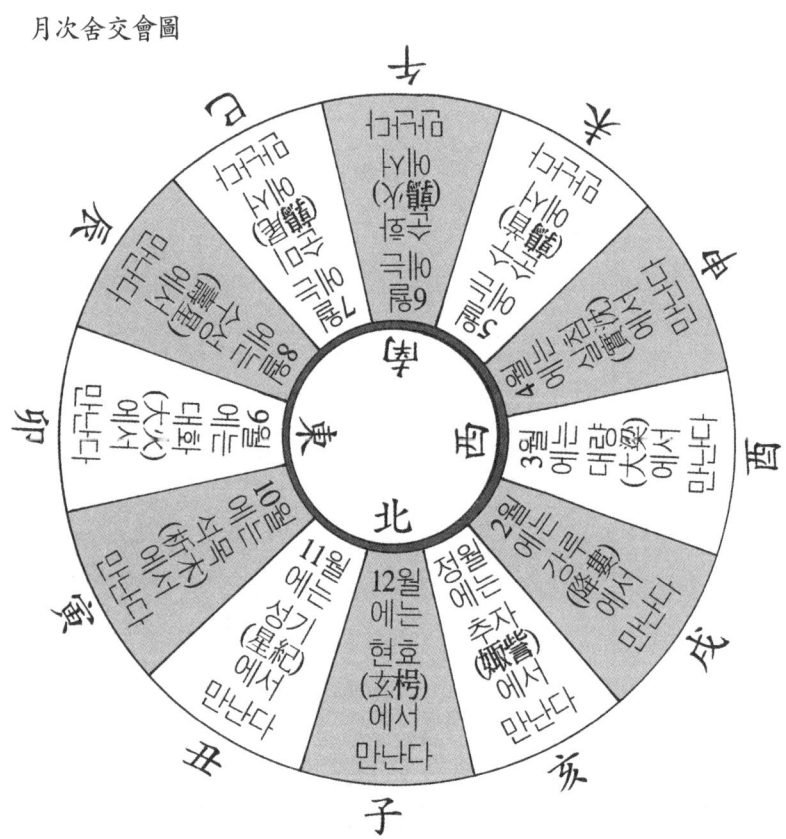

月次舍交會圖

- 해와 달은 1년에 12번 만나게 되는데, 이 만나는 점을 12차 또는 12차 사라고 한다. 여기서 제일 바깥 원의 子丑寅 등 지지는 방향을 표시한다.

「천상열차분야지도:天象列次分野之圖」에 의하여 12차와 지상의 해당하는 분야를 나누면 다음과 같다.

① 진수(軫宿) 12도부터 저수(氐宿) 4도까지의 31도가 수성(壽星)의 영역이고, 정(鄭)나라 즉 연주(兗州)의 분야(分野)이며, 때로는 진(辰)에 해당한다(12황도궁으로는 천칭궁이다).

② 저수(氐宿) 5도부터 미수(尾宿) 9도까지의 30도가 대화(大火)의 영역이고, 송(宋)나라 즉 예주(豫州)의 분야(分野)이며, 때로는 묘(卯)에 해당한다(12황도궁으로는 천갈궁이다).

③ 미수(尾宿) 10도부터 두수(斗宿) 11도까지의 31도가 석목(析木)의 영역이고, 연(燕)나라 즉 유주(幽州)의 분야(分野)이며, 때로는 인(寅)에 해당한다(12황도궁으로는 인마궁이다).

④ 두수(斗宿) 12도부터 여수(女宿) 7도까지의 30과 1/4도가 성기(星紀)의 영역이고, 월(越)나라 즉 양주(揚州)의 분야(分野)이며, 때로는 축(丑)에 해당한다(12황도궁으로는 마갈궁이다).

⑤ 여수(女宿) 8도부터 위수(危宿) 15도까지의 30도가 현효(玄枵)의 영역이고, 제(齊)나라 즉 청주(靑州)의 분야(分野)이며, 때로는 자(子)에 해당한다(12황도궁으로는 보병궁이다).

⑥ 위수(危宿) 16도부터 규수(奎宿) 4도까지의 31도가 추자(娵訾)의 영역이고, 위(衛)나라 즉 병주(幷州)의 분야(分野)이

며, 때로는 해(亥)에 해당한다(12황도궁으로는 쌍어궁이다).

⑦ 규수(奎宿) 5도부터 위수(胃宿) 6도까지의 30도가 강루(降婁)의 영역이고, 노(魯)나라 즉 서주(徐州)의 분야(分野)이며, 때로는 술(戌)에 해당한다(12황도궁으로는 백양궁이다).

⑧ 위수(胃宿) 7도부터 필수(畢宿) 11도까지의 30도가 대량(大梁)의 영역이고, 조(趙)나라 즉 기주(冀州)의 분야(分野)이며, 때로는 유(酉)에 해당한다(12황도궁으로는 금우궁이다).

⑨ 필수(畢宿) 12도부터 동정수(東井宿) 15도까지의 31도가 실침(實沈)의 영역이고, 진(晉)나라 즉 익주(益州)의 분야(分野)이며, 때로는 신(申)에 해당한다(12황도궁으로는 음양궁이다).

⑩ 동정수(東井宿) 16도부터 류수(柳宿) 8도까지의 30도가 순수(鶉首)의 영역이고, 진(秦)나라 즉 옹주(雍州)의 분야(分野)이며, 때로는 미(未)에 해당한다(12황도궁으로는 거해궁이다).

⑪ 류수(柳宿) 9도부터 장수(張宿) 16도까지의 30도가 순화(鶉火)의 영역이고, 주(周)나라 즉 삼하(三河)의 분야(分野)이며, 때로는 오(午)에 해당한다(12황도궁으로는 사자궁이다).

⑫ 장수(張宿) 17도부터 진수(軫宿) 11도까지의 31도가 순미(鶉尾)의 영역이고, 초(楚)나라 즉 형주(荊州)의 분야(分野)이며, 때로는 사(巳)에 해당한다(12황도궁으로는 천갈궁이다).

태을천문도(太乙天文圖)

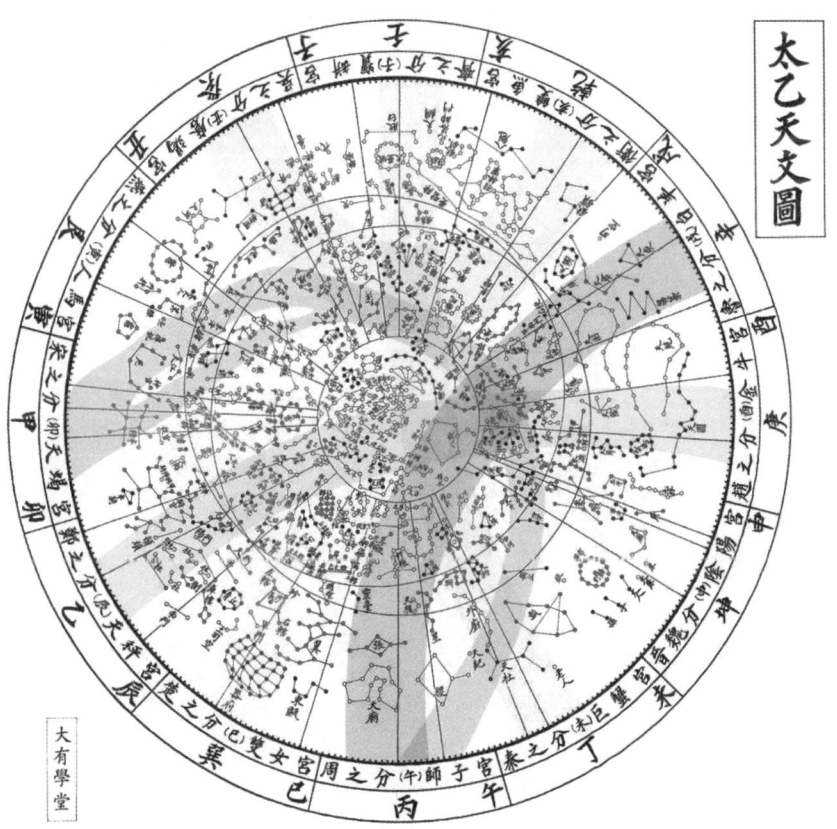

- 천상열차분야지도를 모범으로 하여, 영대비원 어정성력고원 삼재도회 대원력기 천문류초 등을 참고하여 만든 천문도이다. 여기서는 오천(五天)과 은하수, 그리고 밝기 등을 표시하는 색깔을 표시하지 않았다.

선기옥형도(璇璣玉衡圖)

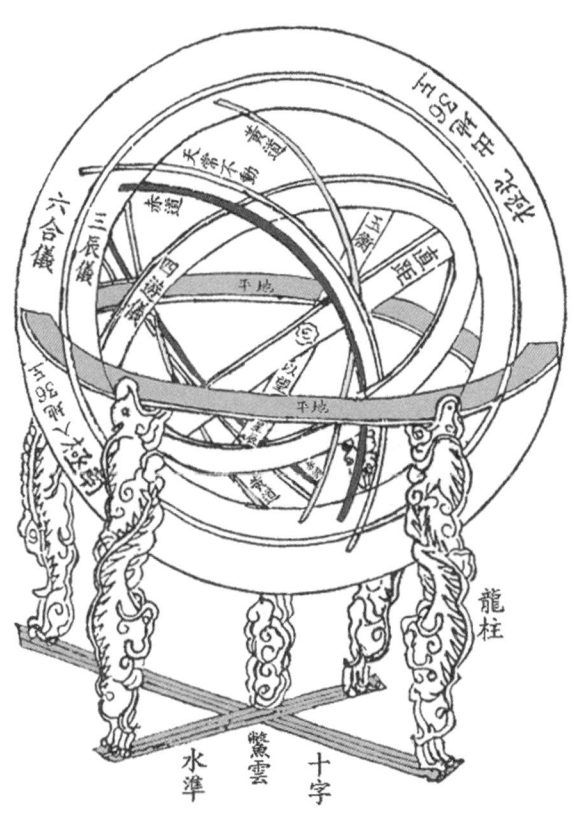

- 선기옥형은 고대의 황도와 적도 등 천문을 관측하는데 쓰는 기기이다. 후대에 혼천의(渾天儀)와 같다고 보나 그 자세한 기록은 없다. 다만『서경』의 요전에 당시 천문관이던 희씨(羲氏)와 화씨(和氏)에게 일월성신(日月星辰)을 관측케하여 책력을 만들었을 때, 이미 선기옥형을 썼던 것으로 생각된다.

혼천의(渾天儀)

- 천제의 위치를 관측하는 기구이다. 특히 하늘의 적도좌표와 황도를 관측하는데 유용하다.

혼천의

- 1700년대 홍대용이 만든 것으로 전해지는 혼천의, 시계장치에 연결되어 일월오성과 28수 등 천체의 위치는 물론 시간도 알 수 있게 하였다. 숭실대학교 박물관소장.

앙부일구(仰釜日晷)와 휴대용 앙부일구

- 앙부일구(仰釜日晷)는 절기와 시간을 동시에 알 수 있게 만든 해시계의 일종이다. 또 글자를 모르는 사람을 위해 12지신(時神)을 그려놓기 도 하였다. 앙부일구는 공공장소(1434년 10월 2일에 혜정교와 종묘 앞에 설치)에 배치되어 여러 사람이 볼 수 있게 만듦으로써, 우리나라 최초의 공중시계 역할을 하였다.

일성정시의(日星定時儀)

- 앙부일구 현주일구 천평일구 정남일구 등과 더불어 세종 때 만들어진 해시계로 낮에만 시간을 알 수 있는 해시계의 단점을 보완하여 밤낮으로 시간을 알 수 있게 한 일성정시의(日星定時儀)다. 적도와 평행하게 설치한 주천도수(周天度數)고리와 해시계고리 및 별시계고리의 세 원반으로 이루어져 낮에는 해시계(日)로 밤에는 별시계(星)로 활용되었다. 세종 때 모두 네 벌을 만들어 두 벌은 경복궁 안뜰과 서운관에 설치하여 시간을 측정하고 나머지 두 벌은 함길도 절제사의 영과 평안도 절제사의 영에 각각 설치하여 군사용으로 쓰게 하였다.

송이영의 혼천시계

- 조선 현종 10년(1669년)에 천문학교수 송이영이 제작한 천문시계. 조선 효종 때 홍처윤 이민철 최유지로 이어지며 발달한 천문시계의 발명(이상은 수력시계로 하늘을 관찰할 수 있는 혼천의에 시계를 연결한 것)에 이어 서양식 기계동력을 접목시킨 세계적인 발명품이다.

보루각(報漏閣)과 자격루(自擊漏)의 복원 그림

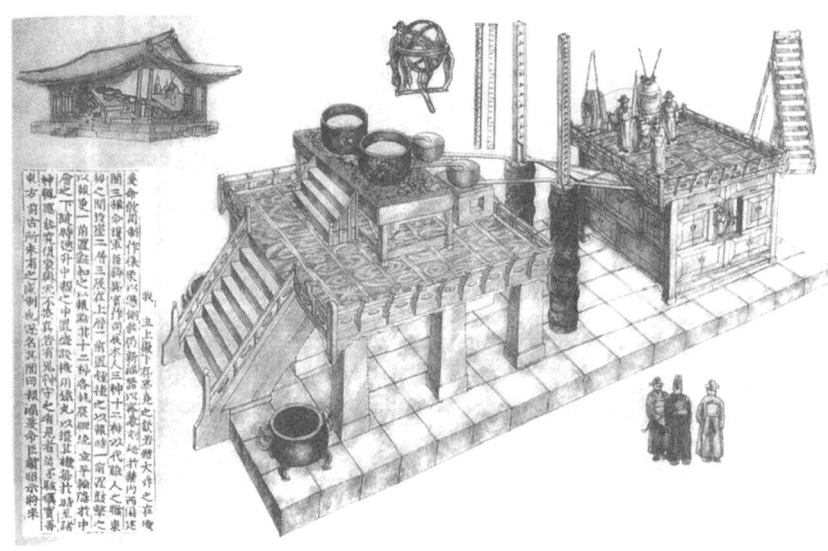

- 보루각(報漏閣)과 자격루(自擊漏)의 복원 그림. 세종 때 장영실의 자격루를 『세종실록』 보루각기를 연구 고증하여 남문현 교수가 복원한 자격루 그림이다.

자격루와 측우대

- 왼쪽 그림은 세종 16년(1434) 장영실이 처음 제작한 자동물시계를 중종 31년(1536)에 개량하여 제작한 것이다.
- 오른쪽 측우대는 1441년에 발명한 것으로, 조선시대의 관상감과 각 도의 감영에 설치하여 비의 양을 측정한, 세계 최초의 기상관측 장비였다.

한나라 京房이 64괘를 오성과 28수에 배당함

주역 64괘를 8궁으로 배열하고, 여기에 28수와 5성을 배당하였다. 64괘는 먼저 설괘전의 순서에 따라, 남자괘(건→진→감→간)를 배열하고 이어 여자괘(곤→손→리→태)를 배열하여 팔궁의 주인이 되도록 하고, 주인괘를 필두로 주인괘에 소속된 7괘(1세괘→2세괘→3세괘→4세괘→5세괘→유혼괘→귀혼괘)를 각기 차례대로 배열하였다.

오성은 토성→ 금성→ 수성→ 목성→ 화성의 상생순서로 각기 12번을 순환하고, 끝으로 토성→ 금성→ 수성→ 목성을 한 번 더 배열함으로써 토성으로 시작하여 목성으로 끝나게 하였다.

28수는 서방7수의 마지막 별인 삼수를 필두로, 남방7수(정→귀→류→성→장→익→진)를 배열하고, 이어 동방7수(각→항→저→방→심→미→기)를 배열하고, 이어 북방7수(두→우→여→허→위→실→벽)를 배열하고, 이어 서방7수(규→루→위→묘→필→자→삼)을 배열하되, 28수를 각기 2번씩 배열하고 서방7수의 마지막 별인 삼수와 남방7수는 한 번 더 배열함으로써,

坤方의 삼수에서 시작하여 巽方의 진수로 끝나게 하고, 艮方의 기수와 두수가 28수의 중심에 서서 음양의 변화를 주관하게 하였다.

		八純卦	一世 1변	二世 2변	三世 3변	四世 4변	五世 5변	遊魂 6변	歸魂 7변
64괘		乾	姤	遯	否	觀	剝	晉	大有
오성		토	금	수	목	화	토	금	수
28수		삼	정	귀	류	성	장	익	진
64괘		震	豫	解	恒	升	井	大過	隨
오성		목	화	토	금	수	목	화	토
28수		각	항	저	방	심	미	기	두
64괘		坎	節	屯	旣濟	革	豊	明夷	師
오성		금	수	목	화	토	금	수	목
28수		우	녀	허	위	실	벽	규	루
64괘		艮	賁	大畜	損	睽	履	中孚	漸
오성		화	토	금	수	목	화	토	금
28수		위	묘	필	자	삼	정	귀	류
64괘		坤	復	臨	泰	大壯	夬	需	比
오성		수	목	화	토	금	수	목	화
28수		성	장	익	진	각	항	저	방
64괘		巽	小畜	家人	益	无妄	噬嗑	頤	蠱
오성		토	금	수	목	화	토	금	수
28수		심	미	기	두	우	녀	허	위
64괘		離	旅	鼎	未濟	蒙	渙	訟	同人
오성		목	화	토	금	수	목	화	토
28수		실	벽	규	루	위	묘	필	자
64괘		兌	困	萃	咸	蹇	謙	小過	歸妹
오성		금	수	목	화	토	금	수	목
28수		삼	정	귀	류	성	장	익	진

최석기 선생의 地體一元大運圖

　동주 최석기 선생은 지구가 오르고 내림으로써, 4계절의 변화가 있다고 보았다.

　1원을 12만 7680년으로 보고 이를 자회 축회 인회 … 술회 해회의 12로 나누어, 매 회가 1만 640년씩 되도록 하였다. 지구는 자회에서 하늘의 적도를 기준으로 가장 아래로 내려가고, 차츰 차츰 올라가기 시작하여 오회에서 가장 위로 올라갔다가 다시 차츰 내려온다고 하였다. 지구가 올라갈 때는 1회에 18도씩 올라가므로 약 600년에 1도 오르고, 내려갈 때는 1회에 18도씩 내려가므로 약 600년에 1도 내려가는데, 지구가 올라길수록 따뜻해지고 내려길수록 추워진다.

地體一元大運圖

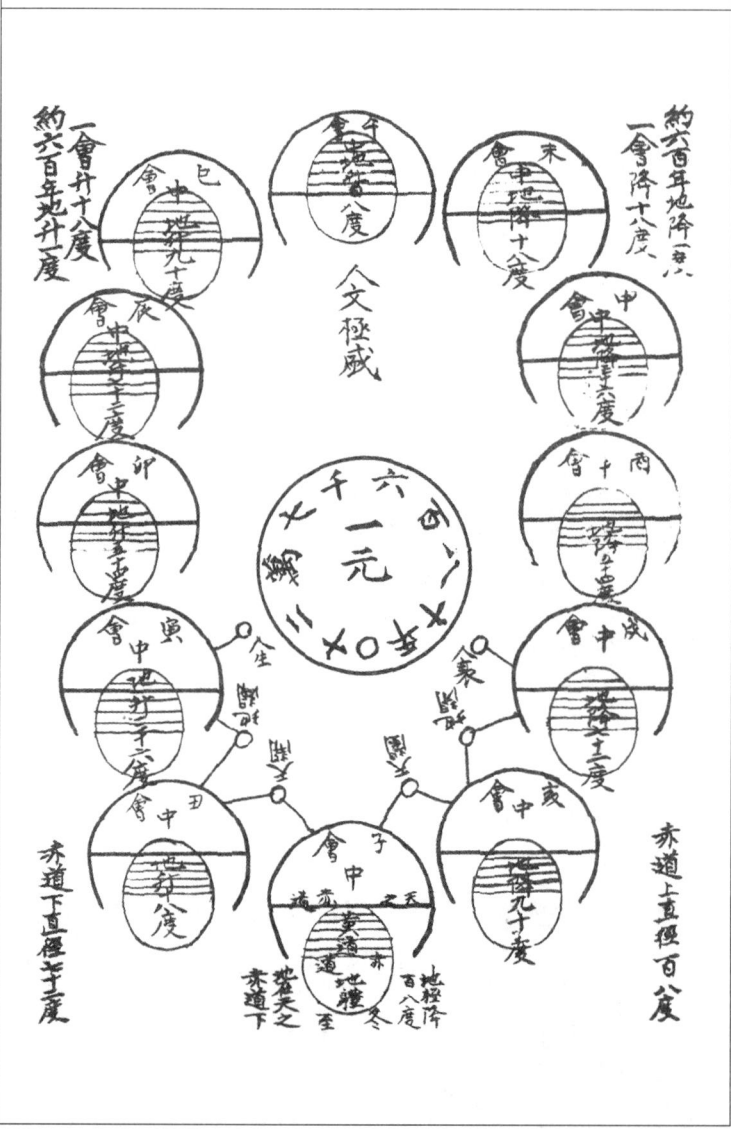

동서양 비교천문도(부분)

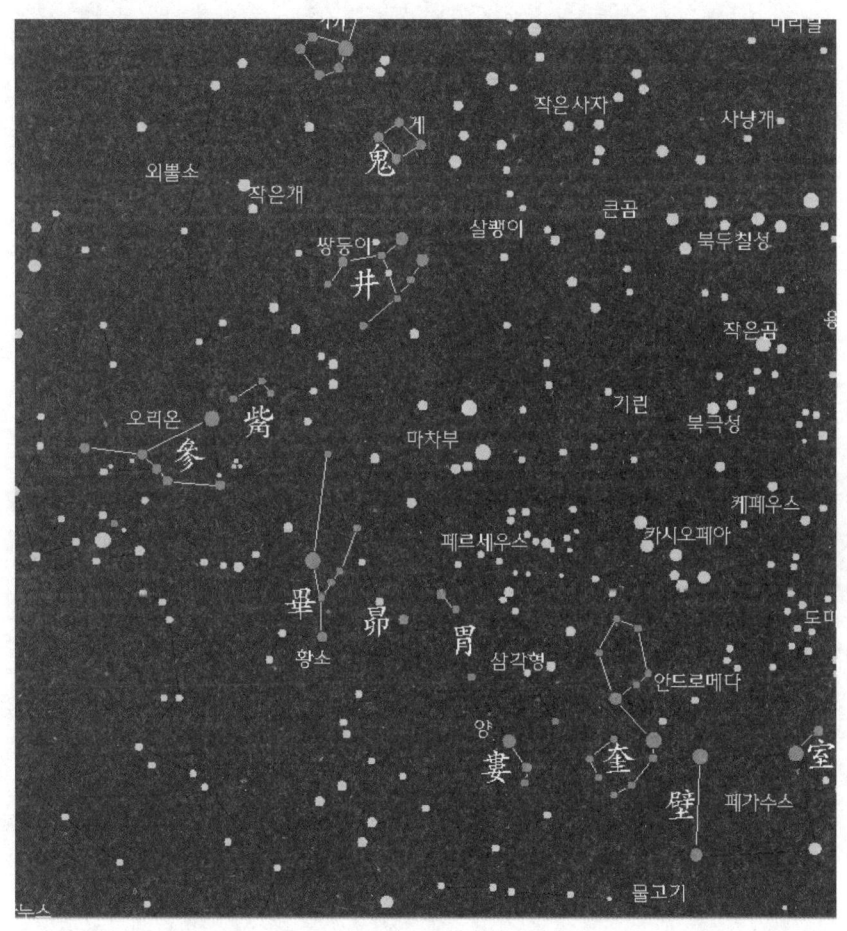

- 태을천문도(대유학당 刊) 부록의 하나로, 서양의 별자리에 동양의 28수를 배치하였다.

이순지(李純之) 선생 약력

• 이순지선생 영정 : 1987년 이규선 화백 그림

　조선초기의 천문학자로 1406년(태종 6)에 태어나 1465년(세조 11)에 사망하였다. 자는 성보(誠甫), 시호는 정평(靖平)이다. 예조참판, 한성부윤 등을 거쳐 1465년 판중추원사와 행상호군에 있다가 사망하였다.

　중국의 송(宋)나라에서 특진금오위대장군상주국(特進金吾衛大將軍上柱國)의 벼슬을 하다가 고려에 귀화해서 삼중대광보국양성군(三重大匡輔國陽城君)에 봉해진 이수광(李秀匡:陽城李氏의 시조)의 9대손이고, 병조판서 이맹상(李孟常)의 아들이며, 부인은 신한(辛僴)의 따님이고, 슬하에 6남1녀를 두었다.

　동궁행수로 있다가 1427년(세종 9) 친시문과(親試文科)에 급제하여, 세종의 명으로 역법(曆法)을 연구해 관의대의 관측 책임을 맡았다. 이후 김담·김조·이천·장영실 등과 협조하여 자격루(自擊漏)와 옥루(玉漏)의 생김새(儀象)를 교정하였고, 간의규표(簡儀圭表) 태평현주(太平縣珠) 앙부일구(仰釜日晷) 물시계 등을 제작하여 설치하였다.

성격이 치밀해서 산학(算學) 천문(天文) 음양(陰陽) 풍수(風水) 등의 학문에 능통하였다. 세종의 명으로 원(元)의 『수시력법:授時曆法』과 명(明)의 『통궤력법:通軌曆法』을 참작하여 우리나라에 맞게 지은 『칠정산내편:七政算內篇』을 완성하여 2년 후(1444년,세종 26)에 간행하였고, 정인지·정초·정흠지·김담 등과 함께 『회회력경통경:回回曆經通經』과 『가령역서:假令曆書』를 개정증보하여 『칠정산내외편』을 저술함으로써 조선의 역법을 정비하였다.

'칠정산(七政算)'이란 칠정(해와 달, 목성·화성·토성·금성·수성)의 움직임을 계산한다는 뜻으로, 7정의 위치를 계산하여 미리 예보하기 위한 것이다. 중국의 원나라는 그들이 정복한 아랍의 천문학을 받아들여 세계 최고의 수준을 자랑하였는데, 이를 고려말부터 받아들여서 전래의 천문기술과 접목하여 『칠정산내외편』을 완성한 것이다. 이 『칠정산내외편』을 완성함으로써, 조선은 세계 최고수준의 천문학 국가가 되었다. 당시 중국은 명나라가 들어선 이후로 천문학 분야에 있어서만은 아랍과 더불어 쇠퇴의 길을 걷고 있었기 때문이다. 이러한 사실은 200여년 뒤에 일본이 박안기(朴安期)를 통해 칠정산의 기술을 배워간 데에서도 잘 나타난다. 이러한 공으로 이순지 박사는 김담과 함께 역법의 계산을 전담하게 되었고, 『천문류

초:天文類抄, 교식추보가령:交食推步假令, 선택요략:選擇要略, 제가역상집:諸家曆象集』 등 많은 저서를 남기게 되었다. 그외에도 풍수지리서인 『기정도보속편』을 썼다고 하나 전하지 않는다.

특히 『제가역상집』은 1445년까지 조사 정리된 모든 천문관계 문헌과 이론을 체계화한 역작이고, 『교식추보가령』은 일식과 월식의 계산을 알기 쉽게 짓고 그 사용법을 정리한 시로, 『천문류초』와 더불어 음양과(陰陽科)의 시험교재로 쓰였다. 뿐만 아니라 『교식추보가령』의 「교식표:交食表」에 실린 한양(서울)의 위도는 오늘날 측정된 위도의 치수와 거의 일치할 정도로 정밀하여, 세종때의 세계 최고의 천문학적 능력을 높이 평가하게 하다

- 참고로 이순지 선생의 묘소는 경기도 남양주시 화도읍 차산리 산 5~1번지에 있다. 1984년 2월에 문화공보부에서 50대 문화선현으로 선정하였고, 1996년 3월에는 문화체육부에서 3월의 문화인물로 선정하였으며, 경기도에서는 선생의 묘소를 지방문화재 제 54호로 지정하여 보호하고 있다.
- 선생의 신도비는 당대에는 사화에 몰려 세우지 못하다가, 근래에 와서(1984년 11월) 양성이씨 대종회에서 세운 것이며, 선생의 영정도 남계(南溪) 이규선(李奎鮮) 화백에 의해 1987년에 새로이 그려져 봉안된 것이다.

참고문헌

『삼재도회:三才圖會』 / 明 王圻 王思義 / 상해고적출판사 1985
『보천가:步天歌』 / 隋 丹元子 / 여강출판사 1986
『천문류초:天文類抄』 / 조선 세종 이순지 / 여강출판사 1986
『성경:星鏡』 / 조선 철종 12년(1861) 南秉吉 / 여강출판사 1986
『신법보천가:新法步天歌』 / 조선 철종 13년(1862) 李俊養 / 여강출판사 1986
『천문요람』 / 저자 미상 / 조선시대로 추정
『천상열차분야지도:天象列次分野地圖』 / 조선 태조 御定
『태을천문도해설』 / 윤상철 / 대유학당 1998
『중국천문학사신탐:中國天文學史新探』 / 劉君燦 / 명문서국 1988
『중국천문학사:中國天文學史』 / 陳遵嬀 / 명문서국 1987
『역법의 원리분석』 / 이은성 / 정음사 1985

문연각사고전서

『경씨역전:京氏易傳』 漢 京房 / 子部 術數類
『당개원점경:唐開元占經』 / 唐 瞿曇悉達 / 자부 술수류
『문헌통고 : 文獻通考』 / 淸 乾隆 御製 / 史部
『사기색은(史記索隱)』 / 唐 司馬貞 / 史部 正史類
『석명:釋名』 漢 劉熙 / 經部 小學類
『성명소원:星命溯源』 / 저자 미상 / 자부 술수류
『어정성력고원:御定星曆考原』 / 淸 李光地 등 / 자부 술수류
『영대비원:靈臺祕苑』 / 北周 庾秀才 / 자부 술수류
『위서 : 魏書』 / 齊 魏收 / 史部 正史類
『풍속통의:風俗通義』 / 漢 應劭 / 子部 雜家類
『황극경세서:皇極經世書』 / 宋 邵雍 / 자부 술수류

기타

『감정부:感精符』
『고종일방기도:高宗日傍氣圖』
『고중수필 : 菰中隨筆』
『물리론 : 物理論』 / 양천(楊泉)
『서경:書經』
『서응도:瑞應圖』
『석씨성경 : 石氏星經』
『성신고원 : 星辰考源』
『예기』
『오경통의:五經通義』
『주역』
『천경:天鏡』
『천문지:天文志』 / 반고(班固)
『천하후점 : 天河候占』
『춘추위:春秋緯』
『풍각서(風角書)』 / 경빙(京房)
『홍범천문성변점 : 洪範天文星變占』
『회남자:淮南子』 / 漢 劉安
『효경내기:孝經內記』

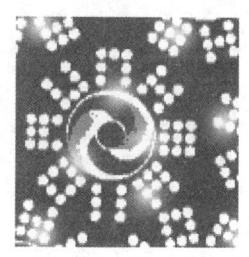

도움찾기

※별이름과 용어를 중심으로 작성된 것입니다.

숫자

28수(二十八宿)	65
12차와 12분야	538
24절기	536
28수와 12분야	34
28수와 24절기	31
28수와 서양별자리	36

ㄱ

가로막대(格)	483
각(角)	41,72
각도(閣道)	184
각수(角宿)	69
감(監)	477
갓끈(纓)	481
강(糠)	115
강(杠)	353
강석(降石)	442
개괄	492
개옥(蓋屋)	159
객성(客星)	469
거(居)	43
거기(車騎)	90
거부(車府)	156
거사(車肆)	362
건폐(鍵閉)	96
걸어놓음(提)	483
격택(格澤)	435
경(璚)	482
경립(驚立)	427
경성(景星)	433
경운(慶雲)	475
경천(經天)	414
경하(梗河)	88
고루(庫樓)	75
고리짐(珥)	481
곡(哭)	148
곡(斛)	366
곧음(直)	483
관(貫)	44
관(爟：擧火曰爟)	262
관삭(貫索)	366
교(嚙)	48
구(狗)	125
구(勾)	45
구(白：民星)	156
구감(九坎)	132
구검(鉤鈐)	96
구경(九卿)	305
구국(狗國)	124
구름(雲)과 비(雨)	496
구유(九斿：武星)	223
구주수구(九州殊口)	218
구진(勾陳)	335
국황(國皇)	453,471
군남문(軍南門)	183
군문(軍門)	291
군시(軍市)	252
군정(軍井)	235
권설(卷舌)	206
궐구(闕丘)	254
귀(龜)	107
귀사(歸邪)	475
귀수(鬼宿)	258
규(奎：文星)	181
기(箕)	113
기(己)	45
기관(騎官：武星)	89
기부(器府)	292
기수(箕宿)	111
기운(氣運)	473
기진장군(騎陣將軍)	90

ㄴ

나언(羅堰 : 民星)	135
남문(南門)	76
남방 7수	61,239
낭위(郎位)	311
낭장(郎將 : 武星)	309
내계(內階)	339
내주(內廚)	342
내평(內平)	275
노(怒)	41
노인(老人 : 民星)	256
노자(老子)	469
농장인(農丈人)	125
뇌전(雷電)	165
누벽진(壘壁陳)	166
눈(雪)	497
능(陵)	421
늠(廩)	45

ㄷ

다섯 방위의 주재자	51
달(月)	387
달과 오성	390,428
대(大)	41
대각(大角)	80
대릉(大陵)	198
대리(大理)	334
대탕(大湯)	427
대활(大滑)	443
도(徒)	43
도사(屠肆)	363
돈완(頓頑)	82,442
동(動)	41

동구(東甌)	286
동방 7수	37,54,67,116
동벽(東壁 : 文星)	173
동서양 비교천문도	555
동양의 천문관	22
동정(東井)	245
두(斗)	121,366
두수(斗宿)	118
등사(螣蛇)	168
등짐(背)	482
땅(地)	380
떠도는 기운(遊氣)	480
떠돌이 별	431

ㄹ

랑(狼)	254
려석(礪石)	208
력(曆)	11
루(婁)	190
류(留)	44
류수(柳宿)	265,267
리(離)	43
리궁(離宮)	165
립(立)	123

ㅁ

마(磨)	44
망(芒)	41
망(亡)	42
매(霾)	494
명당(明堂)	312
목저(木杵)	115
몽(瞢)	478

몽(蒙)	490
묘(昴)	203
묘수(昴宿)	201
무지개(虹蜺)	476,507
문연각사고전서	559
문창(文昌)	342
미(尾)	106
미(彌)	478

ㅂ

바람(風)	494
박(薄)	46
博士	249
밟음(履)	484
방(房 : 民星)	94
방수(房宿)	91
백도(帛度)	363
번개(電)	506
벌(伐)	234
벌(罰)	97
범(犯)	45,421
벼슬(冠)	481
벽력(霹靂)	173,505
벽수(壁宿)	170
별(鱉)	123
별(星)	395
별과 신(星辰)	395
별이 낮에 나타남	464
별이 다툼(星鬪)	465
병(屛)	235,306
보(輔)	353
보루각(報漏閣)	548
봉성(蓬星)	459

부광(扶筐)	143	삼(參)	231	수부(水府 : 民星)	251
부로(附路)	184	三公	249	수위(水位)	251
부록	511	삼공(三公)	305,346	숙(宿)	43
부열(傅說)	109	삼관보호경	526	순(循)	47
부월(鈇鉞)	167	삼기(參旗 : 武星)	223	순(順)	47
부이(附耳)	215	삼수(參宿)	229	순시(旬始)	458
부질(鈇鑕)	175	삼주(三柱)	220	습(襲)	46
북극(北極)	328	삼태(三台)	314	습기찬 기운	491
북극성	397	상(相)	345	승(乘)	45
북두(北斗)	348	상(象)	477	시루(市樓)	361
북두성	522	상(想)	479	식(食)	48,422
북두성과 오행	524	상서(尙書)	332	신(辰)	395
북두주(北斗呪)	526	상원 태미원	297	신궁(神宮)	109
북두칠성 이름	525	상진(常陳)	310	실(室)	164
북락사문(北落師門)	167	서(序)	479	심(心)	101
북방7수	38,57,117,176	서기(瑞氣)	475	십운(十煇)	477
분묘(墳墓)	158	서리(霜)	499	십이국(十二國)	141
분성(奔星:큰 유성)	437	서방7수	39,59,177,238	싸라기눈(霰)	500
불가 28수 명칭	531	서성(瑞星)	433		
비성(飛星)	442	선기옥형도	542	**ㅇ**	
빈모(牝牡)	414	섭제(攝提)	81	안개	493,509
		성(星)	271	안음(抱)	482
ㅅ		세(勢)	345	알자(謁者)	305
사(舍)	42	세성(목성)의 혜성	462	암(闇)	478
사괴(司怪)	228	세성(歲星:목성)	401	앙부일구(仰釜日晷)	545
사독(四瀆 : 民星)	252	세성이 생한 요성	445	야계(野鷄)	253
사록(司祿)	147	소(小)	41	양문(陽門)	82
사명(司命)	147	소(疏)	41	양성(梁星)	439
사보(四輔)	329	소명(昭明)	454	양하(兩河)	247
사비(司非)	148	소미(少微)	312	양함(兩咸)	97
사위(司危)	148,454	소유성(小流星)	437	어(魚)	109
사진성(四塡星)	461	송이영의 혼천시계	547	여(女)	140
산(散)	421	수(守)	46,421	여귀(輿鬼)	261

여사(女史)	333	우레(雷)	503	자(觜)	227
여상(女床)	369	우림(羽林:武星)	166	자(刺)	44
여어(女御)	333	우박(雹)	501	자격루(自擊漏)	548
역(歷)	421	우수(牛宿)	127	자미원(紫微垣)	327
역(逆)	47	운우(雲雨)	174	자수(觜宿)	225
역행(易行)	427	월(月)	205	자와 손(子孫)	253
연도(輦道)	135	월(鉞)	246	장(張)	279
열사(列肆)	365	월식(月食)	48,389,393	장경(長庚)	460
영(盈)	43,413	위(危)	154	장사(長沙)	291
영(贏)·축(縮)	422	위(胃)	196	장수(張宿)	277
영대(靈臺)	312	유성(流星)	436	장운(牂雲)	476
영두(營頭)	440	육갑(六甲:文星)	336	장원(長垣)	313
오거(五車)	218	육적(六賊)	457	장인(丈人)	253
오색구름	490	윷판도	532	저(抵)	46
오색의 혜성	462	은하수	375	저(氐)	87
오성(五星)	399	음덕(陰德)	331	저(杵:民星)	155
오잔(五殘)	456	음습함(陰)	490	적수(積水)	200,250
오제내좌(五帝內座)	338	읍(泣)	148	적시(積尸)	199,262
오제좌(五帝座)	306	이순지 선생	556	적신(積薪)	250
오제후(五諸侯)	248,305	이슬(露)	498	적졸(積卒)	103
오천 오운	28,533	이유(離瑜)	149	전(鐫)	477
옥정(玉井)	235	이음(承)	484	전사(傳舍)	339
옥한(獄漢)	457	이주(離珠)	141	절위(折威)	81
온성(溫星)	471	익(翼)	284	점대(漸臺)	135
왕량(王良:武星)	184	익수(翼宿)	282	정수(井宿)	240
왕봉서(王蓬絮)	470	인성(人星:民星)	155	제(隋)	479
외병(外屛)	182	일(日)	98	제석(帝席)	88
외주(外廚)	263	일성정시의	546	제왕(諸王)	217
요(繞)	45	일식(日食)	386	제좌(帝坐)	364
요기(妖氣)	476	일식과 월식의 이치	391	조보(造父)	157
요성(妖星)	444	입(入)	42	조선시대 천문기록	512
우(牛:民星)	130			존(存)	41
우경(右梗)	191	ㅈ		종(從)	47

종관(從官)	98,309	**ㅊ**		천시원(天市垣)	360
종성(宗星)	363	창(昌)	476	천안(天雁)	438
종인(宗人)	363	책(策)	185	천약(天籥 : 民星)	124
종정(宗正)	362	책력의 기준이 됨	418	천연(天淵)	125
좌경(左梗)	191	천가(天街)	216	천원(天苑)	206
좌기 우기	134	천강(天綱)	168	천원(天園)	224
좌기(坐旗)	228	천강(天江 : 民星)	108	천유(天庾)	192
좌집법 우집법	304	천계(天鷄 : 民星)	123	천유(天乳 : 民星)	88
좌할 우할	291	천고(天高)	217	천음(天陰)	205
주·형(柱衡)	75	천관(天關)	222	천일(天一)	330
주기(酒旗)	268	천구(天鉤)	157	천장군(天將軍)	192
주정(周鼎)	74	천구(天狗)	262,439	천전(天田)	73,131
주패성(周伯)	434,469	천구(天廐 : 武星)	174	천전(天錢 : 民星)	159
주하사(柱下史)	332	천균(天囷)	198	천절(天節)	216
중(中)	44	천기(天紀)	264,369	천주(天柱)	334
중앙 헌원수(軒轅宿)	63	천뢰(天牢)	344	천주(天廚)	340
중앙(中宮)	63	천루성(天壘城)	148	천준(天樽)	248
중원 자미원	319	천름(天廩)	197	천진(天津)	142
지(遲)	47	천리(天理)	347	천참(天讒)	207,455
지안(地雁)	438	전묘(天廟 : 民星)	280	천참(天欃)	452
지유장광(地維藏光)	461	천문(天門)	74	천창(天倉)	191
地體一元大運圖	554	천문(天文)에 대하여	15	천창(天槍)	348,451
직(稷 : 民星)	276	천변(天弁)	122	천충(天衝)	453
직녀(織女 : 文星)	133	천보(天保)	437	천측(天厠)	236
진(軫)	289	천복(天輻)	90	천하(天河)	204
진거(陣車)	89	천봉(天鋒)	459	천혼(天潣)	182
진성(填星:토성)	408	천봉(天棓)	341,451	천황(天潢)	221
진성(辰星:수성)	415	천부(天桴)	134	천황(天皇)	337
진성의 혜성	463	천사(天社 : 民星)	263	천희(天)	443
진성이 생한 요성	446	천상(天相)	275	청구(青丘)	292
진수(軫宿)	287	천상(天床)	341	초요(招搖 : 武星)	88
진현(進賢)	74	천선(天船 : 民星)	199	촉(觸)	46
질(疾)	47	천시(天屎)	236	촉성(燭星)	459

최석기 선생	553	평(平)	75	호분(虎賁:武星)	310
추고(蒭藁)	205	평도(平道)	73	혼천의(渾天儀)	543
축(縮)	43,413	포과(匏瓜,匏苽)	141	화개(華蓋:文星)	338
출(出)	42	필(畢)	213	환(環)	45
취(聚)	47	필수(畢宿)	209	환자(宦者)	365
취취(就聚)	41	핍(逼)	44	황도와 적도	31
측우대	549			회(會)	47
치우기(蚩尤旗)	452	**ㅎ**		후(候)	364
칠공(七公)	368	하고(河鼓)	132	훈(暈:무리짐)	487
칠정(七政)	26	하늘과 땅(天地)	379	휴대용 앙부일구	545
침(侵)	46	하늘의 삼원	25,297	희(喜)	41
침(祲)	477	하원 천시원	356	흰무지개(白虹)	492
		함예(含譽)	434	흰무지개와 안개	492
ㅌ		함지(咸池)	221		
태미원(太微垣)	302	합(合)	42,421		
태백(太白:금성)	411	항(亢)	80		
태백성의 혜성	462	항수(亢宿)	77		
태양수(太陽守)	345	항지(亢池)	89		
태을천문도	541	해(日)	383		
태일(太一)	330	해(日)의 흉한 조짐	384		
태자(太子)	309	해를 이음(日戴)	480		
태존(太尊)	344	해어(解御)	442		
토공(土公)	175	해와 달(日月)	383		
토공리(土公吏)	168	해중(奚仲)	143		
토사공(土司空)	183,291	행신(幸臣)	309		
투(鬪)	44,45,421	허(虛)	147		
팔곡(八穀)	340	허량(虛梁)	158		
팔괴(八魁)	168	허수(虛宿)	144		
패과(敗瓜,敗苽)	142	헌원(軒轅)	273		
패구(敗臼)	149	현과(玄戈)	347		
패성(孛星)	450	형혹성(熒惑:화성)	405		
		혜성(彗星)	449		
ㅍ		호(弧:武星)	255		

공역자 소개

**덕산德山
김수길金秀吉**

- 41년 충남 공주에서 출생.
- 7세부터 14세까지 伯父인 索源 金學均선생으로부터 千字文을 비롯하여 童蒙先習·通鑑·四書와 詩經·書經 등을 배움.
- 26세부터 41세까지 국세청 근무. 42세~현재 세무사 개업.
- 89년부터 대산선생으로부터 易經을 배움.
- 『주역전의대전역해』 책임편집위원.
- 편저에 『주역입문』, 편역에 『매화역수』, 『음부경과 소서 심서』, 『하락리수』, 『오행대의』, 『천문류초』, 『소리나는 통감절요』, 『집주완역 대학』, 『집주완역 중용』 등

**건원乾元
윤상철尹相喆**

- 성균관대학교 철학 박사.
- 87년부터 대산선생 문하에서 四書 및 易經 등을 수학. 『대산주역강해』·『대산주역점해』·『미래를 여는 주역』·『주역전의대전역해』 등의 편집위원.
- 저서에 『후천을 연 대한민국』, 『세종대왕이 만난 우리별자리』, 『시의적절 주역이야기』, 『주역점비결』, 번역에 『하락리수』, 『오행대의』, 『천문류초』, 『매화역수』, 『황극경세』, 『초씨역림』 등이 있음.

동양천문		▶천상열차분야지도 그 비밀을 밝히다 16×23㎝ 양장 / 448쪽 25,000원 / 윤상철 지음 / 20년 5월 초판	2020년 신간 고구려별과 조선별의 동거! 1467개의 붙박이별에, 10간의 태양, 12지의 달이 떴고, 그 밑에서 인간이 길흉화복을 나누며 산다. 비석으로 세워놓기 위한 것이 아니라 탁본을 뜨기 위해 땅 속에 보관. …. 별을 공경해서 복을 받고 기운을 받자.	중급
		▶세종대왕이 만난 우리별자리 ①②③ 16×23㎝ 본문4도 / 각권 256쪽 12,000원 / 윤상철 / ①14년 6월 2판 1쇄 ②③13년 6월 2쇄	천문류초보다 쉽게 동양천문을 이야기로 해설한 책. 우리별을 쉽게 찾을 수 있게 하는 28수나경(별자리판) / 자기가 태어난 해와 달에 따라 내 별을 찾을 수 있음 / 전해오는 이야기와 그림! 우리 고유한 문화에 대한 자부심과 정서를 느낄 수 있다.	누구나
		▶천문류초(天文類抄) 16×23㎝ 양장 / 510쪽 20,000원 / 김수길·윤상철 共譯 / 13년 9월 2판 3쇄	세종대왕의 명을 받아 천문학자 이순지가 간행한 천문학의 개략서. 원문과 더불어 자세한 번역을 하고 주석을 달아 알기 쉽게 재편집. 문화관광부에서 우수학술도서로 선정한 책.	중급
		▶태을천문도(총9종세트) 천문도6종 + 나경2종 + 천문도해설 / 촌9종 100,000 / 윤상철 / 16년 6월 2판 1쇄	천상열차분야지도, 태을천문도, 28수를 우리나라에 배당한 지도, 휴대용 동서양 비교 천문도, 28수 나경 2종, 태을천문도 한글판, 해설서로 구성. 휴대하기 좋게 만든 천무도 통이 보태져서, 주변 분들에게 좋은 선물.	중급
천상우양산		▶천상열차분야도 우양산 국보 228호 천상열차분야지도를 그대로 재현한 4계절 암막 우양산. 자신의 수호별과 함께하는 특별한 상품입니다. 장우산 – 50,000원 3단 양우산 – 40,000원	- 60cm 자동 장우산 / 12살 ① 도시의 푸른 밤(네이비) ② 두메 산골 밤(그린) - 55cm 3단 접이식 우양산 / 8살 ① 청초한 별 밤(화이트) ② 별이 쏟아진 밤(다크 네이비) ③ 달콤한 별밤(레드)	누구나
족자&블라인드	 42수 진언 족자	 신묘장구대다라니 족자	▶종류 천문 ① 천상열자분야지도 ② 태을천문도(블랙베리/라일락) 불교 ① 42수 진언 ② 신묘장구 대다라니 ▶ 블라인드 ① 대(150×230) 300,000원 ② 중(120×180) 250,000원 족자 ① 중(65×150) 100,000원 사찰용 ② 소(54×130) 80,000원 가정용	누구나

『천문족자』를 구매하시면 『천문도해설』을, 불교족자를 구매하시면 『마음에 평안을 주는 천수경』을 드립니다.

천문류초식 3원 28수의 영역구분

(양홍진 저, 디지털천상열차분야지도, 74쪽)

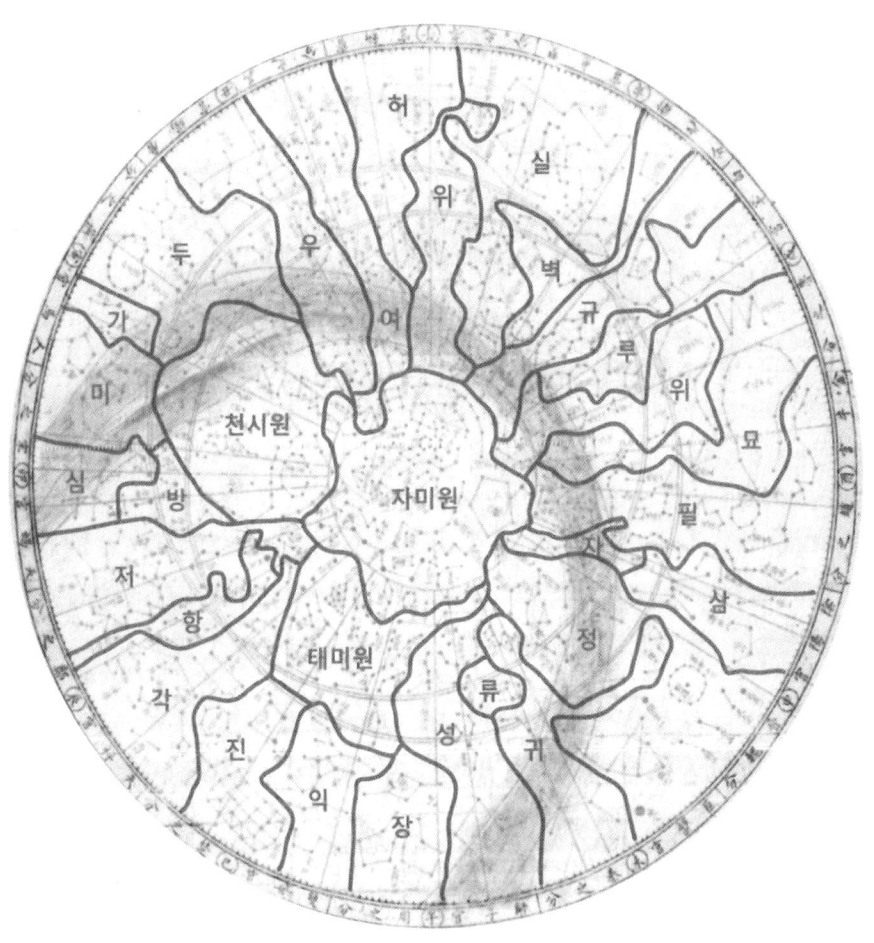

천문류초는 별자리와 별자리의 성격이나 이야기가 연관되면 영역선과 관계없이 같은 영역의 별자리로 삼았다.